散逸構造とカオス

現代物理学叢書

散逸構造とカオス

森　肇・蔵本由紀著

岩波書店

現代物理学叢書について

小社は先年，物理学の全体像を把握し次世代への展望を拓くことを意図し，第一級の物理学者の絶大な協力のもとに，岩波講座「現代の物理学」(全21巻)を2度にわたって刊行いたしました．幸い，多くの読者の厚いご支持をいただき，その後も数多くの巻についてさらに再刊を望む声が寄せられています．そこで，このご要望にお応えするための新しいシリーズとして，「現代物理学叢書」を刊行いたします．このシリーズには，読者のご要望に応じながら，岩波講座「現代の物理学」の各巻を順次できるかぎり収めてまいります．装丁は新たにしましたが，内容は基本的に岩波講座の第2次刊行のものと同一です．本シリーズによって貴重な書物群が末永く読みつがれることを願ってやみません．

●執筆分担

第Ⅰ部，補章Ⅰ　蔵本由紀

第Ⅱ部，補章Ⅱ　森　肇

まえがき

日常よく見られる自然の運動は，大気や海，河川における流体の運動であろう．木の葉のそよぎ，夏の入道雲や夕焼雲，台風や季節風から，気象衛星の写真に見られる雲の集団の動態に至るまで，自然のさまざまな局面は，熱平衡から外れた非平衡開放系であり，変幻極まりない自然の様相を呈示する．このような自然の運動は，精妙に自己組織された運動であり，それを深く理解することが，自然との共存を図る上でも自然を制御し利用する上でも不可欠であろう．ところがこれらの自然現象は，ほとんどすべて非線形非平衡現象であるため取扱いが困難で，20 世紀前半においては物理学の重要課題となり得なかった．しかし，1960 年代以降における力学系理論の発展と計算機実験方法の進歩によって，このような力学系の研究が最近急速に進展し，自然の新しい様相がいろいろと明らかにされてきた．

その端的な例は，多種多様な散逸構造とカオスの発見であろう．現在，それらの研究を通じて，流転する自然の多様性と複雑性の根源をさぐる非線形力学の，新しい基礎概念が構築されつつある．特に，カオスは，軌道がランダムで予測不可能な運動を呈示するので，非線形力学系の偶然性と必然性に対する新しい視座をもたらし，長い間自然科学を支配してきた，決定論的で機械論的な自然観(Laplace，1776)の変革を迫っている．

しかし，力学系の立場からそれらを全面的に展開することは，現在なお困難である．本書は，力学系の典型的な要素系として，強制振り子の非線形回転，流体の熱対流，反応拡散系等をとり，それらの運動方程式の解の幾何学的で定性的な理論に立脚して，散逸構造とカオスに対する最近の物理像と数理的方法を解説する．読者としては，理工系の学部学生以上を念頭においている．本書を2部に分ける．

第Ⅰ部「散逸構造」では，非平衡開放系において，マクロな秩序構造がどのような機構によって生じるか，その安定性はどうか，不安定化によってそれはどのように複雑化し，どのようにして自発的乱れの発生にいたるか等を考察する．系の物質構成に依存しない，現象の普遍的側面に着目することの重要性が第Ⅰ部全体を通して強調される．そして，このような定性的現象把握を可能とする数理的方法としての「縮約理論」が展開される．

第Ⅱ部「カオスの構造と物理」では，力学系の多様なカオスはどのようにして生成され，どんな形態と構造をもつか，どのように記述され，どんな統計法則に従うかを考察する．特に，カオス軌道群の幾何学的記述と統計的記述の統合によってカオスの統計物理を構築し，カオスの形態と構造を統計的に特徴づけるとともに，カオス軌道群の混合，拡散やカオスによるエネルギー散逸のゆらぎ等の輸送現象を解明することを目的とする．

熱平衡から外れたマクロな体系は，時間の経過とともにアトラクターとよばれる一定の状態に不可逆的に漸近する．そのとき，系のエネルギーは摩擦等により散逸するが，外部から一定のエネルギーを補給しつづければ，このアトラクターは熱平衡から外れ，多くの場合，散逸構造とよばれる時空的パターンを形成する．そのよく知られた例は，下から熱せられた水平な流体層における Bénard 熱対流のロール構造である．力学系の運動は本来コヒーレントであるが，散逸構造の形成は，マクロなスケールの特定の時空的コヒーレンスの生成を意味する．このようなマクロな体系を非平衡開放系という．どんな散逸構造が形成されるかは，体系とその熱平衡からのずれを表わす制御パラメタまたは分岐パラメタとよばれるパラメタの値に依存する．このパラメタを大きくしていくと，系の運動方程式の解の構造が，ある値(分岐点)の前後で質的に変化する．このような変化を分岐という．すなわち，分岐点で解が構造的に不安定化し，質的に新しい構造が形成されるのである．

分岐パラメタがさほど大きくないかぎり，変動のゆっくりした自由度だけが励起され，アトラクターは少数自由度のマクロな運動からなる．このパラメタを大きくしていくと，散逸構造は，分岐により次つぎと定性的に変化し，しだいに複雑化していく．ここで，通常，まず空間的パターンが形成され，ついでそのパターンの時間的な周期的振動，次に非周期的振動が出現し，ランダムで予測不可能なカオスが発生する．さらに，カオスもいろいろな分岐をうけ，多様な形態のカオスが次つぎと出現する．ただし，流体の運動では，Euler 像に従って各場所での流速の変動に着目するか，Lagrange 像に従って流体粒子の軌道に着目するかによって運動の性格が異なることが分かってきた．たとえば，各場所での流速は規則的な層流であっても，時間的に振動していれば，流体粒子の軌道はランダムとなるカオスが発生する(Aref, 1984)．これをラグランジアン乱流といって，通常のオイラーリアン乱流と区別する．

散逸構造は，アトラクターの時空的構造だけでなく，アトラクターに漸近する途中で過渡的に現われる時空的パターンをも意味するものである．アトラクターの近傍では，この過渡的プロセスはアトラクターの散逸構造について重要な情報を与える．したがって，アトラクターの構造とダイナミクスだけでなく，それへの過渡的プロセスの構造とダイナミクスを含めて，非線形非平衡系の定性的ダイナミクスを展開する必要がある．その基礎として，変動のゆっくりした遅い自由度だけを取り出し，それらの時間変化を決める発展方程式を求める縮約の理論を解説する．特に，安定な解が不安定化する分岐点の近傍では，系の発展方程式は大幅に縮約され，普遍的な形態をとる．

以上は，エネルギー散逸を伴う散逸力学系についてであるが，自然の運動には，一定のハミルトニアンをもつ保存力学系で表わせるものも多い．この保存力学系は時間反転に対して不変で，その相空間のカオス領域は，大小さまざまなトーラスの島をもち，その構造は散逸構造とは異質である．しかし，カオス軌道群の混合や拡散などの輸送現象は，保存力学系の場合にも不可逆となる．一般に，カオスは時間反転対称性を破り，不可逆性をもたらすのである．

分子の熱運動はミクロのレベルのカオスであり，それを特徴づける物理量はBoltzmann エントロピーであった．非平衡開放系のマクロのレベルのカオスを特徴づける物理量はどんな量であろうか．ここで，熱運動によるゆらぎはマクロのレベルでは無視できたが，マクロのレベルのカオスによるゆらぎは無視できない．しかも，そのゆらぎは多様な軌道群からなり，多様な幾何学的形態をもつので，この多様性を特徴づけ，分類できる量でなければならない．そのような物理量を究明することは，本書の基本的課題の1つである．

第I部「散逸構造」は，第1章～第5章からなる．第1章では，散逸構造の研究において牽引車的役割を果たしてきた自然現象としてのBénard 熱対流とBelousov-Zhabotinskii 反応を概観し，モデルの構築や解析における散逸構造研究のきわだった特色を述べる．特に，その現象論的・定性的性格が何に由来し，なぜ大きな成果を挙げることができたのかを論じる．また，この章は以後の章の準備作業を兼ねている．

第2章では，散逸構造が発生する分岐点の近傍で成立する，いわゆる振幅方程式によるアプローチを概説する．物理的状況の違いに応じていくつかの代表的な振幅方程式を現象論的に導出した後，それらに基づいて定常なあるいは伝播する周期パターンの安定性や，そこに埋め込まれたトポロジカルな欠陥の構造と運動など，散逸構造の最も基本的な構成要素と考えられる非平衡パターンのダイナミクスを考察する．

第3章では，前章とはまったく異なった発想に基づく理論的方法として，界面のダイナミクスを扱う．界面は，急激な状態変化が空間の狭い領域に局在した構造である．パターンの時間発展を界面の運動としてとらえる見方は，特に反応拡散系において有効であり，この立場から，Belousov-Zhabotinskii 反応系に典型的に見られる孤立波，パルス列，回転らせん波等の構造と運動を論じ，さらに界面不安定性による構造形成について概説する．

第4章では，振幅方程式による方法とともに代表的な縮約法として知られる位相ダイナミクスの方法とその応用を述べる．位相ダイナミクスは，系にもともと備わっていたある種の連続対称性を破るパターンがすでに存在する場合に適用できる一般的縮約法である．この方法によって導出された位相場の発展方程式から，種々の物理的原因によって変形を受けた秩序パターンの多彩な運動を論じることができる．

第5章は縮約の本質を追求した章である．縮約機構の根底には1つの明確な普遍構造がある．それを明らかにすることによって，従来は個々に展開されてきた縮約の摂動論が統一的観点からとらえ直される．また，前章までに展開された縮約の現象論は，ここにおいてより確かな裏付けを見出すであろう．

第Ⅱ部「カオスの構造と物理」は，第6章～第10章からなる．第6章では，カオスの記述の仕方を概観し，統計物理的アプローチの必要性を考察する．そのポイントは再現可能性の問題で，カオス軌道は小さな摂動に対して不安定で再現不可能であるが，カオス軌道上での物理量の長時間平均は安定で再現可能である，という統計安定性に着目する．カオスを特徴づける新しい物理量として，Poincaré 写像において，周期点の固有値の概念を拡張した近接軌道間の粗視的拡大率をとり，カオス軌道上でのそのゆらぎの統計構造によって，カオスの幾何学的構造を特徴づけるとともに，カオスの混合性を記述する．

第7章では，低次元の散逸力学系について，アトラクターの分岐現象を概観し，カオスの分岐の幾何学的機構を考察する．これは，以下の各章において，カオスの分岐による統計構造の質的変化を解明するときの基礎を与える．さらに，周期倍化，バンド分裂，アトラクター融合について，分岐のカスケードに対する相似則とくりこみ変換を概説するとともに，準周期性ルートにより発生するカオスの構造を究明する．

第8章では，偶然性をふくむカオス軌道群を統計的にとらえ，非周期運動の統計物理を構築するための枠組みを考察する．そのために使う物理量は，近接軌道間の粗視的拡大率と，奇妙なアトラクターの自己相似な入れ子構造を記述する局所次元である．具体例としては，低次元写像において，カオス発生点における臨界アトラクターの多重フラクタル構造と，カオスのいくつかの普遍的分岐について分岐による統計構造の質的変化を取り扱う.

第9章では，2種の強制振り子のバンド融合クライシスとアトラクター融合クライシスについて，2次元相空間におけるカオスの形態と構造が分岐によってどのように変化し，どんな統計構造が出現するかを考察する．さらに，精妙に自己組織された臨界性の例として，臨界アトラクターにおける粗視的軌道拡大率の自己相似な時系列，および，カオス発生点の近傍におけるカオスのバンドアトラクターの動的相似性と2次元フラクタル性の消失形態を究明する.

第10章では，保存力学系の広域的カオスの海におけるカオス軌道群の混合性と加速モードトーラスによる異常拡散を取り扱う．まず，2次元標準写像について，それら混合性と拡散の統計構造を数値的および理論的に解明する．また，カオスの軌道不安定性は，保存力学系の時間反転対称性を破ることを示す．次に，その応用として，アスペクト比の十分に大きなBénard熱対流におけるラグランジアン乱流について，加速モードトーラスの存在を示し，流体粒子の混合性と拡散を取り扱う.

第I部は蔵本が，第II部は森が執筆した．まず，本書で解説した理論や実験に貢献された方々に敬意を表したい．第I部については，特に沢田康次博士，坂口英継博士，佐々真一博士から多くの啓発を受けたことに感謝したい．第II部については秦浩起博士，堀田武彦博士に原稿の通読をお願いし，いくつかのご助言をいただいた．ここに感謝したい.

巻末には参考書，文献を掲げた．簡単な解説をも兼ね，かつ，本文に関連して参照すべきものをも示した.

1993年8月

森　　肇
蔵本由紀

目次

I

散逸構造

散逸構造は非平衡開放系に固有の構造である．それはエネルギーや物質の流入・散逸のバランスによって動的に維持され，多くの場合マクロなスケールで現われる．したがって，散逸構造に対しては，Navier-Stokes 方程式に代表されるようなマクロレベルの非線形発展方程式に立脚した考察が，理論的解明への最も自然な道であろう．第I部の各章はこのような観点に基づいている．他方，マクロな散逸構造のミクロな物理的基礎は何かという問題もある．しかし，それは結局のところマクロな発展方程式自体の統計力学的基礎を問うことにほかならない．したがって，散逸構造そのものの研究からは一応切り離して考察できる問題であり，本巻では論じられない．

散逸構造ないし非平衡パターンが明確に物理学の研究対象となったのは比較的近年のことであり，その本格的研究が始まったのは1970年代以後と見られる．非平衡パターンの研究においては，従来の物理学の立場から見ればきわめて大胆な現象論的・定性的アプローチが大きな成功を収めてきた．それを通じて，複雑な自然現象を記述し理解するための新しい言葉と枠組みが形成されつつあるように思われる．

非平衡パターンを理論的に扱うための万能の方法は存在しない．しかし，1つの標準的な方法として，縮約方程式に基づくアプローチが現在ではほぼ確立され，その有効性が広く認められている．縮約方程式とは，パターンの発展を記述する非線形方程式から，その核心部分を一定の手続きによって取り出したものである．第I部では，非平衡パターンの具体的議論はもっぱら簡単な考察から現象論的に得られた縮約方程式に基づいてなされ，縮約論の基礎については第5章に与えられる．

1

散逸構造の典型例

自然界における散逸構造の例は枚挙にいとまがない．しかしながら，多くの場合，支配法則の非線形性に起因する複雑さに加え，種々の外部要因がからまって，現象はいっそう複雑化している．したがって，諸現象の中から少数の模範例を精選し，よく制御された環境条件の下でこれらを集中的に探究することが散逸構造の理解にとっては特に重要となる．これにより，系の個別性を越えた，散逸構造一般に共有される諸性質を深いレベルからとらえることがむしろ可能となるのである．その意味で，本章に述べるBénard対流とBelousov-Zhabotinskii反応は代表的な現象であり，散逸構造とカオスを中心とする非線形非平衡系のこれまでの研究は，両者を軸にして展開されてきたといっても過言ではない．

本章では，これら2つの具体例に即しつつ，非線形非平衡現象の研究方法のきわだった特徴を述べ，あわせていくつかの予備的な考察をおこなって，次章以後への準備とする．

1-1 Bénard 対流

対流現象への人類の関心は古く Archimedes の時代にさかのぼるといわれるが，実験室における注意深い制御の下にそれが科学的探究の対象とされるようになったのは，1900 年の H. Bénard による熱対流の実験に始まる．Bénard は，水平に保たれた液層を下から加熱することによって対流を発生させた．散逸構造やカオスの解明を目的とする近年の対流実験の多くも，基本的には Bénard による状況設定を踏襲している．Bénard の名前とともに，熱対流の発生機構を初めて理論的に明らかにした Rayleigh 卿の名前にちなんで，このような対流現象は **Rayleigh-Bénard 対流**ともよばれる．

典型的な熱対流実験においては，熱伝導性のよい上下 2 枚の平板で薄くはさんだ流体が用いられ，上面の温度 T_t および下面の温度 $T_b(>T_t)$ がそれぞれ一定に保たれる．上下間の温度差 $\Delta T=T_b-T_t$ が系の挙動を決める最も重要なパラメタであるが，それを無次元化した **Rayleigh 数** R を用いるのがより物理的に意味がある．R は

$$R=\frac{\alpha g d^3}{\kappa\nu}\Delta T \tag{1.1}$$

によって定義される．ここに，α は熱膨張率，g は重力加速度，d は流体層の厚さ，κ は熱拡散係数，ν は動粘性係数である．もう 1 つのパラメタとして $P=\nu/\kappa$ によって定義される **Prandtl 数** P がある．ただし，P は流体の種類によって大きさがほぼ決まり，R のように自由に変化させることはできない．熱対流を記述する流体力学的方程式についてはすぐ後に述べるが，そこに含まれるパラメタは本質的に R と P のみである．

$R=0$ では系は熱平衡状態にあり，有限の R に対しては非平衡開放系となる．しかし，ある臨界値 R_c を越えるまでは流体は静止したままである．その場合，温度 T は $T=T_0(z)=T_b-\beta z$ $(\beta=\Delta T/d)$ のように，鉛直方向(z 方向とする)に一定の勾配をもち，Fourier の法則に従って熱が定常的に伝導する．しかし，

下方の流体は熱膨張によって上方よりも軽くなっており，これは不安定化しやすい配置である．ポテンシャルエネルギーがより低い安定な配置を求めてなお流動が発生しないのは，流動によって単位時間当たりに解放されるべきポテンシャルエネルギーが，粘性による運動エネルギー損失のレートを上回ることができないからである．しかし，R が R_c を越えると，両者の大小関係は逆転し，加熱によって膨張した流体の上昇運動と，冷却によって収縮したその下降運動からなる持続的循環が発生する．

このような対流は発生時点においては定常流であり，図 1-1 に模式的に示すように，巻紙状に整列した流れのパターンを形成する．これを**ロールパターン**(roll pattern)とよぶ．隣り合うロール間の間隔は d と同程度であり，互いに逆向きに回転する．通常，ロールは短い方の側壁に平行に整列する．このような対流パターンは散逸構造の典型例として広く知られているものである．R をさらに増加させると，定常ロールはやがて不安定化する．しかし，これ以後のパターン変容のシナリオは容器の形状や Prandtl 数に強く依存する．特に重要な形状パラメタは，**アスペクト比** $\Gamma = L/d$ である．ここに，L は水平面の広がりの度合いを表わす特徴的長さであり，長い方の側壁(図では L_x)によって定義するのが適当である．$L = O(d)$ ならば系はたかだか 1 対のロールしか収容できないであろう．したがって，R がそれほど大きくないかぎり，境界条件を満足し，かつ L と同程度の波長をもつ少数個のモードのみが有効な力学的自由度として生き残る．より細かい空間変化をもつ大多数の自由度は粘

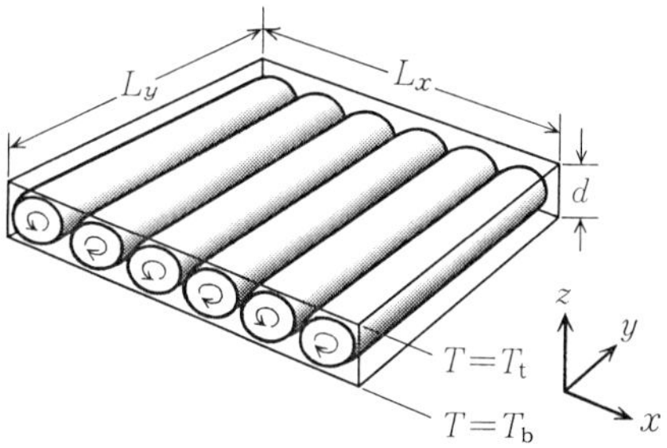

図 1-1　Bénard 対流におけるロール構造の模式図.

性によって急速に減衰するため，実質上ダイナミクスに関与することができないであろう．このことから，小さいアスペクト比をもつ Bénard 対流系は少数自由度力学系のカオスの研究に適しており，事実そこで重要な役割を果たしてきた(第Ⅱ部参照)．カオスの研究においては，流動パターンの空間的な情報はひとまず捨象され，力学系として抽象化された系の時間的挙動に関心が向かう．特に，相空間における軌道の漸近的挙動に興味が集中し，R の変化によるアトラクターの逐次的変容，カオス軌道の複雑な構造に潜む秩序性等が追究される．一方 $\Gamma \gg 1$，すなわち十分に大きいアスペクト比をもつ熱対流系は非平衡パターンの研究に格好の題材を提供する．そこでは，側壁の効果はあまり重要でなく，理想化極限として系は無限に広がった 2 次元的な非平衡場と見なされる．

対流の発生や，それに引き続いておこる流れのパターンの変動は，適当な境界条件をみたす流体力学的方程式の解を調べることによって理解されるであろう．さいわい流体力学的方程式は確固たる物理的基礎をもっており，その普遍妥当性は無数の経験に裏打ちされている．しかしながら，流体力学的方程式はモデル方程式としては，あまりに流体という特定の実体に密着しすぎているというマイナスの面もある．対流の発生現象に限るならばともかく，より複雑な挙動の本質をとらえるには，それは常にふさわしいモデルであるとは限らない．場合によってはむしろ物理的実体からひとたび離れることが有効である．それによって，系の物質的成立ちに拘束されない現象の普遍性が同時に明らかになると期待されるからである．これはカオスの研究においても，散逸構造の研究においても共通する有効な観点であるが，以下では後者に即しつつ，その意味するところを明らかにしよう．

Bénard 対流を記述する基礎方程式は **Boussinesq 方程式**とよばれ，次の連立偏微分方程式系によって表わされる．

$$\mathrm{div}\,\boldsymbol{u} = 0 \tag{1.2a}$$

$$\frac{\partial \boldsymbol{u}}{\partial t} = \nu \nabla^2 \boldsymbol{u} - \rho_0^{-1} \nabla \pi - (\boldsymbol{u} \nabla) \boldsymbol{u} + \alpha g \hat{z} \theta \tag{1.2b}$$

$$\frac{\partial\theta}{\partial t} = \kappa\nabla^2\theta - \boldsymbol{u}\nabla\theta + \beta w \tag{1.2c}$$

ここに，ρ_0 は流体の平均密度，$\boldsymbol{u}=(u, v, w)$ は流速，θ は温度ゆらぎ，すなわち，$\theta = T - T_0(z)$，π は静水圧からの圧力ゆらぎ，$\hat{z}=(0,0,1)$ は鉛直上方への単位ベクトルである．$-(\boldsymbol{u}\nabla)\boldsymbol{u}$ および $-\boldsymbol{u}\nabla\theta+\beta w(=-\boldsymbol{u}\nabla T)$ はともに慣性項であり，流体運動に現われる非線形性はすべてこれらの慣性項に由来する．また，$-\rho_0^{-1}\nabla\pi$ は圧力ゆらぎによる流体の加速を表わし，$\alpha g\hat{z}\theta$ は温度ゆらぎによって生じる浮力に対応している．Boussinesq 方程式は，Navier-Stokes 方程式と熱方程式の結合系から導出される近似方程式であり，多くの問題でその正当性が実証されている．その唯一の近似は，流体の熱膨張による効果を浮力項として考慮する以外は流体を非圧縮性として取り扱うというものである．

静止状態，すなわち(1.2a～c)の自明解 $(\boldsymbol{u},\pi,\theta)=(0,0,0)$ の微小撹乱に対する安定性(すなわち**線形安定性**)を調べるために，(1.2b, c)における非線形項 $(\boldsymbol{u}\nabla)\boldsymbol{u}$ および $\boldsymbol{u}\nabla\theta$ を無視しよう．(1.2b)の圧力項は，同式に rot を作用させると消去される．同式に再度 rot を作用させて z 成分をとれば，次の線形微分方程式が得られる．

$$\frac{\partial}{\partial t}\nabla^2 w = \nu\nabla^4 w + \alpha g\left(\frac{\partial^2}{\partial x^2}+\frac{\partial^2}{\partial y^2}\right)\theta \tag{1.3}$$

ここに，恒等式 $\nabla\times(\nabla\times\boldsymbol{A}) = \nabla(\nabla\boldsymbol{A}) - \nabla^2\boldsymbol{A}$ および非圧縮条件(1.2a)を用いた．(1.3)および(1.2c)の線形化方程式

$$\frac{\partial\theta}{\partial t} = \kappa\nabla^2\theta + \beta w \tag{1.4}$$

は，w と θ に関する閉じた線形方程式系を与える．境界条件については次のことを仮定する．まず，水平面は無限の広がりをもっているとする．鉛直方向については，平板面($z=0, d$)で $w=0$，また仮定により温度もそこで一定に保たれるから $\theta=0$ である．平板面で流体に滑りがなければ，そこで $u=v=0$ である．しかし，Rayleigh に従って，必ずしも現実的ではないが数学的に最も扱いやすい場合として，平板面での接線応力が 0，すなわち $\partial u/\partial z=\partial v/\partial z=0$ の

場合を以下では考察する．非圧縮条件により，これは$\partial^2 w/\partial z^2=0$を意味する．(1.3),(1.4)の解はこれらの境界条件をみたすノーマルモードに分解することができる．ノーマルモードは

$$(w(x,y,z,t),\theta(x,y,z,t)) = (w_{m,\boldsymbol{k}}(t),\theta_{m,\boldsymbol{k}}(t))\sin\frac{m\pi z}{d} \times\exp(i(k_x x+k_y y)) \quad (m\text{ は整数}) \quad (1.5)$$

のように表わされ，波数パラメタ$(m,\boldsymbol{k})$をもつ．モード振幅$w_{m,\boldsymbol{k}},\theta_{m,\boldsymbol{k}}$の時間依存性を$\exp(\lambda t)$と置けば，成長率$\lambda$がみたす方程式は

$$\{\tilde{\lambda}+(m\pi)^2+\tilde{k}^2\}[\tilde{\lambda}\{(m\pi)^2+\tilde{k}^2\}+P\{(m\pi)^2+\tilde{k}^2\}^2]-PR\tilde{k}^2 = 0 \quad (1.6)$$

となる．ここに，$\tilde{\lambda},\tilde{k}$はそれぞれ無次元化された成長率および水平面内波数であり，$\tilde{\lambda}=d^2\lambda/\kappa$および$\tilde{k}=|\boldsymbol{k}|d$によって与えられる．すべての$m$および$\tilde{k}$に対して$\tilde{\lambda}$の実部が負ならば静止状態は安定であり，この条件が破れれば不安定である．$\tilde{\lambda}$が純虚数になりえないことは自明である．

したがって，各モードに対して安定性の限界を与えるRayleigh数$R_c(m,\tilde{k})$は，(1.6)において$\tilde{\lambda}=0$と置くことにより，

$$R_c(m,\tilde{k}) = \frac{(m^2\pi^2+\tilde{k}^2)^3}{\tilde{k}^2} \quad (1.7)$$

となる．対応する安定性のダイヤグラムを図1-2に示す．Rを増大させるとき，最初に不安定化するのは$m=1$，$k=\pi/\sqrt{2}d\equiv k_c$の固有モードであり，したがって臨界Rayleigh数R_cは$R_c=27\pi^4/4$によって与えられる．このように，R_cを越えると波数k_cのモードが不安定成長しはじめるのであるが，水平面内

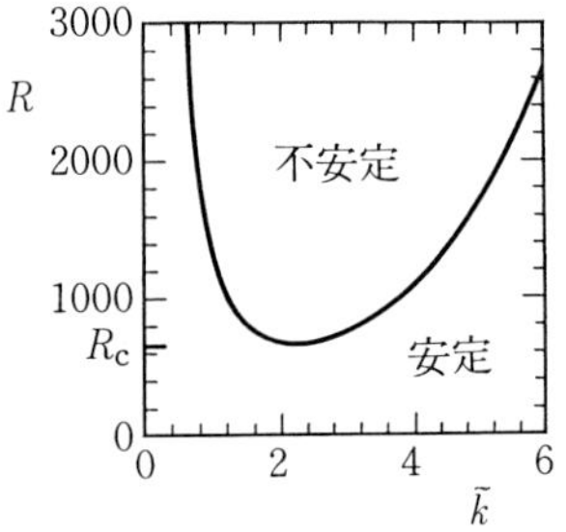

図1-2 Bénard対流における安定性のダイヤグラム．曲線は，無次元化された波数$\tilde{k}$をもつ撹乱が最初に不安定化するRayleigh数を示す．

における系の等方性から，その波数ベクトルの方向は任意である．したがって，互いに方向の異なる複数の波数ベクトルが同時に成長発展する可能性もある．しかし，通常は一特定方向をもつ波数ベクトルのみが選択される．以下ではこの事実を承認して議論を進めよう．

選ばれた波数ベクトルの方向を x 方向にとれば，$\pm\boldsymbol{k}_c=(\pm k_c, 0)$ なる1対のモードがまず不安定化することになる．ちょうど臨界点において，この臨界モード対のみが減衰も成長もせず，他のすべてのモードは減衰すると仮定すれば，線形理論の範囲では $t\to\infty$ で

$$w(x,y,z,t) = (Z+\bar{Z})\sin\frac{\pi z}{d}, \qquad Z = We^{ik_c x} \tag{1.8}$$

と表わされる．ここに，$\bar{Z}$ は Z の複素共役を表わし，W は任意の複素数である．θ も w に一義的に関係づけられ，上式に類似の形

$$\theta(x,y,z,t) = -\frac{\beta d^2}{\kappa}(\pi^2+k_c^2 d^2)^{-1}(Z+\bar{Z})\sin\frac{\pi z}{d} \tag{1.9}$$

をもつ．u, π もまた w あるいは θ に一義的に関係づけられ，したがってすべての状態変数は唯一の任意パラメタ W を共通に含む．具体的には，(1.2a, b) に戻って考えれば明らかなように，u は $(Z-\bar{Z})\cos(\pi z/d)$ に比例し，π は $(Z+\bar{Z})\cos(\pi z/d)$ に比例する．当然 $v=0$ である．線形化方程式の解として，(1.8)のように臨界モードによって表わされる解を**中立解**とよぶ．この中立解は，水平面内においては1次元的な周期構造を表わしているが，u, w の z 依存性もあわせて考えれば，先に述べたロール状の対流(1波長に1対のロールが含まれる)を表現していることがわかる．

以下の議論のために，2種類の変換 $W\to We^{i\psi}$, $W\to\bar{W}$ を考えよう．中立解(1.8), (1.9)等々から，第1の変換は $x\to x+k_c^{-1}\psi$ と等価，すなわちロールパターンの空間並進を表わす．また，第2の変換は $x\to -x$ と等価，すなわち x 方向に関するロールパターンの空間反転を表わしている．これらのことから，中立解は2種類の同時変換

(i) $W\to W\exp(i\psi), \quad x\to x-k_c^{-1}\psi$ 　(ψ は任意)

(ii) $W \to \bar{W}, \quad x \to -x$

のいずれに対しても不変であることがわかる．

R が R_c からわずかに離れた場合を考えよう．その場合，W をゆっくりと時間変化する変数と読み替えれば，w, θ 等に関する上記の中立解の表式自体はなお近似的に正しいと期待できる．$(R-R_c)/R_c=\mu$ と置こう．μ を**分岐パラメタ**とよぶ．いま $|\mu|\ll 1$ を仮定しているから，臨界モードの固有値 $\lambda(\boldsymbol{k}_c)$ は μ に比例するとしてよい．すなわち

$$\lambda(\boldsymbol{k}_c) = \mu\lambda_1 \qquad (\lambda_1>0) \tag{1.10}$$

これに対応して線形近似の範囲では，$\dot{Z}=\mu\lambda_1 Z$ と表わされるであろう．あるいは，W は $\dot{W}=\mu\lambda_1 W$ に従い，指数関数的に成長または減衰する．

特に，それが成長する場合には，発展方程式に非線形項を考慮することによって初めて意味のある結果が得られる．そのような方程式を

$$\frac{\partial W}{\partial t} = \mu\lambda_1 W + F(W, \bar{W}) \tag{1.11}$$

と置く．F は非線形項で，一般に W と $\bar{W}$ のさまざまなベキを含むであろう．しかし，$|\mu|$ の微小性に応じて $|W|$ も小さいと期待されるから，比較的低次の非線形項のみを考慮すればよい．しかるに，先にも述べたように，中立解によって近似的に表わされる系の状態は，変換(i)，(ii)のおのおのに対して不変である．このことは，W の発展方程式も同じ変換に対して不変であることを要求する．F の 2 次の項としては $W^2, |W|^2, \bar{W}^2$ の 3 種が考えられるが，それらのいずれに対しても方程式は(i)に関する不変条件を満足しない．また，3 次の項で同条件を満足するのは $|W|^2W$ のみである．よって，非線形性に関する最低次の近似で

$$\frac{dW}{dt} = \mu\lambda_1 W - g|W|^2 W \tag{1.12}$$

が得られる．ここに，g は実定数である．これは上式が変換(ii)に対して不変であることから出てくる性質である．g は Boussinesq 方程式に現われるパラメタを用いて表わされるべき量である．しかし，上のような現象論的考察から

はその表式を知ることができない．第5章で述べるような縮約理論を適用すれば，その具体的表式が得られ，正となることがわかる．

不安定点近傍では，臨界モードの振幅に対する非線形発展方程式がしばしば(1.12)に類似の形に導かれる．そのような方程式を小振幅方程式あるいは単に**振幅方程式**とよぶ．振幅方程式(1.12)は自明解 $W=0$ をもつ．これは静止状態を表わしている．$\mu<0$ においては自明解は唯一の安定な定常解である．$\mu>0$ においては自明解は不安定化し，$g>0$ ならば微小な有限振幅解 $|W|=(\mu\lambda_1/g)^{1/2}$ (非自明解または**分岐解**という)が安定定常解となる．これは定常なロールパターンを表わしている．分岐パラメタの連続的な変化によって，あるところで $t\to\infty$ における解の定性的振舞いが突然変化するこのような現象を，一般に**分岐**(bifurcation)とよぶ．分岐という概念は散逸構造の研究における中心的な概念であり，以下の章でも頻繁に現われる．

なお，目下の現象においては，g は正であるが，問題によっては負となることもある．その場合には，分岐解は $\mu<0$ の側に現われ，かつ不安定である．そして，$\mu>0$ の側には安定解は存在しない．$\mu>0$ で実現される状態は，定常であれ非定常であれ，振幅方程式の適用限界を越えるものである．

$g>0$ の場合のように，自明解が不安定となるパラメタ領域に分岐解が現われるとき，それを**正常分岐**(normal bifurcation)あるいは**超臨界分岐**(supercritical bifurcation)とよぶ．これに対して，自明解が安定なパラメタ領域に分岐解が現われるとき，それを**逆分岐**(inverted bifurcation)あるいは**亜臨界分岐**(subcritical bifurcation)とよぶ．

以上の考察においては，波数 k_c をもつ臨界モードのみが分岐点近傍における唯一の実効的自由度とされた．しかしながら，このような見方は不十分である．なぜならば，波数が k_c に限りなく近く，したがって固有値が0に限りなく近い固有モードが無数に存在するという事実がそこでは見過ごされているからである．臨界固有値は孤立しているのではなく，それに限りなく近い固有値が連続的に分布している．したがって，より一般的な取扱いにおいては，k_c 近傍の波数をもつ一群の平面波も同等に重要な自由度として考慮されるべきである．これは，ロールパターンがゆるやかな空間変調を受ける可能性を考慮することに他ならない．それによって記述される現象の範囲は飛躍的に拡大する．

このように拡張された取扱いにおいても，中立解(1.8)はなお系の状態を近似的に表わしていると考えられる．ただし，そこでは W を時間のみならず空間的にも長スケールで変動する変数であると読み替える必要がある．まず線形近似の範囲で W に対する発展方程式を見いだそう．臨界モードに近接するモードの固有値は一般に $\lambda(\boldsymbol{k})=\mu\lambda_1-D(k-k_c)^2$ なる形をもつであろう．ここに D は正定数である．選択されるべき臨界波数ベクトル $\boldsymbol{k}_c=(k_c, 0)$ の近傍では $k=k_x+(k_y^2/2k_c)$ と近似されることに注意すれば，$\lambda(\boldsymbol{k})$ はさらに

$$\lambda(\boldsymbol{k}) = \mu\lambda_1-D\left(k_x-k_c+\frac{k_y^2}{2k_c}\right)^2 \tag{1.13}$$

のように表わされる．上式は Z に対する線形発展方程式が

$$\frac{\partial Z}{\partial t} = \mu\lambda_1 Z+D\left(\frac{\partial}{\partial x}-ik_c-\frac{i}{2k_c}\frac{\partial^2}{\partial y^2}\right)^2 Z \tag{1.14}$$

となること，すなわち W に対して

$$\frac{\partial W}{\partial t} = \mu\lambda_1 W+D\left(\frac{\partial}{\partial x}-\frac{i}{2k_c}\frac{\partial^2}{\partial y^2}\right)^2 W \tag{1.15}$$

が成立することを示唆している．(1.13)と(1.14)の間には，対応関係 $\partial/\partial t\leftrightarrow\lambda$, $\partial/\partial x\leftrightarrow ik_x$，$\partial/\partial y\leftrightarrow ik_y$ があることは明らかであろう．(1.15)を補うべき非線形項に関しては，W が空間的に一様な場合と同様に，$-g|W|^2W$ 項を考慮すれば十分であろう．このようにして

$$\frac{\partial W}{\partial t} = \mu\lambda_1 W+D\left(\frac{\partial}{\partial x}-\frac{i}{2k_c}\frac{\partial^2}{\partial y^2}\right)^2 W-g|W|^2W \tag{1.16}$$

を得る．この振幅方程式は，Newell と Whitehead(1969)によって Boussinesq 方程式から導かれたものであり，**Newell-Whitehead**(NW)**方程式**とよばれている．

(1.16)に代表されるような振幅方程式の解の性質については第2章にゆずる

こととし，ここでは散逸構造のダイナミクスに対して試みられているいくつかの有力なアプローチがいかなる特徴をもっているかについて述べる．Bénard 対流に関する以上の議論からも想像されるように，一般に散逸構造の発生点，すなわち分岐点の近傍に着目すれば系のダイナミクスは大幅に縮約され，もとの発展方程式を扱う場合に比べればはるかに詳細な解析が可能となる．分岐点の近傍においては，不安定化しつつあるごく一部の自由度のみが重要であり，大多数の安定な自由度は断熱的に消去されるからである．H. Haken はこのような自由度縮約の機構を**隷属原理**(slaving principle)とよんだ．

隷属原理による自由度の低下は，発展方程式の単純化という以上のメリットをもたらす．それは発展方程式の普遍化と呼ぶことができるであろう．たとえば，(1.12)は熱対流という本来の意味をはるかに越えたきわめて普遍的な形をもっている．変数 W の意味を解釈し直すことによって，その方程式は種々の系の不安定点近傍の普遍的構造を抽出したものと見なされる．偏微分方程式(1.16)も，2 次元系に 1 次元的な周期構造が発現するさまざまな物理的状況に適用できる普遍的な方程式である．このように，縮約によってそれぞれの系に固有の特徴の多くは拭い去られるが，広く共有される性質は保持される．

方程式が普遍的であるということは，それを解析することによって多くの異なった系に関する情報が同時的に得られるということを意味する．さらに，出発点となる方程式の物理的基礎がたとえ不十分であっても，系の普遍的性質に関するかぎりは，多くの場合それが問題にならないということを意味する．非線形ダイナミクスの研究においてきわめて現象論的なアプローチが成功を収めた背景には，自由度の縮減と普遍性に関するこのようなロジックが存在するものと思われる．

振幅方程式が分岐点近傍においてしか成り立たないということは大きい制約のように思われるかもしれない．しかし，ここでもまたわれわれの関心を系の普遍的性質ないし定性的特徴に限定すれば必ずしもそうとはいえない．分岐点というものが何らかの意味で系に定性的変化をもたらす点であるとすれば，1 つの分岐点から次の分岐点までは定性的変化はないということになる．したがって，上記のような限定された関心からすれば，分岐点近傍に着目することによってわれわれの目的はかなりの程度みたされるのである．

1-2 Belousov-Zhabotinskii 反応

Bénard 対流とともに，散逸構造やカオスの研究において牽引車として強力な役割をはたしてきた現象として **Belousov-Zhabotinskii**（BZ）**反応**がある．この化学反応は，最初ロシアの生化学者 B. P. Belousov によって研究され，中間生成物が時間的に振動しつつ反応が進行することが見いだされた．Belousov は Krebs サイクルあるいはクエン酸サイクルとして知られている生体の代謝回路に関心をもっていたが，類似の反応回路を無機化学反応によって実現する試みの中で BZ 反応の発見に至ったのである．Zhabotinskii は 1960 年代の初め，当時ほとんど省みられなかった Belousov の発見に注目し，詳細な追試と反応機構の解明に取り組んだ．振動が観測される処方の 1 例を表 1-1 に示す．

表 1-1

150 ml	1 M　H_2SO_4	
0.175 g	$Ce(NO_3)_6(NH_4)_2$	0.002 M
4.292 g	$CH_2(COOH)_2$	0.28 M
1.415 g	$NaBrO_3$	0.063 M

この試薬においては，マロン酸 $CH_2(COOH)_2$ が臭素酸ナトリウム $NaBrO_3$ によって酸化され，ブロモマロン酸 $BrCH(COOH)_2$ を生じる．この過程でセリウムイオン Ce^{3+}, Ce^{4+} が触媒として働く．さらに酸化還元指示薬として 0.025 M のフェロインを数 ml 加えれば，中間生成物の濃度変化は赤から青，青から赤への色彩の変化として反映される．

反応全体の収支のみを表わせば，

$$2BrO_3^- + 3CH_2(COOH)_2 + 2H^+ \rightarrow 2BrCH(COOH)_2 + 3CO_2 + 4H_2O \quad (1.17)$$

となる．しかし，これはさらに多数の素反応に分解され，多様な中間生成物が

表 1-2

$HOBr+Br^-+H^+$	$\rightleftarrows$	Br_2+H_2O	(R1)
$HBrO_2+Br^-+H^+$	$\longrightarrow$	$2HOBr$	(R2)
$BrO_3^-+Br^-+2H^+$	$\longrightarrow$	$HBrO_2+HOBr$	(R3)
$2HBrO_2$	$\longrightarrow$	$BrO_3^-+HOBr+H^+$	(R4)
$BrO_3^-+HBrO_2+H^+$	$\rightleftarrows$	$2BrO_2+H_2O$	(R5)
$BrO_2+Ce^{3+}+H^+$	$\rightleftarrows$	$HBrO_2+Ce^{4+}$	(R6)
$Br_2+CH_2(COOH)_2$	$\longrightarrow$	$BrCH(COOH)_2+Br^-+H^+$	(R7)
$6Ce^{4+}+CH_2(COOH)_2+2H_2O$	$\longrightarrow$	$6Ce^{3+}+HCOOH+2CO_2+6H^+$	(R8)
$4Ce^{4+}+BrCH(COOH)_2+2H_2O$	$\longrightarrow$	$4Ce^{3+}+HCOOH+2CO_2+5H^++Br^-$	(R9)
$Br_2+HCOOH$	$\longrightarrow$	$2Br^-+CO_2+2H^+$	(R10)

現われる．R. J. Field，E. Körös および R. M. Noyes はその詳細を研究した(1972)．彼らは(1.17)が表 1-2 に示すような基本的なステップに分解されるとし，各ステップにおける反応速度を評価した．これは**FKN 機構**として知られているものである．

彼らはさらにこれらの中から特に重要なステップとして(R2),(R3),(R4),(R10)，および(R5)+2(R6)を取り出した．最後のステップは

$$2Ce^{3+}+BrO_3^-+HBrO_2+3H^+ \to 2Ce^{4+}+2HBrO_2+H_2O \qquad (Q)$$

のように表わされる．ただし，(Q)の律速過程は(R5)とする．これら 5 つのステップに基づいて化学動力学モデルを構成するために，それぞれに対応する反応のスキームを

$$A+Y \to X+P \qquad (S1)$$

$$X+Y \to 2P \qquad (S2)$$

$$A+X \to 2X+2Z \qquad (S3)$$

$$2X \to A+P \qquad (S4)$$

$$B+Z \to hY \qquad (S5)$$

と表わす．ただし，$A=BrO_3^-$，$B=BrCH(COOH)_2$，$P=HOBr$，$X=HBrO_2$，$Y=Br^-$，$Z=Ce^{4+}$ である．また，$[H^+]$ の変動はほとんど無視できるという

事実を用いている．(S1)，(S2)，(S4)は明らかに(R3)，(R2)，(R4)を表わしている．(S3)は(Q)を表わしているが，前述のように律速過程が(R5)であることを考慮している．また，(S5)は(R9)に対応する式であるが，後者の過程についてはなお不明の点が多く，単にCe^{4+}の消費とBr^-の生成とが連動していることを未知の化学量数パラメタhを用いて大まかに表わしたものにすぎない．以下では，上に現われた各物質A，B等のモル濃度をそれぞれ対応する記号A, B等によって表わそう．

FieldたちはA, Bがほぼ一定に保たれると仮定し，X, Y, Zのみを重要な変数と考えた．(S1)～(S5)を素反応と仮定すれば，その結果次式の3変数力学モデルが得られる．

$$\frac{dX}{dt} = k_1AY - k_2XY + k_3AX - 2k_4X^2 \tag{1.18a}$$

$$\frac{dY}{dt} = -k_1AY - k_2XY + hk_5BZ \tag{1.18b}$$

$$\frac{dZ}{dt} = 2k_3AX - k_5BZ \tag{1.18c}$$

ここに，k_1～k_5はそれぞれ(S1)～(S5)における実効的反応速度定数であり，実験的にそれらの大きさは評価されている．上の3変数モデルは**オレゴネーター(Oregonator)**とよばれ，BZ反応を定量的にもよくとらえ，数学的にもあるていど解析が可能な簡潔なモデルとして広く知られているものである．上式は，$u = 2k_4X/k_3A$，$v = k_4k_5BZ/(k_3A)^2$，$w = k_2Y/k_3A$のようにスケールされた濃度変数u, v, w，およびスケールされた時間$t' = k_5Bt$を用いれば，より簡潔に表わされる．t'をあらためてtと表記すれば，(1.18a～c)は

$$\varepsilon\frac{du}{dt} = aw - uw + u - u^2 \tag{1.19a}$$

$$\frac{dv}{dt} = u - v \tag{1.19b}$$

$$\varepsilon'\frac{dw}{dt} = -aw - uw + bv \tag{1.19c}$$

と表わされる．ここに$a = 2k_1k_4/k_2k_3$，$b = 2h$，$\varepsilon = k_5B/k_3A$，$\varepsilon' = 2k_4k_5B/k_2k_3A$

である．

以上の議論においては，反応の進行過程で系に何ら外的操作を加えないと仮定している．したがって，系はやがて化学平衡に達するはずである．しかし上述の3変数モデルにおいては，ゆっくりと変動すべきいくつかの物質濃度を一定のパラメタと見なしているために，永続的に非平衡状態が維持されるかのように見える．現実に非平衡状態を長時間維持するためには，新鮮な試薬をたえず系に供給しなければならない．しかし，このような操作は物質濃度の不均一性を容易に生じてしまうので，均一性を保つために混合溶液を十分に撹拌しつづけることが同時に必要である．したがってこの種の実験においては，濃度の空間パターンではなく，一様化された系の時間変化，特にカオスが関心の対象となる．オレゴネーターのような力学モデルは，媒質中の1点におけるダイナミクスを表わすと解釈してもよいし，撹拌によって均一化された系全体に対するモデルと考えてもよい．ただし，反応液の流出入があれば，それを表わす項を方程式につけ加えなければならない．いずれにせよ，均一化された BZ 反応系は少数自由度力学系によってモデル化されると期待され，Bénard 対流系とともに近年におけるカオス力学系の研究にとって貴重な題材を提供してきたのである．そこでは反応液の流入速度が Rayleigh 数に対応するような制御パラメタとなっている．

これに対して，BZ 反応の濃度パターンの研究においては，撹拌を伴わない非平衡状態の維持は久しく困難とされ，比較的長時間にわたる過渡的な非平衡状態を利用して研究が進められてきた．しかし，近年になって分子拡散によって反応液を一様に注入する方法が開発され，散逸構造の研究に大きな可能性を開いた．このことは第3章であらためて述べる．

BZ 反応系のパターンの問題は第3章で論じられるが，それに先立って3自由度をもつオレゴネーター(1.19a〜c)がさらに2自由度系に縮約されることを示しておこう．そして後者の挙動を定性的に考察しよう．実験的に知られている事実として，オレゴネーターに含まれる4つのパラメタは条件 $\varepsilon' \ll \varepsilon \ll 1$, $a \ll 1$，$b \cong 1$ をみたす．第1の条件は，3変数のうちで最も速く時間変化する

量が w であり，ついで u, v の順であることを示している．したがって，最も速い w を断熱的に消去することが許されるであろう．これを実行するには，(1.19c)を 0 と置いて得られる表式 $w=bv/(u+a)$ を(1.19a)に代入すればよい．その結果，(1.19b)と合わせて，2 変数系

$$\varepsilon\frac{du}{dt} = u(1-u) - \frac{bv(u-a)}{u+a} \tag{1.20a}$$

$$\frac{dv}{dt} = u - v \tag{1.20b}$$

が得られる．断熱消去によるこのような縮約法の理論的基礎については第 5 章で述べる．

上の 2 変数モデルは **Keener-Tyson**(KT)**モデル**とよばれる．その挙動を定性的に知るために，相平面に $\dot{u}=0$，$\dot{v}=0$ によって表わされる 2 曲線(**ヌルクライン**とよぶ) Σ, Γ を描く．パラメタ a が小さいことから，典型的な場合には図 1-3(a)のようになる．Σ と Γ の交わり方を定性的に見るために，同図を模式的に表わしたのが図 1-3(b)または(c)である．Σ は非単調で極大点 P と極小点 Q をもつ．P と Q によって Σ は 3 つの分枝に分けられるが，それらを左から Σ_-, Σ_0, Σ_+ としよう．(b)においては，Σ と Γ の交点すなわち定常

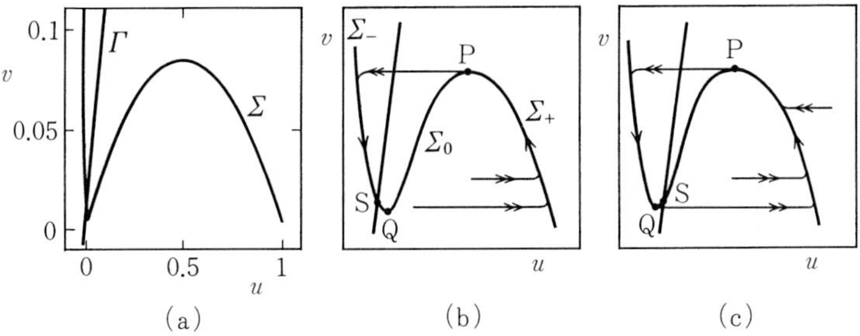

図 1-3 (a) BZ 反応に対する KT モデル(1.20)のヌルクライン．$a=2\times10^{-4}$, $b=3$．(b)は(a)の模式図．定常点 S は Q の左側にあり，したがって ε が十分小さい場合にはリミットサイクル軌道は存在せず，系は一過性の興奮を示す．b が小さくなると，(c)に模式的に示すように，S は Q の右側に現われ，安定なリミットサイクル軌道が存在する．

点Sが極小点Qの左側にあり，(c)においては右側にある．εが非常に小さいから，uの時間変化はvに比べてはるかに速く，したがって相平面における速度ベクトルは，ヌルクラインのごく近傍を除いて，ほとんど水平に近い．

すなわち，任意の初期条件から出発した状態点は，vがほぼ一定のままでまずΣに十分接近し，しかる後にΣに沿ってゆっくりと移動する．速度ベクトルの向きから容易にわかるように，分枝Σ_-, Σ_+は状態点を引きつける安定な分枝であり，Σ_0はそれを離反させる不安定な分枝である．また，状態点はΣ_-に沿っては下降し，Σ_+に沿っては上昇する．分枝の終点PまたはQに状態点が達すると，それは別の安定な分枝へ飛躍する．

以上の考察から，(b),(c)各場合における系の挙動は明白である．すなわち，(c)においては定常点Sは不安定であり，系はそれを囲む閉軌道(Cとする)に沿った運動を行なう．Cの近傍にはそれ以外のいかなる閉軌道も存在しない．このような孤立した閉軌道を**リミットサイクル**とよぶ．これはBZ反応における濃度の振動に対応している．(b)においては，Sは局所的には安定である．しかし，SがQにごく近い場合には，Sにかなり近い初期点が必ずしもSに単調に復帰せず，(c)のリミットサイクル軌道に似た迂回路を経由した後にはじめて復帰する．このような性質を**興奮性**(excitability)とよぶ．興奮系においては，定常状態(休止状態ともいう)にわずかな刺激を与えるだけで一過的に大きな状態変化を引き起こすことができる．生体膜におけるこのような興奮現象はよく知られている．BZ反応系も興奮性の状態を容易に実現でき，生体における興奮現象にきわめて類似した振舞いを示すことから，いっそう広い分野からの関心をよぶようになった．

生体膜の興奮現象を示す実体的モデルとしては，**Hodgkin-Huxley方程式**がよく知られている．これは4変数の非線形常微分方程式系であり，オレゴネーターに対比させることができる．さらに，Hodgkin-Huxley方程式の簡単化として，2変数の**FitzHugh-南雲(FN)方程式**

$$\varepsilon\frac{du}{dt}=u(1-u)(u-a)-v \qquad (1.21a)$$

$$\frac{dv}{dt} = u \tag{1.21b}$$

がある．FN 方程式のヌルクラインは図 1-3 のそれとよく似ている．特に $\varepsilon \to 0$ における FN 系の定性的挙動については，Keener-Tyson モデルに対するのと同様の議論が成り立ち，a の値によりリミットサイクル振動または興奮性を示す．Bénard 対流の場合と同様に，非本質的な自由度の消去によるダイナミクスの縮約ということが BZ 反応においても非常に有効であることが，以上の議論からも推察されるであろう．

均質な BZ 反応系に現われる空間パターンは反応と拡散のみによって生じると考えられている．したがって，これを記述するモデルとして，各成分に対する発展方程式に拡散項を付け加えたものを用いる．このような連立偏微分方程式系を**反応拡散系**とよぶ．

たとえば(1.20a, b)に対応する反応拡散方程式は

$$\varepsilon\frac{\partial u}{\partial t} = u(1-u) - \frac{bv(u-a)}{u+a} + \varepsilon D\nabla^2 u \tag{1.22a}$$

$$\frac{\partial v}{\partial t} = u - v + D'\nabla^2 v \tag{1.22b}$$

である．また，FN モデルに対応して得られる反応拡散系は，特に v の拡散係数が 0 でかつ空間次元 1 の場合には**神経伝導方程式**ともよばれ，神経繊維を伝わる活動電位を記述するモデル方程式として知られている．

(1.22a, b)のような系は，リミットサイクル振動ないし興奮性を示す要素系(これらを**能動機能素子**とよぶこともある)が空間的に分布し，近接する要素が拡散によって相互につながっている系と見ることができる．これは反応拡散系ばかりでなく，縮約された発展方程式のレベルで見れば Bénard 対流系にもあてはまる見方である．事実，(1.12)は平面回転子的な能動機能素子を表わしており，NW 方程式(1.16)は，2 次元空間に分布したこのような要素系が拡散的に(ただし単純な拡散ではないが)つながった系を表わしている．

このように，散逸構造研究の少なくとも出発点においては，非本質的な複雑

性や複合的効果をなるべく排除するという立場から，無限に広がった均質な能動機能素子の場によって系を理想化することが実り多い結果をもたらすであろう．

2 振幅方程式とその応用

新しいパターンが発生する分岐点の近傍では，系の支配方程式が振幅方程式とよばれる比較的単純な方程式に縮約されることを前章で見た．そして，その代表例として Newell-Whitehead(NW)方程式が現象論的に導かれた．本章では，物理的状況に応じていくつかの異なったタイプの振幅方程式が導かれることを示し，それらの性質を調べる．

まず，NW 方程式については，その基本的な定常解である1次元的周期パターンがいかなる機構によって不安定化するかを明らかにする．等方的な媒質において成立する NW 方程式とは異なり，液晶対流系のような異方的な媒質に対しては，1つの簡便なモデルとして Ginzburg-Pitaevskii 方程式がある．本章ではその導出を素描した後，同方程式に基づいてトポロジカルな欠陥の構造と運動を論じる．さらに，リミットサイクル振動の発生に関連した振幅方程式として，複素 Ginzburg-Landau 方程式を現象論的に導出し，その諸性質を述べる．特に，一様振動解や進行平面波解の安定性を調べ，回転らせん波，ホール解，時空間欠性等について言及する．

2-1 Newell-Whitehead 方程式と周期構造の安定性

NW 方程式は Bénard 対流に関連して導かれた方程式である．しかし，前章でも述べたように，この方程式自体は流体現象を越えた普遍性をもち，1 次元的な周期構造が現われる種々の状況において成立するものと期待される．たとえば，同様の方程式が反応拡散系からも得られることが第 5 章で示される．したがって，周期構造の不安定化に関する以下の議論も，対流パターンに限定される必要はない．しかしながら，少なくとも実験的には周期パターンのダイナミクスは熱対流現象に対して最もくわしく研究されていることから，以下では同現象との関連に触れつつ議論を進めよう．

NW 方程式(1.16)は，振幅 W および時間・空間座標を適当にスケールし直せば，次のように表わされる．

$$\frac{\partial W}{\partial t} = \mu W - |W|^2 W + \left(\frac{\partial}{\partial x} - \frac{i}{2k_c}\frac{\partial^2}{\partial y^2}\right)^2 W \tag{2.1}$$

ただし，記号の節約のため，新しいスケールによる臨界波数をあらためて k_c と表記した．μ の絶対値も表式から消去することができるが，その効果を追跡できるように，以下では残しておく．NW 方程式は，次式のようにポテンシャル Ψ の汎関数微分から導かれる．

$$\frac{\partial W}{\partial t} = -\frac{\delta \Psi}{\delta \bar{W}} \tag{2.2}$$

$$\Psi = \iint dxdy\left(-\mu|W|^2 + \frac{1}{2}|W|^4 + \left|\frac{\partial W}{\partial x} - \frac{i}{2k_c}\frac{\partial^2 W}{\partial y^2}\right|^2\right)$$

W の時間発展とともに Ψ が単調減少することは，次式から明らかである．

$$\begin{aligned}\frac{d\Psi}{dt} &= \iint dxdy\left(\frac{\delta\Psi}{\delta W}\frac{\partial W}{\partial t} + \frac{\delta\Psi}{\delta\bar{W}}\frac{\partial\bar{W}}{\partial t}\right)\\ &= -2\iint dxdy\left|\frac{\delta\Psi}{\delta W}\right|^2 \leqq 0\end{aligned} \tag{2.3}$$

系はΨの極小点に向かって変化し，到達すればそこにとどまる．ポテンシャルをもつ純緩和系の振舞いは，振動やカオスなどが現われないという意味では単純である．しかし，それがしばしば非常に多くの準安定状態をもつという点において決して単純ではない．純緩和系への興味は，多くの場合このような多重安定性に由来している．

超臨界領域($\mu>0$)において，(2.1)は一群の定常解W_kをもち，それらは次式によって表わされる．

$$W_k = A_k e^{i(\delta k\cdot x+\psi_0)} \tag{2.4a}$$

$$A_k = \sqrt{\mu-(\delta k)^2} \tag{2.4b}$$

ψ_0はNW方程式の空間並進対称性にもとづく任意の位相パラメタである．もう1つの任意パラメタδkが，以下の議論では重要である．Bénard対流の場合には，上の解は定常なロールパターンを表わすが，その波数は$k=k_c+\delta k$のように一般に臨界波数k_cからずれている．これら一群の周期構造がすべて安定に存在するわけではない．そこでW_kの線形安定性を調べるために，$W=(A_k+\rho)\exp(i(\delta k\cdot x+\psi))$と置き，(2.1)に代入して振幅撹乱$\rho$と位相撹乱$\psi$に対する線形化方程式を導く．それらは次の形をもつ．

$$\frac{\partial\rho}{\partial t} = \left\{-2(\mu-(\delta k)^2)+\frac{\partial^2}{\partial x^2}+\frac{\delta k}{k_c}\frac{\partial^2}{\partial y^2}-\frac{1}{(2k_c)^2}\frac{\partial^4}{\partial y^4}\right\}\rho + A_k\left(-2\delta k\frac{\partial}{\partial x}+\frac{1}{k_c}\frac{\partial^3}{\partial x\partial y^2}\right)\psi \tag{2.5a}$$

$$\frac{\partial\psi}{\partial t} = A_k^{-1}\left(2\delta k\frac{\partial}{\partial x}-\frac{1}{k_c}\frac{\partial^3}{\partial x\partial y^2}\right)\rho+\left(\frac{\partial^2}{\partial x^2}+\frac{\delta k}{k_c}\frac{\partial^2}{\partial y^2}-\frac{1}{(2k_c)^2}\frac{\partial^4}{\partial y^4}\right)\psi \tag{2.5b}$$

波数ベクトル$\boldsymbol{q}=(q_x, q_y)$をもつ撹乱に対する安定性を調べるには，$\rho,\psi\sim\exp(i(q_x x+q_y y)+\lambda t)$と置いて上式に代入し，成長率$\lambda$に対する2次方程式を解いてその実部の符号を調べればよい．2根λ_+,λ_-の表式は

$$\lambda_\pm = -\left\{\mu-(\delta k)^2+q_x^2+\frac{\delta k}{k_c}q_y^2+\frac{q_y^4}{(2k_c)^2}\right\}\pm\left[\{\mu-(\delta k)^2\}^2+4q_x^2\left(\delta k+\frac{2}{k_c}q_y^2\right)^2\right]^{1/2} \tag{2.6}$$

となる．$q_x=q_y=0$ の場合には $\lambda_+=0$, $\lambda_-<0$ となるから，$\lambda_+(\boldsymbol{q})$ は位相擾乱に対応する固有値スペクトルの分枝であり，$\lambda_-(\boldsymbol{q})$ は振幅擾乱に対応していることがわかる．λ_+ は十分に微小な q_x または q_y に対して正になる可能性がある．すなわち長波長の位相擾乱に対して不安定性が生じる可能性がある．これを見るために，λ_+ を q_x, q_y に関して次式のように展開しよう．

$$\lambda_+ = -\frac{\mu-3(\delta k)^2}{\mu-(\delta k)^2}q_x^2-\frac{\delta k}{k_c}q_y^2-\frac{2(\delta k)^4}{\{\mu-(\delta k)^2\}^3}q_x^4-\frac{1}{(2k_c)^2}q_y^4+\frac{8\delta k}{\{\mu-(\delta k)^2\}k_c}q_x^2q_y^2+\cdots \tag{2.7}$$

長波長の位相不安定性は，q_x^2 または q_y^2 の係数の符号が正になるときに起こる．

q_x^2 の係数が正になる場合は **Eckhaus 不安定性**とよばれ，q_y^2 の係数が正になる場合は**ジグザグ不安定性**とよばれる．前者は

$$|\delta k| > \sqrt{\frac{\mu}{3}} \tag{2.8}$$

の場合に，また後者は

$$\delta k < 0 \tag{2.9}$$

の場合に起こる．Bénard 対流に即して述べれば，Eckhaus 不安定性においては，y 軸に平行なロールがその直線性を基本的には保ったまま，ロール間間隔の不均一な擾乱が不安定増大する．また，ジグザグ不安定性においては，ロー

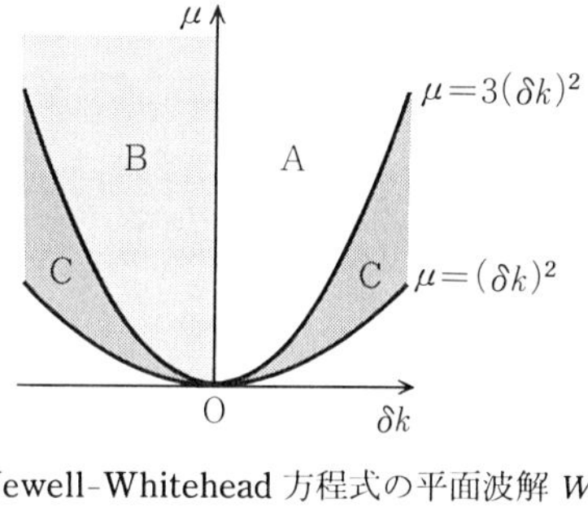

図 2-1　Newell-Whitehead 方程式の平面波解 W_k の存在領域，およびその安定性．$\mu=(R-R_c)/R_c$ は分岐パラメタ，δk は臨界波数 k_c からのずれを表わす．$\mu>(\delta k)^2$ において平面波解が存在する．領域 A, B, C において，それらはそれぞれ安定，ジグザグ不安定，Eckhaus 不安定である．

ル間間隔の一様性に自発的乱れは生じないが，ロールを湾曲させるような撹乱が不安定増大する．δk-μ 平面において，解 W_k が存在する領域，およびその安定・不安定領域を示すと，図 2-1 のようになる．何らかの原因により，初期状態における周期パターンの波数が Eckhaus 不安定またはジグザグ不安定な領域に置かれたとき，パターンの乱れがどのように発展し，最終的にどのような状態に落ち着くかを論じることは，一般に困難と思われる．これに関しては，次節および 4-1 節でも論じられる．

現実の Bénard 対流においては，ロール構造に生じる長波長の位相不安定性として，上記のもの以外に**振動不安定性**や**スキュドヴァリコース不安定性**とよばれるものが観測される．これらは Boussinesq 方程式に対する厳密な線形安定性解析(F. H. Busse and R. M. Clever, 1979)によっても見いだされるものである．振動不安定性においては，ジグザグ不安定性と同様にロール軸を曲げるような長波長の位相撹乱が不安定増大するのであるが，ジグザグ不安定性と違ってその固有値 λ が複素数であり，その実部が正となる．この不安定性は Prandtl 数の小さい系で観測されやすく，ロールの波動がロール軸に沿って伝播する．一方，スキュドヴァリコース不安定性は，長波長の位相撹乱に対する実固有値 λ の符号が変わるという点では Eckhaus 不安定性やジグザグ不安定性と同様である．しかし，不安定化する位相撹乱の波数ベクトル $\boldsymbol{q}=(q_x, q_y)$ が $|\boldsymbol{q}|\to 0$ の極限で $q_x/q_y=$ 有限 となる点がそれらと異なっている．

振動不安定性やスキュドヴァリコース不安定性が R_c のかなり近くでもしばしば観測されるという事実は，NW 方程式が R_c 近傍で必ずしも正しくないことを示唆している．同方程式の導出においては，k_c 近傍の波数をもつ一群のモードがきわめて長いタイムスケールをもつこと，したがって他のすべての自由度がそれらに断熱的に追随することが仮定された．しかしながら，じつは同方程式において考慮されなかった重要なモードとして，長波長の水平面内流速成分がある．それらも臨界モードと同様に非常に長いタイムスケールをもっている．なぜなら，Navier-Stokes 方程式は Galilei 不変な方程式であり，したがって，アスペクト比が十分に大で，かつ上下平板両面における接線応力の効果が小さければ，水平面内速度の長波長成分は近似的な保存量となるからである．これら長いタイムスケールをもつ自由度を無視ないし断熱的に消去することは正しくなく，臨界モードとともにあらわに考慮されなければならない．

このような考察に基づいてNW方程式を改良した振幅方程式が提出され，定常ロール構造の不安定化や自発的乱れの発生に関する多くの事実がよりよく理解されるようになった(E. D. Siggia and A. Zipperius, 1981)．修正された振幅方程式からはたとえば振動不安定性が生じうるが，それはNW方程式に対して存在したΨのようなポテンシャルがもはや存在しないことを示している．時空カオスや乱流の発生を正しく記述できるのはポテンシャルをもたないこのような振幅方程式によってであろう．しかしまた，対流現象の実体を正確に反映させようとすればするほど，流体を越えた普遍性をモデルが失うことも事実である．非平衡散逸系の研究においてはしばしばこの種のジレンマに遭遇する．少なくとも，相反するこれら両側面の存在を視野に入れ，それぞれの理論によって何が救い出され何が切り捨てられるのかをできるだけ明確にしておくことが重要と思われる．

2-2 異方性流体と Ginzburg-Pitaevskii 方程式

Bénard 対流は等方性流体における熱対流であるが，非等方的流体である液晶を非平衡条件下に保ち，**電気流体力学的不安定性**によって対流を生じさせることができる．これは近年活発に研究が進められているテーマの1つである．液晶は一般に棒状の有機分子から構成される流体であり，熱力学的に安定な分子配列パターンの種類によって，ネマティック液晶，スメクティック液晶，コレステリック液晶等に分類される．対流の実験においては，分子が1方向にそろう以外には対称性の低下を示さないネマティック液晶が用いられる．しばしば用いられる液晶はMBBA(*N*-(*p*-methoxybenzyliden)-*p*-butylaniline)である．通常の実験においては，試料を2枚の平板な電極の間に薄くはさみ，適当な方法によって分子配向(**ディレクター**という)を電極面に平行な1方向にそろえる．電極面を xy 面とし，ディレクターは x 軸に平行としよう．さらに交流電界が z 方向に印加される．このような状況下で，交流電界の振幅 V を上げていけば，交流周波数 f の一定範囲内では，f に依存したある電圧値 V_c 以上で対流が発生する．

電気流体力学的不安定性によって対流が発生するためには，分子配向のゆらぎをますます増幅させる機構がなければならない．配向のゆらぎは，ひとつには曲げに対する弾性力のために減衰する傾向をもつ．他方，このようなゆらぎは電流の水平面内成分を誘起し，それによって空間電荷に不均一性をもたらす．このようにして蓄積した電荷には電気力が働くが，それは分子の配向のゆらぎを助長するような回転力として現われる．さらに，誘電率の異方性のために，分子は電界に垂直な配向をとろうとするのであるが，空間電荷によって生じる余分の電界のために電界の方向がずれ，分子にはさらに大きくその配向を変化させるような回転力が働くことになる．

以上のような説明は直流電界下における不安定化機構の解釈として成り立つ．現実には，技術的理由によって直流電界は用いられない．しかし，交流電界の場合にも，電界の極性反転の時間スケール f^{-1} に比べて空間電荷が十分すみやかに緩和し，かつ分子配向がその間ほとんど変化しないほど長い緩和時間をもつならば，不安定化機構は直流電界の場合と本質的に変わらない．以下ではこのような周波数領域における実験を仮定している．

発生時点での対流のパターンは，Bénard 対流の場合と同様に，周期的なロール構造を示す．**液晶対流系**の場合，このパターンは特に **Williams ドメイン**とよばれる．ただし，ロール軸が y 軸に平行となる**ノーマルロール**と，y 軸とある角度をなす**オブリクロール**の 2 つの可能性がある．それは f に依存し，ある値 f_L より低周波数側ではオブリクロールが，高周波数側ではノーマルロールが現われる．

Bénard 対流と比較した場合，液晶における電気流体力学的対流は，非平衡パターンの研究においていくつかの利点をもっている．まず，熱的制御に比べて電気的制御は精度が高く，アスペクト比の大きい系を容易に実現できる．また，Rayleigh 数に対応する電界強度と，Prandtl 数に対応する交流周波数がともに連続的に制御できるパラメタであることから，多彩なパターンを実現できることも大きな利点である．他方，液晶対流系を理論的に考察しようとする場合の難点は，基礎方程式の複雑さにある．異方性流体の方程式そのものが相当に複雑である上に，それを Maxwell 方程式と連立させなければならない．したがって，静止状態の線形安定性を解析することさえきわめて複雑な計算を要することが想像されよう．しかしながら，第1章ですでに述べた理由によって，非平衡開放系の研究にとってこれは致命的な困難とはならない．物質的構成から見たときの対象の複雑さを越える観点ないし方法論を打ち出してきたところにこそ，この分野の物理学としての新しさが見られるからである．

電気流体力学的不安定性による対流の発生を既知の事実として承認すれば，対流発生点近傍における系のダイナミクスは NW 方程式に類似の方程式によって支配されると期待される．唯一の本質的相違は媒質の異方性であろう．この点に着目して，異方性媒質にふさわしい振幅方程式の形を現象論的に導出しよう．等方的な場合と異なり，臨界波数ベクトル $\boldsymbol{k}_{\mathrm{c}}$ の方向に関しては回転の任意性はなく，したがって(1.13)は次のように修正されるべきである．

$$\lambda(\boldsymbol{k}) = \mu - D_1(k_x - k_{\mathrm{c}x})^2 - D_2(k_y - k_{\mathrm{c}y})^2 \qquad (2.10)$$

μ は適当に定義された分岐パラメタであるが，ここでは $(V-V_{\mathrm{c}})/V_{\mathrm{c}}$ に比例する量にとっておく．また，ノーマルロールにおいては $k_{\mathrm{c}x} \neq 0$, $k_{\mathrm{c}y} = 0$，オブリクロールにおいては $k_{\mathrm{c}x}, k_{\mathrm{c}y} \neq 0$ である．

臨界点近傍においては，種々の物理量の定常値からのずれがふたたび複素振幅 $Z = W\exp(i(k_{\mathrm{c}x}x + k_{\mathrm{c}y}y))$ とその複素共役 $\bar{Z}$ の1次結合によって表わされるであろう．(2.10)に対応して，Z に対する線形方程式は

$$\frac{\partial Z}{\partial t} = \mu Z + D_1\left(\frac{\partial}{\partial x} - ik_{\mathrm{c}x}\right)^2 Z + D_2\left(\frac{\partial}{\partial y} - ik_{\mathrm{c}y}\right)^2 Z \qquad (2.11)$$

すなわち，W に対しては

$$\frac{\partial W}{\partial t} = \mu W + D_1\frac{\partial^2 W}{\partial x^2} + D_2\frac{\partial^2 W}{\partial y^2} \qquad (2.12)$$

となる．

この式を補うべき非線形項としては，Bénard 対流の場合とまったく同様に，系の対称性と W の微小性から $|W|^2W$ がもっとも重要と考えられる．(2.12) に $-g|W|^2W$ 項をつけ加え，W, x, y および t に対してスケール変換 $W\to\sqrt{\mu/g}\,W$，$x\to\sqrt{D_1/\mu}\,x$，$y\to\sqrt{D_2/\mu}\,y$，$t\to\mu^{-1}t$ をほどこせば，超臨界領域 $\mu>0$ における振幅方程式として

$$\frac{\partial W}{\partial t}=W-|W|^2W+\nabla_\perp^2W \tag{2.13}$$

が得られる．ここに，$\nabla_\perp^2$ は2次元ラプラシアンである．また，正常分岐($g>0$)を仮定した．上式は**Ginzburg-Pitaevskii**(GP)**方程式**とよばれ，超流動ヘリウムに関連して知られているものと本質的に同一の方程式である．異方性流体の対流に対する方程式がこのように等方性流体に対する NW 方程式よりもさらに単純な形に縮約されることは興味深い．この方程式に対しても，NW 方程式と同様にポテンシャル Ψ が存在し，次の表式をもつ．

$$\Psi=\iint dxdy\left(-|W|^2+\frac{1}{2}|W|^4+\left|\frac{\partial W}{\partial x}\right|^2+\left|\frac{\partial W}{\partial y}\right|^2\right) \tag{2.14}$$

2-3 トポロジカルな欠陥とその運動

NW 方程式または GP 方程式における複素振幅 W を $W=A\exp(i\phi)$ と置いて，実振幅 A と位相 ϕ を定義しよう．NW 方程式における定常ロールに対しては，A は(2.4b)によって与えられ，空間的に一様である．このような周期構造が乱れるとき，A は空間的に非一様となる．しかし，乱れが弱いかぎり A はいたるところで定常値(2.4b)に近く，したがって位相 ϕ が定義できなくなる $A=0$ となるような点は現われないであろう．

しかるに，十分に強い乱れに対しては位相特異点の対生成が起こると期待される．乱れの原因は周期構造の不安定化による自発的なものかもしれないし，外的撹乱によるものかもしれない．孤立した位相特異点は，その周りを1周す

ると位相が 2π（より一般にはその整数倍）だけ変化するという性質をもつ．したがって，パターンの局所的な変形のみによってこれを消し去ることはできない．それが消滅するには，側壁に吸収されるか，他の位相特異点との衝突による以外にはない．このことから，位相特異点をもつ構造欠陥は物理的にきわめて安定なモードと考えられる．それは**トポロジカルな欠陥**とよばれる構造欠陥の代表的なものであり，微視的レベルでは結晶，スピン系，液体ヘリウムなど多くの物理系に現われて物性に重要な影響を与える．

Bénard 対流や液晶対流系においても，このような欠陥はしばしば観測される．それは図 2-2 に示すように，パターン（等位相線）を局所的にひずませる．図 2-2(b)では欠陥を中心にして，下半面では上半面におけるよりもロールが 1 対だけ多く，それゆえ周期構造の波数がわずかに高くなっている．したがって，もしもこの欠陥が上方に移動すれば，系の平均波数をわずかに高め，下方に移動すればわずかに低くする．欠陥の存在とその運動は，このように周期構造の波数を調節する役割をもつ．いろいろな波数の周期構造がそれぞれ局所安定であっても，相対的な安定度は異なるはずであり，欠陥の運動を通じてより安定な構造へ向かうのである．

ロール軸方向に沿う欠陥の上記のような運動を**クライム**とよぶ．欠陥はまた

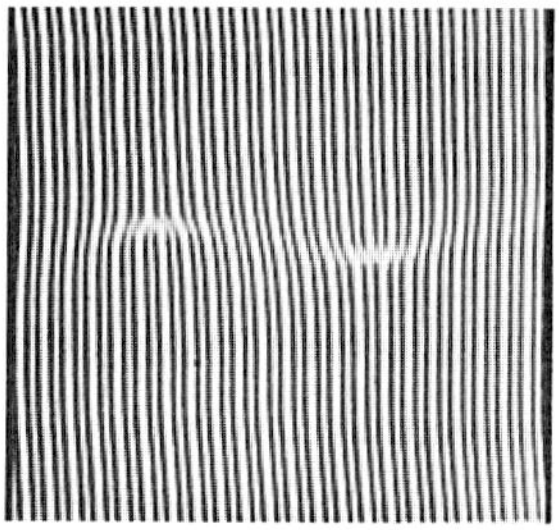
(a)

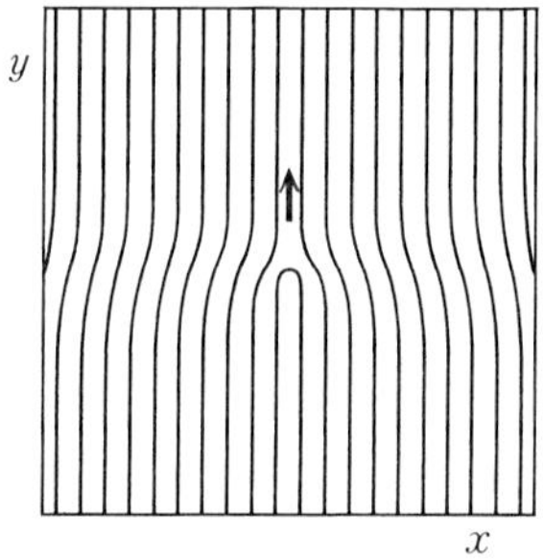

(b)

図 2-2 (a)液晶対流系のロールパターンに埋め込まれた欠陥構造（甲斐昌一博士の御好意による）．(b)欠陥のクライム．欠陥が上方（下方）に動くとロールの波数はわずかに大きく（小さく）なる．

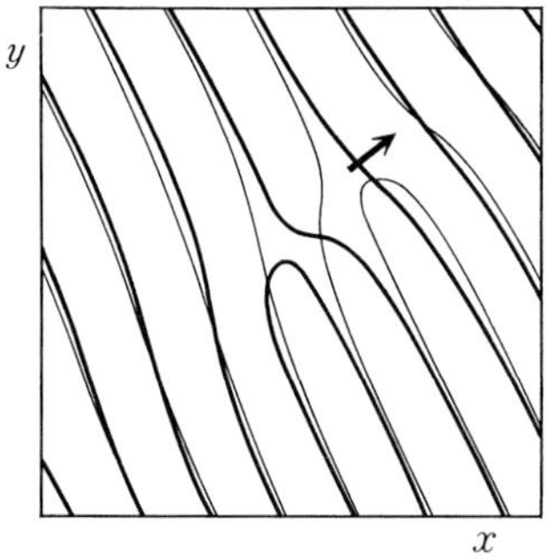

図 2-3 欠陥のグライドによる位相等高線のつなぎかえ．グライドはロールの傾きをわずかに変化させる．

ロール軸をいろいろな角度で横切るように運動することがあり，これを**グライド**とよぶ．図 2-3 からわかるように，グライドによって位相等高線のつなぎかえが起こり，その結果ロールの傾きにわずかな変化が生じる．このように，欠陥は周期構造の傾きを調節し，より安定度の高い向きにロールをそろえるという役割ももっている．

以下では，GP 方程式における孤立した欠陥とその運動について述べる．GP 方程式の欠陥解をもとの異方性流体の言葉に翻訳し直すことによって，上に述べたクライムやグライドがどのようにして生じるかが明らかになるであろう．等方性流体の場合に成り立つ NW 方程式に対しても欠陥のダイナミクスを議論することができる．しかし，その場合には GP 方程式に比して数学的取扱いがやや難しいこと，およびグライドが起こり得ないということから，以下では GP モデルに議論を限る．GP 系の欠陥解を，Z で表わされるもとの系で再解釈する場合，欠陥を埋め込んでいる周期パターンがノーマルロールである場合，すなわち $\boldsymbol{k}_{\mathrm{c}}=(k_{\mathrm{c}},0)$ なる場合に考察を限ることにする．また，以下の議論では，k_{c} は正の量として定義されている．

GP 方程式(2.13)には波数ベクトル $\boldsymbol{q}=(q_x,q_y)$ をもつ定常な周期パターン解

$$W = \sqrt{1-q_x^2-q_y^2}\,e^{i(q_x x+q_y y)} \tag{2.15}$$

が存在する．NW 方程式の類似の解に対する安定性解析は前節で論じられたが，それと同様の解析を行なえば，上の解が $q_x^2+q_y^2<1/3$ に対して安定，$q_x^2+q_y^2>1/3$ に対して Eckhaus 不安定となることは容易にわかる．もとの系(Z

場)での周期構造の波数ベクトルは

$$\boldsymbol{k} = \left(k_c + \sqrt{\frac{\mu}{D_1}}q_x, \sqrt{\frac{\mu}{D_2}}q_y\right) \tag{2.16}$$

である.

GP 方程式はまた，W の一様な状態に埋め込まれた定常な欠陥解をもつ.原点に位相特異点をもつこのような解を，極座標 (r, θ) 表示で

$$W = A(r)e^{i\theta} \tag{2.17}$$

と置く．GP 方程式にこれを代入すれば，A がみたすべき方程式は

$$\frac{d^2A}{dr^2} + \frac{1}{r}\frac{dA}{dr} - \frac{A}{r^2} + A - A^3 = 0 \tag{2.18}$$

となる．ここに，A は原点で 0，遠方で最大振幅 1 に漸近するものとする．この方程式は陽に解くことができないが，$A(r)$ は原点近傍で r に比例し，遠方で $A \cong 1-(2r^2)^{-1}$ のように振舞う単調増加関数である．欠陥解(2.17)においては，原点に存在する欠陥の周りを左回りに 1 周すると位相が 2π 増加する.したがって，Z 場に戻って解釈すれば，これは図 2-2(b)のように，下半面に余分の 1 対のロールが存在する場合に対応している．(2.17)において $\theta \to -\theta$ と置き換えれば，逆符号の欠陥，すなわち図 2-2(b)を上下反転したような欠陥解が得られる．上述のような欠陥解は，Z 場において見れば臨界波数ベクトル $\boldsymbol{k}_c$ をもつ周期構造に埋め込まれた欠陥を表わしている．より一般には，波数ベクトル(2.16)をもつ周期構造に埋め込まれた欠陥も当然存在しうる．しかし，その場合には欠陥はもはや静止した欠陥ではなく，$\boldsymbol{q}$ によって決まるある速度 $\boldsymbol{c}(\boldsymbol{q})$ をもつであろう．以下の議論の主要な目的は $\boldsymbol{c}(\boldsymbol{q})$ の表式を求めることにある.

まず，対称性から $\boldsymbol{c}$ は $\boldsymbol{q}$ に直交すると仮定してよいであろう．なぜなら，GP 系自体は等方的であることから，波数ベクトル $\boldsymbol{q}$ をもつ GP 系の周期構造は $\boldsymbol{q} \to -\boldsymbol{q}$ に関して不変であり，したがってその中に埋め込まれる欠陥も同じ空間反転対称性をもつと期待されるからである．座標回転(ただし，$-\pi/2<$ 回転角 $\leqq \pi/2$ とする)により，新しい直交座標系 ξ-η を，$\boldsymbol{q}$ が η 成分をもたな

いように導入しよう．$\boldsymbol{q}$ の ξ 成分 q はしたがって，$q=\pm|\boldsymbol{q}|$ $(q_x \gtrless 0)$ である．

仮定により，欠陥は η 方向に一定速度で移動する．そこで，求める解を

$$W = w(\xi, \eta - ct)e^{iq\xi} \tag{2.19}$$

と置く．欠陥から十分に遠方では，$|w| \to \sqrt{1-q^2}$ となって，W は周期パターンに漸近するであろう．しかし，欠陥の周りを1周すると W の位相が $\pm 2\pi$ だけ変化することから，w の遠方での漸近形を

$$w_\pm \cong \sqrt{1-q^2}e^{\pm i\varphi(\xi,\eta)} \tag{2.20}$$

と表わすことができる．ここに $w_\pm$ の位相 φ は，欠陥の周りを左回りに1周するとき 2π だけ増加する．$q=0$ ならば，$\varphi=\theta$ であった．$q>0$ の場合には，w_+, w_- に対応するパターンはそれぞれ図 2-2(b)およびそれを上下反転したようなものである．$q<0$ ならば，対応関係はその逆である．

(2.19)を GP 方程式に代入して次式を得る．

$$-c\frac{\partial w}{\partial \eta} = \left\{\left(\frac{\partial}{\partial \xi} + iq\right)^2 + \frac{\partial^2}{\partial \eta^2} + 1\right\}w - |w|^2 w \tag{2.21}$$

原理的にはこの式から c と w が同時に決まるが，以下の簡単な考察によって $c(q)$ を定性的に知ることができる．まず，上式の両辺に $\partial\bar{w}/\partial\eta$ を乗じ，ξ-η の全空間にわたって積分する．表面積分は消えるものと仮定すれば，

$$\begin{aligned} c\iint_{-\infty}^{\infty} d\xi d\eta \left|\frac{\partial w}{\partial \eta}\right|^2 &= iq\left\{\iint_{-\infty}^{\infty} d\xi d\eta \frac{\partial \bar{w}}{\partial \xi}\frac{\partial w}{\partial \eta} - \mathrm{c.c.}\right\} \\ &= iq\left[\int_{-\infty}^{\infty} d\xi w\frac{\partial \bar{w}}{\partial \xi}\right]_{\eta=-\infty}^{\infty} - iq\left[\int_{-\infty}^{\infty} d\eta w\frac{\partial \bar{w}}{\partial \eta}\right]_{\xi=-\infty}^{\infty} \end{aligned} \tag{2.22}$$

となる．ただし，最後の表式は部分積分を用いて得られた．

上式の最終辺に現われる2項の和は，因子 iq を除いて，閉じた経路 $(\infty, \infty) \to (\infty, -\infty) \to (-\infty, -\infty) \to (-\infty, \infty)$ に沿う1つの積分 $\oint ds w\partial\bar{w}/\partial s$ に帰着する．いま，w として w_+ を考えると，(2.20)における漸近形からこの積分は $2\pi i(1-q^2)$ を与える．したがって，c に対して次の表式を得る．

$$c(q) = -\mu_{\mathrm{d}} q(1-q^2) \tag{2.23}$$
$$\mu_{\mathrm{d}} = 2\pi\left\{\iint d\xi d\eta \left|\frac{\partial w}{\partial \eta}\right|^2\right\}^{-1}$$

μ_{d}は欠陥の易動度と解釈される．ロール軸に対する欠陥の運動方向の相対的関係は$\boldsymbol{q}$に依存する．まず純粋なクライムは$q_y=0$の場合に現われる．その場合にはξ-η座標はx-y座標に一致し，$q=q_x$である．$q>0$，すなわちロール間間隔が臨界波長$\lambda_{\mathrm{c}}=2\pi/k_{\mathrm{c}}$よりも密ならば，欠陥は$y$軸に平行に下降する．すなわち，欠陥は1対のロールを系から排除するように運動するため，ロール間間隔をすこしだけ広げる．逆に，$q<0$ならば欠陥は上昇し，1対のロールを系に引き入れるように動く．その結果，周期構造はすこしだけ密になる．このように，欠陥は波長λ_{c}を回復するような運動を示す．

純粋なグライドは$q_x=0$の場合に起こる．この場合，$\xi=y$，$\eta=-x$となり，$q=q_y$である．$q>0$ならば，ロール軸がy軸からやや左に傾斜する．このとき，欠陥はηの正から負の方向へ，すなわちx軸に平行に正方向へ移動する．これは欠陥がロール軸をほぼ垂直に横切ることを意味する．図2-3に示したロールのつなぎ替え機構によって，グライドは傾いたロールをすこしだけ立て直す効果をもつことがわかるであろう．$q<0$の場合も同様の理由によってグライドはロールの傾きを減少させる効果をもつ．q_x, q_yがともに0でない場合には，欠陥は斜め方向に移動し，波数ベクトルを$\boldsymbol{k}_{\mathrm{c}}$にすこしだけ引き寄せる．波数ベクトルの変化は必然的にパターンの大域的な変化を伴うが，トポロジカルな欠陥の運動によってこれが自然に実現されるのである．

上の議論においては，易動度μ_{d}の大きさには言及しなかった．欠陥の速度cが十分に小さければ，μ_{d}の表式におけるwとして定常欠陥解に対する表式$w=A(r)\exp(i\theta)$を用いてもよいと思われるかもしれない．しかしこれは正しくない．これを行なうと，被積分関数が遠方で$r^{-2}\cos 2\theta$のように振舞うために，積分が発散してしまう．解析によれば，有限速度で運動する欠陥解の漸近形(2.20)を用いれば，積分は$\ln|c|$に比例する有限値にとどまる．

物理的には，これは欠陥が剛体的な局在構造ではなく，運動とともに変形する柔らかさをもった構造であることに起因している．c が小さければそれに応じて変形も小さいが，それを無視することは許されない．局在構造を構成するFourier 成分のうち，欠陥の遅い運動に断熱的に追随することが決してできないような，それ以上に遅い長波長成分が必ず存在するからである．このため，構造の変形は欠陥の外縁部分に現われ，そこでは上記の被積分関数は r の逆ベキから指数関数的減衰へ変化し，積分が有限値にとどまるのである．長波長Fourier 成分が限りなく長いタイムスケールをもつのは，欠陥が位相という中立安定な場の中に埋め込まれた構造だからである．したがって，このような欠陥に対して，内部自由度をもたない粒子的ないし剛体的な描像を採用し，背景の場から独立した自由度として扱うことは許されないであろう．あるいは，第4章でのべる位相場のダイナミクスとの関連でいえば，欠陥のダイナミクスと位相ダイナミクスとは，少なくとも現問題においては互いに不可分であると考えられる．

2-4 振動場の振幅方程式

本章におけるこれまでの議論は，空間的秩序構造の発生に関係した振幅方程式についてであった．非平衡散逸場においては，時間的秩序，すなわちリミットサイクル振動の発生もしばしば見られる．これは **Hopf 分岐**とよばれる現象である．単純な場合には，空間的に一様な定常状態が不安定化して，同じく空間的に一様な振動状態が現われる．BZ 反応のような振動化学反応は，適当な制御パラメタを連続的に変化させることができれば，そのような分岐現象としてとらえられるであろう．対応する振幅方程式は，**複素 Ginzburg-Landau(GL)方程式**とよばれる．

対流やその他の流体運動においても振動の発生はしばしば起こる．しかし，それらは一般に空間的非一様性を含むので，振幅方程式も状況に応じて複素GL 方程式に適当な変更を加える必要がある．本節では振動場の本質をできるだけ鮮明にするために，一様定常状態から一様振動状態が発生するという最も単純な場合に議論を限定しよう．したがって，反応拡散系が典型的な対象となる．しかし，NW 方程式や GP 方程式と同様に，複素 GL 方程式もそのような制約を大きく越え，その解析によって自励振動場一般に共通する多くの重要な性質が明らかになるのである．

反応拡散系においては，いくつかの物質の濃度 $X_1, X_2, \cdots, X_n$ が場の基本的な変数となる．一様定常状態からのそれらのずれを $x_1, x_2, \cdots, x_n$ と表わそう．以下の議論は，NW 方程式の現象論的導出に際して用いた第1章の議論と並行している．違いは，1対の空間的振動モードの代わりに1対の時間的振動モードが臨界モードになるという点である．(1.8),(1.9)等々に対応する中立解は，いまの場合には

$$x_\nu = \alpha_\nu Z + \mathrm{c.c.} \tag{2.24}$$
$$Z = We^{i\omega_0 t}$$

となる．α_ν は複素定数である．このように，臨界点においてはすべての濃度変数が複素パラメタ W を通じて互いに一義的に関係づけられる．ふたたび，臨界点からすこし離れた場合にも上式が近似的に成立すると仮定しよう．ただし，W をゆっくり変動する変数と解釈し直す必要がある．臨界モードの固有値は臨界点近傍で一般に $\lambda = i\omega_0 + \mu\lambda_1$ と表わされるであろう．ここに，λ_1 は複素数である．これより，線形近似の範囲では，$\dot{Z} = (i\omega_0 + \mu\lambda_1)Z$，あるいは $\dot{W} = \mu\lambda_1 W$ が成り立つ．

この式を補うべき非線形項の形を知るには，対称性の考察がふたたび助けになる．まず，中立解(2.24)の形から，変換 $W \to W\exp(i\psi)$ がいまの場合には時間推進 $t \to t + \omega_0^{-1}\psi$ と等価であることが直ちに知られる．すなわち，(2.24)によって近似的に表わされる系の状態は，同時変換 $W \to W\exp(i\psi)$，$t \to t - \omega_0^{-1}\psi$ に対して不変である．求める振幅方程式もこの変換に対して不変でなければならない．したがって，(1.12)を導いたときと同様の考察から，振幅方程式は

$$\frac{dW}{dt} = \mu\lambda_1 W - g|W|^2 W \tag{2.25}$$

なる形をもつことが予想される．NW 方程式の場合とは異なり，g は一般に複素数である．なぜなら，(2.25)は変換 $W\to\bar{W}$ に対して不変となるべき理由がないからである．

W のゆるやかな空間変化を考慮するには，λ を長波長に拡張した式

$$\lambda(\boldsymbol{k}) = i\omega_0+\mu\lambda_1-Dk^2 \tag{2.26}$$

を用いればよい．ここに，D もまた一般に複素数であり，$k=0$ のモードが最初に不安定化するという仮定からその実部は正でなければならない．上式は，振幅方程式の線形項として $D\nabla^2W$ が付け加わることを示している．よって振幅方程式は

$$\frac{\partial W}{\partial t} = \mu\lambda_1W-g|W|^2W+D\nabla^2W \tag{2.27}$$

の形に一般化される．上式が複素 Ginzburg-Landau 方程式とよばれるものである．

複素 GL 方程式の空間的に一様な振動解 W_0 は，$\mathrm{Re}\,g>0\,(<0)$ ならば $\mu>0\,(<0)$ において現われ，

$$W_0 = \sqrt{\frac{\mu\mathrm{Re}\,\lambda_1}{\mathrm{Re}g}}e^{i\omega t} \tag{2.28}$$

$$\omega = \mu\left(\mathrm{Im}\,\lambda_1-\frac{\mathrm{Im}g\mathrm{Re}\,\lambda_1}{\mathrm{Re}g}\right)$$

によって与えられる．この振動解は，(2.25)の解としては $\mathrm{Re}\,g>0$ の場合(正常分岐の場合)に安定であり，$\mathrm{Re}\,g<0$ の場合(逆分岐の場合)には不安定である．もっとも，前者の場合その解が複素 GL 方程式(2.27)の解として安定かどうかはわからない．空間的に不均一な撹乱に対してそれは安定ではないかも知れないからである．このことに関しては次節でふたたび述べる．以下では正常分岐を仮定し，$\mu>0$ の場合を考察する．適当なスケール変換により，複素 GL 方程式が

$$\frac{\partial W}{\partial t} = (1+ic_0)W+(1+ic_1)\nabla^2W-(1+ic_2)|W|^2W \tag{2.29}$$

のようにあらわされることは明らかであろう．ここに，$c_0=\mathrm{Im}\,\lambda_1/\mathrm{Re}\,\lambda_1$，$c_1=\mathrm{Im}\,D/\mathrm{Re}\,D$，$c_2=\mathrm{Im}\,g/\mathrm{Re}\,g$ である．c_0 は(2.29)において $W\to W\exp(ic_0t)$ と変換すれば消去されるから，系の本質的なパラメタは c_1 と c_2 のみである．複素 GL 方程式はポテンシャルをもたない．したがって，NW 方程式や GP 方程式からは期待できないような複雑な振舞いを示す可能性がある．次節ではその一端を見る．

複素 GL 方程式は自励振動場に対する 1 つの理想モデルであるが，BZ 反応のような現実の振動化学反応系のモデルとしてはそれほど適当なものではない．それは，複素 GL 系が完全に滑らかな振動を示す振動子の場を表わすのに対して，BZ 反応で見られる振動はきわめていびつな振動であり，むしろ興奮の繰り返しと呼ぶ方がはるかにふさわしいような振動だからである．これら 2 種類の振動場に現われる波動現象の間には何がしかの共通性が見られるとはいえ，両者の詳細な比較はそれほど意味をもたないであろう．したがって，次節ではこのような比較については示唆にとどめ，より現実的な反応拡散系に即した波動パターンの議論は第 3 章で改めて行なう．

2-5 複素 Ginzburg-Landau 方程式の諸性質

a) 進行平面波解とその安定性

NW 方程式や GP 方程式と同様に，複素 GL 方程式も一群の平面波解や位相特異点を含む解をもっている．無限に広がった空間においては，(2.29)が一様な振動解 $W_0=\exp[i(c_0-c_2)t]$ をもつことは自明である．より一般的な振動解として，波数を連続パラメタとする一群の平面波解が存在し，次の形をもつ．

$$
\begin{aligned}
W_k &= A_k e^{i(\boldsymbol{k}\boldsymbol{r}+\omega_k t)} \qquad (2.30)\\
A_k &= \sqrt{1-k^2}\\
\omega_k &= c_0-c_2+(c_2-c_1)k^2\\
k &= |\boldsymbol{k}|
\end{aligned}
$$

許される波数は $k<1$ の範囲に限られる．$\boldsymbol{k}$ の符号反転によって平面波の進行

方向は逆転する．上のような進行平面波は線形波動方程式のそれとは全く異なって，$\boldsymbol{k}$ によって一義的に決まる振幅をもち，かつ重ね合わせ原理が成り立たない．また，どのような波数の平面波が伝播するかによって媒質の振動数は変化する．これは媒質の動的な柔軟性を示している．たとえば，系の一部が何らかの原因でバルクよりも高い周波数をもつとき，媒質内に自発的に波動が生じ，高周波数部分に系全体が同期するような現象が実際に起こる．その具体的議論は位相ダイナミクスの立場から第 4 章で展開される．

W_k の線形安定性を一般的に調べることは可能であるが，かなり煩雑であるため以下では主として一様振動解 W_0 の安定性について述べ，W_k の安定性についてはいくつかの重要な結果を述べるにとどめる．$W=W_0(1+\rho)\exp(i\psi)$ と置くと，ρ および ψ はそれぞれ一様振動解からの振幅および位相のずれを表わす．それらに対する線形化方程式は次のように表わされる．

$$\frac{\partial\rho}{\partial t}=(-2+\nabla^2)\rho-c_1\nabla^2\psi \tag{2.31a}$$

$$\frac{\partial\psi}{\partial t}=(-2c_2+c_1\nabla^2)\rho+\nabla^2\psi \tag{2.31b}$$

波数ベクトル $\boldsymbol{q}$ をもつ撹乱に対する一様振動解の安定性を調べるために，上式において $\rho,\psi\sim\exp(i\boldsymbol{qr}+\lambda t)$ と置き，固有値 λ に対する 2 次方程式を導く．その 2 根は次式によって与えられる．

$$\lambda_\pm=-(1+q^2)\pm\{(1+q^2)^2-2(1+c_1c_2)q^2-(1+c_1^2)q^4\}^{1/2} \tag{2.32}$$
$$q=|\boldsymbol{q}|$$

λ_+ は位相の分枝，λ_- は振幅の分枝に対応している．

不安定化は長波長の位相撹乱に対して起こり得る．事実，λ_+ を q で展開すると，

$$\lambda_+(q)=-(1+c_1c_2)q^2-\frac{1}{2}c_1^2(1+c_2^2)q^4+\cdots \tag{2.33}$$

となるから，

$$1+c_1c_2\equiv\alpha<0 \tag{2.34}$$

のときに位相不安定性が生じることがわかる．複素 GL 方程式におけるこのような不安定性を **Benjamin-Feir（BF）不安定性**とよぶ．この不安定性によって系がどのように振舞うかについては本節の最後および第 4 章で述べる．有限波数の進行波解 W_k の安定性解析によれば，$\alpha<0$ の場合にはすべての W_k が不安定である．$\alpha>0$ の場合は

$$k > \sqrt{\frac{\alpha}{3+c_1c_2+2c_2^2}} \tag{2.35}$$

に対して W_k が位相不安定性を示す．これは定常周期パターンにおける Eckhaus 不安定性と同じく，$\boldsymbol{k}$ に平行な波数ベクトルをもつ長波長位相撹乱に対する不安定性である．

b） 回転らせん波

2 次元複素 GL 方程式には，位相特異点をもつトポロジカルな欠陥解として**回転らせん波**（rotating spiral waves）がある．しかし，それを解析解として厳密に求めることは困難である．回転らせん波は BZ 反応において容易に発生させることができるので，詳細な実験的研究がある．しかし，先にも述べたように，複素 GL 系と BZ 反応系とは媒質の性質においてかなりの相違があり，両系における回転らせん波を単純に比較することはできない．後者については，興奮系のモデルから接近する方がよりよく理解できると思われるので，それに関しては第 3 章で論じる．

回転らせん波解は GP 方程式の欠陥解（2.17）に似た形をもつと期待されるが，より一般的に

$$W(r,\theta,t) = A(r)e^{i(\theta+S(r)+\omega t)} \tag{2.36}$$

なる形を仮定しよう．これは振動数 ω で定常に回転するパターンである．このような解が存在すれば，逆回転する解（上式において $\theta\to-\theta$ とした解）も，系の対称性によって当然存在しなければならない．未知量 $A(r), S(r), \omega$ に対しては，ある程度の解析的議論が可能であるが，以下では 2, 3 の結果に触れるにとどめる．

振幅 A は原点で r に比例し，遠方で 1 より小さいある値 A_∞ に漸近する単

調増加関数である．S は原点近傍では $S \cong S_0 + S_1 r^2$ のように滑らかに振舞い，遠方では $S \cong kr$ のように r に比例する．このように，遠方では等位相線は Archimedes らせんに漸近し，それはさらに波数 k の平面波に漸近する．したがって，(2.30)により，$A_\infty = \sqrt{1-k^2}$，$\omega = c_0 - c_2 + (c_2 - c_1)k^2$ となる．GP 方程式の欠陥構造が，背景をなすロール構造を大域的には変えなかったのとは大いに異なり，複素 GL 系の欠陥は固有の振動数 ω をもち，媒質がそれに同期するために大域的に波動が励起されざるを得ないのである．図 2-4 に複素 GL 方程式に対する直接の計算機シミュレーションより得られた回転らせん波パターンを示す．

図 2-4 2 次元複素 GL 方程式の計算機シミュレーションによって得られたらせん波パターンの例．$c_1 = -2.0$，$c_2 = 0.6$．(L. Kramer 博士の御好意による.)

c) ホール解とパターンの乱れ

1 次元空間における複素 GL 方程式には，局在した振幅の落込みをもつ一群の解が存在し，その解析的な表式が野崎と戸次(Bekki)によって見いだされた．これは**ホール解**(hole solution)または**野崎-戸次**(NB)**解**とよばれている．一般的なホール解は有限の伝播速度をもっているが，速度 0 のホール解 $W_{\rm H}$ は特に重要であり，代入によって容易に確かめられるように，次のような比較的単純な形をもっている．

$$W_{\rm H}(x,t) = \sqrt{1-Q^2}\tanh(kx)e^{i(\theta(x)+\omega t)} \qquad (2.37)$$

ここに θ は $d\theta/dx = -Q\tanh(kx)$ をみたす x の関数であり，ω, Q, k の間には

$$\omega = c_0 - c_2 + (c_2 - c_1)Q^2 \qquad (2.38a)$$

$$Q = \frac{2k^2-1}{3kc_1} \tag{2.38b}$$

なる関係がある．k^{-1} は局在領域の幅を表わし，方程式

$$\{4(c_2-c_1)+18c_1(1+c_1^2)\}k^4-\{4(c_2-c_1)+9c_1(1+c_1c_2)\}k^2+c_2-c_1 = 0 \tag{2.39}$$

をみたす．実根 k が存在する場合には $-k$ も根となる．W_{H} の構造を図 2-5 に示す．その振幅は原点で 0，遠方で一定値 $\sqrt{1-Q^2}$ に漸近する．その位相は原点をはさんで π だけ飛躍するが，W_{H} の実部・虚部はそこで滑らかである．$x\to\pm\infty$ では W_{H} は進行平面波解 $\pm\sqrt{1-Q^2}\exp(\mp iQx+i\omega t)$ に漸近する．

ホール解は，先に述べた 2 次元回転らせん波を動径方向に沿って見たものと定性的には同一である．Q と ω が同符号の場合には，欠陥は左右に位相波を送り出す湧出口となり，異符号の場合には位相波の吸収口となる．この漸近的平面波は c_1, c_2 の値によって Eckhaus 不安定または安定である．たとえ Eckhaus 安定であっても，コア領域の構造が安定か否かは別の問題である．逆に，コア構造が安定でも漸近的平面波は BF 不安定かもしれない．さらに，コア構造や漸近的平面波の不安定性がただちにホール解の基本的構造の消失を

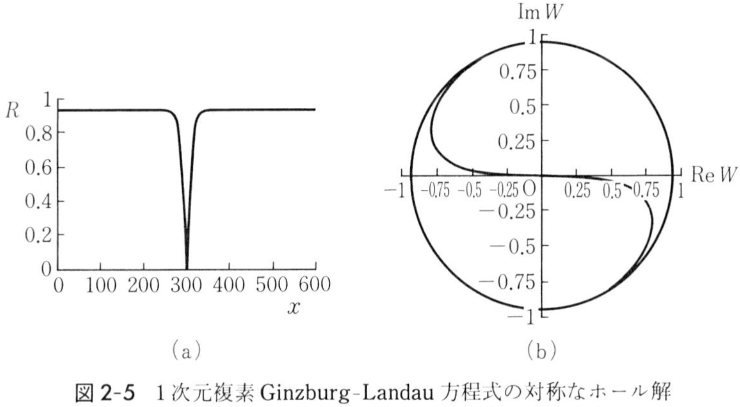

図 2-5 1 次元複素 Ginzburg-Landau 方程式の対称なホール解（式(2.37)によって表わされる）．(a) 振幅 $|W_{\mathrm{H}}|$ の定常パターン．(b) ある時刻において，複素振幅 $W_{\mathrm{H}}(x,t)$ は x とともに S 字型曲線を描き，$|x|\to\infty$ では半径 $(1-Q^2)^{1/2}$ の円に巻きつく．t とともにこの曲線は形を保って回転する．

意味するわけではない．これらの事柄を含め，ホール解の安定性についてはなお検討されるべき点が残っている．しかし，いろいろな初期条件の下での数値シミュレーションの結果から，少なくともホール的局在構造がパラメタの広い範囲にわたって比較的安定に存在することは確かである．また，ホール解の実験的検証も，円環状の容器を用いたBénard対流において振動不安定化したロール構造に対して試みられている(J. Lega *et al.*, 1992)．

先に複素GL方程式の一様振動解に起こるBF不安定性について述べたが，これは時間的にも空間的にも乱れた一種の乱流状態をもたらす．不安定性が十分弱い場合には，第4章で論じるように位相の乱れ，すなわち位相乱流によって系の振舞いが特徴づけられる．しかし，不安定性が強くなると，乱れは位相にとどまらず，1次元系の場合にはホール的構造の自発的生成消滅が起こるようになる．2次元の場合にも同様に位相乱流から欠陥生成への移行が見られる．さらに事情を複雑にしているのは，BF安定な場合においても，初期条件によってはホールや欠陥の不規則な生成消滅を伴うきわめて乱れた状態が存在しうることである．ホールや欠陥を含む乱れにおいては，しばしば強いゆらぎが時

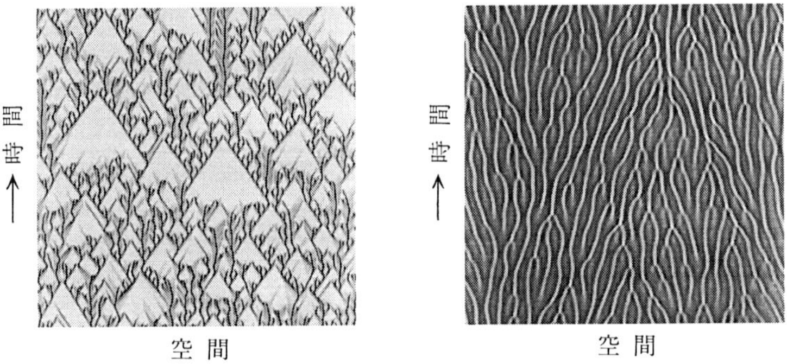

(a)　　(b)

図 2-6　1次元複素Ginzburg-Landau方程式が示す乱れた時空挙動の例．濃淡は$|W|$の大小を表わす．(a) Benjamin-Feir安定領域($c_1=0$, $c_2=2.0$)において見られる時空間欠的パターン．(b) Benjamin-Feir不安定な場合($c_1=1.0$, $c_2=-1.25$)において見られる乱れた時空パターン．(H. Chaté博士の御好意による.)

間的空間的に局在化する．そのような特徴は**時空間欠性**(spatio-temporal intermittency)とよばれる．図 2-6 に 1 次元複素 GL 系の時空的に乱れた振舞いの 1 例を示す．広がった非平衡媒質における自発的乱れについての研究はいまだ未熟な段階にある．しかし，以上の議論からも想像されるように，位相と欠陥という相補的な鍵概念を手がかりとして，今後その理解が相当に進展するものと期待される．

3

反応拡散系と界面ダイナミクス

反応拡散系のパターンに関する従来の研究は，Belousov-Zhabotinskii 反応系を軸にして展開されてきた．BZ 反応系のような興奮系に特有のパターンを記述するには，振幅方程式によるアプローチはそれほど威力を発揮しない．興奮性は相空間における大域的な流れのある特徴に由来する性質であり，局所的な流れにのみ着目して得られた振幅方程式によってはとらえがたいものなのである．事実，BZ 反応系の波動パターンは，時間的にも空間的にも，振幅方程式から期待されるような「滑らかさ」をいちじるしく欠いている．そこでは視点をまったく変えて，急激な状態変化が狭い領域に集中した「界面」とよばれる局在構造を通して現象を記述するのがはるかに自然と考えられる．

界面をもつパターンは，急速に時間変化する自由度とゆっくり変動する自由度との協同的ダイナミクスから生じる．前者は一般に活性(あるいは興奮)/不活性(非興奮)の 2 状態からなる双安定的部分系を構成している．そして，両状態間の切り替えや界面の移動速度をコントロールするのが後者の抑制的な自由度なのである．

本章の主目的は，それぞれを 1 自由度で代表させて得られる 2 成分反応拡散モデルに基づいて，界面の運動によるパターンの記述法を述べることである．

具体的に考察される現象は，孤立波，周期的進行波，2 次元系の回転らせん波，Turing 不安定性，界面不安定性などである．

3-1 双安定 1 成分系の界面

次節以降への準備として，本節では次のような 1 成分反応拡散系を考える．

$$\frac{\partial u}{\partial t} = \varepsilon^{-1} f(u; v) + D\frac{\partial^2 u}{\partial x^2} \tag{3.1}$$

空間次元は 1 とする．ε は u の特徴的時間スケールを表わし，D は拡散係数である．時間・空間の単位を適当に選べばこれらをともに 1 と置くことができるが，物理的効果の由来をはっきりさせるために，以下ではそれらを残しておく．f は u の非単調な関数であり，パラメタ v を含む．簡単のため $f=f_0(u)-v$ なる形を仮定しよう．図 3-1 に示すように，f_0 は u の 1 区間で増加関数，その両側では減少関数とする．したがって，v の値によって方程式 $f=0$ の根の数，すなわち要素系 $\dot{u}=\varepsilon^{-1}f(u)$ の定常解の個数が変化する．具体的には，v のある区間

$$v_{\min} < v < v_{\max} \tag{3.2}$$

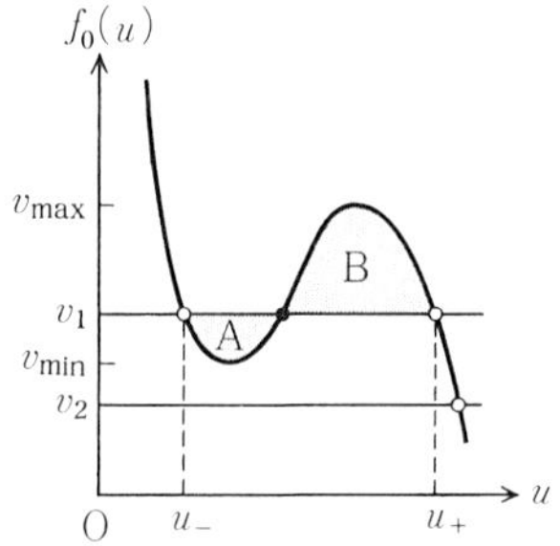

図 3-1 1 成分反応拡散系(3.1)における非線形関数 $f_0(u)$ の性質．パラメタ v の値によって，$f_0(u)=v$ をみたす u すなわち(3.1)の一様定常解の個数は 3 または 1．前者の場合，黒点で示した中央の解は不安定，両端の解 (u_+, u_-) は安定である．A, B の面積が等しいとき，(3.1)のキンク解の進行速度は 0 となる．

に対しては3つ，それ以外ではただ1つの定常点が存在する．前者の場合，左右の定常点 $u_-, u_+(>u_-)$ は安定定常状態を表わし，中央の定常点は不安定である．したがって，(3.2)の条件下においては系は**双安定**であり，それ以外では単安定性を示す．典型的なモデルとして

$$f = u - u^3 - v \tag{3.3}$$

がしばしば考察される．後の議論のため，いま1つの便利なモデルとして次のような区分的線形モデルを挙げておく．

$$f = -u + \theta(u) - \frac{1}{2} - v \tag{3.4}$$

ここに，$\theta(u)$ は単位階段関数(すなわち，u の正負に対応して1または0)である．

以下ではパラメタ v が双安定条件(3.2)をみたすものとする．適当な初期パターンから出発させた後，系はすみやかに2種類のドメイン，すなわち，$u \cong u_+$ なるドメインと $u \cong u_-$ なるドメインに区分されるであろう．ドメインからドメインへの移行は，シャープな遷移層において起こる．このような境界は，その厚みを無視すれば，1,2,3次元系においてはそれぞれ点，線および面として現われる．しかし，次元にかかわりなく一般に急激な状態遷移に対応するこの種の局在構造を以下では**界面**とよぼう．双安定系における界面は，**キンク**ともよばれる．

いま，界面が系に1つだけ存在し，$x \to \pm\infty$ で $u \to u_\mp$ なる境界条件を満足する場合を考えよう．このとき，$t \to \infty$ で界面は一定の形状をとり，一定速度 c で伝播するであろう．このような定常伝播解を $u_0(z)$，$z = x - ct$ とすれば，(3.1)は c に対する次の固有値問題を与える．

$$-c\frac{du_0}{dz} = \varepsilon^{-1} f(u_0) + D\frac{\partial^2 u_0}{\partial z^2} \tag{3.5}$$

両辺に du_0/dz を乗じ，全空間で積分すれば次式を得る．

$$c = \frac{\varepsilon^{-1}\int_{u_-}^{u_+} f(u)du}{\int_{-\infty}^{\infty}\left(\frac{du_0}{dz}\right)^2 dz} \tag{3.6}$$

この表式から次のことがわかる．すなわち，図3-1において面積A＝面積Bとなるようなvの値をv^*とすれば，$v>v^*$の場合には$c<0$，すなわちu_-領域が拡大するように界面は移動する．$v<v^*$の場合にはその逆である．$v=v^*$において両領域は均衡を保ち，界面は動かない．これは相平衡における Maxwell の等面積原理に類似した法則である．相平衡の場合の化学ポテンシャルに対応する量は，運動のポテンシャル

$$\Psi(u) = -\varepsilon^{-1}\int_0^u f(u')du' \tag{3.7}$$

である．$\Psi(u)$はu_+とu_-に極小点をもち，vを変化させると，v^*を境にしてこれらの極小の相対的深さが入れ替わる．(3.6)を

$$c = \frac{\Psi(u_-)-\Psi(u_+)}{\int_{-\infty}^{\infty}\left(\frac{du_0}{dz}\right)^2 dz} \tag{3.8}$$

のように表わせば明らかなように，界面はより低いポテンシャルをもつドメインを拡大させるように移動する．以下では，cをvの関数と見て，$c=c_0(v)$と表わすことにする．

2つのモデル(3.3)および(3.4)に対しては，定常伝播解の表式が知られている．仮定された境界条件の下に，前者のモデルにおいては

$$u_0(z) = \frac{1}{2}\left\{u_+ + u_- - (u_+ - u_-)\tanh\left(\frac{(u_+ - u_-)z}{\sqrt{8\varepsilon D}}\right)\right\} \tag{3.9a}$$

$$c_0(v) = 3\sqrt{\frac{D}{2\varepsilon}}(u_+ + u_-) \tag{3.9b}$$

が得られる．この場合は$v^*=0$である．

区分的線形モデル(3.4)の定常伝播解も容易に求められる．それには，無限遠での境界条件をみたすように，$z\geqq 0$および$z<0$においてそれぞれ線形方程

式(3.5)を解き，$z=0$ において $u_0=0$，かつそこで $u_0(z)$ とその微分が連続となることを要求する．こうして得られる解は次の形をもつ．

$$u_0(z) = \begin{cases} u_-(1-e^{\alpha_- z}) & (z \geqq 0) \\ u_+(1-e^{\alpha_+ z}) & (z < 0) \end{cases} \tag{3.10a}$$

$$\alpha_\pm = (2D)^{-1}\left\{-c_0 \pm \sqrt{c_0^2 + \frac{4D}{\varepsilon}}\right\} \tag{3.10b}$$

$$c_0(v) = -4v\sqrt{\frac{D}{\varepsilon(1-4v^2)}} \tag{3.10c}$$

f の形によらず，一般に界面の幅は $O(\varepsilon^{1/2})$，伝播速度は $O(\varepsilon^{-1/2})$ となる．したがって，ε が微小な場合には，上の考察において一定とされたパラメタ v を，時間的・空間的に十分ゆっくり変動する量であると見なしても議論の本質は変わらない．具体的には，v の時間変化が ε よりも十分に長い時間スケールをもち，かつその空間変化が界面の幅 $\varepsilon^{1/2}$ よりも十分に長い空間スケールをもつならば，前述の議論において v を単に $v(x,t)$ に置き換えるだけでよい．

その場合には，空間の各点で u は v に断熱的に追随すると期待され，また界面の近傍において v を一定としてよい．したがって，各瞬間における界面の進行速度は，界面における v の値 v_i の関数として

$$c_0(t) = c_0(v_\mathrm{i}(t)) \tag{3.11}$$

によって表わされ，界面の微細構造は定常伝播解 $u_0(z)$ によってよく近似されることになる．ただし，そこでは界面の左側で $u_+(v_\mathrm{i})$，右側で $u_-(v_\mathrm{i})$ と仮定している．逆の場合には z と c_0 の符号を逆転すればよい．v_i と v^* との大小関係によって，c_0 の符号は異なる．便宜上，以下では $v_\mathrm{i}<v^*$ なる界面を**フロント**とよび，$v_\mathrm{i}>v^*$ なる界面を**バック**とよんで区別することにしよう(こう呼ぶ理由は次節で明らかになる)．すなわち，フロントおよびバックにおける v_i をそれぞれ v_f および v_b と記せば，$c_0(v_\mathrm{f})$ と $c_0(v_\mathrm{b})$ は異符号である．次節以降においては，$v(x,t)$ を与えられた量としてでなく，$u(x,t)$ と相互作用しつつ時間発展する第2の自由度として扱うことによって，界面の自律的発展を考察する．

3-2 興奮系の孤立パルスと周期的パルス列

前節では双安定場 $u(x, t)$ を考察したが，そこでパラメタとして扱われた v を適当な発展方程式に従う状態変数と見直せば，いわゆる**興奮系**(excitable system)が得られる．BZ反応に関連して第1章で紹介した Keener-Tyson(KT)のモデルや FitzHugh-南雲(FN)方程式は典型的な興奮系になりうるが，そこでも v をパラメタと見れば u 系は双安定系になっている．

本節では，v を状態変数と見なし，前節の考察を2変数反応拡散系

$$\frac{\partial u}{\partial t} = \varepsilon^{-1} f(u, v) + D\frac{\partial^2 u}{\partial x^2} \tag{3.12a}$$

$$\frac{\partial v}{\partial t} = g(u, v) + D'\frac{\partial^2 v}{\partial x^2} \tag{3.12b}$$

に拡張しよう．$f(u, v)$ に対しては前節と同様の性質を仮定する．したがって，ヌルクライン $f(u, v)=0$ はS字型曲線(これを Σ とする)によって表わされる．また，KTモデルやFN方程式におけるように，ヌルクライン $g(u, v)=0$ は単調な曲線(これを Γ とする)と仮定し，2曲線 Σ, Γ は図1-3(b)に示したような，興奮系に固有の交わり方をするものと仮定する．以下では ε は微小量と仮定し，拡散係数 D, D' は同程度で通常の大きさをもつ量としよう．このような仮定は，BZ反応系のモデルとしては妥当なものである．

(3.12a)において，$v(x, t)$ を遅い時空変動をもつパラメタと見れば，前節の議論がそのまま適用できることはすでに述べた．$\varepsilon \to 0$ の極限をとり，界面を幅をもたない特異点と見る見方を採用しよう．すると前節の議論から，孤立点としての界面を除いて $u = u_\pm(v)$ と置いてよい．したがって，界面以外では(3.12b)を次のように置くことが許される．

$$\frac{\partial v}{\partial t} = g(u_\pm(v), v) \equiv G_\pm(v) \tag{3.13}$$

ここに，v の空間変化のスケールは，その拡散が無視できるほど長いとした．

この仮定の当否はダイナミクス自身から決まるvのパターンが事実そのようなものであるか否かによってチェックされるべきであり，後に再検討される．具体的なモデルが与えられれば，(3.11)および(3.13)を基礎として界面ダイナミクスのより詳細な議論が可能となる．その場合，一般に動きつつある界面の前後でvが連続であるという条件がみたされなければならない．

単純な興奮系のモデルとして，(3.3)と(3.4)にそれぞれ対応するものを挙げておこう．それらは

$$f = u-u^3-v, \quad g = u+\frac{1}{\sqrt{3}}+a \tag{3.14}$$

$$f = -u+\theta(u)-\frac{1}{2}-v, \quad g = u+a \tag{3.15}$$

である．(3.14)はu, vの適当な1次変換によってFN方程式と等価となることがわかる．(3.15)は**McKeanモデル**とよばれ，そのヌルクラインは図3-2に示されている．いずれのモデルにおいても，$a \gtrsim 0$のときに系が興奮性を示すことは第1章の議論から明らかであろう．以下では一般的考察をMcKeanモデルによって例証しつつ議論を進める．

興奮媒質は安定な一様定常状態(休止状態)(u_s, v_s)をもつ．上記の区分的に線形なモデルにおいては

$$u_s = -a, \quad v_s = -\frac{1}{2}+a \tag{3.16}$$

である．全体が一様な休止状態にある興奮媒質の一部に有限の強さをもつ摂動

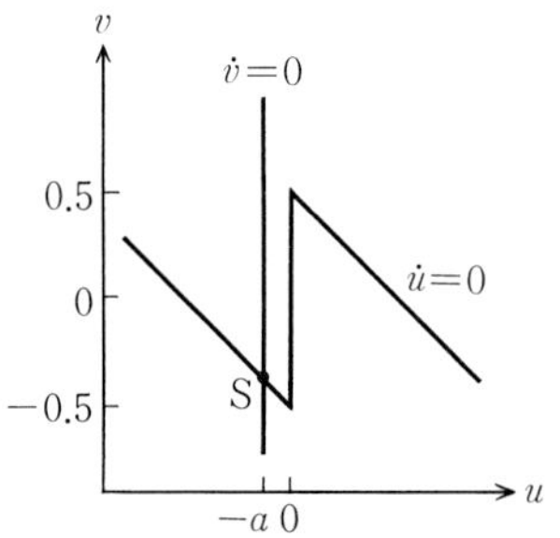

図3-2 McKeanモデル(3.15)のヌルクライン．パラメタaが正の微小量の場合に，系は興奮性を示す．

を加えると，そこから左右に伝播する1対の孤立波(**パルス**，**トリガー波**，**興奮波**などともいう)を発生させることができる．最初に刺激を受けた部分は，興奮力学系のダイナミクスに従って一過性の興奮を示す．この興奮はただちに左右の隣接部への刺激として働き，したがってこれら隣接部は，多少の時間遅れを伴いながら同じ原理によって一過性の興奮を示す．このようにして一過的な興奮が局在進行波の形をとりながら次々に両方向へ伝わってゆくのである．また，1対のパルスが衝突すると対消滅する．

1個の孤立したパルスの波形は一義的に決まり，それを安定に保ちながら定速度で伝播する．このような孤立波の解を求めよう．具体的には図3-3に示すように，$z=0, -d$ にそれぞれフロントとバックをもち，境界条件

$$u(z) \to u_{\mathrm{s}}, \qquad v(z) \to v_{\mathrm{s}} \qquad (z \to \pm\infty) \tag{3.17}$$

をみたすような定常解 $u(z), v(z)$ を見いだすのである．このような解に対して次の諸条件を要求するのが妥当である．まず，$z \geqq 0$ において

$$u(z) = u_{\mathrm{s}}, \qquad v(z) = v_{\mathrm{s}} \tag{3.18}$$

したがって，

$$v_{\mathrm{f}} = v_{\mathrm{s}} \tag{3.19}$$

また，$-d \leqq z < 0$ において

$$u(z) = u_+(v(z)) \tag{3.20a}$$

$$-c\frac{dv}{dz} = G_+(v) \tag{3.20b}$$

$z < -d$ において

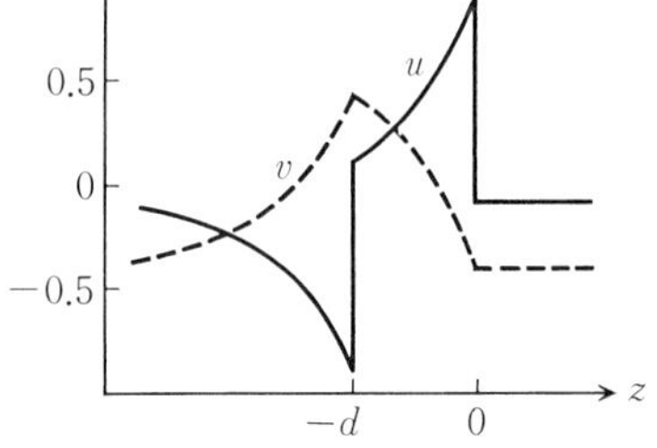

図3-3 McKeanモデルから，$\varepsilon \to 0$ の極限で得られる孤立パルスの形．

$$u(z) = u_-(v(z)) \tag{3.21a}$$

$$-c\frac{dv}{dz} = G_-(v) \tag{3.21b}$$

さらに，$z=0, -d$ における境界条件として，

$$v(0^+) = v(0^-) = v_{\mathrm{f}} \tag{3.22}$$

$$v(-d^+) = v(-d^-) = v_{\mathrm{b}} \tag{3.23}$$

がみたされなければならない．また，フロントとバックの進行速度が等しいための条件

$$c = c_0(v_{\mathrm{f}}) = -c_0(v_{\mathrm{b}}) \tag{3.24}$$

が要求される．以上の式から解は一義的に定まる．

McKean モデル(3.15)に対して解の陽な表式を求めることは容易である．まず，伝播速度 c は(3.10c)において $v=v_{\mathrm{f}}$ とした式

$$c = -4v_{\mathrm{f}}\sqrt{\frac{D}{\varepsilon(1-4v_{\mathrm{f}}^2)}} \tag{3.25}$$

によって与えられる．また，(3.24)の第2の等式から

$$v_{\mathrm{b}} = -v_{\mathrm{f}} = \frac{1}{2}-a \tag{3.26}$$

が得られる．境界条件(3.17),(3.22),(3.23)の下に線形方程式(3.20b),(3.21b)を解き，(3.20a),(3.21a)と合わせて波形が求められる．結果は

$$u = -a, \quad v = -\frac{1}{2}+a \qquad (z \geqq 0) \tag{3.27a}$$

$$\left.\begin{aligned} u &= -a+e^{z/c} \\ v &= \frac{1}{2}+a-e^{z/c} \end{aligned}\right\} \qquad (-d \leqq z < 0) \tag{3.27b}$$

$$\left.\begin{aligned} u &= -a+(2a-1)e^{(z+d)/c} \\ v &= \left(a-\frac{1}{2}\right)(1-2e^{(z+d)/c}) \end{aligned}\right\} \qquad (z < -d) \tag{3.27c}$$

となる．また，(3.23)の最初の等式から，$d=-c\ln 2a$ のようにパルス幅 d が

決まる．c, d はともに $O(\varepsilon^{-1/2})$ の量である．このことは $v(z)$ が $O(\varepsilon^{-1/2})$ の長い特性距離をもってゆるやかに変化することを意味し，(3.13)のように v の拡散項($\sim\varepsilon$)が反応項 g に比べ無視できるとした先の仮定が正当化されることになる．

上に求めた解は，界面の内部構造を無視したパルスの概形を与えるものであり，外部解(outer solution)とよばれる．これに対して，界面の微細構造はいわゆる内部解(inner solution)によって与えられる．内部解がパラメタ v を含む1成分系の定常伝播解として独立に求められることはすでに見たとおりである．

1対のパルスが単一の局所的外部刺激によって発生することから予想されるように，局所的刺激を繰り返し与えれば，左右に伝播する1対のパルス列が発生する．1方向に伝播する周期的パルス列の解は，孤立パルスを求めた上述の手続きと類似の手続きによって求めることができる．図3-4に示すように，$z=0$ および $-d$ にそれぞれフロントとバックをもち，空間周期 λ をもつようなパルス解を求めよう．単一パルスの場合と異なるのは，$z=\pm\infty$ における境界条件(3.17)の代わりに周期境界条件 $v(0)=v(-\lambda)$ が要求されることであり，(3.20)，(3.21)および(3.23)は不変，また(3.24)も不変である．これらをMcKeanモデルに適用すれば，以下の結果を得る．まず，c は(3.25)において

$$v_{\mathrm{f}} = -\left(a+\frac{1}{2}\right)\frac{1-e^{-d/c}}{1+e^{-d/c}} \tag{3.28}$$

と置いたものに等しい．さらに，上式の d は λ の関数として，

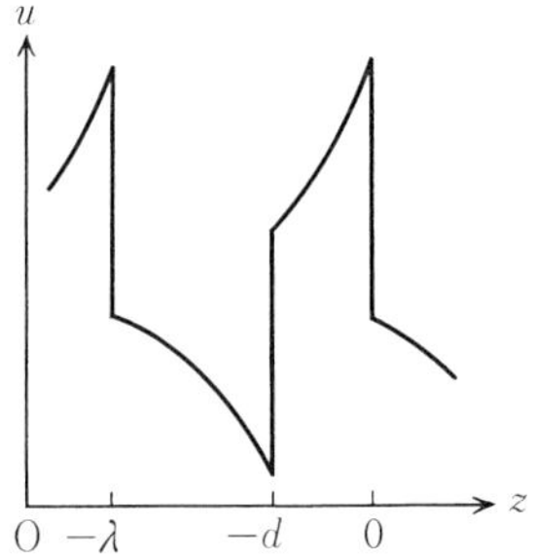

図3-4 McKeanモデルから，$\varepsilon\to 0$ の極限で得られる周期的パルス列(波長 λ)の形．

$$d = -c\ln[a(1-y)+\{a^2+(1-2a^2)y+a^2y^2\}^{1/2}] \qquad (3.29)$$
$$y = e^{-\lambda/c}$$

と表わされる．(3.25)，(3.28)，(3.29)は分散関係 $c(\lambda)$ を陰に与える．$\lambda\to\infty$ の極限では，当然ながら先に求めた孤立波の速度の表式に一致する．他方，小さい λ に対する c の漸近的表式は

$$c \cong \varepsilon^{-1/2}\sqrt{\frac{1}{2}-2a^2}\,D^{1/4}\tilde{\lambda}^{1/2} \qquad (3.30)$$
$$\tilde{\lambda} = \sqrt{\varepsilon}\,\lambda$$

となる．このように，$\varepsilon\to 0$ を仮定した理論においては，任意に短い波長 λ をもつパルス列が存在しうる．しかし，ε が有限であるようなより現実的な系では λ に下限が存在する．このことは，あまりに高頻度の繰り返し刺激に対しては系が同じ頻度で興奮しえないことを示している．一過的興奮が生じた後，次の刺激に対して再度興奮しうるためには，系は定常状態の比較的近傍に回帰していなければならない．しかるに，あまりに高頻度の刺激に対してはこの条件がみたされず，次の刺激は無効になってしまう．刺激に応答しえない系はこのとき「**不応期**にある」といわれる．

3-3 興奮系の回転らせん波

前節までは空間 1 次元の系に考察を限ってきた．BZ 反応系の通常の実験においては，媒質は準 2 次元的に広がっている．そこに現われる代表的なパターンが本節で述べる回転らせん波である．らせん波については，第 2 章において振動媒質に対する振幅方程式の立場からすでに触れている．しかし，興奮性媒質におけるらせん波は，以下に見るように 2-5 節におけるそれとは相当に異質なものである．

BZ 反応系における 1 対の回転らせん波が図 3-5 に示されている．パターンを構成する波面は，前節に述べた興奮波と本質的に同じものである．波面が直線状に無限に伸びているならば，すでに論じた 1 次元パルス解と何ら異なると

図 3-5 Belousov-Zhabotinskii 反応系の回転らせん波.(A.T. Winfree: Sci. Am. 230 No.6 (1974)82.)

ころはない.しかし,らせん波においては波面は湾曲している.さらに重要な事実として,波面に端点が存在する.端点付近の構造を解明することが,回転らせん波の理解にとって最も重要と考えられる.

BZ 反応においてらせん波を発生させるにはいくつかの異なった方法があるが,典型的には次の方法による.まず,媒質の一部に適当な刺激を与えると1つの円形波が発生し,これがほぼ一定速度で半径を拡大していく.これは,1次元系において左右に伝播する1対のパルスが発生することに対応している.試薬に適当な流動的攪乱を与えるか,あるいは光を照射するなどの方法によって,円形波の波面の一部を消去することができる.これによって波面に1対の端点が生じ,端点付近を中心として巻き込みがおこり,渦巻模様に発展していく.1対の端点からは1対の,互いに逆回転するらせん波が形成される.

1対のらせん波のうち片方が孤立して存在する場合を考えよう.十分に発展したこのようならせんパターンは,適当な条件の下では一定の形を保ちながら剛体的に回転する.らせん波を1本の曲線と見たとき,その形はどのような式によって表わされるであろうか.極座標 (r,θ) において,らせん波を表わす曲線 $\theta(r)$ が一定の振動数 ω で定常的に回転しているとしよう.そのとき,曲線の各部分はその垂直方向に速度 c で進行しているものとしよう.このことは,曲線 $\theta(r)$ を微小角 $d\theta=\omega dt$ だけ回転して得られた結果が,同じ曲線 $\theta(r)$ の各部分をその垂直方向に cdt だけ推進して得られた結果と同一であることを意味する.

図 3-6 の作図からわかるように,これを式で表わせば

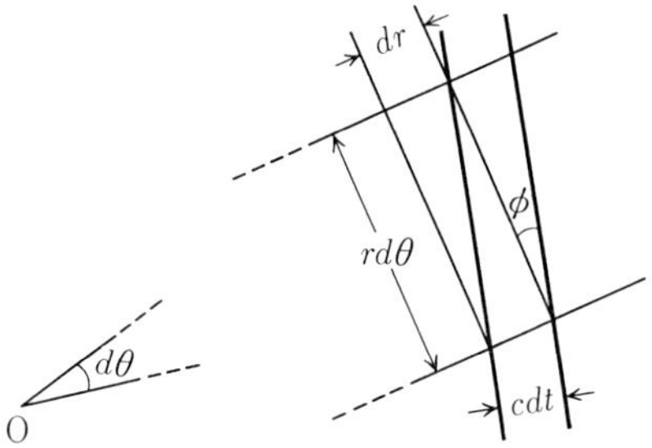

図 3-6 原点に回転中心をもつらせん波が微小角度 $d\theta$ だけ回転した結果，波面の任意の小部分(太線で示す)は距離 cdt だけ並進する．

$$\tan\phi = \frac{dr}{rd\theta} \tag{3.31a}$$

$$\sin\phi = \frac{cdt}{rd\theta} = \frac{c}{r\omega} \tag{3.31b}$$

となり，両式から ϕ を消去すれば

$$c = \frac{r\omega}{\sqrt{1+\psi^2}} \tag{3.32}$$

$$\psi = r\frac{d\theta}{dr}$$

となる．c が定数の場合には，上式は $\theta(r)$ に対する1階の微分方程式であり，次の解が見いだされる．

$$\pm\theta(r) = \left(\frac{r^2}{r_0^2}-1\right)^{1/2} - \cos^{-1}\frac{r_0}{r} + \omega t \tag{3.33}$$

$$r_0 = \frac{c}{\omega}$$

ただし，この解は $r \geqq r_0$ においてのみ存在する．これは図3-7に示すような半径 r_0 の円の伸開線を表わしており，伸開線の端点はその円周上を回転する．$r \gg r_0$ においては，この伸開線は波長 $2\pi r_0$ の Archimedes らせん $\pm\theta = r/r_0$ によって近似される．単純な考察から得られた以上の結果は，現実のらせん波の特徴をいくつかの点でよくとらえている．端点が存在し，それがコアとよばれる円形領域の周辺に沿って回転することは実験でも観測される事実であるし，

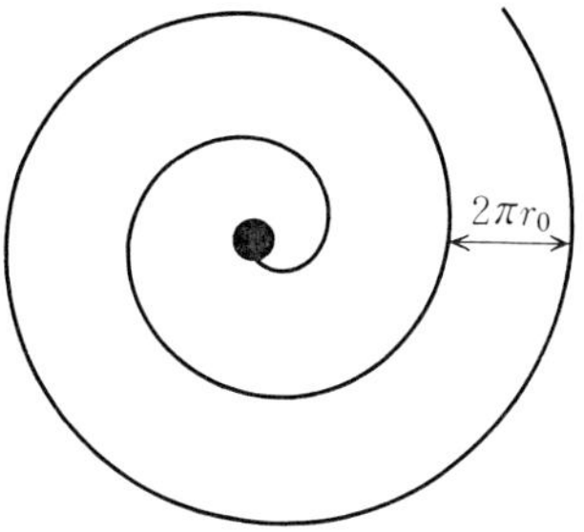

図 3-7 半径 r_0 の円(中央の黒丸)の伸開線((3.33)によって表わされる).

らせん波の形状が伸開線ないし Archimedes らせんによってよく近似されることも知られている.

しかし，上記の取扱いにはいくつかの難点もある．まず，興奮波の進行速度がいたるところで一定値 c をもつという仮定は正しくない．すぐ後に述べるように，進行速度 c は

$$c = c_0 - D\kappa \tag{3.34}$$

のように，直線的な界面の進行速度 c_0 からのずれをもち，ずれは界面の局所的な曲率 κ に比例する．ここに，曲率 κ は界面が進行方向に凸の場合に正としている．また，D は正の定数である．先に論じた 2 成分モデル(3.12)(ただし，空間次元は 2)に対しては，(3.34)は

$$c = c_0(v_{\rm i}) - D\kappa \tag{3.35}$$

と表わされ，D は u 成分の拡散係数に一致する．κ が十分に小さいかぎり曲率効果は無視できるが，曲率効果を無視した上述の現象論によって得られる伸開線はまさに端点において $\kappa=\infty$ となり，したがって理論は内部矛盾を含んでいる．ω が未定のパラメタとして残る点も上の理論の難点である．未定量を残さず理論が閉じるためには，コア付近の詳細な構造を明らかにしなければならない．以下では，これらの点に関して改良された 1 つの理論的試みを素描する．

まず，界面の進行速度に対する曲率効果が(3.35)によって表わされることの理由を，2 成分興奮系(3.12)の 2 次元版に即して述べよう．ε は十分微小とする．その場合には，方程式(3.12a)において $v(x,y,t)$ をパラメタと見なすことが許された．2 次元媒質の場合にもこのことに関しては全く同様である．また，

界面の曲率の効果のみが当面の問題であるから，$v(x,y,t)=$一定 としておく．すなわち，考察すべき発展方程式は

$$\frac{\partial u}{\partial t} = \varepsilon^{-1}f(u,v)+D\left(\frac{\partial^2}{\partial x^2}+\frac{\partial^2}{\partial y^2}\right)u \tag{3.36}$$

である．

ある時刻 t_0 において，曲率 κ をもつ界面上の1点Pの近傍に着目し，図3-8のように点Pにおいて界面に x 軸が接するように，局所的な直交座標系 x-y をとる．点Pの近傍では，(3.36)の解は近似的に $u_0(z)$，$z=x-c(t-t_0)+(\kappa y^2/2)$ なる形によって表わされるであろう．これを(3.36)に代入すれば，点Pにおいて

$$-(c+D\kappa)\frac{du_0}{dz} = \varepsilon^{-1}f(u_0)+D\frac{d^2u_0}{dz^2} \tag{3.37}$$

となる．しかるに，$\kappa=0$ に対して $c=c_0$ であるから，(3.35)(ただし，$v_{\mathrm{i}}=v$)が成立することは明らかである．なお，曲がった界面のダイナミクスに関しては，位相ダイナミクス法に基づくさらに一般的な取扱いが第4章で述べられる．

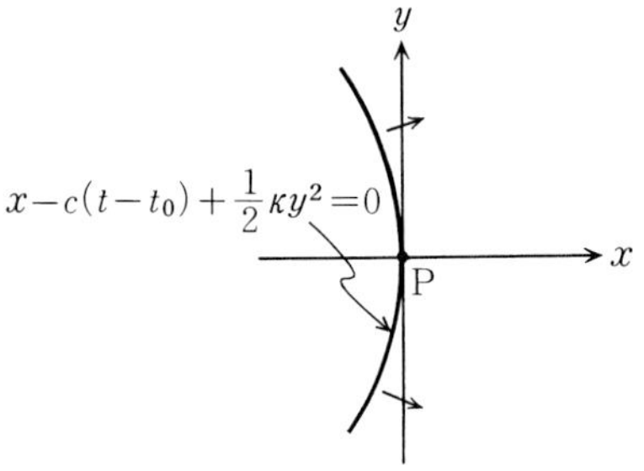

図3-8 点Pにおいて曲率 κ をもつ界面の局所的な形．

回転らせん波の改良された取扱いに戻ろう．(3.32)において，c はもはや一定ではなく，(3.35)の表式を用いるべきである．しかるに，κ 自身が ϕ を用いて

$$\kappa = \pm\left\{\frac{d\phi/dr}{(1+\phi^2)^{3/2}}+\frac{\phi}{r(1+\phi^2)^{1/2}}\right\} \qquad (\phi\gtrless 0) \tag{3.38}$$

のように表わされることは，簡単な幾何学的考察から知られる．κ に対するこ

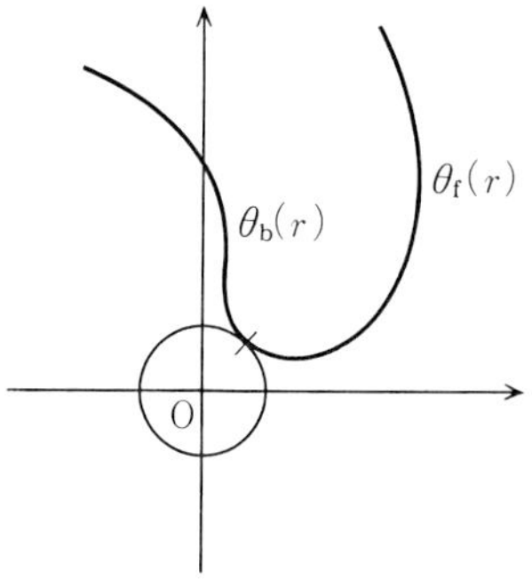

図 3-9 コア(中央の円)近傍において仮定されたらせん波界面の形．界面はフロントとバックが滑らかに接合した曲線であり，接合点がコアに接しつつ，曲線全体はその形を保ちながら時計回りに角振動数 ω で回転する．

の表式を用いて，(3.32)を

$$\frac{r\omega}{(1+\psi^2)^{1/2}}=c_0\mp D\left\{\frac{d\psi/dr}{(1+\psi^2)^{3/2}}-\frac{\psi}{r(1+\psi^2)^{1/2}}\right\}\qquad(\psi\gtrless 0)\qquad(3.39)$$

と修正すれば，上記理論の多少の改良にはなるかも知れない．しかし，未定量を残さず閉じた形で問題を解くことはなおできない．

そこで，フロントとバックの区別なくらせん波を1本の界面 $\theta(r)$ と見なすようなこれまでの考え方を改め，それらを別々の界面 $\theta_{\rm f}(r)$ および $\theta_{\rm b}(r)$ によって表わし，それぞれに対応する量 $\psi_{\rm f}$ および $\psi_{\rm b}$ が(3.39)をみたすことを要求しよう．具体的には図3-9に示すように，フロントとバックが滑らかに接合し，接合点が半径 r_0 のコアに接しつつ全体が定常的に，かつ時計回りに角振動数 ω で回転するようなパターンを考えるのである．さらに，フロントとバックそれぞれにおける c_0 に対しては，$c_0(v_{\rm f})\equiv c_{\rm f}(v_{\rm f})$，$c_0(v_{\rm b})\equiv -c_{\rm b}(v_{\rm b})$ と置き，$v_{\rm f}$ と $v_{\rm b}$ がそれぞれの界面に沿って一定でなく，v の発展方程式(3.13)によって自ずから決まるべき量と考える．ただし，ふたたび v の拡散の効果が無視できるほど小さいと仮定している．

よって考察すべき方程式は

$$\frac{r\omega}{(1+\psi_j^2)^{1/2}}=c_j(v_j)\mp D\left\{\frac{d\psi_j/dr}{(1+\psi_j^2)^{3/2}}+\frac{\psi_j}{r(1+\psi_j^2)^{1/2}}\right\}$$
$$(\psi_j\gtrless 0,\quad j={\rm f},{\rm b})\qquad(3.40)$$

となる．ψ_j がみたすべき境界条件として，まず $\theta_j(r)$ がコアに接することから

$$\psi_f(r_0) = -\infty, \quad \psi_b(r_0) = \infty \tag{3.41}$$

さらに，フロントとバックが遠方で Archimedes らせんに漸近することを要求すれば，

$$\psi_f(r), \psi_b(r) \to kr \qquad (r \to \infty) \tag{3.42}$$

がみたされなければならない．ここに，$k = \omega/c_\infty$，$c_\infty = c_f(r=\infty) = c_b(r=\infty)$ である．

(3.40)はなお $v_f(r), v_b(r)$ を含んでいて，これらを $\psi_f(r)$ および $\psi_b(r)$ で表わすことができれば方程式が閉じる．そのためには，まずパターンが定常回転していることから，$v(r,\theta,t) = v(r,\theta+\omega t)$ と表わされること，したがって(3.13)が

$$\omega\frac{\partial v}{\partial\theta} = G_\pm(v) \tag{3.43}$$

となることに注意する．ただし，上式において $\theta_f < \theta < \theta_b$ ならば G_+ をとり，それ以外の θ に対しては G_- をとる．

中心から r だけ離れたある空間点 P を考え，この点をフロントが横切った後バックが到達するまでの時間間隔(すなわち，P 点が興奮状態にある期間)を $2\pi/\omega_+(r)$ としよう．$\omega_+(r)$ の定義から

$$\frac{\omega}{\omega_+(r)} = \frac{\theta_b(r) - \theta_f(r)}{2\pi} \tag{3.44}$$

あるいはこれを r で微分して

$$\omega r\frac{d\omega_+^{-1}}{dr} = \frac{\psi_b - \psi_f}{2\pi} \tag{3.45}$$

が成り立つ．ω_+ はまた(3.43)を積分することによって

$$\frac{2\pi}{\omega_+(r)} = \int_{v_f}^{v_b}\frac{dv}{G_+(v)} \tag{3.46}$$

のように表わされる．同様に，P 点が休止状態にある期間に対しては

$$2\pi\left(\frac{1}{\omega} - \frac{1}{\omega_+}\right) = -\int_{v_f}^{v_b}\frac{dv}{G_-(v)} \tag{3.47}$$

が成り立つことは明らかである．最後の 2 式は，$v_f(r)$ と $v_b(r)$ が共に $\omega_+(r)$ と ω によって表わされること，したがって $c_j(v_j)$ に対しても同様に $c_j(\omega_+, \omega)$ と表わされることを示している．このようにして，(3.40)と(3.45)を連立させ，境界条件(3.41)および(3.42)を要求すれば，問題は閉じることになる．これは非線形固有値問題であって，ω, r_0 の特別の値に対してのみ解 $\psi_j(r)$ が存在する．

McKean モデルに対しては，既述のように $c_j(v_j)$ の陽な形が知られており，しかも v_f, v_b に対しても簡単な計算から表式

$$v_f = a + \frac{1}{2} - \frac{1 - \exp[2\pi(\omega_+^{-1} - \omega^{-1})]}{1 - \exp(-2\pi/\omega)} \tag{3.48a}$$

$$v_b = a + \frac{1}{2} + \frac{\exp(-2\pi/\omega) - \exp(-2\pi/\omega_+)}{1 - \exp(-2\pi/\omega)} \tag{3.48b}$$

が得られる．このことを用いれば上記固有値問題を数値的に解くことが可能となる(P. Pelcé and J. Sun, 1991)．

3-4 複合回転らせん波と Turing パターン

化学反応系において非平衡状態を恒常的に維持するためには，新鮮な試薬を絶えず系に注入しなければならない．空間パターンをかき乱すことなくこれを行なうことが従来は実験的に困難であったため，パターンの観察は平衡状態へ自然に移行しつつある試薬においてもっぱら行なわれてきた．しかし，それでは長時間観測による定量的解析は不可能である．たとえば 1 つのパターンから別のパターンへの転移を分岐現象として明確に捉えようとするならば，媒質の恒常性は不可欠である．

BZ 反応系等に対して近年開発された実験手段はこの点において画期的であり，反応拡散系における散逸構造研究に大きな道を開いた．それは薄いゲル層に染み込ませた試薬においてパターンを観察する方法なので，らせん波のような 2 次元的なパターンの研究に適した方法である．そこでは反応槽で十分に撹

拌された試薬がゲル層に定常的に供給されるのであるが，その場合，ゲル層に垂直に，2次元的に配列された多数の毛細管を通して拡散的に注入されるのである．それによって注入の空間的均一性が保証され，流動の発生も抑えられる．

a） 複合回転らせん波

この手法による具体的成果の1つとして，複合回転を示すらせん波の定量的解析がある．前節に述べたように，適当な条件下ではらせん波は定常な回転運動を示す．しかしながら，媒質の興奮性の度合を変化させるなどによって条件を変えてやると，らせん波の中心部において定常回転運動は不安定化し，より複雑な回転運動が現われる．これは**複合回転**（compound rotation）または**蛇行**（meandering）とよばれている．実験においては $KBrO_3$ の濃度が制御パラメタとして選ばれる．図3-10(b)には複合回転の様子が示されている．それは単純な回転運動のHopf分岐によって超臨界的に出現することが実験的に示唆されている．したがって，典型的な複合回転運動は準周期運動である．パラメタを変化させても2つの基本的周波数が有理比にロックされることはない．類似の複合回転運動はFN方程式の数値解析からも見いだされているが，現在までのところその理論的説明は存在しない．

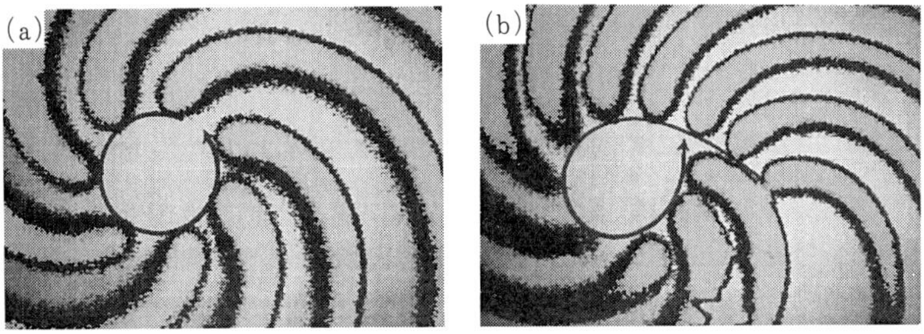

図3-10 らせん波の単純な回転と複合回転．(a)らせん波の端点は定常な円運動を示す．(b) $KBrO_3$ 濃度を変化させると，円運動は不安定化し，複合的な回転(2重周期運動)が現われる．(G. S. Skinner and H. L. Swinney[1-24]による．)

b） Turing パターン

同様の実験手法によるもう1つの注目すべき成果は，いわゆる **Turing パターン**の発見である（Q. Ouyang and H. L. Swinney, 1991）．実験については最後に示すこととし，まず **Turing 不安定性**について述べる．なお，本項は界面ダイナミクスという本題からはややはずれる．

反応拡散系においては，空間的に一様な定常状態が不均一なゆらぎに対して不安定化し，自発的に非一様な構造が現われる場合がある．Turing 不安定性とよばれるこの現象は，1952 年に A. Turing が理論的にその可能性を指摘した．生物の形態形成，特に「一様で等方的な卵細胞から，その空間対称性を破って形が形成されるのはなぜか」という素朴な，しかし発生の根本にかかわる疑問に対して，Turing の発見は隠喩レベルの解答を与えるものとして大きな関心を呼び起こした．I. Prigogine が提唱した「散逸構造」概念も，当初においては Turing パターンを強く念頭においていたと思われる．Prigogine 学派をはじめとする多くの研究者によって，仮想的な反応拡散モデルに基づく Turing パターンの数理的解析も活発に進められた．それにもかかわらず，Turing の予想以後 40 年近くもの間，その証拠を現実の反応拡散系に見いだすことができなかったのである．

Turing 不安定現象の奇妙さは，拡散の存在によってむしろ空間的不均一性が増大するという点にある．その数式上の説明および物理的解釈は以下のごとくである．ヌルクラインが図 3-11 のように交わっている 2 変数系 $\dot{u}=f(u,v)$, $\dot{v}=g(u,v)$ を考えよう．定常点 S の安定性を見るために，そのまわりで系を線形化する．すなわち，

$$\frac{du}{dt}=au-bv \tag{3.49a}$$

$$\frac{dv}{dt}=cu-dv \tag{3.49b}$$

ただし，u, v の定常値からのずれをあらためて u, v と表記した．図 3-11 に示した $\dot{u}, \dot{v}$ の符号からわかるように，$a, b, c, d>0$ を仮定している．また，ヌルクラインの交わり方から，次の不等式が成り立つ．

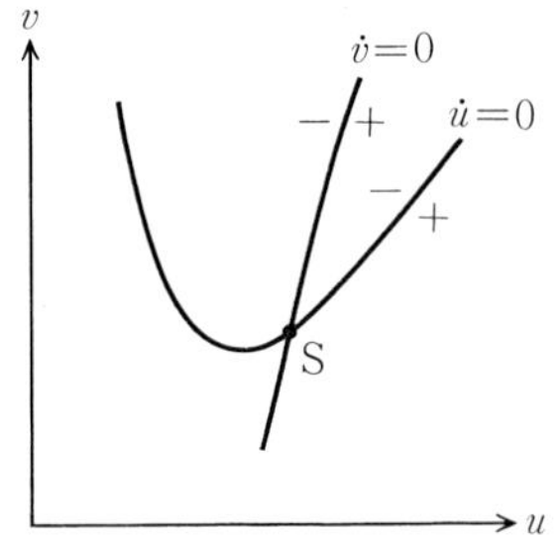

図 3-11 アクティヴェータ・インヒビタ系におけるヌルクラインの交わり方.

$$bc > ad \tag{3.50}$$

u, v の線形成長率 λ に対する 2 次方程式から知られるように,

$$d > a \tag{3.51}$$

ならばSは安定であり, この条件が破れれば振動不安定となる. 本章の各節においては, 1 変数の特徴的時間スケール ε がきわめて短い場合を扱ってきたが, いまの場合これは $a \gg d$ を意味し, したがってSは不安定となる. しかし, 以下では(3.50)とともに安定性条件(3.51)がみたされている場合を考える.

安定定常状態Sをもつこのような要素系が互いに拡散によって結合すると, 一様定常状態Sが不安定化しうる. 簡単のため 1 次元系を考え, (3.49a, b)にそれぞれ拡散項 $D\partial^2 u/\partial x^2$, $D'\partial^2 v/\partial x^2$ を付け加えよう. この線形反応拡散方程式系を波数 k の Fourier モード u_k, v_k を用いて表わせば,

$$\frac{du_k}{dt} = (a - Dk^2)u_k - bv_k \tag{3.52a}$$

$$\frac{dv_k}{dt} = cu_k - (d + D'k^2)v_k \tag{3.52b}$$

となる. これは(3.49a, b)と同形であり, 同式の a, d がそれぞれ $a - Dk^2$, $d + D'k^2$ に置き換えられたものと見ることができる.

したがって, 一様定常状態が安定であるための必要十分条件は, 次式がすべての k に対して成り立つことである.

$$bc > (a - Dk^2)(d + D'k^2) \tag{3.53}$$

$$d + D'k^2 > a - Dk^2 \tag{3.54}$$

条件(3.51)の下に(3.54)は自動的に成り立つから，振動不安定性は起こりえない．しかし条件(3.53)が破れる可能性がある．特に，D が十分に小さく，かつ D' が十分に大きい場合には，有限の k に対して不等式(3.53)はつねに破れる．Turing 不安定点は，同不等式がある波数 k_c に対してはじめて満足されなくなる点である．したがって，これは Bénard 対流の発生と本質的に同一のタイプの不安定性であり，十分に広がった系においては周期パターンの出現が期待される．

拡散によって引き起こされるこのような不安定性の原因は，直観的にはどのように理解されるであろうか．それにはまず要素力学系において定常状態が安定に保たれる機構を見る必要がある．(3.49a)が示唆するように，v 成分の不在下では u 成分は不安定成長する．一方(3.49b)は，このような抑制物質 v が u 成分の存在によってのみ生成されることを示している．このような相互関係にある2要素 u, v をそれぞれ**活性化因子**(アクティヴェータ)，**抑制因子**(インヒビタ)とよぶ．定常状態の安定性は，v による抑制効果の相対的優位性によって保たれており，その優位性が低下すれば，u 成分固有の不安定性が顕在化するのである．拡散が導入されると，要素系におけるこの抑止力に変化が生じる．特に，v 成分の拡散が相対的に速い場合には，抑止力は低下する．なぜなら，何らかの原因によって局所的に活性化因子の濃度が高くなった場合，それを抑制すべき抑制因子が同時にそこに生成されるとしても，後者は前者を抑制する以前に周辺に流出してしまい無効となるからである．しかも，それによって周辺部はむしろ過剰に抑制され，そのために u 成分の不均一性がいっそう増幅することになる．

図3-12には，Ouyang と Swinney によって見いだされたいくつかの Turing パターンが示されている．条件により，6角格子あるいは縞状の周期構造が現われる．用いた反応系は **CIMA**(chlorite-iodide-malonic acid)**反応系**とよばれ，BZ 反応系の代替系として知られているものである．彼らの実験のさらに興味深い点は，媒質の温度を連続的に変化させて，パターンの出現を分岐現象としてとらえることに成功したことである．

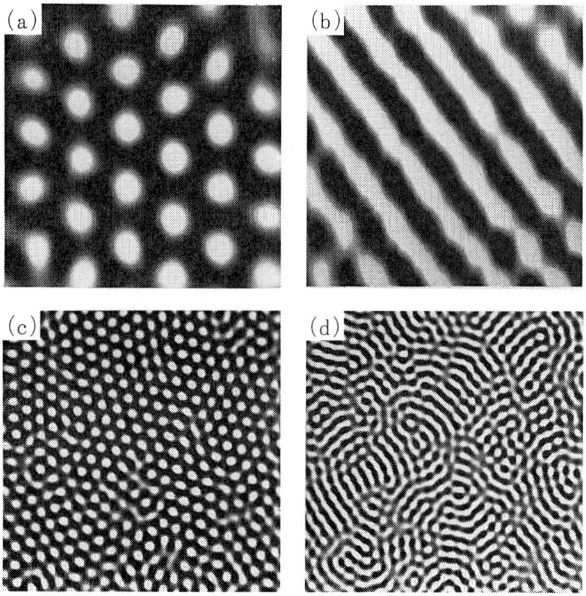

図 3-12　CIMA 反応系における Turing パターンのいくつかの例.（H. L. Swinney 博士の御好意による.）

3-5　界面不安定性と構造形成

物体の形の変化というものは，物体の内外を隔てる境界面の形の変化でもある．非平衡開放系においては，平坦な界面が自発的に変形し，さまざまな形態に発展していくような現象がしばしば見られる．生物の形態形成はその最も著しい例であるが，非生物界においても雪の結晶や樹枝状結晶の成長にその典型例が見られる．反応拡散モデルはこのような現象に対してもしばしば有用なモデルとなり，界面のダイナミクスに着目した取扱いが有効性を発揮する．以下では，純粋な過冷却融液中で進行する結晶成長を考えるのであるが，その簡単なマクロモデルとして知られている**フェイズフィールドモデル**(phase field model)について述べ，界面の安定性，および不安定化後の形態形成を論じる．

フェイズフィールドモデルは，結晶成長のみならず，異なった相を隔てる界面のダイナミクスに共通するある普遍的側面をうまくとらえたモデルであり，小林によって提案された(R. Kobayashi, 1993)．それは本章で述べてきた2成分興奮系モデルと同じく，双安定1成分系の発展方程式に含まれるパラメタを変数と見直すことによって得られるモデルである．第1の方程式を

$$\tau\frac{\partial u}{\partial t}=\varepsilon^{-1}u(1-u)(u-a)+\nabla^2 u \tag{3.55}$$

によって与えよう．ここに，τは正のパラメタ，aはいま1つのパラメタで，$0<a<1$をみたす．時空スケールを取り替え，uを適当に1次変換すれば，上式が(3.1)，(3.3)の形をもつ双安定反応拡散系に帰着することは明らかであろう．

この双安定系は，(3.7)に相当するポテンシャルΨをもち，$u=0$および1がΨの極小点となる．前者を液相に，また後者を固相に対応させよう．したがって，Ψは自由エネルギーと解釈される．$a<1/2$ならば，固相がより低い自由エネルギーをもち，したがってより安定になる．$a>1/2$ならばその逆である．しかるに，物理的には両相の相対的安定性は温度Tに強く依存するはずだから，aはTの関数と見なすべきである．さらに，低温で固相がより安定化することから，aはTの単調増加関数と仮定するのが妥当である．$a(T_0)=1/2$となる温度T_0は融解温度である．過冷却液体のある温度を基準温度$T=0$に選べば，$T_0>0$である．

固液界面が時間発展しつつある場合には，温度も一様ではありえない．それは拡散方程式に従う量であるが，両相における拡散速度を同一と仮定し，固液相変化に伴う潜熱の湧き出しの効果を考慮すれば

$$\frac{\partial T}{\partial t}=\nabla^2 T+K\frac{\partial u}{\partial t} \tag{3.56}$$

なる形を仮定することができる．ここにKは正のパラメタであり，潜熱の大きさを表わしている．2成分反応拡散方程式系(3.55)および(3.56)はフェイズフィールドモデルとよばれている．ただし，結晶成長のモデルとしてはこれに

異方性の効果を取り入れることが必要である．異方性はパラメタ τ, ε，あるいは a が非等方的な量であると仮定することによって考慮される．しかし，簡単のため，以下の議論では異方性の効果を無視しよう．なお，(3.55)にパラメタ τ を含ませたのは，(3.56)における温度拡散係数が 1 となるように時間スケールを選んだためである．

方程式(3.55)において，a あるいは T を一定のパラメタと見なせば，同式が(3.9a)に相当する 1 次元的な定常進行波解

$$u(x,t) = \frac{1}{2}\left(1-\tanh\frac{x-\phi}{2\sqrt{2\varepsilon}}\right) \tag{3.57}$$

$$\phi = c(T)t$$

をもつことは明らかであろう．以下で関心がある 2 次元系においては，これは直線的な界面をもつ進行波を表わす．(3.9b)に対応して，進行速度 c は

$$c(T) = \tau^{-1}\sqrt{\frac{2}{\varepsilon}}\left(\frac{1}{2}-a\right) \tag{3.58}$$

によって与えられる．実際には $a(T)$ は時空変化する変数であるから，定常進行波解 $u(x-ct)$, $T(x-ct)$ を求め，2 次元系におけるその安定性を一般的に調べるのはそれほど容易ではない．そこで，解析を容易にするために以下では $\varepsilon \to 0$ の極限を考えよう．

その場合には(3.57)は

$$u(x,y,t) = \begin{cases} 1 & (x<\phi) \\ 0 & (x>\phi) \end{cases} \tag{3.59}$$

に帰着する．u の表式をこの形にまで圧縮してしまえば，それは $a(T)$ が x, y, t とともに変化し，かつ界面座標 ϕ が y 依存性をもつ場合にも妥当する表式となっている．したがって，上式では $u(x,t)$ のかわりに $u(x,y,t)$ と表記した．ただし，この場合，3-3 節で述べたように，進行速度(3.58)に対しては次の修正が必要である．

まず，a に含まれる T は，界面 $x=\phi(y,t)$ における値 $T(x=\phi)$ をとるものとする．第 2 に，界面の局所的な曲率 κ による効果が現われる．このように修

正された c は，当然ながら界面の法線方向への進行速度であって，$\partial\phi/\partial t$ とは

$$\frac{\partial\phi}{\partial t} = c\sqrt{1+\left(\frac{\partial\phi}{\partial y}\right)^2} \tag{3.60}$$

なる関係にある．したがって $\partial\phi/\partial t$ に対して

$$\frac{\partial\phi}{\partial t} = \tau^{-1}\sqrt{1+\left(\frac{\partial\phi}{\partial y}\right)^2}\left[\sqrt{\frac{2}{\varepsilon}}\left\{\frac{1}{2}-a(T(x=\phi))\right\}-\kappa\right] \tag{3.61}$$

なる表式を得る．$T(x=\phi)$ が与えられれば，上式は変形した界面 $\phi(y,t)$ の発展法則を閉じた形で記述する式となっている．

$T(x=\phi)$ を求めるために，まず(3.56)における潜熱の湧出項が $Kc\delta(x-\phi)$ に等しくなることに注意する．このことから，界面の法線方向に関する温度勾配 $\partial T/\partial n$ は界面の前後で，飛躍条件

$$\left(\frac{\partial T}{\partial n}\right)_{x=\phi(y)^+} - \left(\frac{\partial T}{\partial n}\right)_{x=\phi(y)^-} = -Kc \tag{3.62}$$

をみたさなければならない．また，界面における T の連続性

$$T(x=\phi(y)^+) = T(x=\phi(y)^-) \tag{3.63}$$

も当然成り立たなければならない．これらの条件の下に，T は単なる拡散方程式

$$\frac{\partial T}{\partial t} = \nabla^2 T \tag{3.64}$$

に従うとしてよい．(3.61)～(3.64)は，界面のダイナミクスを閉じた形で記述するための基礎方程式を与える．

以下では，(3.61)～(3.64)の特解として2次元系における平板な定常進行界面解をまず求め，次いでその安定性を調べよう．このような定常進行界面においては，進行速度 c は一定値 c_0 をとり，$\phi(y,t)=\phi_0\equiv c_0 t$ である．$x=\infty$ における過冷却融液の温度を $T=0$ とすれば，(3.61)～(3.64)から定常進行波解

$$T = \begin{cases} K & (x<\phi_0) \qquad (3.65\text{a}) \\ Ke^{-c_0(x-\phi_0)} & (x>\phi_0) \qquad (3.65\text{b}) \end{cases}$$

が得られる．$T(x=\phi_0)=K$ であるから，進行速度は

$$c_0 = \tau^{-1}\sqrt{\frac{2}{\varepsilon}}\left(\frac{1}{2}-a(K)\right) \tag{3.66}$$

によって与えられる．

上のような平板な進行界面の安定性を(3.61)～(3.64)に基づいて調べよう．そのために，直線的な界面座標に微小変形を与え，その固有モードとして，波数 k の正弦波を考える．それが成長率 λ をもつとすれば，

$$\phi = c_0 t + \delta\phi e^{\lambda t}\sin ky \tag{3.67}$$

と表わされる．ここに，$\delta\phi$ は十分に微小とする．変形を受けた界面の両側における温度にも一般に微小変化 $\delta T(x, y, t)$ が現われる．T が拡散方程式に従うことから，δT の固有モードの空間変化は $\exp[-\gamma(x-\phi_0)]\sin ky$ なる形をもつと予想される．すなわち，

$$T = \begin{cases} K+\delta T_s e^{-\gamma_s(x-c_0t)+\lambda t}\sin ky & (x<\phi) \quad (3.68\text{a}) \\ Ke^{-c_0(x-c_0t)}+\delta T_l e^{-\gamma_l(x-c_0t)+\lambda t}\sin ky & (x>\phi) \quad (3.68\text{b}) \end{cases}$$

なる形を仮定しよう．事実，上式は拡散方程式(3.64)をみたし，γ_s, γ_l は2次方程式 $\lambda+c_0\gamma=\gamma^2-k^2$ の2根として決まる．$\gamma_s<0$，$\gamma_l>0$ でなければならないから，これらは $\gamma_{s,l}=\frac{1}{2}\{c_0\mp\sqrt{c_0^2+4(k^2+\lambda)}\}$ によって与えられる．(3.67)，(3.68a, b)を基礎方程式(3.61)～(3.63)に代入し，$\delta\phi$ と $\delta T_{s,l}$ について線形化すれば，それぞれ

$$K(c_0^2+\lambda)\delta\phi+\gamma_s\delta T_s-\gamma_l\delta T_l = 0 \tag{3.69a}$$

$$-Kc_0\delta\phi-\delta T_s+\delta T_l = 0 \tag{3.69b}$$

$$(\tau\lambda+k^2)\delta\phi+\sqrt{\frac{2}{\varepsilon}}a'(K)\delta T_s = 0 \tag{3.69c}$$

となり，係数行列式が0となる条件から固有値 λ が求められる．

長波長モードに対しては，λ を

$$\lambda = -b_2k^2-b_4k^4+\cdots \tag{3.70}$$

と展開すれば，係数 b_2, b_4 はそれぞれ

$$b_2 = \tau^{-1}\left(1-\sqrt{\frac{2}{\varepsilon}}\frac{Ka'(K)}{c_0}\right) \tag{3.71a}$$

$$b_4 = \sqrt{\frac{2}{\varepsilon}}\frac{Ka'(K)}{4\tau c_0^3}(1-b_2)(7+b_2) \tag{3.71b}$$

となる．b_2は条件$c_0<\sqrt{2/\varepsilon}\,Ka'(K)$の下に負となり，その場合には十分に長波長の変形に対して界面は不安定化する．これは，第2章で述べたジグザグ不安定性に類似した位相不安定性であり，界面の場合には特に**Mullins-Sekerka 不安定性**とよばれている．不安定点の近傍では$b_4>0$，すなわち，短波長の変形に対して界面は安定である．

Mullins-Sekerka 不安定性が起こる理由は，定性的には次のように理解される．何らかの原因で進行界面に局所的な凹凸が生じたとしよう．曲率効果はこの凹凸を平にする傾向をもつが，それに対抗するもう1つの効果がある．これを見るために，図3-13に模式的に描いたように，界面の近傍で温度の等高線が必ずしも界面に平行に走ってはいないことに注意しよう．したがって，界面に沿って温度の不均一性が現われる．特に，熱拡散が早い場合には，等温線はそれだけ平坦になるであろうから，界面の突出した部分Pにおいて温度はやや下降し，くぼんだ部分Q, Q′においてはやや上昇するであろう．

しかるに，界面の進行速度は，界面における温度の減少関数であるから，先行した部分はますます速く進み，遅れた部分の進行速度は低下する．これは，界面のひずみがますます増大することを意味する．この不安定化傾向と，曲率による安定化傾向との相対的強弱によって界面の安定性が決まると解釈される．

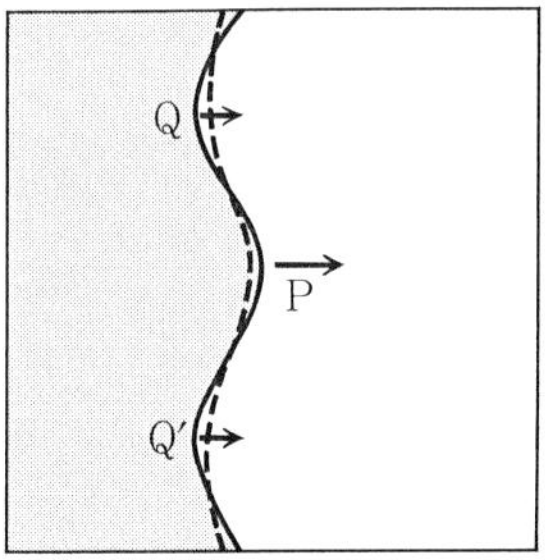

図3-13 湾曲した界面(実線)と界面近傍の等温線(破線)．界面が平坦な場合と比較して，P付近では温度はやや下降し，Q, Q′付近ではやや上昇する．

これら2つの対立する効果は，界面の発展方程式(3.61)にすでに見られる．すなわち，曲率κに比例する項が安定化傾向を表わすのに対して，$-a'(K)\delta T$に比例した速度のずれが生じ，これが不安定化に寄与する．なぜなら，界面の突出部分においては，上述のように$\delta T<0$となり，その部分における速度をいっそう増大させるからである．

界面のこのような不安定化機構に対しては，前節に述べたアクティヴェータ・インヒビタ系における Turing 不安定化機構とのアナロジーが成り立つ．いまの場合，オーダーパラメタuはアクティヴェータに対応し，温度Tはインヒビタの役割を演じる．熱拡散が十分速い場合には，界面の突出した部分においてインヒビタTは側方へ速やかに流出し，その抑制力の低下によって界面の進行がいっそう速まる．逆に，くぼんだ部分には過剰のインヒビタが蓄積して進行が遅くなる．もっとも，界面不安定性が無限に長波長の領域から始まるという点において，それはTuring 不安定性とは異なっている．これは系の空間並進対称性によって，界面の空間並進が中立安定モードになっているという事情によっている．

以上に述べた線形安定性の理論を弱非線形領域まで拡張し，そこで成り立つ界面座標の発展方程式を，次章に述べる位相ダイナミクスの立場から近似的に導出することは可能である．これに関しては4-3節でふたたび取り上げる．しかしながら，いずれにしても樹枝状結晶成長に見られるような，きわめて非線

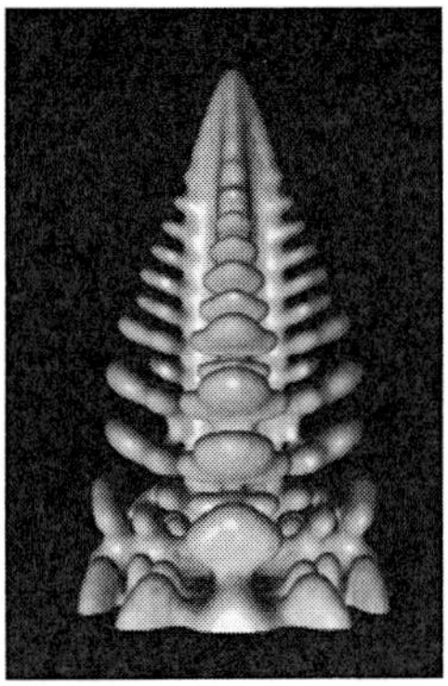

図3-14 関数$a(T)$に異方性を考慮したフェイズフィールドモデルにもとづき，計算機シミュレーションによって得られた3次元結晶成長パターンの1例．図の界面は$u=1/2$の等高面を表わす．(小林亮博士の御好意による.)

形性の強い領域を扱えるような一般性をもつ理論は現在のところ存在しない．したがって，この種の構造形成を調べるためのほとんど唯一の有力な手段は，モデル方程式に対する直接の計算機シミュレーションである．フェイズフィールドモデルに対しては，小林による詳細な数値解析がある（R. Kobayashi, 1993）．図 3-14 にその 1 例を示す．これらの計算においては，パラメタに異方性を入れることによって，現実の結晶成長パターンに驚くほど類似したパターンを得ることに成功している．

4

位相ダイナミクス

前2章では，それぞれ異なったタイプの非平衡散逸場が考察された．そこでは「遅い自由度が系のダイナミクスを支配する」という物理的観点がきわめて有効であった．「遅い自由度」の役割を果たすものは，第2章では分岐点近傍の弱不安定モードであり，第3章では抑制性物質の濃度であった．パターンダイナミクスに現われるいま1つの重要な遅い自由度として位相自由度がある．本章ではこの事実にもとづく縮約法として知られている「位相ダイナミクス」の現象論を概説し，いくつかの具体的問題に適用する．

広がった場に非平衡パターンがすでに存在するときは，系の連続対称性が自発的に破れている場合が多い．そのとき，「位相」という中立安定な，したがって限りなく長いタイムスケールをもつ量が一般に存在する．位相モードは分岐現象における臨界モードに類似しており，臨界モードについて閉じた記述が可能であったように，位相に対しても閉じた記述が可能となる．

位相ダイナミクスは，流体であれ反応拡散系であれ，およそ位相という量が定義できるような散逸系に広く適用できる考え方である．本章では，位相場に対する発展方程式が，第1，第2章における振幅方程式と同様に現象論的に導かれる．その理論的基礎については第5章にゆずる．

4-1 周期構造の弱い乱れと位相方程式

アスペクト比の大きい Bénard 対流系のロールパターンに見られるように，広がった一様で等方的な 2 次元媒質に 1 次元的周期構造がすでに存在する場合を考えよう．場の変数となるものは，熱対流においては流速の各成分，温度，圧力等であり，反応拡散系の場合には各化学成分の濃度である．より抽象化された系，たとえば振幅方程式の形にすでに縮約された系においては，W が場の変数と見なされよう．

一般に，変数の 1 つを代表的に $X(\boldsymbol{r},t)$ によって表わそう．波数 k をもつ定常な 1 次元的周期パターンに対しては，X は一般に

$$X(\boldsymbol{r},t) = X_0(\phi), \qquad \phi = kx+\psi \tag{4.1}$$

のように表わされる．ここに，$X_0(\phi)$ は ϕ の 2π 周期関数である．また，ψ は任意定数である．空間並進対称性を破って出現したパターンは，このように任意の位相定数を含む．X_0 は周期性に加えて空間反転対称性

$$X_0(-\phi) = X_0(\phi) \tag{4.2}$$

をみたすと仮定する．

いま，このパターンに長スケールの空間変調が生じたとする．たとえば，熱対流の場合にはロール軸がなだらかに，しかし大きく湾曲し，ロール間間隔も長スケールで見ると不均一になっているような場合である．しかし，局所的に見ると，周期構造はよく保たれているとする．大域的には，このようなパターンは(4.1)第 1 式の右辺に微小な補正項を付加することによっては近似的にも表わせないのが普通である．特別な場合として，まったく変形していないが有限の距離だけ全体を平行移動させたパターンを考えれば，その理由は自明であろう．

これに似た状況は，摂動によって周波数変調を受けた振動子にも見られ，永年効果を含む摂動問題としてよく知られている．したがって，永年効果の取り込みのアイディアにならって，パターンの空間変調を位相 ψ の空間変化とし

て取り込むという方法が考えられる．それによって，(4.1)の形そのものはなお真の解に対する十分よい近似を与えると期待されるのである．

定常パターンが空間的にひずむと，一般に時間的な変化も現われる．したがって，それも ϕ に吸収すべきである．その場合，位相ひずみの空間スケールが長いほどその時間発展は遅いであろう．そして空間的に一様な極限では，ϕ は任意定数すなわち $\dot{\phi}=0$ となる．分岐点近傍において振幅方程式を導出するにあたっても同様の考えを用いた．そこでは，臨界点で任意定数となる振幅 W を，時間的・空間的に変化する量と読み替えることによって，パターンのゆるやかな時空変動をそれに吸収したのである．したがって(4.1)の表式は中立解(1.8)に対応する．

$\phi(x,y,t)$ はどのような発展方程式に従うだろうか．(4.1)がもとの発展方程式を近似的にみたすという条件から ϕ の発展方程式を決めることが正統的な方法であろう．そのような取扱いについては第5章で述べることとし，以下では現象論的考察から位相方程式の形を見いだそう．まず，$\dot{\phi}$ は ϕ およびその種々の空間微分によって表わされると仮定して

$$\frac{\partial\phi}{\partial t}=H\left(\phi,\ \frac{\partial\phi}{\partial x},\ \frac{\partial\phi}{\partial y},\ \frac{\partial^2\phi}{\partial x^2},\ \frac{\partial^2\phi}{\partial y^2},\ \cdots\right) \tag{4.3}$$

と置く．系の状態 $X_0(\phi)$ は次の3種類の変換に対して不変である．

(i) $\phi\rightarrow\phi+\phi_0,\quad x\rightarrow x-k^{-1}\phi_0$ （ϕ_0 は任意）

(ii) $\phi\rightarrow-\phi,\quad x\rightarrow -x$

(iii) $y\rightarrow -y$

したがって，ϕ の発展方程式もこれらの不変性をみたさなければならない．まず，(i)に関する不変性から，H は ϕ そのものをあらわに含んではならない．(ii)，(iii)に関する不変性から，H をいろいろな微分について展開するとき，出現すべき展開項のタイプが制限される．これを考慮して，低次の項をいくつか書き下せば以下のようになる．

$$\frac{\partial\psi}{\partial t} = a_2\frac{\partial^2\psi}{\partial x^2}+b_2\frac{\partial^2\psi}{\partial y^2}-a_4\frac{\partial^4\psi}{\partial x^4}-b_4\frac{\partial^4\psi}{\partial y^4}+\left(g_1\frac{\partial^2\psi}{\partial x^2}+g_2\frac{\partial^2\psi}{\partial y^2}\right)\frac{\partial\psi}{\partial x}$$
$$+\left\{h_1\frac{\partial\psi}{\partial x}+h_2\left(\frac{\partial\psi}{\partial y}\right)^2\right\}\frac{\partial^2\psi}{\partial y^2}+h_3\frac{\partial\psi}{\partial x}\left(\frac{\partial\psi}{\partial y}\right)^2+\cdots \tag{4.4}$$

十分になだらかなパターン変形に対しては，上式の微分展開において最低次のみを考慮すれば十分であろう．これより異方的な位相拡散方程式

$$\frac{\partial\psi}{\partial t} = a_2\frac{\partial^2\psi}{\partial x^2}+b_2\frac{\partial^2\psi}{\partial y^2} \tag{4.5}$$

を得る．拡散係数 a_2, b_2 がともに正ならば，パターンのひずみは位相拡散によってやがて消滅する．(4.5)を波数 δk をもつ Newell-Whitehead 方程式の定常ロール(2.4a, b)に適用すれば，位相分枝の固有値の表式(2.7)との比較から，位相拡散係数は

$$a_2(k) = \frac{\mu-3(\delta k)^2}{\mu-(\delta k)^2} \tag{4.6a}$$

$$b_2(k) = \frac{\delta k}{k_c} \tag{4.6b}$$

のように決まる．ただし，$k=k_c+\delta k$ である．

位相不安定領域では，拡散係数が負となって位相拡散方程式は破綻し，高次の微分展開項や非線形項が不可欠となってくる．不安定性が弱い場合に限れば，以下に示すようにスケーリングの考察から，取り入れるべき主要項を判別することができる．まず，Eckhaus 不安定点 $a_2=0$ の近傍を考え，$a_2=-\varepsilon$ と置く．ε の微小性はそれに応じた長い時空スケールを ψ にもたらすであろう．t, x, y に対してこれらの特徴的スケールをそれぞれ $|\varepsilon|^{-\nu}, |\varepsilon|^{-\mu_1}, |\varepsilon|^{-\mu_2}$ としよう．さらに，ψ の特徴的変動幅に対しても $|\varepsilon|^{\delta}$ $(\delta\geqq 0)$ を仮定する．この結果，ψ はスケーリング形

$$\psi(x, y, t) = |\varepsilon|^{\delta}f(|\varepsilon|^{\mu_1}x, |\varepsilon|^{\mu_2}y, |\varepsilon|^{\nu}t) \tag{4.7}$$

をもつ．この形を(4.4)に代入すれば，右辺の各項の大きさは ε のベキ(μ_1, μ_2, δ を用いて表わされる)によって評価される．たとえば，$-\varepsilon\partial^2\psi/\partial x^2\sim$

$|\varepsilon|^{1+2\mu_1+\delta}$, $g_2(\partial^2\psi/\partial y^2)(\partial\psi/\partial x)\sim|\varepsilon|^{2\mu_2+\mu_1+2\delta}$ 等々である．

指数 μ_1, μ_2, δ の値が既知ならば，主要項の選別は自動的に行なわれるが，実際には物理的な考察抜きにこれらの指数を決定することはできない．まず，位相不安定をもたらす項 $-\varepsilon\partial^2\psi/\partial x^2$ は欠かせない．また，y 方向に関する安定性を保証する最低次項 $\partial^2\psi/\partial y^2$，および短波長領域での減衰を保証する項 $\partial^4\psi/\partial x^4$ も必要であろう．これら 3 者が同等に重要であるための条件から，$\mu_1=1/2$，$\mu_2=1$ が得られる．非線形項が最低限 1 つ必要であるが，$\delta(\geqq 0)$ の値にかかわりなく $(\partial^2\psi/\partial x^2)(\partial\psi/\partial x)$ 項 $(\sim|\varepsilon|^{3\mu_1+2\delta})$ が最大となることは一見してわかる．これが上記の線形項と均衡するという条件から $\delta=1/2$ となり，さらに $\dot{\psi}$ との均衡から $\nu=2$ となる．よって次の非線形位相方程式を得る．

$$\frac{\partial\psi}{\partial t}=a_2\frac{\partial^2\psi}{\partial x^2}+b_2\frac{\partial^2\psi}{\partial y^2}-a_4\frac{\partial^4\psi}{\partial x^4}+g\frac{\partial^2\psi}{\partial x^2}\frac{\partial\psi}{\partial x} \tag{4.8}$$

ジグザグ不安定点の近傍においても同様の議論が成り立つ．すなわち，$b_2=-\varepsilon$ と置き，ふたたびスケーリング形(4.7)を仮定する．このたびは $\mu_1=1$，$\mu_2=1/2$，$\delta=0$，$\nu=2$ となり，位相方程式は次の形をもつ．

$$\frac{\partial\psi}{\partial t}=b_2\frac{\partial^2\psi}{\partial y^2}-b_4\frac{\partial^4\psi}{\partial y^4}+a_2\frac{\partial^2\psi}{\partial x^2}+h_1\frac{\partial\psi}{\partial x}\frac{\partial^2\psi}{\partial y^2}+h_2\left(\frac{\partial\psi}{\partial y}\right)^2\frac{\partial^2\psi}{\partial y^2}+h_3\frac{\partial^2\psi}{\partial x\partial y}\frac{\partial\psi}{\partial y} \tag{4.9}$$

位相方程式(4.8)および(4.9)の非線形項は単純な物理的意味をもっており，このことを利用してそれらの係数の一般的表式が見いだされる．まず(4.8)について述べるために，その 1 つの解として

$$\psi(x,y,t)=\kappa x+\psi'(x,y,t) \tag{4.10}$$

を考える．ここに，ψ' は十分に微小と仮定し，4 次の空間微分を無視できるほど空間変化がゆるやかであるとする．この仮定のもとに，ψ' は拡散方程式

$$\frac{\partial\psi'}{\partial t}=(a_2(k)+g\kappa)\frac{\partial^2\psi'}{\partial x^2}+b_2(k)\frac{\partial^2\psi'}{\partial y^2} \tag{4.11}$$

をみたす．(4.8)式は ψ の空間変化のゆるやかさを前提としているから，それと矛盾しないために $|\kappa|$ も十分に微小とする．しかるに，(4.10)の形からわかるように，ψ' は波数ベクトル $(k+\kappa, 0)$ をもつ周期パターンからの微小な位相

撹乱を表わす．したがって，その拡散係数に対して $a_2(k)+g\kappa=a_2(k+\kappa)$, $|\kappa/k|\ll 1$ が成り立たなければならない．これは次式を意味している．

$$g = \frac{da_2(k)}{dk} \tag{4.12}$$

(4.9)の非線形項の係数を決定するために，その解として

$$\psi = \kappa_1 x + \kappa_2 y + \psi'(x, y, t) \tag{4.13}$$

を考えよう．ψ' に対して先と同様の仮定をおけば，それは次式をみたす．

$$\frac{\partial \psi'}{\partial t} = a_2(k)\frac{\partial^2 \psi'}{\partial x^2} + (b_2(k) + h_1\kappa_1 + h_2\kappa_2^2)\frac{\partial^2 \psi'}{\partial y^2} + h_3\kappa_2\frac{\partial^2 \psi'}{\partial x \partial y} \tag{4.14}$$

ψ' は波数ベクトル $(k+\kappa_1, \kappa_2)$ をもつ周期パターンからの微小な位相撹乱を表わす．座標系を微小角 θ だけ回転して，この波数ベクトルの方向を ξ 方向とする ξ-η 直交座標系を導入しよう(図 4-1)．ξ-η 座標系では，ψ' に対する位相拡散方程式は

$$\frac{\partial \psi'}{\partial t} = a_2(k')\frac{\partial^2 \psi'}{\partial \xi^2} + b_2(k')\frac{\partial^2 \psi'}{\partial \eta^2} \tag{4.15}$$

のように表わされるはずである．ここに k' は新しい周期パターンの波数，すなわち $k'=\{(k+\kappa_1)^2+\kappa_2^2\}^{1/2}$ である．$x=\xi\cos\theta-\eta\sin\theta$, $y=\xi\sin\theta+\eta\cos\theta$ を用いて，(4.15)を(4.14)の形に表わし，$\partial^2\psi'/\partial y^2$ および $\partial^2\psi'/\partial x\partial y$ の係数を比較すれば，等式

$$b_2(k) + h_1\kappa_1 + h_2\kappa_2^2 = a_2(k')\sin^2\theta + b_2(k')\cos^2\theta \tag{4.16a}$$

$$h_3\kappa_2 = 2\{a_2(k') - b_2(k')\}\sin\theta\cos\theta \tag{4.16b}$$

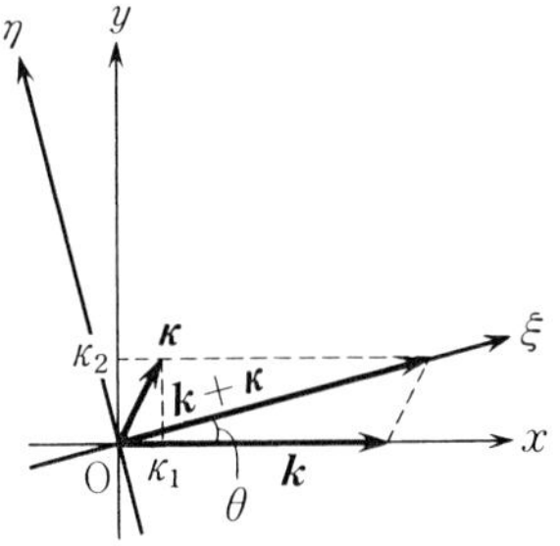

図 4-1

が得られる．等式 $\cos\theta=(k+\kappa_1)/k'$，$\sin\theta=\kappa_2/k'$ に注意し，κ_1 については1次，κ_2 については2次までの近似で(4.16a, b)が成り立つことを要求すれば，非線形項の係数 h_1, h_2, h_3 に対して次の表式が得られる．

$$h_1=\frac{db_2(k)}{dk} \tag{4.17a}$$

$$h_2=\frac{a_2(k)-b_2(k)}{k^2}+\frac{1}{2k}\frac{db_2(k)}{dk} \tag{4.17b}$$

$$h_3=\frac{2}{k}\{a_2(k)-b_2(k)\} \tag{4.17c}$$

NW 方程式の定常周期パターン(2.4a, b)に対応する位相方程式に対しては，公式(4.12)および(4.17a～c)を適用することにより，諸係数の具体的表式を求めることができる．a_2, b_2 はすでに(4.6a, b)で与えた．また，a_4 と b_4 は，固有値の表式(2.7)における q_x^4 および q_y^4 の係数から

$$a_4=\frac{2(\delta k)^4}{\{\mu-(\delta k)^2\}^3} \tag{4.18a}$$

$$b_4=\frac{1}{4k_{\mathrm{c}}^2} \tag{4.18b}$$

となる．非線形項の係数を求めるにあたっては注意すべきことが1つある．それは，係数に対する諸公式を導くときに前提とされた媒質の等方性が，NW 方程式では近似的にしか成り立っていないということである．具体的には，同方程式の空間微分の項に対応する固有値の表式(1.13)は，$|\boldsymbol{k}-\boldsymbol{k}_{\mathrm{c}}|$ がオーダー $\mu^{1/2}$ にとどまる場合にのみ正しい．したがって，g, h_1, h_2, h_3 に対する公式においても $|\delta k|\sim\mu^{1/2}$ と置き，μ の高次の寄与を無視したそれらの表式のみが意味をもつ．その結果，次の表式を得る．

$$g=-\frac{4\mu\delta k}{\{\mu-(\delta k)^2\}^2} \tag{4.19a}$$

$$h_1=\frac{1}{k_{\mathrm{c}}} \tag{4.19b}$$

$$h_2 = \frac{1}{2k_c^2}\frac{3\mu - 7(\delta k)^2}{\mu - (\delta k)^2} \tag{4.19c}$$

$$h_3 = \frac{2\{\mu - 3(\delta k)^2\}}{k_c\{\mu - (\delta k)^2\}} \tag{4.19d}$$

位相不安定性によってパターンが最終的にどのような状態に至るかは非線形位相方程式(4.8),(4.9)からある程度は予想できる．以下の議論では，$a_4, b_4 > 0$ と仮定する．Eckhaus 不安定の場合，y にのみ依存する不均一攪乱は減衰するから，ψ の y 依存性は特に重要ではないと仮定して，これを無視しよう．したがって(4.8)の代わりに

$$\frac{\partial \psi}{\partial t} = a_2 \frac{\partial^2 \psi}{\partial x^2} - a_4 \frac{\partial^4 \psi}{\partial x^4} + g \frac{\partial^2 \psi}{\partial x^2} \frac{\partial \psi}{\partial x} \tag{4.20}$$

を考える．非線形項を繰り込んだ局所的位相拡散係数が $a_2 + g(\partial\psi/\partial x)$ によって与えられることから，この場合は不安定化の加速現象が現われると考えられる．なぜなら，g と逆符号をもつ位相勾配 $\partial\psi/\partial x$ が局所的に生じると，そこでの実効的拡散係数はますます負の大きな値となり，位相ひずみをますます増大させる方向に働くからである．事実，(4.8)の数値解析によれば，不均一性の空間的集中による解の発散が現われる．ψ の y 依存性を考慮しても，この発散が解消されるとは考えられない．

(4.8)で考慮されなかった高次の項によってこの不安定性が抑えられる可能性はある．特に，$(\partial\psi/\partial x)^2 \partial^2\psi/\partial x^2$ 項はその係数が正ならば，上記のような不安定性を抑制する効果がある．もっとも，NW 方程式に対してはその係数は $-2\mu\{\mu + 3(\delta k)^2\}/\{\mu - (\delta k)^2\}^3 < 0$ となることが，係数決定に関する先の議論をすこし拡張することによって知られる．このような場合には，Eckhaus 不安定による位相攪乱の増大は，位相記述そのものが破綻するトポロジカルな欠陥の生成(あるいは1次元の場合には平均波数の変化)にまで至ると考えられる．

ジグザグ不安定の場合には，x にのみ依存する不均一攪乱は減衰するから，ψ の x 依存性は重要でないとしてこれを無視しよう．さらに，$\partial\psi/\partial y = v$ と置けば，(4.9)は

$$\frac{\partial v}{\partial t} = \frac{\partial^2}{\partial y^2}\left(b_2 v - b_4 \frac{\partial^2 v}{\partial y^2} + \frac{h_2}{3} v^3\right) \tag{4.21}$$

となる．これは Ginzburg-Landau 型のポテンシャル

$$\Psi = \int dy \left\{ f(v) + \frac{b_4}{2}\left(\frac{\partial v}{\partial y}\right)^2 \right\} \tag{4.22}$$

$$f(v) = \frac{b_2}{2} v^2 + \frac{h_2}{12} v^4$$

の中での保存的オーダーパラメタ v の運動を表わしている．

したがって，位相不安定性が起これば，$h_2>0$ の場合には非線形効果は安定化に働き，弱い位相ひずみをもつパターンに落ち着くであろう．逆に $h_2<0$ ならば非線形効果はますます不安定性を加速し，位相記述が破綻する．これはひずみが欠陥の生成にまで至ることを示唆している．(4.19c)の表式から，NW 方程式に対してはいずれの場合も可能であることがわかる．$h_2>0$ の場合，$b_2<0$ ならばポテンシャル f は $v=\pm\{3|b_2|/h_2\}^{1/2}$ に 2 つのミニマムをもち，v の総量を保存するように適当な割合で 2 つのポテンシャルミニマムに対応するドメインが共存するであろう．Bénard 対流に即して述べれば，これらは波数ベクトルの向きが互いにわずかに異なる 2 つのロールの共存であり，現実にはジグザグ状の定常ロールとして観測されるであろう．

4-2 振動場の位相波と位相乱流

等方的反応拡散媒質における一様振動の発生については第 2 章で論じた．本節では，このような振動が有限振幅ですでに存在している状況を考え，前節の議論と並行して位相方程式を導出する．さらに，この位相方程式の解が示す 2, 3 の特徴的振舞いを論じる．

a) 振動場の位相方程式とその応用

場が空間的一様性を保ったまま，振動数 ω で時間振動している場合には，任意の場の変数 X は

$$X(\boldsymbol{r}, t) = X_0(\phi), \qquad \phi = \omega_0 t + \psi \tag{4.23}$$

のように表わされる．ここに，$X_0(\phi)$ は 2π 周期性 $X_0(\phi+2\pi)=X_0(\phi)$ をもつ．しかし，解(4.1)と異なり，(4.2)に対応するような時間反転対称性は一般に存在しない．ψ に対する運動方程式を

$$\frac{\partial \psi}{\partial t} = H(\psi, \nabla\psi, \nabla^2\psi, \cdots) \tag{4.24}$$

と置いて，H を ψ のいろいろな空間微分について展開する．(4.23)において $X_0(\phi)$ は，同時変換

(i)　$\psi \to \psi + \psi_0, \qquad t \to t - \omega_0^{-1}\psi_0 \qquad$ (ψ_0 は任意)

に対して不変である．また，もとの反応拡散系がもつ空間反転対称性，すなわち

(ii)　$\nabla \to -\nabla$

に対する不変性も保持されている．これらの不変性を ψ の発展方程式に対しても要求しよう．

まず，第1の不変性から，H は ψ そのものを含まない．第2の不変性から，H の展開形は，

$$\frac{\partial \psi}{\partial t} = a_2 \nabla^2 \psi + g(\nabla\psi)^2 - a_4 \nabla^4 \psi + \cdots \tag{4.25}$$

のように，各項が ∇ を偶数回含む．形式的に ∇ を微小パラメタとみなすと，∇ に関する最低次で

$$\frac{\partial \psi}{\partial t} = a \nabla^2 \psi + g(\nabla\psi)^2 \tag{4.26}$$

を得る．ただし，a_2 を単に a と表記した．$\nabla\psi = \boldsymbol{v}$ と置けば，上式は

$$\frac{\partial \boldsymbol{v}}{\partial t} = a \nabla^2 \boldsymbol{v} + 2g\boldsymbol{v} \cdot \nabla \boldsymbol{v} \tag{4.27}$$

と表わされる．空間1次元の場合，上式は **Burgers 方程式**とよばれる．Burgers 方程式は Hopf-Cole 変換とよばれる非線形変換によって拡散方程式に帰着されることが知られている．このこととほぼ等価であるが，(4.26)は変

換 $\psi=g^{-1}a\ln Q$ によって次の拡散方程式に帰着する.

$$\frac{\partial Q}{\partial t}=a\nabla^2 Q \tag{4.28}$$

位相不安定点の近傍では，$a_2=-\varepsilon$ と置き，前節と同様にスケーリングの考えによって微分展開の主要項を選別することができる．ψ に対してスケーリング形

$$\psi(\boldsymbol{r},t)=|\varepsilon|^{\delta}f(|\varepsilon|^{\mu}\boldsymbol{r},|\varepsilon|^{\nu}t) \tag{4.29}$$

を仮定しよう．ここに，μ,ν,δ は非負の指数とする．上の形を(4.25)に代入すれば，各展開項が ε のベキによって評価できる．まず，線形の不安定項 $a_2\nabla^2\psi$ と散逸項 $a_4\nabla^4\psi$ は無条件で取り入れられるとしよう．これらが均衡するという仮定から，関係式 $1+\delta+2\mu=4\mu+\delta$，すなわち $\mu=1/2$ が得られる．残るすべての項の大きさは唯一の未知パラメタ δ を含んでいるが，$\delta\geqq 0$ である限りその値の如何に関わりなく $(\nabla\psi)^2$ 項が最大であることが容易にわかる．したがって，この非線形項と上記 2 項との均衡条件から $\delta=1$ を得る．さらに，これら 3 項と $\dot{\psi}$ との均衡から $\nu=2$ となる．このようにして次の位相方程式を得る．

$$\frac{\partial\psi}{\partial t}=a_2\nabla^2\psi-a_4\nabla^4\psi+g(\nabla\psi)^2 \tag{4.30}$$

(4.30)は複素 Ginzburg-Landau 方程式(2.29)からも導くことができる．その場合，係数 a_2,a_4 の表式は，位相分枝の固有値スペクトルに対する表式(2.33)との比較から

$$a_2=1+c_1c_2 \tag{4.31a}$$

$$a_4=\frac{1}{2}c_1^2(1+c_2^2) \tag{4.31b}$$

となることがわかる．また，非線形項の係数 g の形を決めるために，(4.30)または(4.26)の特解

$$\psi=kx+gk^2t \tag{4.32}$$

を考える．これは，平面波解(2.30)の長波長近似を表わしている．したがって，同式の ω_k に対する表式との比較から

$$g = c_2 - c_1 \tag{4.33}$$

を得る．

$a_2<0$，$a_4>0$ の場合には，スケール変換 $\boldsymbol{r}\to(a_4/|a_2|)^{1/2}\boldsymbol{r}$，$t\to|a_2|^{-2}a_4t$，$\psi\to g^{-1}|a_2|\psi$ によって，(4.30)はパラメタを含まない方程式

$$\frac{\partial\psi}{\partial t} = -\nabla^2\psi - \nabla^4\psi + (\nabla\psi)^2 \tag{4.34}$$

となる．上式は**蔵本-Sivashinsky**(KS)**方程式**として知られ，後に述べるように時間的・空間的なカオスを示す．

b）位相波と標的パターン

位相方程式(4.26)は多少立ち入って考察する価値のある式である．同式の特解(4.32)は $X=X_0((\omega_0+gk^2)t+kx)$ を与える．したがってこれは波数 k の平面波を表わしている．位相の非一様性に起因し，振幅にはほとんど影響のないこのような波を**位相波**という．波数 k の位相波の励起によって，媒質の振動数は gk^2 だけ変化する．一般に波が存在すると振動数が高くなるという経験的事実から，以下では $g>0$ を仮定しよう．位相波の進行速度 c は

$$c = k^{-1}(\omega_0+gk^2) \tag{4.35}$$

となる．$k\to0$ とともに $c\to\infty$ となることが位相波の特徴である．

上記の特解を一般化した解として，

$$\psi = \frac{a}{g}\ln\left(\cosh\left[\frac{qg}{a}(x-x_{\mathrm{s}}(t))\right]\right)+px+g(p^2+q^2)t \equiv \psi_{\mathrm{s}} \tag{4.36a}$$

$$x_{\mathrm{s}} = -2pgt \tag{4.36b}$$

が存在することも容易に確かめられる．p,q は任意のパラメタである．これより，$\phi_{\mathrm{s}}\equiv\omega_0t+\psi_{\mathrm{s}}$ の遠方での振舞いは

$$\phi_{\mathrm{s}} \cong \omega_\pm t + k_\pm x \qquad (x \gtrless x_{\mathrm{s}}) \tag{4.37a}$$

$$k_\pm = p\pm|q| \tag{4.37b}$$

$$\omega_\pm = \omega_0 + gk_\pm^2 \tag{4.37c}$$

となる．よって ϕ_{s} は波数の異なる2つの位相波を $x\cong x_{\mathrm{s}}$ 付近でつなぎあわせたような解である．(4.36b)により，x_{s} は一定速度で移動するから，時間とと

もにいずれか一方の位相波領域が支配的になる．以下の議論においては，$\omega_0>0$ と仮定する．(4.36b)，(4.37b,c)から容易にわかるように，高周波数領域が支配的になっていく，すなわち，$\omega_+ \gtrless \omega_-$ に従って $\dot{x}_s \lesseqgtr 0$ である．

固有振動数の異なる2つの非線形振動子が結合するとき，両者の振動数が一致する現象は**引き込み**あるいは同期とよばれるが，上に述べた現象も引き込み現象の一種と見なされる．x_s の移動によって，引き込まれた領域が空間的に広がっていくのである．引き込み現象においては，通常は高振動数側に振動数が引き寄せられる．したがって，以下では $g>0$ を仮定する．なお，解(4.36)は**衝撃波解**として知られる Burgers 方程式の解に対応するものである．

引き込み領域の拡大現象は，媒質の一部が何らかの原因で高い振動数をもつ場合に生じ，しばしば**標的パターン**(target pattern)として現われる．この問題を具体的に調べるために，位相方程式(4.26)に固有振動数の不均一性を表わす項 $\sigma(\boldsymbol{r})$ を付け加えたモデル

$$\frac{\partial \phi}{\partial t} = \omega_0 + a\nabla^2\phi + g(\nabla\phi)^2 + \sigma(\boldsymbol{r}) \tag{4.38}$$

を考察する．ここに，σ は原点近傍でのみ0でない正の値をもつものとする．(4.28)を導いたときと同様に，非線形変換 $\phi(\boldsymbol{r},t)=g^{-1}a\ln Q(\boldsymbol{r},t)$ により，上式は線形方程式

$$\frac{\partial Q}{\partial t} = a[\omega_0 g a^{-2} + \nabla^2 - U(\boldsymbol{r})]Q \tag{4.39}$$

$$U = -ga^{-2}\sigma(\boldsymbol{r})$$

に帰着する．その基本解を

$$Q(\boldsymbol{r},t) = q(\boldsymbol{r})\exp[(\omega_0 g a^{-1} + a\lambda)t] \tag{4.40}$$

と置けば，固有値問題

$$\lambda q(\boldsymbol{r}) = (\nabla^2 - U(\boldsymbol{r}))q(\boldsymbol{r}) \tag{4.41}$$

が得られ，これを解けば位相パターンの時間発展を明らかにすることができる．

上式は，形式的には引力ポテンシャル U の中の1粒子に対する量子力学的問題と同形である．ただし，束縛状態に対して $\lambda>0$ となり，対応する波動関

数 Q は時間とともに指数関数的に増大する．したがって，長時間振舞いは基底状態によって支配される．その場合，q の空間変化は，局在ポテンシャルから十分遠方では $\exp(-\sqrt{\lambda}|\boldsymbol{r}|)$ によって表わされる．よって，初期時刻に系が一様状態 $Q=Q_0$（>0）にあれば，大きい $t, r=|\boldsymbol{r}|$ に対してはこれに基底状態からの寄与が加わり，

$$Q \cong e^{\omega_0 g a^{-1} t}(Q_0+Q_1 e^{a\lambda t-\sqrt{\lambda} r}) \tag{4.42}$$

と表わされるであろう．対応する位相パターンは

$$\phi = \omega_0(t-t_0)+g^{-1}a \ln[1+\exp(a\lambda(t-t_0)-\sqrt{\lambda}\, r)]+\text{const.} \tag{4.43}$$

$$t_0 = -(a\lambda)^{-1}\ln\frac{Q_1}{Q_0}$$

となる．ϕ に対する上の表式において，ln の中の 2 項の大小関係は $r=r_{\mathrm{s}}(t)$ を境にして急激に入れ替わる．ここに，

$$r_{\mathrm{s}} = a\sqrt{\lambda}(t-t_0) \tag{4.44}$$

である．よって近似的に

$$\phi \cong \begin{cases} \omega_0(t-t_0) & (r>r_{\mathrm{s}}(t)) \\ (\omega_0+g^{-1}a^2\lambda)(t-t_0)-g^{-1}a\sqrt{\lambda}\, r & (r<r_{\mathrm{s}}(t)) \end{cases} \tag{4.45}$$

となる．

対応する現象を 2 次元媒質に即して述べれば次のようになる．半径 r_{s} の円形領域の外部では，系は空間的に一様で振動数は ω_0 であるが，領域内部では高い振動数 $\tilde{\omega}\equiv\omega_0+g^{-1}a^2\lambda$ に引き込まれ，この引き込み領域の半径は一定速度 $a\sqrt{\lambda}$ で増大しつづける．引き込み領域においては，波数 $g^{-1}a\sqrt{\lambda}$ の同心円ないし標的状の位相波が一定速度 $(\omega_0 g a^{-1}+a\lambda)/\sqrt{\lambda}$（$>a\sqrt{\lambda}$）で外へ伝播し，引き込み領域の境界に達して消滅する．拡大する標的パターンの中心における不均一性は一種の**ペースメーカー**と見なされる．

ペースメーカーが 2 つ以上存在する場合には，それぞれに固有な振動数をもつ標的パターンが形成される．$\boldsymbol{r}=\boldsymbol{r}_1, \boldsymbol{r}_2$ に中心をもち，振動数がそれぞれ ω_1, ω_2 であるような 2 つの標的パターンが衝突するとき，そこには線形波動に見られるような干渉は生じない．対応する量子力学的問題においては，2 つのポ

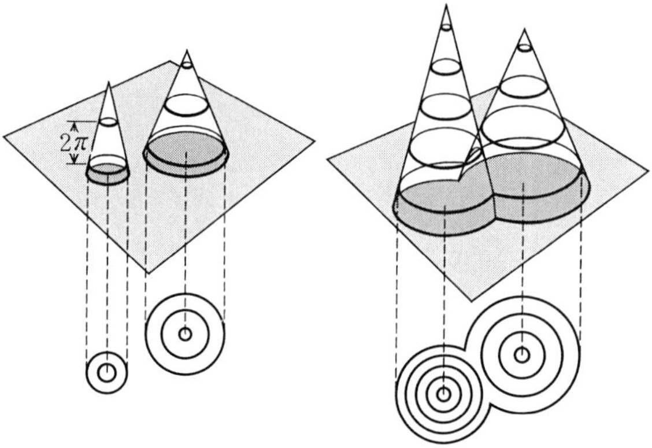

図 4-2 位相方程式(4.38)(ただし，空間の2点に湧出項 σ をもつ)の近似解(4.46)によって表わされる1対の標的パターン．(a) 位相 $\phi(x,y)$ のパターンは，初期においては独立に成長する2つの円錐によって表わされる．(b) やがてこれらは融合し，成長速度の速い円錐が遅い円錐を併呑する．図のように ϕ のパターンを 2π 間隔の水平面で切り，その切口を xy 面に投影すれば，位相等高線は拡大する標的状のパターンとして得られる．

テンシャルが十分に離れているかぎり，それぞれのポテンシャルに対応する束縛状態，とりわけ基底状態の波動関数相互の重なりは十分に小さく，重ね合わせ近似が十分よく成り立つであろう．この結果，(4.45)の一般化として，

$$\phi = \omega_0(t-t_0)+g^{-1}a\max[0, a\lambda_1(t-t_1)-\sqrt{\lambda_1}|\boldsymbol{r}-\boldsymbol{r}_1|,\\ a\lambda_2(t-t_2)-\sqrt{\lambda_2}|\boldsymbol{r}-\boldsymbol{r}_2|] \tag{4.46}$$

が成り立つ．濃度パターンの骨格は位相の等高線として現われるが，それは $\phi=2n\pi$ (n は整数) をみたす点の集合である．(4.46)によって与えられる ϕ より，その等高線がどのように見えるかは図4-2に示されている．円形波は衝突によって対消滅すること，高振動数のペースメーカーに対応する標的パターンが低振動数のそれを最終的には消し去ることなどが，この図から理解されよう．

c) 位相乱流

一様振動場の位相不安定点近傍において導出されたKS方程式(4.34)は時間的空間的に乱れた解をもつ．位相場のこのような自発的乱れ現象を**位相乱流**とよ

ぶ．振動反応拡散系においては，位相不安定化機構は定性的には次のように説明される．不安定が起こるということは，局所的に位相の進んだ部分があればその部分の位相がますます進む傾向があるということ，逆に位相の遅れた部分はますます遅れるということを意味する．拡散結合は位相の不均一性を一様化する働きがあるから，位相不安定であるためにはこのような安定化傾向を打ち消す何らかの機構がなければならない．拡散係数が $\boldsymbol{X}$ の成分によって異なる場合には，位相不安定化の間接的原因となる1つの効果が生じる．それは，位相パターンの空間変化の曲率 $\nabla^2\phi$ に比例して局所的な振動振幅の値にずれが生じるという効果である．たとえば，位相の進んだ先端部分($\nabla^2\phi<0$)の振幅がやや小さくなればその周辺部($\nabla^2\phi>0$)の振幅はむしろ大きくなるであろう．しかるに，位相の変化速度すなわち振動数は一般に振幅依存性をもつ．もしも振動数が振幅の減少によって高くなるような性質を系がもっているならば，先端部分の局所的振動数は高くなり，その部分の位相はいっそう先行しようとする傾向をもつであろう．これと，上記の一様化傾向のいずれが支配的であるかによって，安定性が決まると考えられる．

2-5節で論じた，複素GL系に対するBenjamin-Feirの不安定条件 $\alpha<0$ には，上に述べた不安定化機構が簡潔な形で反映されている．まず，α の表式(2.34)における初項1は拡散による安定化効果をあらわしている．しかしながら，第2項 c_1c_2 は符号によっては不安定化に寄与しうる．次章5-4節に見るように，c_1 は拡散係数間の差異から生じる量であり，c_2 は複素GL方程式中の $c_2|W|^2W$ 項を通じて振動数の振幅依存性を与える．c_1, c_2 にそれぞれ対応する2つの効果の協力によって，拡散による通常の安定化傾向を打ち消すことができる，というのがBF不安定条件の意味するところである．

1次元KS方程式の解の挙動は，数値解析によってくわしく調べられている．変数 $v=2\partial\phi/\partial x$ を用いれば，(4.34)は1次元系の場合には

$$\frac{\partial v}{\partial t} = -\frac{\partial^2 v}{\partial x^2}-\frac{\partial^4 v}{\partial x^4}+v\frac{\partial v}{\partial x} \tag{4.47}$$

のようにも表わされる．この形によれば非線形項はNavier-Stokes方程式の

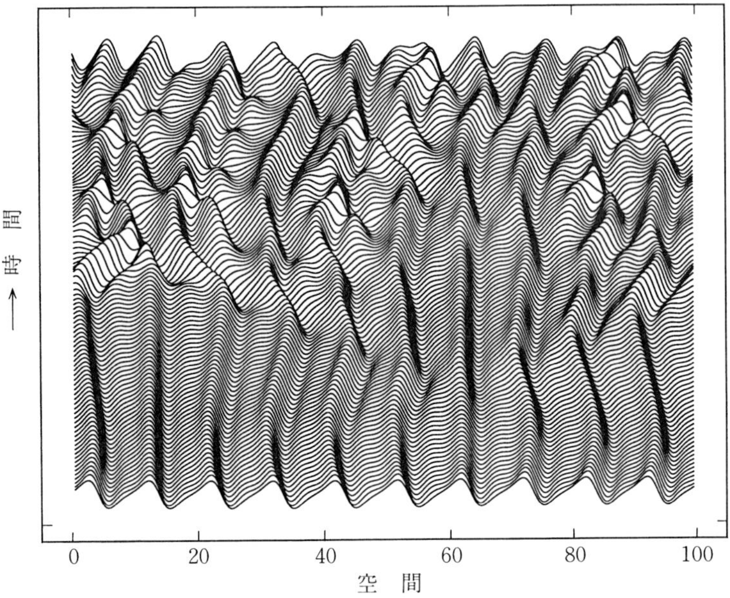

図 4-3 KS 方程式(4.47)の解が示す時空カオス．ほぼ周期的なパターンから出発した解が乱れていく様子が示されている．(青柳富誌生博士の御好意による.)

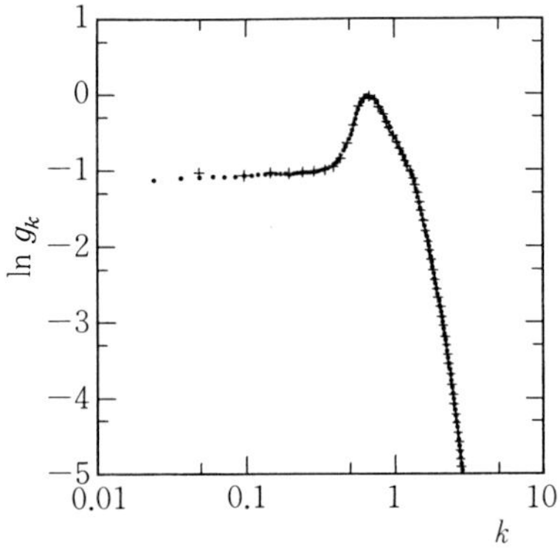

図 4-4 KS 方程式(4.47)におけるゆらぎ $g_k \equiv \langle |v_k|^2 \rangle$ のスペクトル．ここに，v_k は $v(x)$ の Fourier 成分，$\langle \cdots \rangle$ は長時間平均を表わす．最大線形成長率を与える波数付近でゆらぎの著しい増幅が見られる．(藤定義博士の御好意による.)

慣性項と類似の形をもっている．Navier-Stokes 乱流と単純に比較することはできないが，少なくとも次のことはいえる．負の拡散によるゆらぎの不安定成長は長波長領域で起こり，短波長領域では $-\partial^4 v/\partial x^4$ 項によりゆらぎは減衰する．そして，非線形項 $v\partial v/\partial x$ 項がこれら 2 つの波数領域間の相互作用を可能にし，系の大域的安定性を保証している．ただし，発達した Navier-Stokes 乱流における慣性小領域に対応するものは明確な形では存在しない．

KS 方程式(4.47)の解が示す乱れた時空パターンの 1 例が図 4-3 に示されている．空間パターンは近似的周期性をもっているが，これは線形成長率が最大となる波数 $k_m = 1/\sqrt{2}$ にほぼ対応している．これに近い波数をもつゆらぎが確かに大きい振幅をもつことは，図 4-4 に示すゆらぎのスペクトルからもはっきりと見てとれる．このスペクトルの形を含め，広がった系における KS 系の統計的諸性質には理論的に未知の部分が多い．

4-3 界面の位相ダイナミクス

位相という量は，空間的ないし時間的な振動に対して定義されるばかりでなく，興奮系や双安定系において，進行する界面の座標を表わす量としても定義される．1 次元反応拡散系において 1 個のパルスまたは界面が一定速度 c で進行するとき，各成分の濃度は

$$X(x,t) = X_0(x - c_0 t - \psi) \tag{4.48}$$

のように表わされる．ψ は任意の位相定数である．2,3 次元系においては，上の形をもつ解は平板な界面を表わしている．簡単のため，以下では 2 次元系における 1 次元的界面の位相ダイナミクスを考察するが，3 次元系への拡張は容易である．

位相ダイナミクスは図 4-5 に示すような状況に対して適用することができる．すなわち，そこでは波はほぼ x 方向に進行しているが，界面はもはやまっすぐでなく，ゆるやかにうねっている．このような解は，ψ を y, t に依存する変数と見直せば，(4.48)によって近似的に表現することができるであろう．ψ に

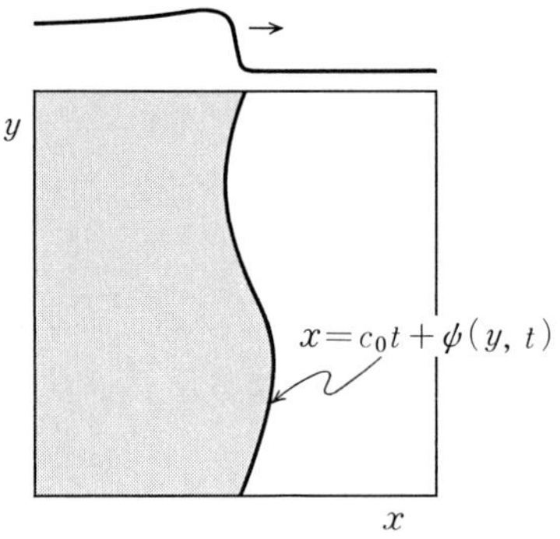

図 4-5 上部に示すような1次元的進行波の界面が2次元媒質においてゆるやかな変形を受けている．このような界面の時間発展に対して位相ダイナミクスを適用することができる．

対する方程式を

$$\frac{\partial \psi}{\partial t} = H\left(\psi, \frac{\partial \psi}{\partial y}, \frac{\partial^2 \psi}{\partial y^2}, \cdots\right) \tag{4.49}$$

と置く．表式(4.48)は y を含まず，したがって y 方向に関しては空間反転対称性をもっている．すなわち，反応拡散系の同対称性をそれは自発的に破っていない．したがって，位相方程式(4.49)は変換 $y \to -y$ に対して不変でなければならない．よって

$$\frac{\partial \psi}{\partial t} = a_2 \frac{\partial^2 \psi}{\partial y^2} - a_4 \frac{\partial^4 \psi}{\partial y^4} + g\left(\frac{\partial \psi}{\partial y}\right)^2 + \cdots \tag{4.50}$$

のように，$\partial/\partial y$ を偶数回含む項のみが H の展開式に現われるであろう．前節と全く同様に，微分展開の最低次では

$$\frac{\partial \psi}{\partial t} = a \frac{\partial^2 \psi}{\partial y^2} + g\left(\frac{\partial \psi}{\partial y}\right)^2 \tag{4.51}$$

が得られる．また，3-5節で述べたような界面の位相不安定が生じる場合には，不安定点の近傍で

$$\frac{\partial \psi}{\partial t} = a_2 \frac{\partial^2 \psi}{\partial y^2} - a_4 \frac{\partial^4 \psi}{\partial y^4} + g\left(\frac{\partial \psi}{\partial y}\right)^2 \tag{4.52}$$

となることも振動媒質の場合と同様である．このように，弱い位相不安定性をもつ界面の運動はKS方程式によって記述され，位相乱流を示すと期待される．

(4.51)または(4.52)における非線形項の意味は，同式の特解 $\psi=sy+gs^2t$ を考えれば明白である．この解は界面が y 軸から角度 $\theta=\tan^{-1}s$ だけ傾いた定常進行界面を表わし，x 方向に見た進行速度が c_0+gs^2 であることを示している．しかるに，界面の垂直方向への進行速度は c_0 に等しいはずであるから，単純な幾何学的考察から $c_0+gs^2=c_0/\cos\theta$ が s の2次までの近似で成立しなければならない．これから

$$g=\frac{c_0}{2} \tag{4.53}$$

となる．

界面の発展方程式(4.51)は(4.36)の形の解をもつ．これは図4-6に示すように，y 軸に対して傾きがそれぞれ $p+|q|$, $p-|q|$ なる2つの定常進行界面解をつなぎあわせたような解である．2つの定常波の進行によってその接合部分はますます鋭くなる傾向をもつが，他方 $\partial^2\psi/\partial y^2$ 項で表わされる曲率の効果はこれを滑らかにする傾向をもつ．これら2つの効果のバランスによって一定の局在構造が維持されるのである．したがってこれは界面の斜めの衝突による一種の衝撃波を表わしている．位相方程式(4.51)は，波面がいたるところで y 軸と微小角をなす場合にしか適用できないという制約がある．しかるに，非線形項の意味に関する先の議論からも明らかなように，(4.51)の意味する物理的内容自体は座標系の選び方によらない一般的なものである．すなわち，それは界面に垂直な方向に見た局所的な進行速度 c が，その点における界面の曲率 κ を用いて

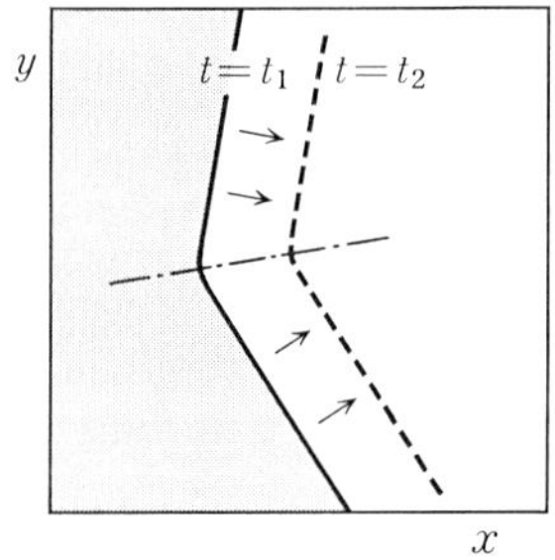

図4-6 界面の位相方程式(4.51)における衝撃波解．このような構造は，進行方向の異なる2つの平坦な進行波の衝突によって生じる．

$$c = c_0 - a_2\kappa \tag{4.54}$$

のように表わされるという事実を近似的に表現したものにほかならない．界面のダイナミクスを(4.54)のように表わせば，それは座標系の選び方に依存しない．

4-4 複合場のダイナミクス

前節までは単一な位相場を扱ってきた．本節では，複数の場が相互にからむ問題を考察する．系の連続対称性を破る分岐が何度か起こった後に現われるパターンに位相記述を適用しようとすると，この種の問題に出会う．たとえば，定常周期パターンが振動不安定となり，パターンが時間振動成分をもつようになる場合が考えられる．そこでは，空間並進モードとしての位相と，時間並進モードとしての位相が共存し，両者のからみから複雑な現象が生じる可能性がある．一般には，すでに背景として存在するパターンが系のどのような連続対称性を破っているか，また2次的に生じる連続対称性の破れはどのようなタイプであるかによって種々のケースが考えられる．

本節では比較的単純でしかも重要な場合として，1次元定常周期パターンに時間振動成分が2次的に生じた状況を取り上げる．これまでの議論の拡張として，系の対称性とスケーリングの考察に基づいて複合的な場の方程式を導出し，単一場の方程式には見られない新しい性質が現われることを論じよう．

空間波数 k をもつ1次元定常周期パターンに，同じ空間波数をもつリミットサイクル振動成分が非伝播的に現われる場合を考える．場の変数 $X(x,t)$ は一般に次式の形をもつ．

$$X(x,t) = X_0(\phi_1) + y(\phi_1, \phi_2) \tag{4.55}$$

$$\phi_1 = kx + \psi_1, \quad \phi_2 = \omega t + \psi_2 \quad (\psi_1, \psi_2 \text{ は任意定数})$$

ここに，$X_0(\phi+2\pi) = X_0(\phi)$，$y(\phi_1+2\pi, \phi_2) = y(\phi_1, \phi_2+2\pi) = y(\phi_1, \phi_2)$ である．これまでと同様に，定常成分は空間反転対称性をもつこと，すなわち $X_0(-\phi) = X_0(\phi)$ を仮定する．

一方，y は空間的に対称な場合 $y(-\phi_1, \phi_2)=y(\phi_1, \phi_2)$ と，非対称な場合とが考えられる．後者は，空間反転パターンが 1/2 周期後に実現されるフリップフロップ型のパターンであり，したがって $y(-\phi_1, \phi_2)=y(\phi_1, \phi_2+\pi)$ と仮定してよいであろう．さもなければ，プラス方向とマイナス方向に非同等性が生じ，波の非伝播性の仮定と矛盾する．y が ϕ_1 について対称な場合には，(4.55)は次の 3 種類の同時変換に対して不変である．

(i) $\psi_1 \to \psi_1+\psi'$, $\quad x \to x-k^{-1}\psi'$ （ψ' は任意）

(ii) $\psi_2 \to \psi_2+\psi'$, $\quad t \to t-\omega^{-1}\psi'$ （ψ' は任意）

(iii) $\psi_1 \to -\psi_1$, $\quad x \to -x$

y が非対称な場合には，(i),(ii)は上と変わらないが，(iii)が

(iii)′ $\psi_1 \to -\psi_1$, $\quad x \to -x$, $\quad \psi_2 \to \psi_2+\pi$

に置きかわる．しかし，以下に示すように，位相方程式は両者で同一の形をもつ．求めるべき結合位相方程式を

$$\frac{\partial \psi_1}{\partial t}=H_1\left(\psi_1, \frac{\partial \psi_1}{\partial x}, \frac{\partial^2 \psi_1}{\partial x^2}, \cdots, \psi_2, \frac{\partial \psi_2}{\partial x}, \frac{\partial^2 \psi_2}{\partial x^2}, \cdots\right) \tag{4.56a}$$

$$\frac{\partial \psi_2}{\partial t}=H_2\left(\psi_1, \frac{\partial \psi_1}{\partial x}, \frac{\partial^2 \psi_1}{\partial x^2}, \cdots, \psi_2, \frac{\partial \psi_2}{\partial x}, \frac{\partial^2 \psi_2}{\partial x^2}, \cdots\right) \tag{4.56b}$$

と置く．$\partial/\partial x$ に関する 2 次までの近似では，不変性(i),(ii),(iii)(または(iii)′)をみたす展開形は次の形をもつ．

$$\frac{\partial \psi_1}{\partial t}=\nu_1\frac{\partial^2 \psi_1}{\partial x^2}+\alpha_1\frac{\partial \psi_2}{\partial x}+h_1\frac{\partial \psi_2}{\partial x}\frac{\partial \psi_1}{\partial x} \tag{4.57a}$$

$$\frac{\partial \psi_2}{\partial t}=\nu_2\frac{\partial^2 \psi_2}{\partial x^2}+\alpha_2\frac{\partial \psi_1}{\partial x}+h_2\left(\frac{\partial \psi_2}{\partial x}\right)^2 \tag{4.57b}$$

複合位相場の興味深い点の 1 つは，2 つの場の相互作用によって新たな位相不安定性が生じることである．以下では，$\nu_1, \nu_2>0$，すなわち，それぞれの場は位相安定である場合を考えよう．一様な定常解 $\psi_1, \psi_2=\text{const.}$ の安定性を調べるために，位相攪乱を $\psi_1, \psi_2 \sim \exp(iqx+\lambda t)$ と置き，(4.57a,b)の線形化方程式に代入して λ を求める．2 根 λ_+, λ_- は次式によって与えられる．

$$\lambda_{\pm} = -\frac{1}{2}(\nu_1+\nu_2)q^2 \pm |q|\sqrt{-\alpha_1\alpha_2+\frac{1}{4}(\nu_1-\nu_2)^2q^4} \qquad (4.58)$$

$\alpha_1\alpha_2<0$ ならば，長波長の位相擾乱に対して位相不安定となることがわかる．この種の結合位相不安定性は坂口によって見いだされ，局在パターンの形成に導くことが明らかにされた(H. Sakaguchi, 1992)．

位相不安定性の結果，しばしば位相記述自体が破綻するような状態にまで系が発展することはこれまで見てきたとおりである．上記の結合位相不安定性においてもこのことは十分に考えられる．したがって，上に導出した結合位相方程式を極限として含み，しかも振幅効果を取り入れた単純なモデル方程式が見いだされればたいへん好都合である．振動場の振幅効果を取り入れた発展方程式は Hopf 分岐点の近傍において導出可能であり，これは以下に示すように，複素 Ginzburg-Landau 方程式と ϕ_1 場の方程式の結合系となる．

Hopf 分岐点の近傍においては，場の変数 $X(x,t)$ は一般に次の形をもつ．

$$X(x,t) = X_0(\phi_1)+v(\phi_1)We^{i\omega t}+\bar{v}(\phi_1)\bar{W}e^{-i\omega t} \qquad (4.59)$$
$$W = Ae^{i\psi_2}$$

ここに，$v(\phi_1), \bar{v}(\phi_1)$ は Hopf 分岐の臨界モードであり，したがって ϕ_1 の対称または反対称関数と仮定してよいであろう．上式は (i)～(iii)（または(iii)′)に関する不変性をみたし，さらに

(iv) $W \to W\exp(i\psi')$, $\quad t \to t-\omega^{-1}\psi'$ $\quad$ (ψ' は任意)

に関する不変性をみたす．

分岐点近傍における位相・振幅方程式を

$$\frac{\partial\phi_1}{\partial t} = H_1\left(\phi_1, \frac{\partial\phi_1}{\partial x}, \frac{\partial^2\phi_1}{\partial x^2}, \cdots, W, \bar{W}, \frac{\partial W}{\partial x}, \frac{\partial\bar{W}}{\partial x}, \cdots\right) \qquad (4.60\text{a})$$

$$\frac{\partial W}{\partial t} = H_2\left(\phi_1, \frac{\partial\phi_1}{\partial x}, \frac{\partial^2\phi_1}{\partial x^2}, \cdots, W, \bar{W}, \frac{\partial W}{\partial x}, \frac{\partial\bar{W}}{\partial x}, \cdots\right) \qquad (4.60\text{b})$$

とする．(i)～(iv)に関する不変性をみたし，かつすぐ後に述べる意味で最重要な項のみを残した結果は，

$$\frac{\partial \psi_1}{\partial t} = \frac{\partial}{\partial x}|W|^2 + i\beta\left(\frac{\partial W}{\partial x}\bar{W} - W\frac{\partial \bar{W}}{\partial x}\right) + \nu\frac{\partial^2 \psi_1}{\partial x^2} \qquad (4.61\text{a})$$

$$\frac{\partial W}{\partial t} = \mu(1+ic_0)W - (1+ic_2)|W|^2 W$$
$$+ (1+ic_1)\frac{\partial^2 W}{\partial x^2} + (\chi_1 + i\chi_2)\frac{\partial \psi_1}{\partial x}W \qquad (4.61\text{b})$$

となる．ここに，W, x, t を適当にスケールすることによって，いくつかの係数を1に規格化している．上の方程式の解は明らかにスケーリング形

$$\begin{aligned} \psi_1 &= |\mu|^{1/2}\tilde{\psi}_1(|\mu|^{1/2}x, |\mu|t) \\ W &= |\mu|^{1/2}\tilde{W}(|\mu|^{1/2}x, |\mu|t) \end{aligned} \qquad (4.62)$$

をもっている．このことから，上式に現われる項はすべて $O(|\mu|^{3/2})$ の大きさをもち，無視された項はより高次の項である．

位相・振幅方程式(4.61a, b)は，特解として次の形の平面波解をもつ．

$$\psi_1 = k_1 x + \omega_1 t \qquad (4.63\text{a})$$

$$W = A\exp[i\{\mu(c_0 - c_2) + \omega_2\}t + ik_2 x] \qquad (4.63\text{b})$$

これは，周期構造の波数がもとの波数から k_1 だけずれ，振動場に波数 k_2 の進行波が存在する状況を表わしている．代入により，A, ω_1, ω_2 は

$$A = \sqrt{\mu - k_2^2 + \chi_1 k_1} \qquad (4.64\text{a})$$

$$\omega_1 = -2\beta k_2(\mu - k_2^2 + \chi_1 k_1) \qquad (4.64\text{b})$$

$$\omega_2 = (\chi_2 - c_2\chi_1)k_1 + (c_2 - c_1)k_2^2 \qquad (4.64\text{c})$$

となる．このような平面波解に対応する解が結合位相方程式(4.57a, b)からも得られることは自明であろう．

2つの場の相互作用が，一様状態($k_1 = k_2 = 0$)の不安定化をもたらしうることを，結合位相方程式に基づいて先に論じたが，位相・振幅方程式(4.61a, b)の線形安定性解析からも同様の結果が得られる．系は3成分をもつから，波数 q の位相・振幅攪乱に対する固有値 λ は3次方程式の根として与えられる．位相分枝の長波長スペクトルを q についてのベキ展開の形で求めれば，

$$\lambda = \pm|q|\sqrt{2\mu\beta(\chi_2-c_2\chi_1)} - \frac{1}{2}(1+c_1c_2+\nu)q^2 + O(|q|^3) \qquad (4.65)$$

となる．したがって，場の相互結合定数の間に $\beta(\chi_2-c_2\chi_1)>0$ なる関係が成り立てば，位相不安定が生じる．

結合位相方程式(4.57a, b)は，位相・振幅方程式(4.61a, b)からも導くことができ，4-1節および4-2節で述べたような簡単な考察から，係数 $\nu_1, \nu_2, \alpha_1, \alpha_2, h_1, h_2$ の具体的表式を推定することができる．まず，2つの場の間に結合が存在しないという特別な場合を考えると，ψ_2 に対する方程式は純粋な複素GL方程式の縮約形に一致することが期待される．したがって，4-2節の結果から $\nu_2=1+c_1c_2$，$h_2=c_2-c_1$ を得る．さらに，結合位相方程式の特解として，平面波解 $\psi_1=k_1x+\omega_1t$，$\psi_2=k_2x+\omega_2t$，$\omega_1=\alpha_1k_2+h_1k_1k_2$，$\omega_2=\alpha_2k_1+h_2k_2^2$ が存在することに注意すれば，これらが長波長領域において位相・振幅方程式の解(4.63a, b)に一致するための条件から，$h_1=-2\beta\chi_1$，$\alpha_1=-2\beta\mu$，$\alpha_2=\chi_2-c_2\chi_1$ となる．残る ν_1 を決めるには，結合位相方程式の線形安定性解析から求めた固有値(4.58)の表式が，$O(q^2)$ までの近似で(4.65)に一致することを要求すればよい．その結果 $\nu_1=\nu$ を得る．

結合位相不安定性によって，周期構造に自発的変形が生じるとともに，振動場の位相も不均一化するのであるが，それによって系は最終的にどのような状態へ移行するのであろうか．位相・振幅方程式(4.61a, b)の数値シミュレーションによれば，適当な条件の下で図4-7に示すような特異なパターンが現われる．そこでは，振動領域が局在している．すなわち，その領域でのみ系はHopf分岐点以上にあり，外部領域はHopf分岐点以下にある．周期構造の波数に k_1 だけの変化が生じれば実質的なHopf分岐パラメタは $\mu+\chi_1k_1$ となるから，振動の出現/消失は周期構造の波数変化によってコントロールされている．したがって，振動の局在は構造ひずみの局在を意味する．図4-7はそのことをよく示している．

構造ひずみの局在は同時に，振動数の局所的変化をも生じさせる．同図においては，中心付近の振動数が周囲よりも高くなるために，一種のペースメーカ

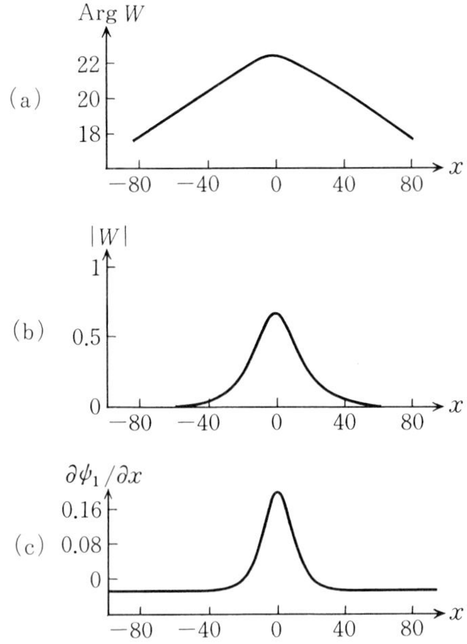

図 4-7 位相・振幅方程式(4.61a, b)の計算機シミュレーションによって得られたパターン．$\mu=0.05$，$c_0=c_2=0.5$，$c_1=0$，$\chi_1=2$，$\chi_2=1.05$，$\beta=2$，$\nu=1$．(a) 振動場 W の位相パターン，(b) 振幅 $|W|$ のパターン，(c) 局所的空間波数 $\partial\psi_1/\partial x$ のパターン．(S. Sakaguchi[I-32]より修正の上転載.)

ーがそこに存在するのと類似の効果がもたらされる．事実，振動場の位相勾配は山型となり，したがって4-2節で論じたような位相波の標的パターン(ただし，その1次元版)が現われることがわかる．このようなパターンに対応する(4.61a, b)の厳密解が坂口によって見いだされた(H. Sakaguchi, 1992).

液晶対流系の実験において，上記の理論的結果との関連が示唆される現象が見いだされている(M. Sano *et al*., 1993)．液晶対流系のパターン，とくにWilliamsドメインにおける欠陥の構造と運動については2-3節で論じたが，複合場の理論との関連で興味がもたれるのは，印加電圧をより高くしたときに見られるグリッドパターンの相においてである．グリッドパターンは2次元正

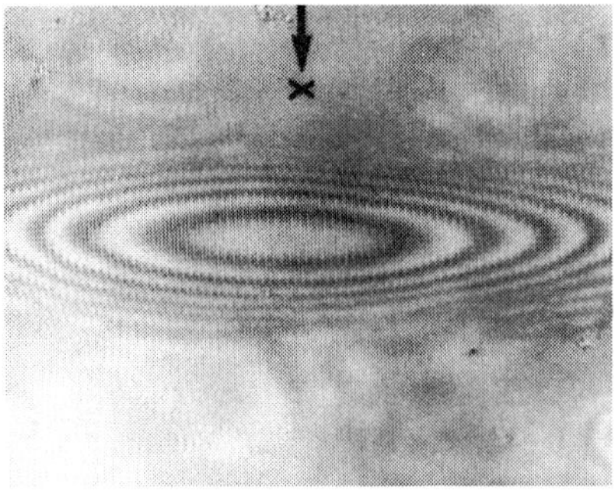

図 4-8　液晶対流系の振動グリッド相において実験的に見いだされた標的状パターンのスナップショット．（佐野雅己博士の御好意による.）

方格子状の周期構造であり，条件によって定常な場合と非定常な場合がある．振動不安定化したグリッド相のダイナミクスを記述しうる満足すべきモデル方程式は見いだされていない．しかし，その1次元版として(4.61a, b)を仮定することには十分に意味がある．このような立場から図 4-8 に示すような，実験によるパターンを眺めるとき，図 4-7 から示唆されるパターンとの強い類似性は大いに注目される．もっとも，観測されたパターンには，理論的にまだ説明できていないいくつかの特徴がある．その2次元性については問わないとしても，実験によればこの標的パターンは定常的に持続するパターンではなく，長い時間スケールで崩壊と再生を繰り返す．崩壊に際しては周期構造に欠陥が生成される．このような特徴的なライフサイクルを説明できる理論が求められている．

5

縮約理論の基礎

前章までは比較的単純なモデル方程式に基づくパターンダイナミクスの議論を展開した．モデル方程式の多くは現象論的に導出されたものであったが，本章では，中でも重要な振幅方程式と位相方程式に関してその理論的基礎を考察する．これらの縮約方程式に含まれる自由度の時間変化は一般に遅く，したがって，他の多くの自由度はいわば断熱的に消去されたのである．散逸系においては，このような縮約機構の根底には明確な普遍的構造が存在し，本章で明らかになるように，見かけ上異なった種々のケースに即して個々的に展開されてきた縮約理論を，このような観点からすっきりととらえ直すことができる．本章では，まず単純な例を通じて縮約の基本構造を明らかにし，ついでそれが振幅方程式や位相方程式の導出においてどのように具体化されるかを見る．本章全体を通じて，縮約のアルゴリズムを提供するよりも，縮約の物理的意味を明らかにすることに重点が置かれる．

5-1　2つの簡単な例

本節では，空間自由度を含まない単純な力学系に対して縮約を実行する．後に述べるように，空間的連続自由度の有無は，以下に展開する縮約理論の立場からは見かけほど重要ではない．

［例 1］

$$\frac{dx}{dt} = y - x \tag{5.1a}$$

$$\frac{dy}{dt} = \varepsilon f(x) \tag{5.1b}$$

ε は微小パラメタ，$f(x)$ は x の十分なめらかな関数とする．まず，通常の方法を述べる．y は遅い変数であるから，第 1 式においてそれを一定のパラメタと見なす．これにより，x は安定な定常値

$$x = y \tag{5.2a}$$

に到達する．これを第 2 式に代入して

$$\frac{dy}{dt} = \varepsilon f(y) \tag{5.2b}$$

を得る．方程式対(5.2a, b)がもとの系の縮約形を与える．

実際には，代表点は図 5-1 に示すように y がほぼ一定のまま，まず曲線(5.2a)に漸近する．そして，この曲線上での y の遅い変化が(5.2b)によって与えられるのである．一般の縮約理論においても，

（1） 代表点を急速に引きつける超曲面 M（上の例では $x=y$ がその近似形）の形を見いだし，

（2） M 上での緩慢な運動に対する発展則を見いだす，

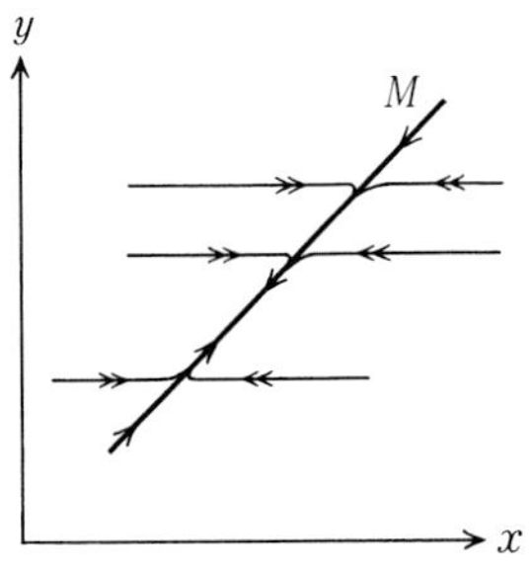

図 5-1 力学系(5.1)の縮約．代表点を急速に引きつける不変曲線 M と，M 上の遅い運動を記述する発展則を見いだすことによって縮約が達成される．

という図式は上例と変わりなく，M への漸近過程は無視される．M 上の点を初期点とする代表点はつねに M 上にとどまるから，M は**不変多様体**である．上の例においては，$t\to\infty$ における漸近状態，すなわちアトラクターは M 上の固定点(もし存在するならば)である．しかし，縮約理論の威力はむしろアトラクターが複雑で容易に見いだしがたいような場合に発揮される．

上の例をより系統的に高次近似まで扱うために，M の形とその上での y の変化率をともに ε で展開する．すなわち，

$$x = x_0(y)+\varepsilon x_1(y)+\varepsilon^2 x_2(y)+\cdots \tag{5.3a}$$

$$\frac{dy}{dt} = \varepsilon G_1(y)+\varepsilon^2 G_2(y)+\cdots \tag{5.3b}$$

これらをもとの式に代入すれば，

$$\left(\frac{dx_0}{dy}+\varepsilon\frac{dx_1}{dy}+\varepsilon^2\frac{dx_2}{dy}+\cdots\right)(\varepsilon G_1+\varepsilon^2 G_2+\cdots) = y-x_0-\varepsilon x_1-\varepsilon^2 x_2-\cdots \tag{5.4a}$$

$$\varepsilon G_1+\varepsilon^2 G_2+\cdots = \varepsilon f(x_0+\varepsilon x_1+\cdots) \tag{5.4b}$$

のように，変数として y のみを含む等式が得られる．ε の各次数ごとに上式が成立するための条件から，ε の最低次では先の結果を得る．逐次代入によって，任意の次数まで近似を進めうることは明らかである．

［例 2］

$$\frac{d^2u}{dt^2}+\omega_0^2 u = \varepsilon f\left(u,\frac{du}{dt}\right) \tag{5.5}$$

弱い非線形性をもつ振動子は，このような形に表わされる．たとえば $f=(1-u^2)\dot{u}$ は van der Pol 方程式を与える．弱非線形振動の摂動論は Bogoliubov, Krylov, Mitropolsky らによって論じられた．以下ではこれをすこし異なった見地から扱う．

$v=du/dt$ と置けば，(5.5)は u, v に対する1階微分方程式系となり，例1と同じく2変数系である．本例では自由度をこれ以上減らすことはできず，例1の M に対応するものは u-v 空間そのものである．本例の主眼はむしろ運動の表示を簡単化することにある．ちなみに，例1では M は1次元であったか

ら，運動の表示はとりたてて問題にする必要もなく，M 上の点を指定するのに最も自然な変数 y を採用したに過ぎない．しかし，M の次元が 2 以上になると，表示の問題は無視できなくなる．

非摂動系($\varepsilon=0$)の解は次のように表わされる．

$$u = A\cos\phi, \qquad \phi = \omega_0 t + \psi \tag{5.6}$$

ここに，A と ψ は任意定数である．あるいはそれらを変数と読み替えれば，$\dot{A}=\dot{\psi}=0$ である．摂動が加わった場合にも解を上の形におけば，代入により $A(t)$ と $\psi(t)$ に対する発展方程式が得られる．しかし，それでは単に (u,v) から極座標表示 (A,ϕ) へ移行しただけのことである．そこで，視点を変えて，u を(5.6)の第 1 式とはすこし異なった形の A,ϕ の関数で置き換えることを考える．それにより，A,ϕ に対する運動方程式自体が簡単化されるかもしれない．

このように，摂動が加わることによって生じる複雑さを状態変数の定義に担わせるか，あるいはそれらが従う運動方程式の形に担わせるかはわれわれの選択の問題である．縮約理論においては，運動方程式の簡潔さが徹頭徹尾優先される．その理由は，解の最も重要な情報，たとえば振動の周期，アトラクターのトポロジカルな性質やその軌道安定性指数などが，状態変数の選び方にきわめて鈍感であると期待されるからである．むしろ，こうした鈍感さゆえにこれらの性質が重要とされる，と言うべきであろう．

上述の考え方に従い，$\varepsilon\neq 0$ の場合には

$$u = A\cos\phi + \varepsilon\rho(A,\phi) \tag{5.7a}$$

$$\frac{dA}{dt} = \varepsilon G(A) \tag{5.7b}$$

$$\frac{d\phi}{dt} = \omega_0 + \varepsilon H(A) \tag{5.7c}$$

と置き，代入により ρ, G, H を逐次近似的に求めよう．ρ, G, H 自体さらに ε に依存してもよい．上式では G と H に ϕ を含ませていない．そのため，$\rho=0$ とすることはもはや許されず，以下に示すように，いま 1 つの条件を課せば，

ρ, G, H が一義的に定まるのである．(5.7a～c)を(5.5)に代入すれば

$$\left[\left\{(\omega_0+\varepsilon H)\frac{\partial}{\partial\phi}+\varepsilon G\frac{\partial}{\partial A}\right\}^2+\omega_0^2\right](A\cos\phi+\varepsilon\rho)$$
$$=\varepsilon f\left(A\cos\phi+\varepsilon\rho, \left\{(\omega_0+\varepsilon H)\frac{\partial}{\partial\phi}+\varepsilon G\frac{\partial}{\partial A}\right\}(A\cos\phi+\varepsilon\rho)\right) \quad (5.8)$$

となる．左辺から未知量 ρ, G, H に関する線形項を取り出し，それ以外の項をまとめて $b(A, \phi)$ と置くことにより，上式は次の形に表わされる．

$$\omega_0^2 L\rho = 2\omega_0(HA\cos\phi+G\sin\phi)+b(A,\phi) \quad (5.9)$$
$$L = \frac{\partial^2}{\partial\phi^2}+1$$

(5.9)は形式的に $\rho(\phi)$ に対する非斉次線形微分方程式と見なされる．右辺が非斉次項である．もっとも，b は一般に ρ 自身を含んでいるから，右辺は真の非斉次項ではない．しかし，最低近似においては，b の中で微小量 $\varepsilon\rho, \varepsilon G$ および εH を無視することができる．その結果，

$$b \cong f(A\cos\phi, -A\omega_0\sin\phi) \quad (5.10)$$

のように，b はもはや ρ を含まず，既知量のみによって表わされる．たとえば van der Pol 方程式に対しては，$b \cong -\omega_0 A(1-A^2/4)\sin\phi+(\omega_0 A^3\sin 3\phi)/4$ となる．したがって，一般に b を既知として(5.9)から ρ, G, H を一義的に解く一般的手順が示されれば，逐次代入によってこれらを任意の近似で求めることができるわけである．

そこで，以下の議論ではしばらく $b(A, \phi)$ があたえられているものとしよう．L は ϕ の 2π 周期関数に作用する演算子である．その固有関数は $\sin m\phi$ と $\cos m\phi$ ($m=1, 2, \cdots$) であり，$m=1$ が零固有関数(零固有値をもつ固有関数)に対応している．ρ を求めるためには，(5.9)の両辺を固有関数で展開(すなわち Fourier 展開)して係数を比較すればよい．ただし，次の2点に注意する．第1に，ρ が零固有成分を含んでいたとしても，L が作用するために，その振幅は決まらない．したがって，最初からこれを含まないものとしてよい．第2に，非斉次項は零固有成分を含むことはできない．これを可解条件とよび，

$$G = -\frac{1}{2\pi\omega_0}\int_0^{2\pi} b\sin\phi d\phi \tag{5.11a}$$

$$H = -\frac{1}{2\pi\omega_0 A}\int_0^{2\pi} b\cos\phi d\phi \tag{5.11b}$$

によって表わされる．

可解条件から得られた G と H を(5.9)の右辺に代入し，両辺に $(\omega_0^2 L)^{-1}$ を作用させれば ρ を得る．van der Pol 方程式に対しては，最低次近似で

$$\frac{dA}{dt} = \frac{\varepsilon}{2}\left(A - \frac{A^3}{4}\right) \tag{5.12a}$$

$$\frac{d\phi}{dt} = \omega_0 \tag{5.12b}$$

$$u = A\cos\phi - \frac{\varepsilon A^3}{32\omega_0}\sin 3\phi \tag{5.12c}$$

が得られる．このような近似解によって b が補正され，さらに高次近似に進むことができる．

例1においてもすでに見られたが，不変空間 M の表現(ここでは，M 上に導入されるべき座標系 (A, ϕ) の定義)とその上での発展方程式を逐次代入により同時進行的に求めてゆくこのような理論形式は，縮約理論一般に共通するものである．

5-2 定常解の不安定化

縮約は，きわだってゆっくり変化する自由度が存在するときに一般に可能となる．前節の例1においてはそれは y であり，例2においては A と ϕ であった．分岐点近傍では，このような状況が最も典型的な形で出現する．定常解の不安定化に伴う振幅方程式はすでに第1章と第2章で現象論的に導出した．本節およびそれに続く2つの節では，前節の考え方を分岐点近傍に適用し，現象論的導出の根拠を明らかにする．まず，本節では常微分方程式系の定常解の線形安定性解析に関する基本的事項を整理する．次節では，同じく常微分方程式系に

対する縮約を実行する．5-4 節では空間的にひろがった系を扱い，偏微分方程式系の縮約方法を述べる．

n 個の状態変数 $(X_1, X_2, \cdots, X_n) \equiv \boldsymbol{X}$ の時間発展が

$$\frac{d\boldsymbol{X}}{dt} = \boldsymbol{F}(\boldsymbol{X}\,;\,\mu) \tag{5.13}$$

に従うものとする．特に断わらないかぎり，以下では表式中に現われる諸量はすべて実数値をとるものとする．$\boldsymbol{F}$ は $\boldsymbol{X}$ の十分なめらかな非線形関数であり，パラメタ μ を含む．μ のある領域において，(5.13)の定常解 $\boldsymbol{X}_0(\mu)$ が存在すると仮定する．定常解からのずれを $\boldsymbol{u} = \boldsymbol{X} - \boldsymbol{X}_0$ としよう．$\boldsymbol{F}$ を $\boldsymbol{u}$ に関する線形部分 $L\boldsymbol{u}$ と非線形部分 $\boldsymbol{N}(\boldsymbol{u})$ に分ける．すなわち，

$$\frac{d\boldsymbol{u}}{dt} = L\boldsymbol{u} + \boldsymbol{N}(\boldsymbol{u}) \tag{5.14}$$

Jacobi 行列 L の ij 成分は $L_{ij} = \partial F_i(\boldsymbol{X}_0)/\partial X_{0j}$，また $\boldsymbol{N}(\boldsymbol{u})$ は $\boldsymbol{u}$ に関してベキ展開できるものとし，それを

$$\boldsymbol{N}(\boldsymbol{u}) = N_2\boldsymbol{u}\boldsymbol{u} + N_3\boldsymbol{u}\boldsymbol{u}\boldsymbol{u} + \cdots \tag{5.15}$$

と表わす．ここに，右辺の各項は，その i 成分が

$$(N_2\boldsymbol{u}\boldsymbol{v})_i = \sum_j \sum_k \frac{1}{2!} \frac{\partial^2 N_i(\boldsymbol{u})}{\partial u_j \partial u_k}\bigg|_{\boldsymbol{u}=0} u_j v_k$$

$$(N_3\boldsymbol{u}\boldsymbol{v}\boldsymbol{w})_i = \sum_j \sum_k \sum_l \frac{1}{3!} \frac{\partial^3 N_i(\boldsymbol{u})}{\partial u_j \partial u_k \partial u_l}\bigg|_{\boldsymbol{u}=0} u_j v_k w_l$$

等々となることによって定義されている．

自明解 $\boldsymbol{u} = 0$ の線形安定性は L の固有値 λ のスペクトルから知られる．λ は実係数 n 次方程式の根によって与えられるから，複素根の場合には複素共役な対として現われる．自明解が安定であるための必要十分条件は，すべての λ に対して $\mathrm{Re}\,\lambda < 0$ が成立することである．すなわち，複素 λ 平面において n 個の λ すべてが左半平面に存在することである．したがって，μ を変化させて，あるところで定常解の安定性が破れる場合，一般に次の 2 つの可能性が考えられる．

(A) 実固有値の1つが原点を通過する．

(B) 1対の複素共役な固有値が虚軸を横切る．

ただし，物理系においては $\boldsymbol{F}(\boldsymbol{X})$ はしばしば特別の対称性をもつので，上記以外の場合，たとえば複数の実固有値が同時に原点を通過したり，ケース(A)と(B)が同時に起こるようなこともあながち例外的とはいえない．しかし，簡単のため，以下では上記のように固有値に縮退のない，いわゆる**単純分岐**の場合に限って考察を進める．(B)の場合は特に**Hopf 分岐**とよばれる．

μ が負から正に変わるとき，(A)または(B)のタイプの不安定化が起こるとする．分岐点 $\mu=0$ の近傍において，L および λ を

$$L = L_0 + \mu L_1 \tag{5.16a}$$

$$\lambda = \lambda_0 + \mu \lambda_1 \tag{5.16b}$$

のように，臨界状態におけるそれらと残余の部分に分ける．L_1, λ_1 は一般にはさらに μ に依存するが，以下の議論にとってはそれは重要でないので無視する．同様の理由により，非線形項 $\boldsymbol{N}(\boldsymbol{u})$ の μ 依存性も考えない．

λ_0, λ_1 の実部を σ_0, σ_1，虚部を ω_0, ω_1 とすれば，仮定により

$$\sigma_0 = 0, \quad \sigma_1 > 0 \tag{5.17a}$$

$$\left.\begin{array}{ll} \omega_0 = \omega_1 = 0 & \text{((A)の場合)} \\ \omega_0, \omega_1 \neq 0 & \text{((B)の場合)} \end{array}\right. \tag{5.17b}$$

である．臨界固有値 λ_0 に対応する L_0 の右および左固有ベクトルをそれぞれ $\boldsymbol{U}$ および $\boldsymbol{U}^*$ としよう．すなわち

$$L_0\boldsymbol{U} = \lambda_0\boldsymbol{U}, \quad \boldsymbol{U}^*L_0 = \lambda_0\boldsymbol{U}^* \tag{5.18}$$

$\boldsymbol{U}, \boldsymbol{U}^*$ は(A)の場合には実ベクトル，(B)の場合には複素ベクトルである．これらは $(\boldsymbol{U}, \boldsymbol{U}^*)=1$ のように規格化されているものとし，(B)の場合にはさらに $(\boldsymbol{U}^*, \bar{\boldsymbol{U}})=(\bar{\boldsymbol{U}}^*, \boldsymbol{U})=0$ が成り立つ．また，次の等式が成り立つことに注意しておく．

$$\lambda_0 = (\boldsymbol{U}^*, L_0\boldsymbol{U}), \quad \lambda_1 = (\boldsymbol{U}^*, L_1\boldsymbol{U}) \tag{5.19}$$

発展方程式(5.14)を

$$\left(\frac{d}{dt}-L_0\right)\boldsymbol{u} = \mu L_1\boldsymbol{u}+\boldsymbol{N}(\boldsymbol{u}) \tag{5.20}$$

と表わし，次節では主としてこの式の縮約を議論する．ただし，注意すべきことは，定常解 $\boldsymbol{X}_0$ の安定性が破れた後の基礎方程式として上式を用いることができるのは，不安定ながらも定常解が存続する場合に限られ，安定性の喪失が同時に定常解自身の消失を伴う場合には上式を用いることはできないということである．これについては次節の後半で改めて述べる．

以下では，(5.20)の右辺の 2 項をともに摂動項として扱う．いいかえれば，分岐点 $\mu=0$ における線形系が非摂動系であり，分岐点からのずれの効果，および非線形効果をともに摂動と見なすのである．これは μ とともに $\boldsymbol{u}$ が微小量であることを仮定している．$\boldsymbol{u}$ の微小性は物理的には μ の微小性に基づくものであり，両者の大きさの間には一定の関係があると期待される．しかし，それは得られた縮約方程式の物理的に意味のある解から知られることであり，現段階においてはそれらは独立な微小量と考えておく．

5-3 振幅方程式の基礎

本節では，定常解の不安定化の 2 つのタイプそれぞれについて(5.13)の縮約を実行する．

a）（A）の場合

まず，特別な場合として，発展方程式が $\boldsymbol{X}$ の符号反転に対して不変，すなわち

$$\boldsymbol{F}(-\boldsymbol{X}) = -\boldsymbol{F}(\boldsymbol{X}) \tag{5.21}$$

なる場合を考察し，ついでこの対称性が失われる場合について述べよう．上記対称性をもつ場合には，自明な定常解 $\boldsymbol{X}_0=0$ がつねに存在するから，(5.20)を基礎方程式とすることができる．この場合，非線形項も $\boldsymbol{N}(-\boldsymbol{u})=-\boldsymbol{N}(\boldsymbol{u})$ をみたす．(5.20)の右辺を 0 とおいた系(非摂動系)の $t\to\infty$ における解を $\boldsymbol{u}_0$ とすると，その零固有ベクトル成分以外はすべて 0 に減衰することから

$$\boldsymbol{u}_0 = A\boldsymbol{U} \tag{5.22}$$

と表わされる．ここに A は不定の実パラメタである．

5-1節の2つの例においてすでに見たように，$t\to\infty$ における非摂動系の解に不定のパラメタが現われるとき，これを状態変数と読み替え，摂動によるその緩慢な運動の法則を見いだすというのが縮約一般に共通する考え方である．したがって，ここでも A を変数と読み替え，その非摂動運動

$$\frac{dA}{dt} = 0 \tag{5.23}$$

を出発点とする．(5.22)と(5.23)は，それぞれ非摂動系が漸近するところの自明な不変空間(すなわち臨界固有空間)，およびそこでの自明な運動(すなわち静止)を表わしている．

摂動を受けることによって，この不変空間がわずかな変形を受け，同時にその上にゆるやかな運動が発生するであろう．したがって，摂動を受けた系は

$$\boldsymbol{u} = \boldsymbol{u}_0 + \boldsymbol{\rho}(A) \tag{5.24a}$$

$$\frac{dA}{dt} = G(A) \tag{5.24b}$$

のような縮約形をもつと期待される．ここに，$\boldsymbol{\rho}, G$ はともに微小量である．第1式は変形を受けた不変空間 M を表わし，第2式はそこでの遅い運動を表わしている．

しかし，上のように仮定しただけでは，$\boldsymbol{\rho}, G$ は一義的に決定されない．なぜなら，M 上に導入されるべき座標 A が未定義だからである．A は臨界固有空間上の各点の位置を表わす量であるが，それらを M 上の各点にいかに対応させるべきかについてはまだ何も言及していないのである．これはまた，(5.24a)において $\boldsymbol{u}$ の $\boldsymbol{u}_0$ と $\boldsymbol{\rho}$ への分割に任意性があることを意味する．図5-2はこのことを示す．特に，$\boldsymbol{u}$ を L_0 のいろいろな固有ベクトル成分に分解した場合，その $\boldsymbol{U}$ 成分が $\boldsymbol{u}_0$ 項によって完全に取り込まれたものとするか否かによって A の意味が異なってくる．したがって，このような不定性を除去するための付加条件が必要になる．

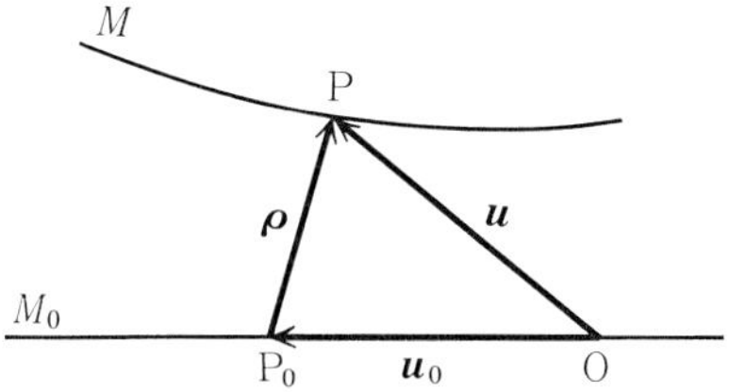

図 5-2 不変曲面 M 上への座標 A の導入．固有空間 M_0 上では A は定義されているから，M_0 上の各点 P_0 に M 上の各点 P を 1 対 1 に対応させ，2 点が同一の A の値をもつものとすれば，A が M 上でも定義されることになる．2 点間の対応づけには任意性がある．これは，ベクトル $\boldsymbol{u}$ を 2 成分 $\boldsymbol{u}_0$ と $\boldsymbol{\rho}$ に分割する方法に任意性があることを意味する．

最も自然な付加条件として，以下では $\boldsymbol{\rho}$ が $\boldsymbol{U}$ 成分を含まないという性質

$$(\boldsymbol{U}^*, \boldsymbol{\rho}) = 0 \tag{5.25}$$

を要求しよう．同様の要求は 5-1 節の例 2 においてもなされた．(5.24a, b)を発展方程式(5.20)に代入すれば

$$L_0\boldsymbol{\rho} = G\boldsymbol{U} + \boldsymbol{b} \tag{5.26a}$$

$$\boldsymbol{b} = G\frac{d\boldsymbol{\rho}}{dA} - \mu L_1\boldsymbol{u} - \boldsymbol{N}(\boldsymbol{u}) \tag{5.26b}$$

となる．(5.26a)と(5.9)との著しい類似に注意すべきである．

例 2 と同様に，可解条件から

$$G = -(\boldsymbol{U}^*, \boldsymbol{b}) \tag{5.27}$$

が得られる．条件(5.25)および(5.27)の下に，(5.26a)を $\boldsymbol{\rho}$ について形式的に解けば

$$\boldsymbol{\rho} = L_0^{-1}(\boldsymbol{b} - (\boldsymbol{U}^*, \boldsymbol{b})\boldsymbol{U}) \tag{5.28}$$

となる．$\boldsymbol{b}$ に対する最低次近似は，(5.26b)において非摂動解 $G=0, \boldsymbol{\rho}=0$ を代入したものである．すなわち，

$$\boldsymbol{b} \cong -\mu AL_1\boldsymbol{U} - \boldsymbol{N}(A\boldsymbol{U}) \tag{5.29}$$

これを用いて，方程式対(5.27),(5.28)から G と $\boldsymbol{\rho}$ を求め，逐次代入によって

さらに近似を上げるという考え方は前節と同様である．実際上は，2つの微小量 μ, A について最も支配的な項を含む G を求めることができれば十分な場合が多く，以下ではそれを実行する．

対称性の仮定(5.21)により，

$$\boldsymbol{N} = A^3 N_3 \boldsymbol{UUU} + O(A^5) \tag{5.30}$$

である．A の5次以上を無視して，上式を(5.29)に代入すれば，逐次代入の出発点として，

$$\boldsymbol{b} \cong -\mu A L_1 \boldsymbol{U} - A^3 N_3 \boldsymbol{UUU} \tag{5.31}$$

とすることができる．よって，最低次近似における G すなわち $\dot{A}$ は

$$\frac{dA}{dt} = \mu\lambda_1 A - gA^3 \tag{5.32}$$

$$g = -(\boldsymbol{U}^*, N_3 \boldsymbol{UUU})$$

なる形をもつ．$\boldsymbol{\rho}$ も同様に求められる．(5.32)は(1.12)において W を実振幅 A としたものと同一の形である．逐次代入を進めていくと，一般に $\dot{A}$ が A の奇数ベキ展開の形に表わされる．

物理的には，(5.32)の右辺の2項がバランスする状況に興味があるから，$A = O(|\mu|^{1/2})$ と置くのが物理的に妥当である．この性質をあらかじめ見越して，$\boldsymbol{\rho}$ と G の摂動計算を手際よく行なうことができる．そのために，$O(|\mu|^{1/2})$ の量を表わすインディケーター ε を導入し，$A \to \varepsilon A$，$\mu \to \varepsilon^2 \mu$ と表記を改める．(ただし，最終的に $\varepsilon = 1$ と置く．) さらに，$\boldsymbol{\rho}, G, \boldsymbol{b}$ 等を唯一のパラメタ ε によって

$$\boldsymbol{\rho} = \varepsilon \boldsymbol{\rho}_1 + \varepsilon^2 \boldsymbol{\rho}_2 + \cdots \tag{5.33a}$$

$$G = \varepsilon G_1 + \varepsilon^2 G_2 + \cdots \tag{5.33b}$$

$$\boldsymbol{b} = \varepsilon \boldsymbol{b}_1 + \varepsilon^2 \boldsymbol{b}_2 + \cdots \tag{5.33c}$$

のように展開する．これらを(5.26a)に代入し，同式が ε の各次数ごとに成立することを要求するのである．これよりただちに $\boldsymbol{\rho}_1 = \boldsymbol{\rho}_2 = 0$，$G_1 = G_2 = 0$，$G_3 = \mu\lambda_1 A - gA^3$ が得られ，$G \cong G_3$ なる近似の範囲で(5.32)が成立することがわかる．後述するようなより複雑な問題においては，この種の展開法が計算の見

通しをよくする上で非常に便利である．もっとも，このような形式にとらわれて，いままでに述べてきたような縮約の本質的意味を見失うことがないように注意しなければならない．

以上の議論では系に特別の対称性を仮定したが，このような対称性が存在しない場合について以下にコメントする．対称性が存在する場合と存在しない場合のつながりを見るために，対称性の破れが弱い場合を考察しよう．$\boldsymbol{F}(\boldsymbol{X})$ を次のように反対称部分 $\boldsymbol{F}_0(\boldsymbol{X})$ とそれ以外の部分 $\boldsymbol{f}(\boldsymbol{X})$ に分ける．

$$\boldsymbol{F}(\boldsymbol{X}\,;\mu) = \boldsymbol{F}_0(\boldsymbol{X}\,;\mu)+\boldsymbol{f}(\boldsymbol{X}) \tag{5.34}$$

$\boldsymbol{f}$ は微小項であり，その μ 依存性は二義的として無視する．$\boldsymbol{f}$ の存在によって，真の定常状態は(存続するとすれば)一般に $\boldsymbol{X}=0$ からわずかにずれる．対称な場合と比較して，取扱い上の唯一の相違点は，$\mu L_1\boldsymbol{u}$ や $\boldsymbol{N}(\boldsymbol{u})$ に加えて $\boldsymbol{f}$ をも摂動と見なすという点である．したがって，$\boldsymbol{b}$ の表式(5.26b)に $-\boldsymbol{f}$ が付け加わること以外は，先の議論がそのまま適用できる．これら3つの微小な効果のそれぞれについて最低次の効果を取り入れた結果は直ちに書き下すことができ，

$$\frac{dA}{dt} = \mu\lambda_1 A - A^3 + h \tag{5.35}$$

$$h = (\boldsymbol{U}^*, \boldsymbol{f}(0))$$

となる．

図5-3に示すように，対称性の消失によって分岐のダイヤグラムはトポロジ

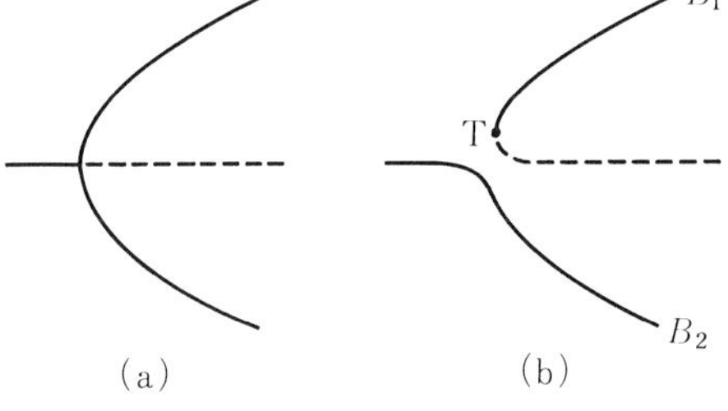

図5-3 対称性の喪失による分岐ダイヤグラムのトポロジカルな変化．(a) 対称な分岐ダイヤグラム．(b) 対称性が破れた場合の分岐ダイヤグラム．分枝 B_1 は折り返し点Tをもつ．

カルに変化する．折り返し点をもつ分枝 B_1 に着目すると，μ の変化によって安定な定常解と不安定な定常解とが対生成または対消滅することがわかる．対称性をもたない一般の系において，固有値の1つが0となることによって定常解の安定性が失われる場合の分岐ダイヤグラムは，定性的には分枝 B_1 と同一である．その場合には，安定および不安定定常解の対消滅または対生成によって分岐が特徴づけられることがわかる．このような分岐は**サドルノード分岐**とよばれる．

b）（B）の場合

定常解 $\boldsymbol{X}_0$ は安定性が失われた後も存続すると仮定し，発展方程式(5.20)に基づいて考察する．同式の右辺をふたたび摂動と見なすと，非摂動解は $t\to\infty$ において

$$\boldsymbol{u}_0 = We^{i\omega_0 t}\boldsymbol{U}+\text{c.c.} \tag{5.36}$$

と表わされる．W は任意の複素数であり，その振幅と位相をそれぞれ A,ϕ として，上式を

$$\boldsymbol{u}_0 = Ae^{i\phi}\boldsymbol{U}+\text{c.c.},\qquad \phi = \omega_0 t+\psi \tag{5.37}$$

と表わす．

非摂動系において減衰することなく残ったこのような自由度は，1つの調和振動子を与える．したがって，以下では摂動を受けた調和振動子の問題を扱うことになり，5-1節の例2の取扱いに多くの点で類似してくる．

(5.20)の縮約形を次の形に置こう．

$$\boldsymbol{u} = \boldsymbol{u}_0+\boldsymbol{\rho}(A,\phi) \tag{5.38a}$$

$$\frac{dA}{dt} = G(A) \tag{5.38b}$$

$$\frac{d\phi}{dt} = \omega_0+H(A) \tag{5.38c}$$

ここに，$\boldsymbol{\rho}$ は ϕ の 2π 周期関数である．最後の2式をまとめれば，

$$\frac{dW}{dt} = (G+iHA)e^{i\psi} \tag{5.39}$$

と表わされる．(5.38a～c)を基礎方程式(5.20)に代入すれば

$$\tilde{L}_0\boldsymbol{\rho} = (G+iHA)e^{i\phi}\boldsymbol{U}+\mathrm{c.c.}+\boldsymbol{b} \tag{5.40}$$

が得られる．ここに，

$$\tilde{L}_0 = L_0-\omega_0\frac{\partial}{\partial\phi} \tag{5.41a}$$

$$\boldsymbol{b} = G\frac{\partial\boldsymbol{\rho}}{\partial A}+H\frac{\partial\boldsymbol{\rho}}{\partial\phi}-\mu L_1\boldsymbol{u}-\boldsymbol{N}(\boldsymbol{u}) \tag{5.41b}$$

である．

(5.40)から $\boldsymbol{\rho}, G, H$ を摂動的に求めるには，その両辺を $\tilde{L}_0$ の固有ベクトルで展開するのが自然である．ここに，$\tilde{L}_0$ は，ϕ について 2π 周期性をもつ n 次元ベクトルに作用する演算子である．このような2つのベクトル $\boldsymbol{f}(\phi)$ と $\boldsymbol{g}(\phi)$ の内積を

$$[\boldsymbol{f},\boldsymbol{g}] = \frac{1}{2\pi}\int_0^{2\pi}(\boldsymbol{f}(\phi),\boldsymbol{g}(\phi))d\phi \tag{5.42}$$

によって定義しよう．$\tilde{L}_0$ の随伴演算子 $\tilde{L}_0^*$ は

$$[\tilde{L}_0^*\boldsymbol{f},\boldsymbol{g}] = [\boldsymbol{f},\tilde{L}_0\boldsymbol{g}] \tag{5.43}$$

によって定義される．$\exp(il\phi)\boldsymbol{U}$ と $\exp(-il\phi)\boldsymbol{U}$（$l$ は整数）がともに $\tilde{L}_0$ の固有ベクトルとなっていることに注意する．特に，$l=1$ の場合は零固有ベクトルであり，それらが(5.40)の右辺に現われていることに注意する．(5.40)の各辺と $\boldsymbol{U}^*\exp(-i\phi)$（すなわち，$\tilde{L}_0^*$ の零固有ベクトル）との内積をとれば，可解条件から $G+iHA$ の表式すなわち縮約方程式を求めることができる．その手続きは例2や本節(A)の場合の取扱いとまったく並行しており，以下でそれを実行する．

内積の定義から直ちにわかるように，内積 $[\boldsymbol{U}^*\exp(-i\phi),\boldsymbol{f}(\phi)]$ をとることにより，一般に 2π 周期ベクトル $\boldsymbol{f}(\phi)$ の Fourier 成分は，基本波 $\exp(i\phi)$ 以外のすべてが消去される．具体的には，$\boldsymbol{f}(\phi)=\sum_l \boldsymbol{f}^{(l)}\exp(il\phi)$ のように Fourier 展開すれば，$[\boldsymbol{U}^*\exp(-i\phi),\boldsymbol{f}]=(\boldsymbol{U}^*,\boldsymbol{f}^{(1)})$ となる．(A)の場合と同様に，$\boldsymbol{\rho}$ は $\tilde{L}_0$ の零固有成分を含まないこと，すなわち

$$[\boldsymbol{U}^* \exp(-i\phi), \boldsymbol{\rho}] = [\bar{\boldsymbol{U}}^* \exp(i\phi), \boldsymbol{\rho}] = 0 \tag{5.44}$$

を要求しよう．上式は

$$(\boldsymbol{U}^*, \boldsymbol{\rho}^{(1)}) = (\bar{\boldsymbol{U}}^*, \boldsymbol{\rho}^{(-1)}) = 0 \tag{5.45}$$

のように表わすこともできる．さらに，(5.40)の右辺は $\tilde{L}_0$ の零固有成分を含まないという条件(可解条件)により，

$$G + iHA = -(\boldsymbol{U}^*, \boldsymbol{b}^{(1)}) \tag{5.46}$$

となる．上記2条件(5.45), (5.46)の下に，(5.40)は $\boldsymbol{\rho}$ について形式的に解かれ，特に

$$\boldsymbol{\rho}^{(l)} = (L_0 - il\omega_0)^{-1}\boldsymbol{b}^{(l)} \qquad (l \neq \pm 1) \tag{5.47}$$

が得られる．

方程式対(5.46), (5.47)から $G+iHA$ の表式，すなわち W の発展方程式を具体的に求めよう．$G+iHA$ および $\boldsymbol{\rho}$ はともに微小量 μ と $|W|$ についてのベキ展開の形で求められるであろう．以下では，本節 a 項に述べた ε による機械的な展開の方法を用いよう．$W \to \varepsilon W$, $\mu \to \varepsilon^2 \mu$ と表記を改め，$\boldsymbol{\rho}, G, H, \boldsymbol{b}$ などを(5.33a～c)のように展開する．これによって(5.46), (5.47)の各辺も ε で展開され，ε のベキごとに等式(バランス方程式)を書き下すことができる．$\boldsymbol{b}$ の ε 展開の最初の2項については

$$\boldsymbol{b}_1 = 0 \tag{5.48a}$$

$$\boldsymbol{b}_2 = -N_2\boldsymbol{u}_0\boldsymbol{u}_0 \tag{5.48b}$$

である．(5.46)からこれは $G_1 = G_2 = H_1 = 0$ を意味し，また(5.47)により $\boldsymbol{\rho}_1 = 0$ を意味する．したがって

$$\boldsymbol{b}_3 = -\mu L_1\boldsymbol{u}_0 - N_3\boldsymbol{u}_0\boldsymbol{u}_0\boldsymbol{u}_0 - 2N_2\boldsymbol{u}_0\boldsymbol{\rho}_2 \tag{5.49}$$

となり，意味のある最低次でのバランス方程式として

$$G_3 + iH_2A = -(\boldsymbol{U}^*, \boldsymbol{b}_3^{(1)}) \tag{5.50a}$$

$$\boldsymbol{\rho}_2^{(l)} = (L_0 - il\omega_0)^{-1}\boldsymbol{b}_2^{(l)} \qquad (l \neq \pm 1) \tag{5.50b}$$

が得られる．(5.50a)に $\exp(i\phi)$ を乗じることによって最低次の $\dot{W}$ が得られる．すなわち

$$\frac{dW}{dt} = -(\boldsymbol{U}^*, \boldsymbol{b}_3^{(1)})e^{i\phi} \tag{5.51}$$

したがって，$\boldsymbol{b}_3$ に含まれる $\boldsymbol{\rho}_2$ を W によって表わすことができれば，W に関する閉じた発展方程式が得られることになる．しかるに，(5.50b)と(5.48b)から，$\boldsymbol{\rho}_2^{(l)}$ $(l \neq \pm 1)$ は次の表式をもつことがわかる．

$$\boldsymbol{\rho}_2^{(0)} = -2|W|^2\boldsymbol{V}_0, \qquad \boldsymbol{V}_0 = L_0^{-1}N_2\boldsymbol{U}\bar{\boldsymbol{U}} \tag{5.52a}$$

$$\boldsymbol{\rho}_2^{(\pm 2)} = -|W|^2\boldsymbol{V}_\pm \tag{5.52b}$$

$$\boldsymbol{V}_+ = (L_0-2i\omega_0)^{-1}N_2\boldsymbol{U}\boldsymbol{U}, \qquad \boldsymbol{V}_- = (L_0+2i\omega_0)^{-1}N_2\bar{\boldsymbol{U}}\bar{\boldsymbol{U}}$$

$$\boldsymbol{\rho}_2^{(l)} = 0 \qquad (l \neq 0, \pm 1, \pm 2) \tag{5.52c}$$

これらを(5.49)に代入すれば，

$$\begin{aligned}\boldsymbol{b}_3^{(1)} &= -\mu|W|L_1\boldsymbol{U} - 3|W|^3N_3\bar{\boldsymbol{U}}\boldsymbol{U}\boldsymbol{U} - 2|W|N_2\boldsymbol{U}\boldsymbol{\rho}_2^{(0)} - 2|W|N_2\bar{\boldsymbol{U}}\boldsymbol{\rho}_2^{(2)} \\ &= -\mu|W|L_1\boldsymbol{U} + |W|^3(-3N_3\bar{\boldsymbol{U}}\boldsymbol{U}\boldsymbol{U} + 4N_2\boldsymbol{U}\boldsymbol{V}_0 + 2N_2\bar{\boldsymbol{U}}\boldsymbol{V}_+)\end{aligned} \tag{5.53}$$

となり，これをさらに(5.51)に代入すれば，最終的に振幅方程式

$$\frac{dW}{dt} = \mu\lambda_1 W - g|W|^2W \tag{5.54}$$

を得る．ここに，g は λ_1 とともに複素定数であり，

$$g = -3(\boldsymbol{U}^*, N_3\bar{\boldsymbol{U}}\boldsymbol{U}\boldsymbol{U}) + 4(\boldsymbol{U}^*, N_2\boldsymbol{U}\boldsymbol{V}_0) + 2(\boldsymbol{U}^*, N_2\bar{\boldsymbol{U}}\boldsymbol{V}_+) \tag{5.55}$$

によって与えられる．

5-4 連続的空間自由度の取り込み

これまでは常微分方程式系の縮約について述べてきた．しかるに，Navier-Stokes 方程式や反応拡散方程式に代表されるように，散逸構造の研究にとって重要な発展方程式の多くは連続な空間自由度を含む偏微分方程式であり，しかも理想化極限としてしばしば無限に広がった空間を考える．そのような状況に対しても，上に述べてきたような縮約の考え方を適用することができるであろうか．

それは一見困難に見える．なぜなら，長いタイムスケールをもついくつかの

自由度を他の自由度から切り離して取り出すというわけにはいかないからである．たとえば，分岐点における臨界モードの固有値は孤立して存在するのではなく，実部ゼロの固有値を起点とする1つの分枝として存在する．このような固有値スペクトルの連続体を遅いモードと速いモードに明確に分離する基準はない．偏微分方程式の縮約は，実はこのような視点とはすこし異なった発想に基づいて行なわれる．

a) Hopf 分岐の場合

本項では，複素 Ginzburg-Landau 方程式を反応拡散方程式から導出するという例を通して，そのような発想の有効性を示そう．同様の考え方が Newell-Whitehead 方程式の導出にも適用できるが，それについては次項に述べる．

(5.13)に拡散項を付け加えた反応拡散方程式

$$\frac{\partial \boldsymbol{X}}{\partial t} = \boldsymbol{F}(\boldsymbol{X}\,;\,\mu) + D\nabla^2 \boldsymbol{X} \qquad (5.56)$$

において，D は非負の要素をもつ対角行列とする．空間は無限の広がりをもつとする．$\mu=0$ において，力学系 $\dot{\boldsymbol{X}}=\boldsymbol{F}$ の定常解が 5-2 節に述べた(B)型の不安定(振動不安定)を示すとしよう．同じことであるが，(5.56)の空間的に一様な定常解が，同じく空間的に一様な攪乱に対して振動不安定となるといってもよい．

(5.56)の縮約を $\mu=0$ の近傍で実行し，(5.54)を一般化した方程式を求めることが以下の目的であるが，その最大のポイントは拡散項を摂動の一種と見なすという点である．物理的にはあくまでも広がった場を考えているのであるが，縮約の数学的取扱いにおいては，拡散項は1空間点における力学系 $\dot{\boldsymbol{X}}=\boldsymbol{F}$ に働く外的摂動の一種と見なすのである．前節の取扱いにおいては，分岐点 $\mu=0$ における線形系を非摂動系と見なし，分岐点からのずれの効果および非線形効果を摂動と見なしたのであるが，これらに加えて拡散項をも摂動と見なすことになる．

その場合，拡散項が微小量であること，言い換えれば $\boldsymbol{X}$ の空間変化がゆるやかであることを暗黙の前提としている．この仮定の当否は，得られた縮約方程式の解が実際にそのような性質をもつかどうかによって(より正確にいえば，そのような性質をもつ解が分岐点の近傍において物理的に興味あるものか否かによって)判断する以外にない．非線形効果あるいは振幅の微小性に関する仮定についても，同様に事後的にのみ正当化されるものであることはすでに述べた通りである．

拡散を含む場合には，定常解からのずれ $\boldsymbol{u}$ に関する方程式は(5.20)のかわりに

$$\left(\frac{\partial}{\partial t}-L_0\right)\boldsymbol{u} = \mu L_1\boldsymbol{u}+\boldsymbol{N}(\boldsymbol{u})+D\nabla^2\boldsymbol{u} \tag{5.57}$$

となる．上式の縮約形をふたたび(5.38a～c)の形で求めるのであるが，いまの場合には $\boldsymbol{\rho}$ は A や ϕ 自身のみならず，それらのいろいろな空間微分を含むと仮定しなければならない．G, H についても同様である．不変空間 M が2次元であることは前節の(B)の場合と何ら変わりない．ただ，M の形が A, ϕ のいろいろな空間微分を一種のパラメタとして含んでいることに注意しさえすればよい．

$\boldsymbol{\rho}$ に対する方程式はふたたび(5.40), (5.41a)の形に表わされるが，$\boldsymbol{b}$ に対しては(5.41b)よりも多少複雑な表式

$$\boldsymbol{b} = \sum_{j=0}^{\infty}\left\{\nabla^j G\frac{\partial\boldsymbol{\rho}}{\partial(\nabla^j A)}+\nabla^j H\frac{\partial\boldsymbol{\rho}}{\partial(\nabla^j\phi)}\right\}-\mu L_1\boldsymbol{u}-\boldsymbol{N}(\boldsymbol{u})-D\nabla^2\boldsymbol{u} \tag{5.58}$$

を用いなければならない．もっとも，上に述べた3種類の摂動それぞれの最低次効果を取り入れた振幅方程式においては，(5.58)の最終項があらたに効くのみである．さらに，最終項において $\boldsymbol{u}$ を $\boldsymbol{u}_0$ で置き換えることが許されるから，結局(5.54)を一般化した式として，複素GL方程式

$$\frac{\partial W}{\partial t} = \mu\lambda_1 W-g|W|^2 W+d\nabla^2 W \tag{5.59}$$

が得られる．ここに，d は複素定数で $d=(\boldsymbol{U}^*, D\boldsymbol{U})$ によって与えられる．$\boldsymbol{X}$ の各成分に対する拡散係数がすべて同一の値 D_0 をもつ場合には $d=D_0$ となる．

b) Turing 不安定の場合

本項では，3-4 節で述べた Turing 不安定性を通じて波数 k_c の 1 次元定常周期構造が形成されるという単純な状況を考察し，そのゆるやかな変調を記述する振幅方程式(NW 方程式に相当)の基礎を明らかにしよう．この場合，拡散過程は周期構造の形成とともにそのゆるやかな空間変調の時間発展にも参与する．したがって，本節 a 項のように拡散をまるごと摂動と見なすような考え方は適用できない．

拡散の二重の役割を分離するには，変数 $\boldsymbol{X}(x, t)$ の空間依存性が 2 つの部分，すなわち周期的変化とそのゆるやかな変調から成るとして，$\boldsymbol{X}(x,\xi,t)$ と表わすのが適当である．ここに，x と ξ は物理的には同一の空間座標なのであるが，数学的にはこれらを互いに独立な変数と見なし，$\boldsymbol{X}$ は x に関しては厳密に周期 $2\pi/k_c$ の周期関数，ξ に関しては一般にゆるやかな変動をもつと仮定するのである．

これに対応して，反応拡散方程式中の空間微分は，$\partial/\partial x \to \partial/\partial x + \partial/\partial\xi$ のように書き直されなければならない．したがって

$$\frac{\partial \boldsymbol{X}}{\partial t} = \boldsymbol{F}(\boldsymbol{X}\,;\,\mu) + D\left(\frac{\partial}{\partial x} + \frac{\partial}{\partial \xi}\right)^2 \boldsymbol{X} \tag{5.60}$$

あるいは，一様な定常解からのずれ $\boldsymbol{u}(x,\xi,t)$ に対して

$$\left(\frac{\partial}{\partial t} - \tilde{L}_0\right)\boldsymbol{u} = \mu L_1 \boldsymbol{u} + \boldsymbol{N}(\boldsymbol{u}) + 2D\frac{\partial^2 \boldsymbol{u}}{\partial x \partial \xi} + D\frac{\partial^2 \boldsymbol{u}}{\partial \xi^2} \tag{5.61}$$

$$\tilde{L}_0 = L_0 + D\frac{\partial^2}{\partial x^2}$$

なる式を得る．$\tilde{L}_0$ は x の $2\pi/k_c$ 周期関数に作用する演算子である．その零固有ベクトルを $\exp(\pm ik_c x)\boldsymbol{U}$ とする．$\boldsymbol{U}$ は実ベクトルである．$(\boldsymbol{U}^*, (L_0 - Dk^2)\boldsymbol{U}) \equiv \lambda(k)$ と置けば，k_c 近傍で

$$\lambda(k) \propto (k-k_c)^2 \tag{5.62}$$

となるはずだから，$d\lambda(k_c)/dk_c = 0$ すなわち

$$(\boldsymbol{U}^*, D\boldsymbol{U}) = 0 \tag{5.63}$$

が成り立つ．$\tilde{L}_0$ の他のすべての固有値は負の実部をもつとする．

(5.61)の右辺をすべて微小な摂動と見なす．これにより，前節に述べたのと同様の手法を適用して同式を縮約することができる．以下では前節の議論と対照させつつ，ごく簡単に縮約の手続きを述べる．

x について $2\pi/k_c$ 周期性をもつ 2 つの n 次元ベクトル $\boldsymbol{f}(x), \boldsymbol{g}(x)$ の内積を(5.42)と類似の形

$$[\boldsymbol{f}, \boldsymbol{g}] = \frac{k_c}{2\pi}\int_0^{2\pi/k_c} dx(\boldsymbol{f}(x), \boldsymbol{g}(x)) \tag{5.64}$$

によって定義する．非摂動系の解は，$t\to\infty$ で

$$\boldsymbol{u}_0 = We^{ik_c x}\boldsymbol{U} + \text{c.c.} \tag{5.65}$$

となる．$W = A\exp(i\psi)$ と置けば，(5.65)は $\boldsymbol{u}_0 = A\exp(i\phi)\boldsymbol{U} + \text{c.c.}$, $\phi = k_c x + \psi$ と表わされる．位相 ψ の任意性はこのたびは系の空間並進対称性による．

W を ξ と t の関数と読み替え，摂動を受けた系(5.61)の縮約形を

$$\boldsymbol{u} = \boldsymbol{u}_0 + \boldsymbol{\rho}\left(A, k_c x + \psi, \frac{\partial A}{\partial \xi}, \frac{\partial \psi}{\partial \xi}, \cdots\right) \tag{5.66a}$$

$$\frac{\partial A}{\partial t} = G\left(A, \frac{\partial A}{\partial \xi}, \frac{\partial \psi}{\partial \xi}, \cdots\right) \tag{5.66b}$$

$$\frac{\partial \psi}{\partial t} = H\left(A, \frac{\partial A}{\partial \xi}, \frac{\partial \psi}{\partial \xi}, \cdots\right) \tag{5.66c}$$

の形に仮定する．$\boldsymbol{\rho}$ は x の $2\pi/k_c$ 周期関数である．(5.66a〜c)を(5.61)に代入し，形式的に $\boldsymbol{\rho}(x)$ に対する線形常微分方程式の形に書き表わす．その結果(5.40)に類似の形

$$\tilde{L}_0\boldsymbol{\rho} = \{(G + iHA)e^{i(k_c x + \psi)} + \text{c.c.}\}\boldsymbol{U} + \boldsymbol{b} \tag{5.67}$$

を得る．ここに

$$\boldsymbol{b} = \sum_{j=0}^{\infty}\left\{\frac{\partial^j G}{\partial \xi^j}\frac{\partial \boldsymbol{\rho}}{\partial(\partial_\xi^j A)} + \frac{\partial^j H}{\partial \xi^j}\frac{\partial \boldsymbol{\rho}}{\partial(\partial_\xi^j \psi)}\right\} - \mu L_1\boldsymbol{u} - \boldsymbol{N}(\boldsymbol{u}) - 2D\frac{\partial^2 \boldsymbol{u}}{\partial x \partial \xi} - D\frac{\partial^2 \boldsymbol{u}}{\partial \xi^2} \tag{5.68}$$

である.

$\boldsymbol{b}$ は $\boldsymbol{\rho}$ と同じく x に関して $2\pi/k_c$ の周期性をもつから，これらを

$$\boldsymbol{\rho} = \sum_{l=-\infty}^{\infty} \boldsymbol{\rho}^{(l)} \exp(ilk_c x), \qquad \boldsymbol{b} = \sum_{l=-\infty}^{\infty} \boldsymbol{b}^{(l)} \exp(ilk_c x)$$

のように Fourier 展開しておく．$\boldsymbol{\rho}$ は $\tilde{L}_0$ の零固有ベクトル成分を含まないという性質，すなわち

$$(\boldsymbol{U}^*, \boldsymbol{\rho}^{(1)}) = (\bar{\boldsymbol{U}}^*, \boldsymbol{\rho}^{(-1)}) = 0 \tag{5.69}$$

を要求しよう．また，(5.67)の右辺も $\tilde{L}_0$ の零固有ベクトル成分を含んではならない(可解条件)から，

$$(G+iHA)e^{i\psi} = -(\boldsymbol{U}^*, \boldsymbol{b}^{(1)}) \tag{5.70}$$

が要求される．(5.67)は，同式の右辺を形式的に非斉次項と見れば，$\boldsymbol{\rho}$ に関する線形常微分方程式とみなされる．したがって，条件(5.69)，(5.70)の下に，同式を $\boldsymbol{\rho}$ について一義的に解くことができる．特に，

$$\boldsymbol{\rho}^{(\pm1)} = (L_0 - k_c^2 D)^{-1}\{-(\boldsymbol{U}^*, \boldsymbol{b}^{(\pm1)})\boldsymbol{U} + \boldsymbol{b}^{(\pm1)}\} \tag{5.71a}$$

$$\boldsymbol{\rho}^{(l)} = (L_0 - l^2 k_c^2 D)^{-1}\boldsymbol{b}^{(l)} \qquad (l \neq \pm1) \tag{5.71b}$$

となる．

方程式対(5.70)，(5.71)から，逐次近似によって $\boldsymbol{\rho}, G, H$ を求めることができるが，これを系統的に実行するには ε 展開を用いるのが便利である．そこで，置き換え $\mu \to \varepsilon^2\mu$，$A \to \varepsilon A$，$\partial/\partial\xi \to \varepsilon\partial/\partial\xi$ を行ない，$\boldsymbol{\rho}, G, H, \boldsymbol{b}$ などを(5.33)のように展開する．$\boldsymbol{b}_1 = 0$ は自明であるから $G_1 = 0$，$\boldsymbol{\rho}_1 = 0$，したがって

$$\boldsymbol{b}_2 = -\boldsymbol{N}_2\boldsymbol{u}_0\boldsymbol{u}_0 - 2D\frac{\partial^2 \boldsymbol{u}_0}{\partial x \partial \xi} \tag{5.72}$$

となる．これより

$$\begin{aligned}(G_2 + iH_1 A)e^{i\psi} &= -(\boldsymbol{U}^*, \boldsymbol{b}_2^{(1)}) \\ &= 2ik_c \frac{\partial W}{\partial \xi}(\boldsymbol{U}^*, D\boldsymbol{U}) = 0\end{aligned} \tag{5.73}$$

ただし，性質(5.63)を用いた．

結局，意味のある最低次でのバランス方程式は

$$(G_3+iH_2A)e^{i\psi} = -(\boldsymbol{U}^*, \boldsymbol{b}_3^{(1)}) \tag{5.74a}$$

$$\boldsymbol{\rho}_2^{(l)} = (L_0-l^2k_c^2D)^{-1}\boldsymbol{b}_2^{(l)} \tag{5.74b}$$

となる．ここに，$\boldsymbol{b}_3$ は

$$\boldsymbol{b}_3 = -\mu L_1\boldsymbol{u}_0 - N_3\boldsymbol{u}_0\boldsymbol{u}_0\boldsymbol{u}_0 - 2N_2\boldsymbol{u}_0\boldsymbol{\rho}_2 - 2D\frac{\partial^2\boldsymbol{\rho}_2}{\partial x\partial\xi} \tag{5.75}$$

によって与えられる．$\boldsymbol{\rho}_2$ の各 Fourier 成分は(5.72),(5.74b)から得られ，

$$\boldsymbol{\rho}_2^{(0)} = -2|W|^2\boldsymbol{V}_0, \qquad \boldsymbol{V}_0 = L_0^{-1}N_2\boldsymbol{U}\boldsymbol{U} \tag{5.76a}$$

$$\boldsymbol{\rho}_2^{(\pm1)} = \mp 2ik_c\frac{\partial W}{\partial\xi}\boldsymbol{V}_{\pm1}, \qquad \boldsymbol{V}_{\pm1} = (L_0-k_c^2D)^{-1}D\boldsymbol{U} \tag{5.76b}$$

$$\boldsymbol{\rho}_2^{(2)} = -W^2\boldsymbol{V}_2, \qquad \boldsymbol{V}_2 = (L_0-4k_c^2D)^{-1}N_2\boldsymbol{U}\boldsymbol{U} \tag{5.76c}$$

$$\boldsymbol{\rho}_2^{(-2)} = -\bar{W}^2\boldsymbol{V}_{-2}, \qquad \boldsymbol{V}_{-2} = \boldsymbol{V}_2 \tag{5.76d}$$

となる．上記以外の成分は 0 である．これら $\boldsymbol{\rho}_2$ に対する結果を(5.75)に代入し，こうして得られる $\boldsymbol{b}_3$ を(5.74a)に代入することによって，$(G_3+iH_2A)\cdot\exp(i\psi)$ すなわち最低次での $\dot{W}$ が得られる．ξ をもとの座標 x に書き改めれば，それは

$$\frac{\partial W}{\partial t} = \mu\lambda_1 W - g|W|^2W + d\frac{\partial^2 W}{\partial x^2} \tag{5.77}$$

となる．ここに，λ_1, d, g はすべて実数であり，$\lambda_1=(\boldsymbol{U}^*, L_1\boldsymbol{U})$，$d=4k_c^2(\boldsymbol{U}^*, D\boldsymbol{V}_1)$，$g=-3(\boldsymbol{U}^*, N_3\boldsymbol{U}\boldsymbol{U}\boldsymbol{U})+4(\boldsymbol{U}^*, N_2\boldsymbol{U}\boldsymbol{V}_0)+2(\boldsymbol{U}^*, N_2\boldsymbol{U}\boldsymbol{V}_2)$ によって与えられる．

5-5 位相ダイナミクスの基礎

本節では，第 4 章で現象論的に導かれた位相方程式の理論的基礎を明らかにしよう．位相方程式の導出もまた 5-1 節に述べたような縮約の基本図式に忠実に則っておこなわれる．空間的にゆるやかな変化の効果を摂動と見なす考え方も振幅方程式の導出におけるのと同様である．むしろ，以下で扱われるいくつかのケースにおいてはそれが唯一の摂動効果となっている．

本節においても反応拡散系を考察する．5-4 節 a 項に並行して，まず一様振動場の位相ダイナミクス，ついで同節 b 項に並行して，1 次元的な定常周期構造が存在する場合の位相ダイナミクスを論じる．最後に界面の位相方程式について述べる．これらは第 4 章で考察した 3 つの代表的物理状況にそれぞれ対応している．

a）一様振動場における位相ダイナミクス

反応拡散方程式(5.56)の一様振動解を $\boldsymbol{X}_0(\phi)(=\boldsymbol{X}_0(\phi+2\pi))$，$\phi=\omega_0 t+\psi$ とする．ψ は任意定数である．

$$\frac{d\boldsymbol{X}_0}{d\phi}=\boldsymbol{u}_0(\phi) \tag{5.78}$$

と置くと，$\boldsymbol{u}_0$ は明らかに $\omega_0\boldsymbol{u}_0(\phi)=\boldsymbol{F}(\boldsymbol{X}_0(\phi))$ をみたす．これを ϕ で微分すると

$$\tilde{L}_0\boldsymbol{u}_0=0 \tag{5.79}$$

$$\tilde{L}_0=L_0(\phi)-\omega_0\frac{d}{d\phi}$$

$L_0(\phi)$ は $\boldsymbol{F}$ の Jacobi 行列，すなわち成分 $(L_0)_{ij}=\partial F_i(\boldsymbol{X}_0(\phi))/\partial X_{0j}(\phi)$ をもつ行列である．$\tilde{L}_0$ は ϕ に関して 2π 周期性をもつベクトルに作用する演算子と見なされ，(5.79)により $\boldsymbol{u}_0(\phi)$ はその零固有ベクトルである．ベクトルの内積は(5.42)と同一の式によって定義される．ふたたび，$\tilde{L}_0$ の随伴演算子を $\tilde{L}_0^*$，その零固有ベクトルを $\boldsymbol{u}_0^*$ と表記し，規格化条件 $[\boldsymbol{u}_0^*,\boldsymbol{u}_0]=1$ をみたすものとする．

位相 ϕ を空間的にもゆるやかに変化する場の変数と見なして，ϕ に対する発展方程式を求めよう．例によって反応拡散方程式の縮約形を次の形に置く．

$$\boldsymbol{X}(\boldsymbol{r},t)=\boldsymbol{X}_0(\phi(\boldsymbol{r},t))+\boldsymbol{\rho}(\phi,\nabla\phi,\nabla^2\phi,\cdots) \tag{5.80a}$$

$$\frac{\partial\phi}{\partial t}=\omega_0+H(\nabla\phi,\nabla^2\phi,\cdots) \tag{5.80b}$$

これらを反応拡散方程式に代入すれば

$$\tilde{L}_0\boldsymbol{\rho}=H\boldsymbol{u}_0+\boldsymbol{b} \tag{5.81a}$$

$$\boldsymbol{b} = -D\nabla^2\boldsymbol{X}_0-\boldsymbol{N}(\boldsymbol{\rho})+\sum_{j=0}^{\infty}\nabla^j H\frac{\partial\boldsymbol{\rho}}{\partial(\nabla^j\phi)} \tag{5.81b}$$

となる．以下の手続きも振幅方程式の導出にほぼ並行しており，煩雑を避けるため両者の対応関係をいちいち指摘しない．

(5.81a)の右辺および$\boldsymbol{\rho}$がいずれも$\tilde{L}_0$の零固有ベクトル成分を含まないための条件は，それぞれ

$$H = -[\boldsymbol{u}_0^*, \boldsymbol{b}] \tag{5.82}$$

$$[\boldsymbol{u}_0^*, \boldsymbol{\rho}] = 0 \tag{5.83}$$

と表わされる．これらの条件の下に，(5.81a)を$\boldsymbol{\rho}$について一義的に解くことができ，

$$\boldsymbol{\rho} = \tilde{L}_0^{-1}(H\boldsymbol{u}_0+\boldsymbol{b}) \tag{5.84}$$

を得る．

$\boldsymbol{b}$に対する最低次近似の表式

$$\begin{aligned}\boldsymbol{b} &\cong -D\nabla^2\boldsymbol{X}_0 = -D\frac{d\boldsymbol{X}_0}{d\phi}\nabla^2\phi-D\frac{d^2\boldsymbol{X}_0}{d\phi^2}(\nabla\phi)^2\\ &= -D\boldsymbol{u}_0\nabla^2\phi-D\frac{d\boldsymbol{u}_0}{d\phi}(\nabla\phi)^2\end{aligned} \tag{5.85}$$

から出発して，方程式対(5.82),(5.84)から$\boldsymbol{\rho}, H$を逐次代入的に求めることができる．特にHに対する最低次近似では，位相方程式(4.26)あるいは

$$\frac{\partial\phi}{\partial t} = \omega_0+a\nabla^2\phi+g(\nabla\phi)^2 \tag{5.86}$$

を得る．ここに，$a=[\boldsymbol{u}_0^*, D\boldsymbol{u}_0]$，$g=[\boldsymbol{u}_0^*, Dd\boldsymbol{u}_0/d\phi]$である．微小パラメタによる系統的展開を行なうには$\nabla\to\varepsilon\nabla$と置き換え，振幅方程式導出におけるのと同様の議論を展開すればよい．

b) 周期構造に対する位相ダイナミクス

反応拡散方程式(5.56)が定常な周期パターン解$\boldsymbol{X}_0(kx+\phi)(=\boldsymbol{X}_0(kx+\phi+2\pi))$をもてば，それは

$$\boldsymbol{F}(\boldsymbol{X}_0(\phi)) + k^2 D \frac{d^2 \boldsymbol{X}_0}{d\phi^2} = 0, \qquad \phi = kx + \psi \tag{5.87}$$

を満足する．上式の両辺を ϕ で微分して得られる式

$$\tilde{L}_0 \boldsymbol{u}_0 = 0 \tag{5.88a}$$

$$\tilde{L}_0 = L_0 + k^2 D \frac{d^2}{d\phi^2} \tag{5.88b}$$

$$\boldsymbol{u}_0 = \frac{d\boldsymbol{X}_0}{d\phi} \tag{5.88c}$$

から明らかなように，$\boldsymbol{u}_0$ は $\tilde{L}_0$ の零固有ベクトルである．内積 $[\boldsymbol{f}, \boldsymbol{g}]$ を(5.64)と同様に定義しておく．

方程式対

$$\boldsymbol{X}(x, y, t) = \boldsymbol{X}_0(\phi) + \boldsymbol{\rho}\left(\phi, \frac{\partial\psi}{\partial x}, \frac{\partial\psi}{\partial y}, \frac{\partial^2\psi}{\partial x^2}, \cdots\right) \tag{5.89a}$$

$$\frac{\partial\psi}{\partial t} = H\left(\frac{\partial\psi}{\partial x}, \frac{\partial\psi}{\partial y}, \frac{\partial^2\psi}{\partial x^2}, \cdots\right) \tag{5.89b}$$

を反応拡散方程式に代入すれば，

$$\tilde{L}_0 \boldsymbol{\rho} = H\boldsymbol{u}_0 + \boldsymbol{b} \tag{5.90a}$$

$$\begin{aligned} \boldsymbol{b} = {} & \frac{d^2 \boldsymbol{X}_0}{d\phi^2}\left\{2k\frac{\partial\psi}{\partial x} + \left(\frac{\partial\psi}{\partial x}\right)^2 + \left(\frac{\partial\psi}{\partial y}\right)^2\right\} + \frac{d\boldsymbol{X}_0}{d\phi}\left(\frac{\partial^2\psi}{\partial x^2} + \frac{\partial^2\psi}{\partial y^2}\right) - \boldsymbol{N}(\boldsymbol{\rho}) \\ & + \frac{\partial^2\boldsymbol{\rho}}{\partial\phi^2}\left\{2k\frac{\partial\psi}{\partial x} + \left(\frac{\partial\psi}{\partial x}\right)^2\right\} + \frac{\partial\boldsymbol{\rho}}{\partial\phi}\frac{\partial^2\psi}{\partial x^2} + \boldsymbol{b}'\left(\phi, \frac{\partial\psi}{\partial x}, \cdots\right) \end{aligned} \tag{5.90b}$$

を得る．ここに $\boldsymbol{b}'$ は $\boldsymbol{\rho}$ に含まれる $\partial\psi/\partial x$, $\partial\psi/\partial y$, $\partial^2\psi/\partial x^2$ 等々を通じての時間・空間微分に関係した部分であるが，その一般的表式は複雑であるから書き下さない．

(5.90a)に対する可解条件は

$$H = -[\boldsymbol{u}_0^*, \boldsymbol{b}] \tag{5.91}$$

である．さらに，この条件と $\boldsymbol{\rho}$ に対する要請

$$[\boldsymbol{u}_0^*, \boldsymbol{\rho}] = 0 \tag{5.92}$$

から，$\boldsymbol{\rho}$ は

$$\boldsymbol{\rho} = \tilde{L}_0^{-1}(H\boldsymbol{u}_0 + \boldsymbol{b}) \tag{5.93}$$

によって与えられる．$\boldsymbol{b}$ に対する最低次近似

$$\boldsymbol{b} \cong \frac{d^2\boldsymbol{X}_0}{d\phi^2}\left\{2k\frac{\partial\psi}{\partial x} + \left(\frac{\partial\psi}{\partial x}\right)^2 + \left(\frac{\partial\psi}{\partial y}\right)^2\right\} + \frac{d\boldsymbol{X}_0}{d\phi}\left(\frac{\partial^2\psi}{\partial x^2} + \frac{\partial^2\psi}{\partial y^2}\right) \tag{5.94}$$

から出発して，方程式対(5.91),(5.93)から H と $\boldsymbol{\rho}$ を逐次代入的に求めることができる．

最低次近似における H は

$$\frac{\partial\psi}{\partial t} = a_2\frac{\partial^2\psi}{\partial x^2} + b_2\frac{\partial^2\psi}{\partial y^2} \tag{5.95}$$

を与える．対称性の考察から，$\partial\psi/\partial x$, $(\partial\psi/\partial x)^2$, $\partial\psi/\partial y$ などの項が $\dot{\psi}$ に現われないことは第4章でも述べた．事実，これらの項の係数は $[\boldsymbol{u}_0^*, d^2\boldsymbol{X}_0/d\phi^2]$ に比例するが，$\boldsymbol{X}_0$ の空間反転対称性 $\boldsymbol{X}_0(-\phi) = \boldsymbol{X}_0(\phi)$ を仮定し，$\boldsymbol{u}_0^*$ と $\boldsymbol{u}_0 = d\boldsymbol{X}/d\phi$ が同一の偶奇性をもつことに注意すれば，それらは恒等的に 0 となる．

c） 2次元媒質における界面のダイナミクス

2次元の反応拡散系を考え，反応拡散方程式(5.56)が x 方向に進行するキンク解 $\boldsymbol{X}_0(\phi)$, $\phi = x - ct - \psi$ をもつとする．パルス解に対しても以下の考察はそのまま当てはまる．$\boldsymbol{X}_0$ は明らかに

$$-c\frac{d\boldsymbol{X}_0}{d\phi} = \boldsymbol{F}(\boldsymbol{X}_0) + D\frac{d^2\boldsymbol{X}_0}{d\phi^2} \tag{5.96}$$

をみたす．上式を ϕ で微分すれば，

$$\tilde{L}_0\boldsymbol{u}_0 = 0 \tag{5.97a}$$

$$\tilde{L}_0 = L_0 + c\frac{d}{d\phi} + D\frac{d^2}{d\phi^2} \tag{5.97b}$$

$$\boldsymbol{u}_0 = \frac{d\boldsymbol{X}_0}{d\phi} \tag{5.97c}$$

となる．$\tilde{L}_0$ を，$\phi \to \pm\infty$ で十分速やかに 0 に減衰するような ϕ の関数に作用する演算子としよう．(5.97a)は $\boldsymbol{u}_0$ がその零固有ベクトルになっていること

を示している. $\boldsymbol{f}(\phi)$ と $\boldsymbol{g}(\phi)$ の内積を

$$[\boldsymbol{f}, \boldsymbol{g}] = \int_{-\infty}^{\infty} d\phi (\boldsymbol{f}(\phi), \boldsymbol{g}(\phi)) \tag{5.98}$$

によって定義しておく. $\tilde{L}_0$ の固有値はすべて離散的, かつ零固有値を除いてそれらの実部はすべて負と仮定する.

図4-5のような変形した界面のダイナミクスを記述するために, ψ を変数 $\psi(y,t)$ と見直し, 方程式対

$$\boldsymbol{X}(x,y,t) = \boldsymbol{X}_0(x-ct-\psi(y,t)) + \boldsymbol{\rho}\Big(\phi, \frac{\partial \psi}{\partial y}, \frac{\partial^2 \psi}{\partial y^2}, \cdots\Big) \tag{5.99a}$$

$$\frac{\partial \psi}{\partial t} = H\Big(\frac{\partial \psi}{\partial y}, \frac{\partial^2 \psi}{\partial y^2}, \cdots\Big) \tag{5.99b}$$

を反応拡散方程式に代入する. その結果

$$\tilde{L}_0 \boldsymbol{\rho} = H\boldsymbol{u}_0 + \boldsymbol{b} \tag{5.100a}$$

$$\boldsymbol{b} = -D\Big\{\frac{d\boldsymbol{u}_0}{d\phi}\Big(\frac{\partial \psi}{\partial y}\Big)^2 + \boldsymbol{u}_0 \frac{\partial^2 \psi}{\partial y^2} + \frac{\partial^2 \boldsymbol{\rho}}{\partial \phi^2}\Big(\frac{\partial \psi}{\partial y}\Big)^2 + \frac{\partial \boldsymbol{\rho}}{\partial \phi}\frac{\partial^2 \psi}{\partial y^2}\Big\} + H\frac{\partial \boldsymbol{\rho}}{\partial \phi} - N(\boldsymbol{\rho}) + \boldsymbol{b}' \tag{5.100b}$$

を得る. ここに $\boldsymbol{b}'$ は $\boldsymbol{\rho}$ に含まれる $\partial \psi/\partial y$, $\partial^2 \psi/\partial y^2$ 等々を通じての時間・空間微分に関係した部分であり, 複雑な表式をもっている. しかし最低次近似では効いてこない.

(5.100a)に対する可解条件は

$$H = -[\boldsymbol{u}_0^*, \boldsymbol{b}] \tag{5.101}$$

である. さらに, $\boldsymbol{\rho}$ が $\tilde{L}_0$ の零固有ベクトル成分を含まないという要請

$$[\boldsymbol{u}_0^*, \boldsymbol{\rho}] = 0 \tag{5.102}$$

を課す. 条件(5.101), (5.102)のもとに, (5.100a)を

$$\boldsymbol{\rho} = \tilde{L}_0^{-1}(H\boldsymbol{u}_0 + \boldsymbol{b}) \tag{5.103}$$

と表わすことができる. $\boldsymbol{b}$ に対する最低次近似での表式は

$$\boldsymbol{b} \cong -D\Big\{\frac{d\boldsymbol{u}_0}{d\phi}\Big(\frac{\partial \psi}{\partial y}\Big)^2 + \boldsymbol{u}_0 \frac{\partial^2 \psi}{\partial y^2}\Big\} \tag{5.104}$$

である．これを(5.101)に代入することにより，最低次近似における位相方程式が得られ，

$$\frac{\partial \psi}{\partial t} = a\frac{\partial^2 \psi}{\partial y^2}+g\left(\frac{\partial \psi}{\partial y}\right)^2 \tag{5.105}$$

$$a = [\boldsymbol{u}_0^*, D\boldsymbol{u}_0], \qquad g = \left[\boldsymbol{u}_0^*, D\frac{d\boldsymbol{u}_0}{d\phi}\right]$$

となる．

II

カオスの構造と物理

カオスの力学的研究は，Poincaré(1899)による3体問題(積分不可能系)の研究にさかのぼるが，非線形力学系のランダムで予測不可能な解，すなわち，カオス軌道の出現は，いまや非線形力学系の普遍性として広く理解されるようになった．しかも，カオスは，流転する自然の多様性と複雑性をもたらす主要な要因であると考えられている．

力学系が過渡的な時間の経過後に示す運動に着目しよう．その運動のタイプは周期運動，多重周期運動，非周期運動である．カオスが出現する相空間のカオス領域では，すべての軌道が不安定で，可算無限個の周期軌道が共存する．しかし，非周期軌道は非可算無限個存在するため，系の運動は，ほとんどすべての場合非周期的となり，カオスを示す．カオスの形態は，共存する不変集合(周期軌道，トーラス，Cantor集合のリペラー等)によって決まるが，どんな不変集合が共存するかは，体系とその分岐パラメタの値に依存するため，多種多様なカオスが存在することとなる．

第II部では，このようなカオスは，どのようにして生成され，どんな形態と構造をもつか，どのように記述され，どんな統計法則に従うかを考察する．カオス軌道群の特徴づけに使う物理量は，カオス軌道が乗っている不安定多様体のダイナミックスを記述する近接軌道間の粗視的拡大率と，奇妙なアトラクターの自己相似な入れ子構造を記述する局所次元である．カオス軌道上でのそれらの長時間平均とゆらぎによって，カオス軌道群の幾何学的な形態と構造を統計的に特徴づけ，諸種の分岐によるカオスの形態と構造の質的変化，および，カオスによる輸送現象の異常性を究明する．その際重要となる普遍性は，諸種の相似則(スケーリング則)やq相転移によって取り出す．

6 カオスへの物理的アプローチ

カオス(chaos)とは，力学系の不安定な非周期運動，または，それを含む状態をいう．非平衡開放系は，分岐パラメタを大きくしていくと，ほとんどすべてがカオスを示し，カオスは自然の普遍的な運動形態といえる．このようなカオスの特徴は，無限個の不安定な周期軌道が共存し，それらの周期軌道群がカオスの形態と構造を特徴づけていることである．本章では，このような無限個の軌道群をどうとらえるかを考察し，カオス解明の視座を定めたい．

カオス軌道は小さな撹乱に対して不安定で再現不可能であるが，その軌道上での物理量の長時間平均は安定で再現可能である．しかも，明確な統計法則が存在する．したがって，共存する多様な周期軌道群をとらえうる適切な物理量を考案し，カオス軌道上でのその長時間平均とゆらぎによってカオスの解明を企てることとなる．

6-1 散逸力学系の相空間の構造

よく知られた散逸力学系として，周期的駆動力の働く振り子を考えよう．その角度 ϕ に対する運動方程式は

$$\ddot{\phi}+\gamma\dot{\phi}+\sin\phi = a\cos(\omega t) \tag{6.1}$$

とかける．ここで γ は摩擦係数，右辺は周期 $T\equiv 2\pi/\omega$，振幅 a の駆動力である．図6-1は，$\gamma=0.22$，$\omega=1$，$a=2.7$ に対する(6.1)の解の，時刻 $t_i\equiv Ti$ ($i=0,1,2,\cdots$) における値 $X_i\equiv\{\phi(t_i),\dot{\phi}(t_i)\}$ をプロットしたものである．ここで初期値 $\phi=-1.5$，$\dot{\phi}=1.3$ に対して(6.1)を数値積分し，時間 T ごとに $\{\phi,\dot{\phi}\}$ の値を求めて，初期の100点を過渡的なものとして捨て，その後の X_i をプロットした．図(a)は $i=0\sim300$ における $\dot{\phi}(t_i)$ の時系列を，(b)は $i=0\sim5\times10^4$ における軌道 X_i を示す．ここで角度 ϕ は，mod 2π で，$-\pi\leqq\phi<\pi$ とした．これは非線形回転である．その時系列は(a)のようにランダムで，(b)は，このようにランダムな回転運動のカオス軌道が通る道筋を表わす．

いま，$x=\phi$, $z=\dot{\phi}$ とおけば，(6.1)は

$$\dot{x} = z, \quad \dot{z} = -\gamma z-\sin x+a\cos(\omega t), \quad \dot{t} = 1 \tag{6.2}$$

とかける．したがって，系の相空間は図6-2に示された3次元相空間 (x,z,t) であり，駆動力の周期性により，時間軸上 $t=t_i\equiv Ti$ における xz 面は，$t=0$ における xz 面に連結されるものとする．この xz 面がPoincaré横断面を与え

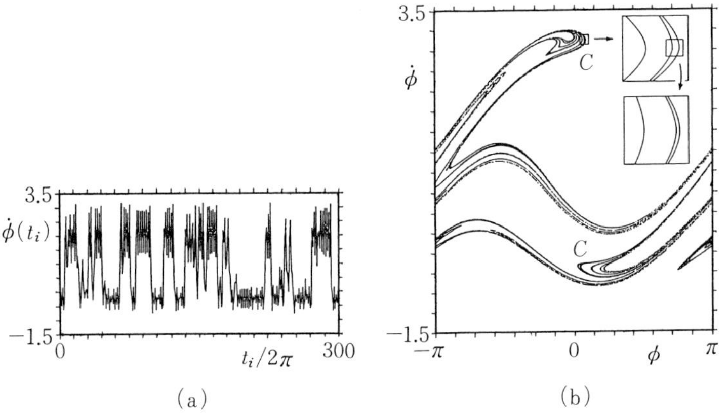

図6-1 強制振り子(6.1)の(a)時系列，(b)カオスのアトラクター．(b)の挿入図は自己相似な入れ子構造(フラクタル構造)を示す概念図で，その微小な箱を拡大すれば，外側の線は2本の線からなる．

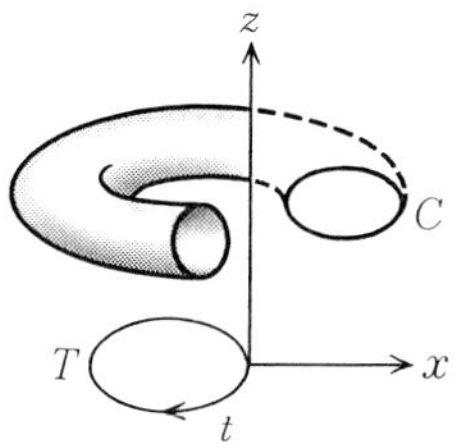

図 6-2 相空間 (x, z, t) と xz 面によるトーラスの切口 C．時間 t の軸は，基本周期 T を周の長さとする楕円であり，時刻 $t=\pm T, \pm 2T, \cdots$ では $t=0$ に戻る．閉曲線 C はトーラスの Poincaré 横断面との交線．

る．図 6-1(b)にプロットした X_i は，軌道 $(x(t), z(t), t)$ がこの横断面をよぎる交点 $X_i=\{x_i, z_i\}$ で，ある **Poincaré 写像**

$$X_{i+1} = F(X_i) \qquad (i=0, \pm 1, \pm 2, \cdots) \tag{6.3}$$

を与える．その Jacobi 行列 $DF(X_i)$ の行列式 $J(X_i) \equiv \det\{DF(X_i)\} = \partial(x_{i+1}, z_{i+1})/\partial(x_i, z_i)$ は，xz 面の面素 $S_i \equiv dx_i dz_i$ と $S_{i+1} = |J(X_i)| S_i$ の関係にあるから，面素の変化率 $\dot{S}_i/S_i = \mathrm{div}\ \boldsymbol{V} \equiv (\partial \dot{x}/\partial x) + (\partial \dot{z}/\partial z) = -\gamma$ を積分して

$$\ln |J(X_i)| = \int_{t_i}^{t_{i+1}} dt\, \mathrm{div}\ \boldsymbol{V} = -\gamma T < 0 \tag{6.4}$$

となる．したがって $|J(X_i)| = e^{-\gamma T}$ となり，i 回写像を $X_i = F^i(X_0)$ とかけば，xz 面における任意の領域 R の i 回写像 $F^i R$ の面積は，$\mu(F^i R) \propto e^{-\gamma T i}$ に従って減少し指数的に 0 となる．このような系を**散逸力学系**という．

時系列 $\dot{\phi}(t_i)$ の変動はランダムだが，図 6-1(b)はランダムでない「端正な形態」の集合を描き出している．しかも，どんな初期点 X_0 から出発しても，ほとんどすべての場合，軌道 X_i はこの集合に引きつけられ，過渡的な時間後には，その上に乗ってしまうのである．この有界な集合が**アトラクター**(attractor)に他ならない．このアトラクターは**多重ひも構造**からなり，その部分を拡大していけば，図 6-1(b)の挿入図のように，自己相似な入れ子構造になっている．このような構造を**フラクタル**(fractal)という．その取扱いは 8-2 節で述べるが，フラクタル次元は $D \cong 1.4$ となる．フラクタル構造をもつアトラクターを**奇妙なアトラクター**(strange attractor)という．カオス軌道は，このようなアトラクター上をランダムに動き回っているのである．このように，カオスは，偶然性を含み限りなく複雑だが，精妙に自己組織された運動である．

このような，カオスの精妙な形態を作り出す物理的プロセスを見るために，図6-3は，$t=0$ におけるアトラクター上のカオス軌道群が，周期 $T=2\pi$ の間にどのように運動するかを示したものである．$t=0$ で黒く塗りつぶされた部分(セル)は，$T/3$ の間に長く引き伸ばされ，次の $T/3$ の間に折り曲げられる．$t=T$ では mod 2π をとって $-\pi \leqq \phi < \pi$ に戻せば，黒く塗りつぶされたセルは，幾重にも折り曲げられ，アトラクターの全体に広がっている．このようなセルの**引き伸ばし**(stretching)と**折り曲げ**(folding)がカオスの基本的プロセスであり，そのプロセスを反復繰り返すことによって，細かい構造が次つぎと形成されていくのである．これは，着目したカオス軌道群が他の軌道群と混じり広がっていく**混合**(mixing)を表わす．この混合のプロセスを的確にとらえ，(6.1)のような簡単な運動法則が，このように複雑だが精妙な幾何学的形態をいかにして作り出すかを理解することが本書の目的の1つである．

アトラクターは，解軌道が $t\to\infty$ で描く極限集合であり，他に，固定点，極限サイクル(周期軌道)，トーラス(多重周期軌道)がある．$a=0$ のとき，(6.1)の解軌道は $t\to\infty$ で固定点 $\phi=\dot{\phi}=0$ になる．a が小さいとき，その解軌道は t

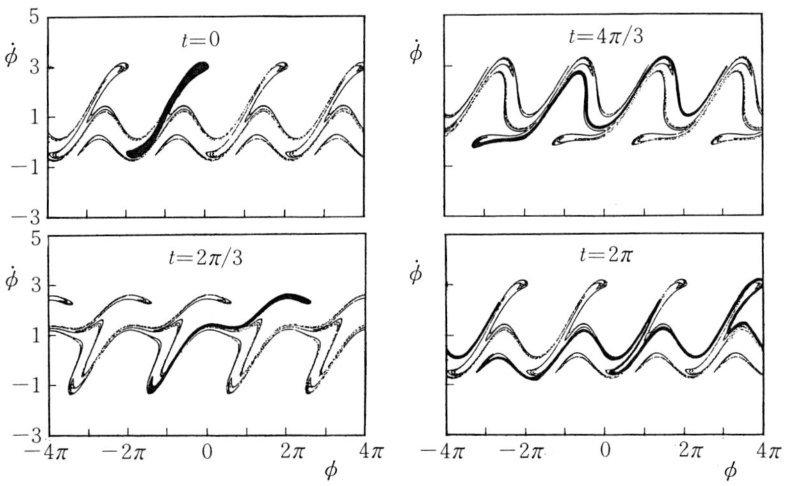

図6-3 $T=2\pi$ の間のアトラクターの形態とそのセルの引き伸ばし・折り曲げ．セルの面積は減少する．

$\to\infty$ で強制振動解になる．これは周期 $T=2\pi/\omega$ の極限サイクルである．γ があまり小さくないと，a をさらに上げていくとき**周期倍化**(period doubling)が次々と起こり，周期 2^nT $(n=1,2,\cdots,\infty)$ の極限サイクルが，a のある値 $\hat{a}_n$ で次々と現われる．そのカスケード後，$a>\hat{a}_\infty$ では，カオス軌道が出現する．その取扱いは7-3節で述べる．

散逸系の特性は熱の発生である．摩擦により単位時間あたり発生する熱量は，**エネルギー散逸率** $W_{\mathrm{f}}(t)\equiv\gamma\dot{\phi}^2$ によって計られる．駆動力によって供給されたエネルギー $W_{\mathrm{d}}(t)$ は，運動エネルギーと位置エネルギーに分配され，そのエネルギー散逸率 $W_{\mathrm{f}}(t)$ は時々刻々ゆらぐ．しかも，その長時間平均 $\bar{W}_{\mathrm{f}}$ は

$$\bar{W}_{\mathrm{f}}=\langle w(X)\rangle\equiv\lim_{N\to\infty}\frac{1}{N}\sum_{i=0}^{N-1}w(X_i) \tag{6.5a}$$

$$w(X_i)\equiv\frac{1}{T}\int_{t_i}^{t_{i+1}}dtW_{\mathrm{f}}(t)=\frac{\gamma}{T}\int_{t_i}^{t_{i+1}}\dot{\phi}(t)d\phi(t) \tag{6.5b}$$

となる．ここで $\bar{W}_{\mathrm{f}}=\bar{W}_{\mathrm{d}}$ である．特に，周期 QT の極限サイクルでは $\bar{W}_{\mathrm{f}}=\gamma I/QT$ となる．ここで $I\equiv\oint\dot{\phi}(t)d\phi(t)$ は相空間 $(\phi,\dot{\phi})$ において極限サイクルによって囲まれた面積である．このように $w(X_i)$ は周期 T あたりの作用積分であり，そのゆらぎは，9-1節で見るように，相空間におけるカオス軌道の動きについて有用な幾何学的情報を与える．

相空間は，しばしば2つ以上のアトラクター A^α $(\alpha=1,2,\cdots)$ をもち，それらの**流域**(basin) B^α に分割される．その各流域において $A^\alpha=\bigcap_{i=0}^{\infty}F^iB^\alpha$ である．B^α の，面積が0でない領域を R^α としよう．その i 回写像 F^iR^α は，$i\to\infty$ のとき A^α に引きつけられ，その極限で A^α を覆うが，その面積は0となるので，A^α の面積は0である．したがって，アトラクターの次元 D は $2>D\geqq 0$ でなければならない．図6-1(b)のカオスのアトラクター($D\cong 1.4$)はひもの束からなり，ひもが1次元曲線，束は0.4次元のCantor集合である．

カオスのアトラクターの幾何学的構造をさらに知ることが次章の課題であるが，その全体像は次のようになる．

(1) アトラクター A はさまざまの不安定な**不変集合** $S^\beta=F(S^\beta)$ $(\beta=1,2,$

…)を含む．特に，任意に長い周期の不安定な周期軌道(サドル)を可算無限個含む．

(2) A は不安定な非周期軌道(カオス軌道)を非可算無限個含む．しかも，A の各点の任意の近傍を通るカオス軌道(稠密軌道)が存在し，A は分解不可能である．

(3) このようなアトラクター A は，A に含まれたサドルの不安定多様体の閉包*によって与えられる．

(4) 以上のような A の構造は，小さな撹乱によって質的に崩れることがなく，「統計的」に安定である．

このようなカオスの幾何学的構造を，以下でいろいろの観点から議論していく．特に，それを統計的観点から特徴づけ，カオスによる輸送現象を解明することが本書の目的といえる．(1)のよく知られた例は，周期倍化 2^nT のカスケードによって発生したカオスで，そのアトラクターは不安定化した周期 2^nT の周期軌道を無限個含む．さらに a を上げていくと，〈奇数〉$\times 2^nT$ の周期の周期軌道が次々と生成されてはやがて不安定化し，アトラクターに含まれることとなる．そのとき，アトラクターの形態と構造は，どんなサドルを含むかによって特徴づけられる．よくいわれる「カオス(混沌)の中の秩序」とは，端正な形態のアトラクターに内在する，このような周期運動や自己相似なフラクタル構造，および，後述のような諸種の相似性を意味するといえよう．

6-2 保存力学系の相空間の構造

第1章で述べた Bénard 対流において，ロールが無限個並んだ水平方向の座標を x，鉛直方向の座標を z とし，2次元面 $\{-\infty<x<\infty,\ -0.5<z<0.5\}$ における流体粒子の運動に着目しよう．流体運動の可視化では染料を滴らすが，その染料粒子の軌道を追跡し，染料部分の混合と拡散を考察しようというのであ

* 集合 W の閉包(closure)とは，W の集積点で W に属さないものがあれば，それを W に合併して得られる集合 $[W]$ をいう．この $[W]$ は，W を含む最小の閉集合である．

る．時刻 t における流体粒子の軌道 $\{x(t), z(t)\}$ は，流速を $\{u, w\}$ とすれば，

$$\dot{x} = u(x, z, t), \quad \dot{z} = w(x, z, t) \tag{6.6}$$

の数値積分によって得られる．流体は非圧縮性で，連続方程式は $(\partial u/\partial x) + (\partial w/\partial z) = 0$ となるとしよう．そのとき流れの関数 $\Psi(x, z, t)$ が存在し，(6.6)は

$$\dot{x} = -\partial\Psi/\partial z, \quad \dot{z} = \partial\Psi/\partial x \tag{6.7}$$

とかける．これは，x を粒子の座標，z を運動量，$-\Psi$ をハミルトニアンとする Hamilton の運動方程式に他ならない．したがって，運動方程式(6.7)は，その相空間 (x, z) において，ハミルトニアン力学系の相空間がもつ諸種の性質，(1)面積の保存則，(2)不変トーラスの島とカオスの海の階層構造，(3)不安定周期点の安定多様体と不安定多様体がつくるカオスの諸構造，等をもつことになる．まず，それらを素描しよう．

具体例として，しばしば使われる流れの関数

$$\Psi(x, z, t) = (A/\pi)\sin[\pi\{x + B\sin(2\pi t)\}]W(z) \tag{6.8}$$

を考える．これは，振幅 B の振動項をもつ，時間 t の周期関数(周期 $T=1$)である．A は無次元化された速度 w の極大値，$W(z)$ は z の偶関数で，上下の水面 $z=\pm 0.5$ では流速が 0 となる固体境界条件を課すとしよう．$B=0$ は定常な Bénard 対流を表わす．$B>0$ は，ロールの横振動不安定性が発生し，各ロールが時間的に周期 1 で x 方向に振動する非定常な対流を表わす．これは，図 6-2 のような 3 次元相空間 (x, z, t) をつくる．ここで，周期 $T=1$ の周期性により，時間軸上 $t=\pm 1, \pm 2, \cdots$ における xz 面は，$t=0$ における xz 面に連結されるものとする．したがって，この 3 次元相空間の軌道は，時刻 $t=0, \pm 1, \pm 2, \cdots$ 毎に $t=0$ の xz 面を横断する．この xz 面は Poincaré 横断面に他ならず，その面上の交点 $X_t \equiv \{x_t, z_t\}$ は，ある Poincaré 写像

$$X_{t+1} = F(X_t) \quad (t=0, \pm 1, \pm 2, \cdots) \tag{6.9}$$

を与える．(6.6)を使えば連続方程式は $(\partial\dot{x}/\partial x) + (\partial\dot{z}/\partial z) = 0$ とかけるので，(6.4)からヤコビアンは $J(X_t) \equiv \det\{DF(X_t)\} = 1$ となる．このような系を**保存力学系**という．その周期点の安定性と周辺の構造を付録 1 に素描した．

図 6-4 は，(a) $B=0.01$，(b) $B=0.05$ に対して(6.7)を数値積分して，軌道

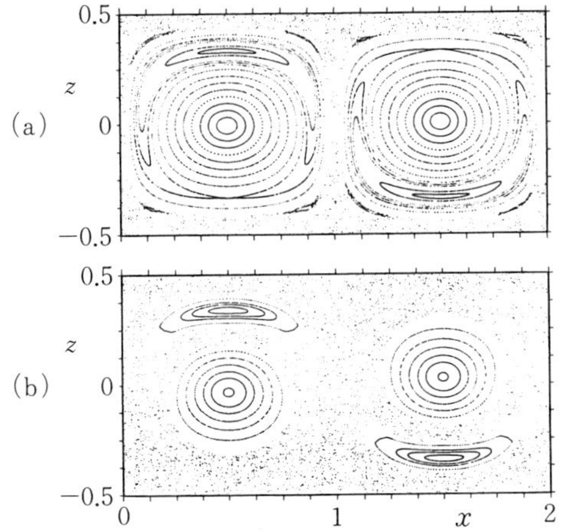

図 6-4 保存系(6.7)の相空間の構造．(a) $B=0.01$，(b) $B=0.05$．それぞれ，多様な軌道群からなる．

$\{x(t), z(t)\}$ の，時刻 $t=0,1,2,\cdots$ における値 $X_t=\{x_t, z_t\}$，つまり，Poincaré 写像(6.9)を，さまざまな初期点 X_0 に対してプロットしたものである．これは，多様な軌道群からなる「相空間の構造」を示し，ロール振動の振幅 B に依存する．j 番目($j=0, \pm 1, \pm 2, \cdots$)のロールのセルは，一応，領域 $\{j<x<j+1, -0.5<z<0.5\}$ としよう．後で，セル間の境界 W_j を正確に定義する．(6.7)は，シフト $\{x,z\}\to\{x+j, (-1)^j z\}$ および時間反転 $t\to -t$，$x\to -x$，$z\to -z$ に対して不変であり，各セルは同様な構造をもつことになる．各セルの中央には，楕円形の同心曲線群があり，上方または下方には，三日月形の同心曲線群がある．これらの曲線群の中心 X_j^α ($\alpha=1,2$) は，写像(6.9)に対して $X_j^\alpha=F(X_j^\alpha)$ をみたす**中立な周期点**(付録1を参照)で，3次元相空間 (x,z,t) における中立な周期 $T=1$ の周期軌道が xz 横断面をよぎる交点に他ならない．曲線群の各閉曲線 C_j^β は，$C_j^\beta=F(C_j^\beta)$ をみたす**不変曲線**で，上記の周期軌道の周りを周期 $T'_\beta(>1)$ で回転する2重周期軌道が描くトーラスの，図6-2のような切口 C に他ならない．曲線群の最も外側には，**臨界トーラス**といわれる崩壊寸前の閉曲線があり，その曲線群全体は**トーラスの島**といわれる．楕円形の曲線群と三日月形の曲線群とは，図6-4の(a)では1つの大きな島を作るが，(b)では，外側の共通の閉曲線が崩壊して，それぞれが縮小した島を作る．島の曲線群の各々は，「ロールの渦」の流線に捕捉された流体粒子の軌道を表わし，これらの流体粒子は，その島の外側に出ることはできない．

これらの島の外側にある多数のプロットは，不安定な非周期軌道（カオス軌道）が xz 横断面をよぎる交点であり，**カオスの海**といわれるカオス領域を形成する．非定常な対流では，流線が振動するため，流体粒子の異なる流線間の乗り移りが，ロールのセルの境界付近で起こり，その領域は振幅 B の増大とともに拡大される．カオス軌道は，このような流線間の乗り移りのためにロールの渦に捕捉されていない流体粒子の軌道を表わし，ロールのセルからセルへと拡散していく．すなわち，その x 座標 x_t の変位は，$t\to\infty$ のとき，分散

$$\langle(x_t-x_0)^2\rangle_{\mathrm{E}} = 2D_\eta t^\eta \qquad (1\leqq\eta<2) \tag{6.10}$$

に従って，時間 t とともにベキ則 $t^{\eta/2}$ で，限りなく広がっていくのである．ここで括弧 $\langle\cdots\rangle_{\mathrm{E}}$ は，$t=0$ に，カオスの海の真中に多数の染料粒子をおき，それらについて集団平均することを意味する．実際，$B=0.01$ では，$\eta=1$, $D_1\cong 0.095$ となり，この D_1 を拡散係数とする拡散が得られる．

このようなカオス軌道群の発生や混合・拡散，それらが振幅 B にどう依存するか等を，力学系理論の観点からとらえ解明するには，カオスの海の構造を知らねばならない．図 6-5 は，固体表面上の不安定な固定点 $p_j^\pm\equiv\{x=j,\ z=\pm 0.5\}$ から出る不変多様体 $W^{\mathrm{s}}(p_j^\pm)$, $W^{\mathrm{u}}(p_j^\mp)$ および**ローブ**(lobe) $L_{j,j\pm1}$ $(j=0,\pm1)$，j 番目のロールのセル R_j の境界 W_j などを図解したものである．破線 $W^{\mathrm{s}}(p_j^\pm)$ は，p_j^+ (j＝偶数)や p_j^- (j＝奇数)に入っていく**安定多様体**(stable manifold)であり，実線 $W^{\mathrm{u}}(p_j^\mp)$ は，p_j^- (j＝偶数)や p_j^+ (j＝奇数)から出てくる**不安定多様体**(unstable mf.)である．これらは，一般に，不安定な周期点 p の**不変多様体** $W^\alpha=F(W^\alpha)$ $(\alpha=\mathrm{s},\mathrm{u})$ で，$W^{\mathrm{s}}(p)$ は，ベクトル X の長さを $|X|$ とすれば，n 回写像 F^n に対して，$n\to\infty$ のとき $|F^n(X)-F^n(p)|\to0$ となる点 X の集合として定義され，$W^{\mathrm{u}}(p)$ は，(6.9)の逆写像を $X_t=F^{-1}(X_{t+1})$ とかけば，後方写像 $F^{-n}=F^{-1}\circ F^{-(n-1)}$ に対して，$n\to\infty$ のとき $|F^{-n}(X)-F^{-n}(p)|\to0$ となる点 X の集合として定義される．$W^{\mathrm{s}}(p_j^\pm)$ と $W^{\mathrm{u}}(p_j^\mp)$ は，カオス領域では，ほとんどすべての点の，任意の近傍において横断的に交差す

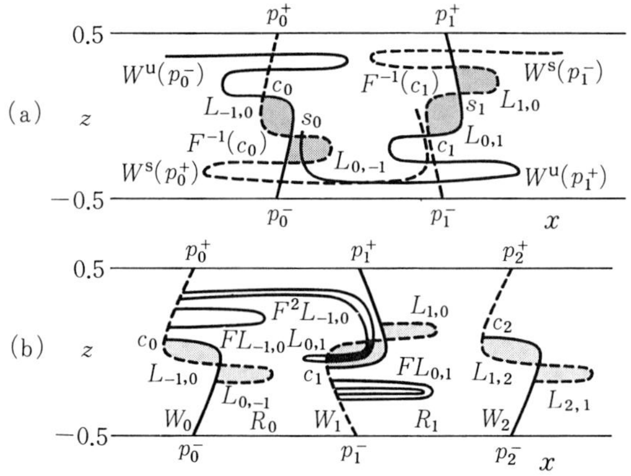

図6-5 カオスの海の構造(概念図)．(a)不変多様体 W^u(実線)，W^s(破線)とローブ $L_{\mp1,0}, L_{0,\mp1}$(アミかけ領域)．(b)セル R_j の境界 W_j とローブ $L_{-1,0}$ の引き伸ばし・折り曲げ．

る．$W^s(p)$ と $W^u(p')$ が接する接点の近傍を除けば，前方写像 F によって，$W^s(p)$ の任意の切片 S が縮小され，$W^u(p')$ の任意の切片 U が拡大される．

図6-5の c_j と s_j は，$W^s(p_j^\pm)$ と $W^u(p_j^\mp)$ の相隣る交点(1次交点)で，ローブ $L_{j-1,j}$ は，その交点間の切片 $S(c_j, s_j)$ と $U(c_j, s_j)$ で囲まれた領域，$L_{j,j-1}$ は，$S(s_j, F^{-1}(c_j))$ と $U(s_j, F^{-1}(c_j))$ で囲まれた領域である．ローブの任意の写像 $F^{\pm n}L_{j,j\pm1}$ もローブとよばれるが，それらはすべて同じ面積をもつ．セルの境界 W_j は，p_j^+ と p_j^- を結ぶ線分で，j が偶数のとき $S(p_j^+, c_j)$ と $U(c_j, p_j^-)$ からなる線分，j が奇数のとき $U(p_j^+, c_j)$ と $S(c_j, p_j^-)$ からなる線分として定義される．$B\to0$ のとき，この境界 W_j はセパラトリックス $\{x=j,\ -0.5\leqq z\leqq0.5\}$ と一致し，ローブは消失する．

c_j, s_j の n 回写像 $F^n(c_j)$，$F^n(s_j)$ も，境界 W_j 上の交点(**ヘテロクリニック点**)となるので，$W^s(p_j^\pm)$ と $W^u(p_j^\mp)$ は，W_j 上に無限個のヘテロクリニック点をつくり，ヘテロクリニックな**もつれ**(tangle)を形成する．しかも，これらのヘテロクリニック点は $W^s(p_j^\pm)$ に沿って $p_j^\pm$ に集積する．したがって，ローブ $F^nL_{j-1,j}$ や $F^nL_{j,j-1}$ は，図6-5(b)の $L_{-1,0}\to FL_{-1,0}\to F^2L_{-1,0}$，$L_{0,1}\to FL_{0,1}$

のように，引き伸ばされ折り曲げられていく．ただしこれらは，面積保存則により，すべて同じ面積をもつ．ローブの，このような**引き伸ばし**と**折り曲げ**がカオスの海における流体の混合と拡散をもたらす．写像 F によって，セル R_{j-1} からセル R_j へ移る領域はローブ $L_{j-1,j}$ に限られ，逆にセル R_j からセル R_{j-1} へ移る領域はローブ $L_{j,j-1}$ に限られる．これらのローブは，写像 F によって境界 W_j の反対側に回るので，特に，**回転木戸**(turnstile)といわれる．流体粒子は，この回転木戸を通って，セルからセルへと拡散していくのである．

拡散する流体粒子も，一時的にロールの渦に捕捉され，その島の周辺に長く滞在することがある．これは，島の外側にはそれを囲んでより小さな島の列島が次々と存在する，「島の周りに島」の自己相似な階層構造(図 10-4 を参照)が存在し，カオス軌道がこの階層構造に長時間捕捉されるためである．実際，ある島の周辺にカオス軌道が時間 t 以上捕捉される確率は $W(t) \propto t^{-(\beta-1)}$ $(1<\beta<2)$ と逆ベキ則になる．このとき，流体粒子の長時間自己相関が生じ，その混合や拡散が異常となる．特に，10-4 節で述べるように，加速モードトーラスの島が存在するとき，例えば $x_{t+2}=x_t \pm 2$，$z_{t+2}=z_t$ なる加速モード周期点が存在する B の区間 (0.0398, 0.0419) では，(6.10)で $\eta=3-\beta>1$ となり，拡散係数は発散し，拡散が異常に増進される．

以上のように，保存力学系の相空間は，カオスの海とさまざまなトーラスの島からなる．しかも，カオスの海では流体粒子の混合や拡散が起こり，これらの物理的プロセスを，その構造，特に，ローブの引き伸ばし・折り曲げと，それに決定的影響を与える「島の周りに島」の階層構造から解明することが重要な課題となる．これらは，6-4 節で述べる視点から，第 10 章で取り扱う．

6-3 カオスの軌道不安定性と混合性

a) Liapunov 数

散逸系のカオスのアトラクターや保存系のカオスの海では，可算無限個の周期軌道と非可算無限個の非周期軌道が共存している．しかも，それらの軌道はすべて不安定である．これらの多様な不安定軌道群を記述し特徴づけるには，どんな物理量を考案すればよいだろうか．

小さな撹乱に対して軌道 $X_n=F^n(X_0)$ が不安定かどうかは，初期点が X_0 とわずかに異なる近接軌道 $X'_n=F^n(X_0+y_0)$ をとり，それが時間 n とともに X_n から離れていくかどうかによって決まる．そのずれ $y_n\equiv X'_n-X_n$ の時間発展は，n 回写像 $X_{i+n}=F^n(X_i)$ の変分方程式

$$y_{i+n} = DF^n(X_i)\cdot y_i \qquad (n, i=0, 1, 2, \cdots) \tag{6.11}$$

によって与えられる．ここで $|y_{i+n}|\ll 1$ で，$DF^n(X_i)$ は $F^n(X_i)$ の Jacobi 行列である．

まず，周期 Q の周期軌道 $X^*_{i+Q}=X^*_i$ ($i=1, 2, \cdots, Q$) の近傍にある軌道 $X'_n=X^*_n+y_n$ を考えよう．各周期点は Q 回写像の固定点 $X^*_i=F^Q(X^*_i)$ で，その Jacobi 行列は

$$\begin{aligned} DF^Q(X^*_i) &= D\{F(F^{Q-1}(X^*_i))\} = DF(F^{Q-1}(X^*_i))DF^{Q-1}(X^*_i) \\ &= DF(F^{Q-1}(X^*_i))\cdots DF(F(X^*_i))DF(X^*_i) \end{aligned} \tag{6.12}$$

となる．この行列の固有値 ν^Q_1, ν^Q_2 ($|\nu^Q_1|\geqq|\nu^Q_2|$) は，Q 個の周期点 X^*_i に対して共通である．いま，$\bar{\lambda}_\alpha\equiv(1/Q)\ln|\nu^Q_\alpha|$ とおけば，(6.12)の行列式の，絶対値の対数をとって

$$\bar{\lambda}_1(X^*_i)+\bar{\lambda}_2(X^*_i) = \frac{1}{Q}\sum_{t=1}^{Q}\ln|J(X^*_t)| \leqq 0 \tag{6.13}$$

が得られる．また，$\bar{\lambda}_1(X^*_i)\geqq\bar{\lambda}_2(X^*_i)$ を使って，$m\to\infty$ では

$$|y_{i+Qm}| = |\{DF^Q(X^*_i)\}^m\cdot y_i| = \exp[\bar{\lambda}_1(X^*_i)Qm]g_i \tag{6.14}$$

とかける．ここで，y_i は固有値 ν^Q_2 の固有ベクトル E_2 の方向にはないとする ($0<g_i\ll 1$)．$\bar{\lambda}_1>0$ のとき，(6.14)は m とともに指数的に拡大され，X^*_i の近接軌道は X^*_i から指数的に離れていく．すなわち X^*_i は**不安定**である．$\bar{\lambda}_1<0$ のとき，(6.14)は指数的に縮小され，X^*_i は**安定**である．$\bar{\lambda}_1=0$ のとき X^*_i は**中立**である．カオス領域では，すべての周期点 X^*_i が，$\bar{\lambda}_1(X^*_i)>0>\bar{\lambda}_2(X^*_i)$ をみたす**サドル**(鞍点)である．

非周期軌道では，$Q\to\infty$ となり固有値という概念は成立しないが，それを

拡張したものとして**Liapunov 数**(Liapunov 指数)がある．これは，1 次元写像 $x_{t+1}=f(x_t)$ では，n 回写像 $x_n=f^n(x_0)=f(f(\cdots f(x_0)))$ を使って

$$\bar{\lambda}_1(x_0) \equiv \lim_{n\to\infty}\frac{1}{n}\ln\left|\frac{df^n(x_0)}{dx_0}\right| \tag{6.15a}$$

$$= \lim_{n\to\infty}\frac{1}{n}\sum_{t=0}^{n-1}\ln|f'(x_t)| \tag{6.15b}$$

と定義される．2 次元写像の相空間は，3 次元空間では，2 次元曲面である．(6.11)の y_n ($i=0$) は，このような 2 次元曲面上の軌道 $X_n=F^n(X_0)$ の各点 X_n における接平面上のベクトル(**接ベクトル**)であり，それを使って

$$\bar{\lambda}(X_0, y_0) \equiv \lim_{n\to\infty}\frac{1}{n}\ln|DF^n(X_0)\cdot y_0| \tag{6.16}$$

と定義される．ここで，$|\cdots|$ は接ベクトルの長さ(ノルム)である．(6.11)によれば，$DF^n(X)$ は，X における接平面を，$F^n(X)$ における接平面に移す．したがって，$DF(X)$ は**接写像**といわれる．周期軌道 $X^*_{i+Q}=X^*_i$ では Jacobi 行列(6.12)の固有ベクトル E_α をとれば，$DF^{Qm}(X^*_i)\cdot E_\alpha=(\nu^Q_\alpha)^m E_\alpha$ となる．したがって，$y_0=E_\alpha$，$n=Qm$ ととれば，(6.16)は $\bar{\lambda}(X^*_i, E_\alpha)=\bar{\lambda}_\alpha(X^*_i)$ となり，Liapunov 数は固有値と一致する．Oseledec(1968)によれば，カオス軌道に対しても接平面の基底 e_α が存在し，Liapunov 数は $\bar{\lambda}_\alpha(X_0)\equiv\bar{\lambda}(X_0, e_\alpha)$ で与えられる．ここで，$\bar{\lambda}_1+\bar{\lambda}_2=\langle\ln|J(X)|\rangle\leqq 0$ が成り立つ．ただし，角括弧 $\langle\cdots\rangle$ は長時間平均(6.5a)を表わす．これは(6.13)の拡張である．カオス軌道では，長時間平均 $\langle G(X)\rangle$ は，ほとんどすべての初期点 X_0 に対して X_0 に依存しない一定値をとると考えられる．これは，後の c 項で述べる，記憶の喪失による．そのとき，ほとんどすべてのカオス軌道に共通な，ただ 1 つの正の Liapunov 数 $\Lambda^\infty\equiv\bar{\lambda}_1(X_0)$ が存在し，(6.16)は，$n\to\infty$ に対して

$$|y_n| = |DF^n(X_0)\cdot y_0| \propto \exp[\Lambda^\infty n] \tag{6.17}$$

とかける．ただし y_0 は e_2 方向にはないとする．しかし，一般に，周期軌道の Liapunov 数 $\bar{\lambda}_1(X^*_i)$ は，周期軌道ごとに異なる値をもつ．

b) 軌道拡大率 $\lambda_1(X_t)$

カオス軌道 X_t $(t=0,1,2,\cdots)$ の周りの局所構造をとらえるため，X_t での近接軌道間の拡大率 $\lambda_1(X_t)$ を導入しよう．周期点 X_i^* は，Jacobi 行列(6.12)の固有値が単位円上にないとき**双曲的**といわれる．カオス領域では，X_i^* は双曲的で，サドル $\bar{\lambda}_1(X_i^*)>0>\bar{\lambda}_2(X_i^*)$ である．その固有ベクトル E_1 と E_2 は，図 6-6 のように，X_i^* で交差している．X_i^* で E_1 と接する曲線 $W^{\mathrm{u}}(X_i^*)$ は不安定多様体，E_2 と接する曲線 $W^{\mathrm{s}}(X_i^*)$ は安定多様体である．これらは，図 6-5 で説明した不変多様体である．$\phi(X)\equiv F^Q(X)$ とすれば，X_i^* の近傍(図 6-6)において，$W^{\mathrm{u}}(X_i^*)$ の上では，$|\nu_1^Q(X_i^*)|>1$ に対応して，すべての点 q の後方写像 $\phi^{-n}(q)$ が指数的に X_i^* に近づき，$W^{\mathrm{s}}(X_i^*)$ の上では，$|\nu_2^Q(X_i^*)|<1$ に対応して，すべての点 p の前方写像 $\phi^n(p)$ が指数的に X_i^* に近づく．したがって，W^{u} に沿った任意の細い帯が ϕ^n によって引き伸ばされ，図の破線上の軌道のように，$W^{\mathrm{u}}(X_i^*)$ は，その周りの軌道を引き寄せる．そのため，すべてのカオス軌道が $W^{\mathrm{u}}(X_i^*)$ に引き寄せられ，漸近的にその閉包の上に乗ってしまうのである．事実，7-1 節で見るように，

(a) カオスのアトラクターは，その中に含まれたサドル X_i^* の不安定多様体の閉包 $[W^{\mathrm{u}}(X_i^*)]$ と一致する*．

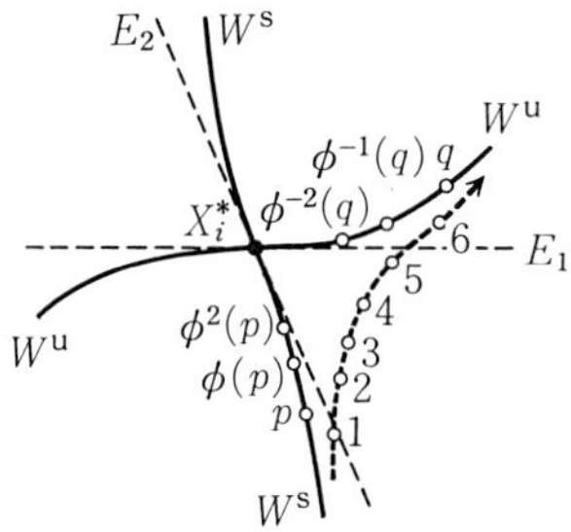

図 6-6 サドル $X_i^*=\phi(X_i^*)$ の近傍における，その固有ベクトル E_1, E_2 と不変多様体 $W^{\mathrm{u}}, W^{\mathrm{s}}$ および一般の軌道の例 $\phi^n(X_0)$ $(n=1,2,\cdots,6)$．写像 ϕ によって，W^{u} の切片は指数的に拡大され，W^{s} の切片は指数的に縮小される．

---

* ここで，同じアトラクターに含まれたサドルの不安定多様体の閉包はすべて互いに一致する．いま，その2つのサドルを X_i^*, Y_i^* とすれば，$W^{\mathrm{u}}(Y_i^*)$ と $W^{\mathrm{s}}(X_i^*)$ は交差し，その交点の前方写像 F^n は X_i^* に集積する．その様子は，付録の図 A-1(b)と類似である．したがって，$W^{\mathrm{u}}(Y_i^*)$ は $W^{\mathrm{u}}(X_i^*)$ の任意の開近傍の中に伸びていて，$[W^{\mathrm{u}}(Y_i^*)]\supset W^{\mathrm{u}}(X_i^*)$ である．同様に，$W^{\mathrm{u}}(X_i^*)$ と $W^{\mathrm{s}}(Y_i^*)$ は交差し，その交点の前方写像は Y_i^* に集積するので，$[W^{\mathrm{u}}(X_i^*)]\supset W^{\mathrm{u}}(Y_i^*)$ である．したがって，$[W^{\mathrm{u}}(Y_i^*)]=[W^{\mathrm{u}}(X_i^*)]$ となる．

（b） その各サドル X_i^* の2本の不変多様体 $W^u(X_i^*)$ と $W^s(X_i^*)$ は，アトラクター上で稠密に交差して可算無限個のホモクリニック点を作り出し，アトラクター上を，目が無限に細かい網のように縦横に走っている．

したがって，アトラクター上では，カオス軌道の各点 X_t の任意の近傍を2本の不変多様体 W^u と W^s が通っていることになる．しかも，一般に，n が十分に大きければ，前方写像 F^n によって，W^u の任意の切片が指数的に拡大され，W^s の任意の切片が指数的に縮小されるので，カオス軌道は，W^u に沿って不安定であり，W^s に沿っては安定である．

カオス領域では，軌道の各点 X_t の近傍は，図6-7のように，(a)の**双曲構造**(hyperbolic structure)か，(b),(c)の**接構造**(tangency str.)かである．ここで，不安定多様体 W^u と安定多様体 W^s とが，(a)では X_t の任意の近傍で交差し，(b),(c)では X_t で接する．写像 F によって，W^u の切片は指数的に拡大され，W^s の切片は指数的に縮小されるので，W^u は，(a),(c)では引き

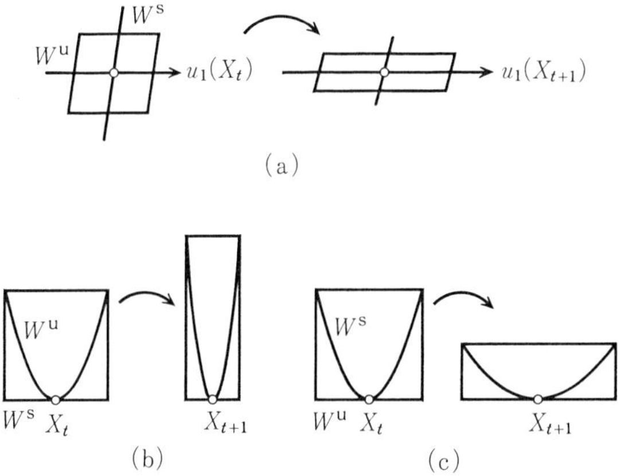

図6-7 カオスの局所構造と W^u の引き伸ばし・折り曲げ．(a) 双曲構造($\lambda_1>0$)，(b) 接構造I($\lambda_1<0$)，(c) 接構造II($\lambda_1>0$)．$|\lambda_1|$ は，$\lambda_1>0$ のとき W^u の局所引き伸ばし率を，$\lambda_1<0$ のとき W^u の局所折り曲げ率を表わし，$\lambda_1(X_t)$ はカオス軌道群の混合の素過程を記述する．

伸ばされ，(b)では折り曲げられる．カオス軌道は，ほとんどすべての点で双曲構造をもつ．双曲構造だけからなる系を**双曲型力学系**という．

しかし，物理系は接構造ももっている．振り子のアトラクター図6-1(b)では，上の右向き，下の左向きの湾曲部Cおよびその写像$F^n(C)$が図6-7(b)の接構造Iをもち，逆写像$F^{-n}(C)$が図6-7(c)の接構造IIをもっている．図6-7のセルにおける，W^uの引き伸ばしと折り曲げは，X_tにおけるセルの横方向の長さを$2|y_t^u|$とすれば，その拡大率

$$\lambda_1(X_t) = \ln|y_{t+1}^u/y_t^u| \tag{6.18}$$

によって表わせる．(a)の双曲構造では$\lambda_1(X_t)>0$，(b)の接構造Iでは$\lambda_1(X_t)<0$，(c)の接構造IIでは$\lambda_1(X_t)>0$となり，正のλ_1は引き伸ばしを，負のλ_1は折り曲げを表わす．これは，接写像$DF(X_t)$の不安定成分をとって

$$\lambda_1(X_t) = \ln|DF(X_t)\cdot u_1(X_t)| \tag{6.19}$$

とかける．ここで$u_1(X_t)$は，X_tで$W^u(X_t)$に接する単位ベクトルであり，散逸系のアトラクターでは，X_tでアトラクターに接する．

$y_{t+1}=DF(X_t)\cdot y_t$を考えよう．$DF(X_t)$は$u_1(X_t)$を$u_1(X_{t+1})$方向の接ベクトルに変換し，$DF(X_t)\cdot u_1(X_t)=\nu_1(X_t)u_1(X_{t+1})$，$|\nu_1(X_t)|=\exp\{\lambda_1(X_t)\}$とかけるので，$y_t$の$u_1(X_t)$方向の成分$y_t^u$に対して$y_{t+1}^u=\nu_1(X_t)y_t^u$が成り立ち，これから(6.18)が得られる．$X_t$の近接軌道$X_t'=X_t+y_t$は$W^u(X_t)$に引き寄せられ，$y_0^u\neq 0$であれば，$y_t$は$u_1(X_t)$に平行となる．したがって，ほとんどすべての近接軌道に対して，$\lambda_1(X_t)=\ln[|y_{t+1}|/|y_t|]$ $(t\gg 1)$とかける．$\lambda_1(X_t)$の計算や測定には，この表式を使うのが便利である．

軌道拡大率$\lambda_1(X_t)$は，時間tとともにさまざまな値をとり，時々刻々ゆらいでいく．この**ゆらぎ**は，次に見るように，相空間の構造を局所的に探査していくプローブを与える．藤坂(1983)，森田ら(1988)に従って，長さnの軌道にわたる時間平均

$$\Lambda_n(X_0) \equiv \frac{1}{n}\sum_{t=0}^{n-1}\lambda_1(X_t) \tag{6.20}$$

を導入しよう．$n\to\infty$のとき長時間平均$\Lambda_\infty(X_0)=\langle\lambda_1(X)\rangle$が得られる．

Liapunov 数(6.16)と比べれば，接ベクトル y_t は，y_0 を W^{s} の方向にとらなければ，時間とともに W^{u} の方向に向いていくから $\Lambda_\infty(X_0)=\bar{\lambda}_1(X_0)$ としてよい．事実，1 次元写像 $x_{t+1}=f(x_t)$ では，(6.19)が

$$\lambda_1(x_t) = \ln|f'(x_t)| \tag{6.21}$$

となり，長時間平均 $\Lambda_\infty(x_0)=\langle\lambda_1(x)\rangle$ は Liapunov 数(6.15)と一致する．

周期軌道 X_i^* に対しては，$u_1(X_i^*)$ が固有ベクトル $E_1(X_i^*)$ と一致するから，$\Lambda_\infty(X_i^*)=\bar{\lambda}_1(X_i^*)$ となる．しかも，一般に，不変集合(周期軌道，Cantor 集合のリペラー等)は，ほとんどすべてのカオス軌道に共通な Liapunov 数 $\Lambda^\infty=\Lambda_\infty(X_0)$ とは異なった，さまざまな Liapunov 数をもつ．カオス軌道上では，$\Lambda_n(X_0)$ は，n の増加につれて，各 X_t の近傍の不変集合の Liapunov 数や局所構造図 6-7 の軌道拡大率を次々と取り込みながら変動し，そのゆらぎは，相空間の構造を局所的に探査していく．この(6.20)は，**粗視的軌道拡大率**とよばれ，カオス軌道上におけるそのゆらぎによって，共存する多様な不変集合と不安定多様体の局所構造を特徴づける物理量を与えるのである．

c) 混合性と記憶の喪失

カオス領域では，すべての軌道が不安定多様体に沿って不安定で，その Liapunov 数 $\Lambda_\infty(X_0)=\bar{\lambda}_1(X_0)$ は正である．したがって，その近接軌道は，ほとんどすべてのものが，(6.14)や(6.17)に従って，指数的に離れていく．これは，初期の誤差が指数的に拡大されることを意味し，**初期点への敏感な依存性**といわれる．測定の精度のスケールを l とし，初期点の誤差 y_0 は $|y_0|\ll l$ としていても，時間 $t_*\equiv(1/\Lambda_\infty)\ln[l/|y_0|]$ を越えれば，誤差は l より大きくなり，軌道の予測が不可能となる．したがって，測定の精度が有限なため，カオス軌道を長時間にわたって実験的に再現することは不可能となる．また，カオス軌道を理論的に決定することは，数学的にも数値的にも不可能となる．

カオス軌道群が乗っている不安定多様体 W^{u} の切片の引き伸ばしは，このような軌道不安定性とともに，カオス軌道群の混合性をもたらす．その結果，各カオス軌道において初期点の**記憶の喪失**が起こり，アトラクター上でのカオス軌道の運動がランダムとなって**偶然性**が作り出される．そのため，その時系

列は，図 6-1(a)のように，ランダムとなるのである．

流体の混合は，コーヒーのコップに滴らしたミルクの混合のように，着目した染料部分が，引き伸ばされ折り曲げられて他の部分と混じっていくことである．着目したカオス軌道群の混合も，図 6-3 のセルや図 6-5 のローブのように，その微小なセルが，引き伸ばされ折り曲げられて他の軌道群と混じっていくことである．これは W^{u} の引き伸ばしと折り曲げの反映であり，$|\Lambda_n(X_0)|$ が，$\Lambda_n>0$ のときその引き伸ばし率を，$\Lambda_n<0$ のとき折り曲げ率を与え，拡大率 $\Lambda_n(X_0)$ は流体やカオス軌道群の混合の**粗視的混合率**を表わす．

6-4 カオスの統計的記述

a) カオスの統計安定性

「軌道の不安定性があれば統計的法則性をもつ」(Sinai, 1981)といわれる．そこでは，系の自由度が大きい必要もなければ，外部的な偶然性の要因も必要ないのである．まず，安定多様体 W^{s} が確率分布の安定性をどう保証するかを見よう．各カオス軌道は，不安定多様体 W^{u} の閉包上にあり，それに沿って不安定であるが，それと横断的に交わる W^{s} に沿っては安定である．この W^{u} と W^{s} の横断的交差は，W^{u} 上に稠密に分布し，小さな摂動に対して安定であることが知られている(文献[II-4, 5]を参照)．したがって，小さな撹乱を加えると，各カオス軌道は W^{u} に沿ってずれる．W^{u} から外れても，W^{s} に沿って指数的に W^{u} に引き戻され，過渡的時間後には，W^{u} の閉包上に戻るからである．そこで，W^{u} の閉包上で，初期点が $X_0^{(i)}$ ($i=0,1,\cdots,\infty$) で，同じ長さ n ($\gg 1$) の，無限個のカオス軌道からなる定常集団 $\Xi\equiv\{X_0^{(i)}\}$ をとれば，どの軌道に対しても，その撹乱された軌道に，長時間にわたって十分に近い撹乱前の軌道が存在する．その 2 つの軌道が近接している時間は十分に長く，軌道の時間相関等の統計的性質を検証するのに十分な時間である．したがって，このような軌道集団は，小さな撹乱に対して**安定**であるといえる．

このような軌道集団として，1 つのカオス軌道 $X_i=F^i(X_0)$ の上で，初期点

が $X_0^{(i)}=X_i$ である軌道の定常集団 Ξ を考えれば，量 $G(X)$ の集団平均は

$$\langle G(X)\rangle \equiv \lim_{N\to\infty}\frac{1}{N}\sum_{i=0}^{N-1}G(X_i) \tag{6.22}$$

となる．これは，長時間平均(6.5a)に他ならず，記憶の喪失により，ほとんどすべての初期点 X_0 に対して X_0 に依存しない．このような平均量が，小さな撹乱に対して安定で，実験的に**再現可能**となる．これを**統計安定性**とよぼう．したがって，計算機実験や物理実験は，カオス軌道の1つ1つについては意味を失うが，十分に多数の軌道(軌道数 $N\gg10^5$)にわたる平均については意味をもつ．このような平均量(6.22)が，求めるべきカオスの**観測量**である．

このようなカオス軌道集団の安定性は，それらが乗っている不安定多様体の閉包 $[W^{\mathrm{u}}]$ の安定性に帰着する．$[W^{\mathrm{u}}]$ は，ほとんどいたるところで双曲構造をもつ，いわば，「谷間の川」で，しかも，十分に多様な軌道群を含むので，小さな撹乱によって質的に崩れることはないのである．

b）時間的粗視化とスペクトル $\boldsymbol{\psi(\Lambda)}$

このような観測量として，粗視的軌道拡大率(6.20)の確率密度

$$P(\Lambda\,;\,n)\equiv\langle\delta(\Lambda_n(X)-\Lambda)\rangle \tag{6.23}$$

を考えよう．ここで $\delta(g)$ は g の δ 関数である．与えられた長さ n に対して，$\Lambda_n(X_i)$ は(6.22)のさまざまな初期点 X_i に応じてさまざまな値をとるが，その値が区間 $(\Lambda,\Lambda+d\Lambda)$ に入る確率は $P(\Lambda\,;\,n)d\Lambda$ である．その n 依存性は，$n\to\infty$ では，漸近的に

$$\ln P(\Lambda\,;\,n) = -\psi(\Lambda)n-\varphi(\Lambda)\ln n+\gamma(\Lambda) \tag{6.24}$$

とかけよう．これを**時間的粗視化の統計則**という．係数 $\psi(\Lambda)$ は

$$\psi(\Lambda)\equiv\lim_{n\to\infty}\psi_n(\Lambda) \tag{6.25}$$

$$\psi_n(\Lambda)\equiv-(1/n)\ln[P(\Lambda\,;\,n)/P(\Lambda^\infty\,;\,n)] \tag{6.26}$$

によって定義される．ここで Λ^∞ はカオス軌道の Liapunov 数である．$P(\Lambda\,;\,n)$ は $\Lambda=\Lambda^\infty$ で最大で，それから外れるにつれて小さくなるので，$\psi(\Lambda)$ は，$\psi(\Lambda)\geqq\psi(\Lambda^\infty)=0$ をみたす下に凸な関数である．これを Λ の**スペクトル**という．この確率密度が安定で実験的に再現可能であり，さまざまな X_i に対する

$\Lambda_n(X_i)$ の計算や測定(ただし $N \gg n \gg 1$)によって求め得る観測量である.

このP(Λ ; n)は W^{u} の切片の引き伸ばしと折り曲げを表わす混合率 $\Lambda_n(X_i)$ の分布を与え，カオスの混合性を記述する．$\Lambda>0$ では，共存する周期軌道群の Liapunov 数 $\Lambda_\infty(X_i^*)$ の分布によって，$\Lambda<0$ では，図 6-7(b)の接構造 I によって特徴づけられる．その形態は第 8 章で調べるが，一般的様相は次のようである．恒等的に $\psi(\Lambda)=0$ となる区間がなければ，(6.24)から

$$P(\Lambda\ ;\ n) = \exp[-n\psi(\Lambda)]P(\Lambda^\infty\ ;\ n) \tag{6.27}$$

とかける．スペクトル $\psi(\Lambda)$ は，保存力学系においてもカオスによる時間反転対称性の破れを反映して，Λ について非対称である．その形態は，粗視的軌道拡大率 $\Lambda_n(X_0)$ の分散

$$n^2\langle\{\Lambda_n(X)-\Lambda^\infty\}^2\rangle = nC_0^\lambda+2\sum_{t=1}^{n-1}(n-t)C_t^\lambda \tag{6.28}$$

$$\propto n^\zeta \qquad (2>\zeta\geqq 0) \tag{6.29}$$

の指数 ζ に依存する．$C_t^\lambda\equiv\langle\{\lambda_1(X_t)-\Lambda^\infty\}\{\lambda_1(X_0)-\Lambda^\infty\}\rangle$ は軌道拡大率(6.19)の**時間相関関数**で，式(6.28)の導き方は付録 2 に示した．C_t^λ は一般に，時間 t について，**振動部分**と混合性による**減衰部分**とからなるが，(6.29)は $n\to\infty$ での漸近形で，この減衰部分によって決まる．散逸系のカオスでは，通常，減衰は指数的であり，$1\geqq\zeta\geqq 0$ を与える．減衰部分が正のまま指数的に減衰するときには，$\zeta=1$ となり，Λ^∞ の周りでは，$\psi(\Lambda)\propto(\Lambda-\Lambda^\infty)^2$ とかけ，中心極限定理が有効となる．双曲型力学系では，この正規分布が有用である．しかし，物理系では，図 6-7(b)の接構造 I が存在するため負の λ_1 が出現し，$\Lambda<\Lambda^\infty$ では正規分布は有効ではない．さらに，あるサドル X_i^* との衝突によってひき起こされる分岐の前後では，その Liapunov 数 $\Lambda_\infty(X_i^*)$ が特異な寄与をするため，$\Lambda>\Lambda^\infty$ の側でも正規分布は有効でなくなるのである．

保存系のカオスの海では，トーラスの島が存在し，**長時間相関** $C_t^\lambda\propto t^{-(\beta-1)}$ $(2>\beta>1)$ が生成されるため，一般に $1<\zeta=3-\beta<2$ となり，区間 $(0,\Lambda^\infty)$ で $\psi(\Lambda)=0$ となる．この区間では，(6.24)から，確率分布は

$$P(\Lambda\ ;\ n) = C(\Lambda)n^{-\varphi(\Lambda)} \qquad (\varphi(\Lambda)>0) \tag{6.30}$$

となる．この異常分布の形態は 10-2 節で解明する．

混合性はカオスの特性であり，カオス発生点の近傍では劇的な変化を受ける．Liapunov 数 Λ^{∞} は，その粗視的混合率の大きさの目安を与える．カオスの発生点では $\Lambda^{\infty}=0$ となり，混合性が消失する．そこには，臨界 2^{∞} アトラクターや臨界黄金トーラスのような，**中立な非周期軌道**が存在し，これらの軌道では，初期の記憶が無限に続き，自己相似な，逆入れ子構造の時系列が生成される．その取扱いは，上記とは全く異質であり，9-3 節で述べる．

c） カオスの統計構造

以上のように，軌道不安定な力学系では，明確な統計法則が存在する．確率分布 $P(\Lambda\,;\,n)$ は，カオス軌道が乗っている不安定多様体のダイナミックスを統計的に記述し，カオス軌道群の混合を特徴づける．しかし，カオスは多面の統一であり，そのさまざまな側面をとらえるため，諸種の観測量が考案されている．統計物理の役割は，表 6-1 のように，力学系理論による相構造の幾何学的記述に立脚して，カオスに対する統計的観点と幾何学的観点を統合し，カオス軌道群の再現可能な統計構造や物理的プロセスを解明することといえる．着目する物理的プロセスとしては，カオス軌道群や流体粒子群の混合，拡散やエネルギー散逸等の輸送現象を挙げた．**統計構造**とは，カオスの粗視的局所量の確率分布（$\phi(\Lambda)$，$f(\alpha)$ 等）の形態と構造をいう．**相構造**とは，軌道の多様性の背後にある，さまざまの不変集合と不変多様体の局所構造を意味する．カオスの諸種の分岐は，相構造の質的な変化をもたらし，それらの分岐点の前後における統計構造の異常性と普遍性の究明が特に重要な課題となる．

表 6-1 カオス解明の物理的視座

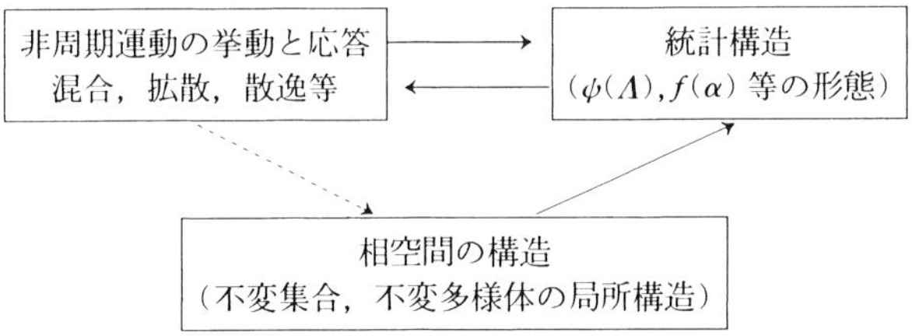

7
散逸力学系の分岐現象

アトラクターの形態と構造は，どんな不安定周期点(サドル)が含まれているかによって特徴づけられる．分岐パラメタを変えていくと，含まれているサドルがアトラクターから離れたり，離れているサドルが併合されたりする．カオスの分岐は，このようなサドルとの衝突・合併によってひき起こされる．

このような，カオスの分岐の幾何学的機構を，2次元 Hénon 写像について概観する．ついで，ある常微分方程式系から諸種の2次元写像，1次元写像を導出し，よく知られた1次元写像(2次写像，円写像)を使って，普遍的な分岐の全体像を概説する．さらに，周期倍化，バンド分裂，アトラクター融合の各分岐のカスケードに対する相似則とくりこみ変換，および，周期倍化ルート，準周期性ルートにより発生するカオスの構造を考察しよう．

7-1 Hénon 写像のバンドカオス

2次元ベクトル $X_t=\{x_t, y_t\}$ に対する Hénon 写像

$$\begin{pmatrix} x_{t+1} \\ y_{t+1} \end{pmatrix} = F(X_t) = \begin{pmatrix} 1-ax_t^2+by_t \\ x_t \end{pmatrix} \qquad (t=0, \pm 1, \pm 2, \cdots) \qquad (7.1)$$

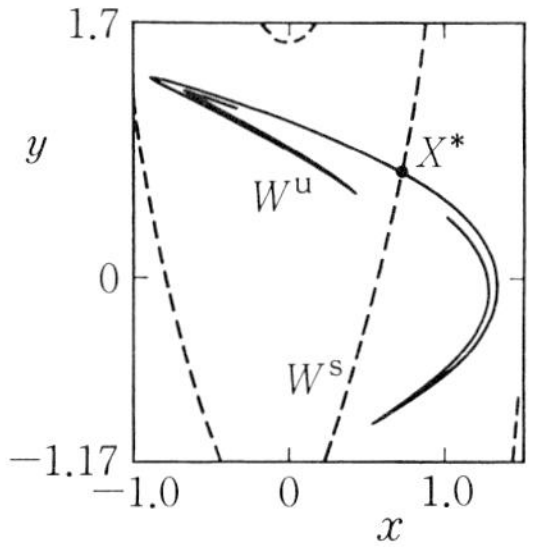

図 7-1 サドル X^* の W^u(実線)と W^s(破線)($a=1.0809$). 図 7-2 において, W^s と W^u は, $a<a_1$ では交差しないが, $a>a_1$ では無限に交差する.

を考えよう. そのヤコビアンは $J=-b$ で, 以下 $b=0.3$ ととる. 図 7-1 は, $a=1.0809$ におけるサドル $X^*=F(X^*)$ の不安定多様体 W^u(実線)と安定多様体 W^s(破線)を示す. X^* の成分は $x^*=y^*=[-1+b+\{(1-b)^2+4a\}^{1/2}]/2a$ で, 系のアトラクター A は, この W^u の閉包の上にある.

図 7-2(a)は, そのようなアトラクター A を示す. この A は 2 つの**バンド**(band)からなり, カオス軌道 X_t はその 2 つを交互に訪れる. つまり, $X_{2t}=F^{2t}(X_0)$ が左のバンドにあれば, $X_{2t+1}=F^{2t}(X_1)$ はいつも右のバンドにあり, それぞれ, それぞれのバンドをランダムに動き回る. 異なるバンドの軌道は, 互いに混じることがなく, 軌道 X_t の時間相関関数 C_t は, 周期 2 の振動部分 $\cos(\pi t)$ を含み, パワースペクトル $S(\omega)$ は, 連続スペクトルの上に, 振動数 $\omega=\pi$ の線スペクトルをもつ. これを **2 バンドカオス**という. そのとき, アトラクター全域にわたる混合性は失われるが, X_{2t} と X_{2t+1} はそれぞれ混合性をもつので, **バンド内混合性**があり, バンド内記憶の喪失が起こる.

a を大きくしていくと, A が引き伸ばされ, 図 7-2(b)のように, 2 つのバンドは $a=a_1\equiv 1.15357\cdots$ でサドル X^* と衝突し, $a>a_1$ では 1 つのバンドに**融合**される. このとき, X_{2t} と X_{2t+1} が, それぞれ, アトラクターのほとんどいたるところを訪れるようになり, C_t は振動部分を含まず, $S(\omega)$ は連続スペクトルだけからなる. このように, $a=a_1$ の前後で, 系の統計構造が質的に変化する. $a>a_1$ では, A が X^* の W^u の閉包と一致し, W^u と W^s は, 図 7-3 のように, A 上で互いに交差して無限個の**ホモクリニック点**を作り出し, 6-3 節で述べた, 目が無限に細かい網を形成する. なお, $a<a_1$ における Q バンド

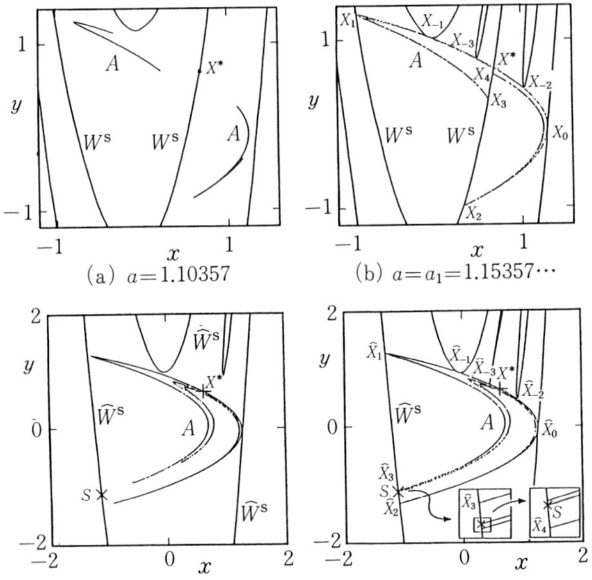

(a) $a=1.10357$　(b) $a=a_1=1.15357\cdots$

(c) $a=1.4$　(d) $a=a_{\mathrm{d}}=1.426921\cdots$

図 7-2　アトラクター A とサドル X^*, S の安定多様体 $W^{\mathrm{s}}(X^*)$, $\hat{W}^{\mathrm{s}}(S)$. W^{s} と A は図(b)において接する. $\hat{W}^{\mathrm{s}}$ と A は図(d)において接する. (d)の挿入図は S の近傍における $\hat{X}_j$ の自己相似な入れ子構造を示す.

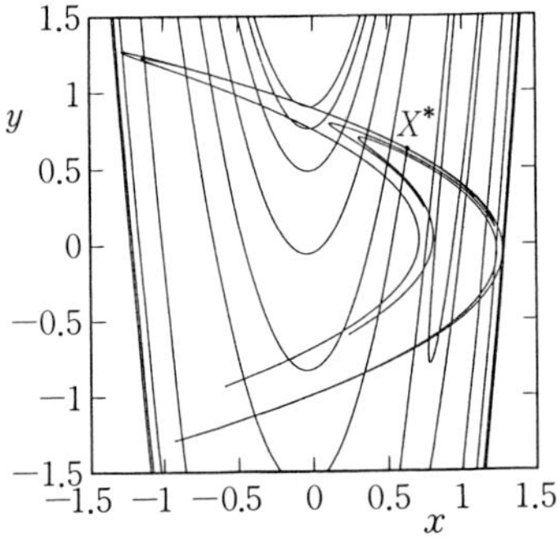

図 7-3　$a=1.4>a_1$ における $W^{\mathrm{s}}(X^*)$ と $W^{\mathrm{u}}(X^*)$ の交点と接点. 交点は A 上に稠密に分布し, A の最大湾曲部 C およびその写像 $F^{\pm j}(C)$ には接点が存在する. (Grassberger *et al*. [II-23]による.)

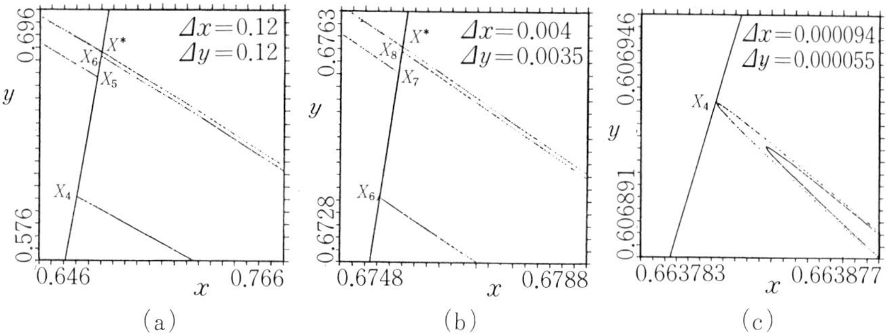

図 7-4 図 7-2(b)において，接点 X_j の $W^s(X^*)$ に沿った X^* への集積における自己相似な入れ子構造を示す．図(c)は，各接点の近傍における丸みと 2 本のひも構造を示す．(Hata *et al*.[II-26]による.)

カオスでは，各バンドがその中にあるサドル $X_i^*=F^Q(X_i^*)$ の $W^u(X_i^*)$ の閉包と一致し，$W^u(X_i^*)$ と $W^s(X_i^*)$ が交差して上述のような網を形成している．

このバンド融合(band merging)は，カオスの典型的な分岐で，その特性は次のようである．$a=a_1$ における W^s と A の接点 $X_{\pm j}$ ($j=0,1,2,\cdots$) は，図 7-2(b)のように，最大湾曲部の接点 X_0 から写像 $X_{\pm j}=F^{\pm j}(X_0)$ によって生成され，$j\to\infty$ につれて，ともに X^* に集積する．その集積の様相は図 7-4 に示されている．接点は，どんなに尖って見えても，拡大すれば，図 7-4(c)のように丸い．このような接点の X^* への集積が，バンド融合の分岐点 $a=a_1$ を特徴づける．接点 X_j の近傍は，図 6-7(b)のように写像され，負の拡大率 $\lambda_1(X_j)<0$ をもつ．しかし，X^* の近傍は，図 6-7(a)のように写像され，正の拡大率 $\Lambda_\infty(X^*)=\lambda_1(X^*)\cong 0.550$ をもつ．しかも，これは，Liapunov 数 $\Lambda^\infty\cong 0.315$ の約 2 倍で，粗視的軌道拡大率 $\Lambda_n(X_i)$ がさまざまな初期点 X_i に応じてとるさまざまな値の最大値 $\Lambda_{\max}$ を与える．この大きな Liapunov 数 $\Lambda_\infty(X^*)$ が，$a\geqq a_1$ では，スペクトル $\psi(\Lambda)$ に入ってきて，統計構造の異常をひき起こすのである．

以上をまとめると，$2Q$ バンドの Q バンドへの融合は

(1) 離れていた周期 Q のサドル $X_i^*=F^Q(X_i^*)$ が，アトラクターに衝突し取り込まれることによって起こる．

(2) その分岐点 $a=a_Q$ では，アトラクターは X_i^* の安定多様体 $W^s(X_i^*)$ と接し，その接点 $X_{\pm j}$ が X_i^* に集積する．

(3) $\Lambda_{\min}=\Lambda_\infty(X_0)<0$ であり，接点 X_0 の近傍を通るカオス軌道 X_i が，負の拡大率 $0>\Lambda_n(X_i)>\Lambda_{\min}$ をもたらし，統計構造の異常をひき起こす．

(4) $\Lambda_{\max}=\Lambda_\infty(X_i^*)>\Lambda^\infty$ であり，サドル X_i^* の近傍を通るカオス軌道 X_i が，大きな正の拡大率 $\Lambda^\infty<\Lambda_n(X_i)<\Lambda_{\max}$ をもたらし，統計構造の異常をひき起こす．

これらの統計構造の異常性は，次章で定式化する．

接点軌道 X_j の近傍には多数のカオス軌道が存在し，負の拡大率をもたらす．しかし，これは分岐点前後に限られない．実際，アトラクター A が湾曲部をもつ非双曲型力学系では，図 7-3 のように，A に含まれたサドル X_i^* の安定多様体 $W^s(X_i^*)$ と A がホモクリニック接触をし，いつも接点軌道 $X_j=F^j(X_0)$ が存在するのである．ただ，その接点 X_j の，X_i^* への集積は，X_i^* が A に取り込まれる分岐の分岐点においてのみ起こる．

図 7-2(c),(d)の固定点 S は，サドルノード分岐により，$a=-(1-b)^2/4$ において，X^* とともに創成されたサドルで，その成分は $x^s=y^s=[-1+b-\{(1-b)^2+4a\}^{1/2}]/2a$ である．その安定多様体 $\hat{W}^s(S)$ は，X^* を含む**流域の境界**を与える．a を(c)から(d)へと上げていくと，A は引き伸ばされて，$a=a_d\equiv 1.42692\cdots$ でこの $\hat{W}^s(S)$ に衝突する．$a>a_d$ では，A が乗っている $W^u(X^*)$ とこの $\hat{W}^s(S)$ が交差して，無限個のヘテロクリニック点をつくるため，カオス軌道は $W^u(X^*)$ に沿って境界 $\hat{W}^s(S)$ の外へ逃げ出し，アトラクター A が破壊される．これを**アトラクター破壊のクライシス**(crisis)という．その分岐点 $a=a_d$ の特徴は，接点 $\hat{X}_j=F^j(\hat{X}_0)$ が $j\to\infty$ のとき S に集積し，接点 $\hat{X}_{-j}=F^{-j}(\hat{X}_0)$ が X^* に集積することである．このとき，バンド融合の場合と同様に，**接点軌道** $\hat{X}_j=F^j(\hat{X}_0)$ $(j=0,1,\cdots,\infty)$ が重要な役割をなし，粗視的軌道拡大率 $\Lambda_n(X_i)$ が最大値 $\Lambda_\infty(S)=\lambda_1(S)\cong 1.188$ をとる確率が異常に高くなる．ここで $\Lambda_\infty(X^*)\cong 0.665$，$\Lambda^\infty\cong 0.495$ である．実際，8-1 節 d 項で見るように，この大きな $\Lambda_\infty(S)$ が統計構造の異常をもたらすことになる．このような接点の，サ

ドル S への集積は，9-1 節で見るように，不連続なバンド融合やアトラクター融合のクライシスでも起こる普遍的現象である．

7-2 諸種の低次元写像の導出

Hénon 写像(7.1)は，図 7-2(c)を図 6-1(b)と比べれば分かるように，湾曲部 C に対する局所的モデルと考えられる．しかし，強制振り子は，トーラスのような，これとは異質の大域的運動形態ももっている．そこで，要素的写像としてどんなものがあるかを知るため，微分方程式系

$$\dot{x} = z \tag{7.2a}$$

$$\dot{z} = -\gamma z + kg(x)\sum_{i=-\infty}^{\infty}\delta(t-iT) \tag{7.2b}$$

の Poincaré 写像を考えよう．ここで，(6.2)と比べれば，γ は摩擦係数，第 2 式の右辺第 2 項は時刻 $t=iT$ で**キック**(kick)を与える δ 関数形の衝撃力である．k はキックの振幅で，$g(x)$ は t を含まない x の任意の関数である．x が角度 ϕ のとき，これはキックド回転子を表わす．

キックによって，速度 z は不連続に変わるが，位置 x は連続に変わるとしよう．いま，i 番目のキックの直前と直後を $t=iT\mp 0$ で表わし，$z_i\equiv z(iT-0)$，$x_i\equiv x(iT\mp 0)$ とおけば，i 番目のキックだけを含む時間 $iT-0\leqq t<(i+1)T-0$ の t に対して，(7.2b)から

$$z(t) = e^{-\gamma t}\left(z_i e^{\gamma iT} + kg(x_i)\int_{iT-0}^{t} ds\, e^{\gamma s}\delta(s-iT)\right)$$

が得られる．これは，$iT+0<t<(i+1)T-0$ の t に対して

$$z(t) = \{z_i + kg(x_i)\}e^{-\gamma(t-iT)} \tag{7.3}$$

となる．したがって，(7.2a)を，$iT+0$ から $(i+1)T-0$ まで積分すれば，$X_i\equiv\{x_i, z_i\}$ に対する 2 次元写像

$$\begin{pmatrix} x_{i+1} \\ z_{i+1} \end{pmatrix} = F(X_i) = \begin{pmatrix} x_i + \tau z_{i+1} \\ J\{z_i + kg(x_i)\} \end{pmatrix} \qquad (i=0, \pm 1, \pm 2, \cdots) \qquad \begin{matrix}(7.4\text{a})\\(7.4\text{b})\end{matrix}$$

が得られる．ここで $J\equiv e^{-\gamma T}\leqq 1$，$\tau\equiv(1-J)/\gamma J$ である．これは，系の Poincaré 写像(6.3)に他ならない．そのヤコビアンは J で，(6.4)と一致する．τ は写像の有効基本周期で，$\gamma T\ll 1$ ($J\cong 1$) のとき，$\tau\cong T$ となる．

(7.4b)に τ を掛け，z_{i+1} と z_i を(7.4a)で消去すれば

$$x_{i+1} = (1+J)x_i+\tau Jkg(x_i)-Jx_{i-1} \tag{7.5}$$

が得られる．エネルギー散逸率 $W_{\mathrm{f}}(t)=\gamma z^2$ の，周期 T にわたる平均(6.5b)は，$t_i=iT-0$ ととり，(7.3)を使って

$$w(X_i) = \Gamma z_{i+1}^2 = \Gamma(x_{i+1}-x_i)^2/\tau^2 \tag{7.6}$$

となる．ここで $\Gamma\equiv(1-J^2)/2TJ^2$ である．

以下，(7.4)や(7.5)から諸種の2次元写像を導出するが，それらは，諸種のカオスの幾何学的形態の基本的な局所構造を表わす局所的モデルである．それらは，回転子(7.2)よりはるかに広い応用性をもつものである．

a) Hénon 写像

(7.5)において，関数 $g(x)$ を

$$\tau Jkg(x) = -(1+J)x+(1-ax^2) \tag{7.7}$$

ととり，$y_i\equiv x_{i-1}$ とおけば

$$x_{i+1} = 1-ax_i^2-Jy_i, \qquad y_{i+1} = x_i \tag{7.8}$$

が得られる．これは，$J=-b$ とおけば，Hénon 写像(7.1)となる．これは，Hénon(1976)が，カオスの引き伸ばし・折り曲げ過程に対するモデルとして考案したもので，アトラクターの湾曲部に対する一般的モデルを与える．

b) 円環写像

3次元相空間において，振動数 ω_1 の周期軌道 γ_1 が不安定化し，その γ_1 の周りを振動数 ω_2 ($<\omega_1$) で回る2重周期軌道が生成されたとしよう．回転軸 γ_1 に垂直な Poincaré 横断面では，この軌道の交点 X_i は，**回転数** $\rho=\omega_2/\omega_1$ が無理数のとき，周期 $T=2\pi/\omega_1$ 毎に，平均として角度 $2\pi\rho$ だけ回転し，ある閉曲線 C を描く．この C は不変トーラスの切口で，簡単な場合には円となるが，一般には，歪んだ閉曲線である．図7-5は，ある Bénard 対流において実験的に得られた，このようなトーラスの切口である．

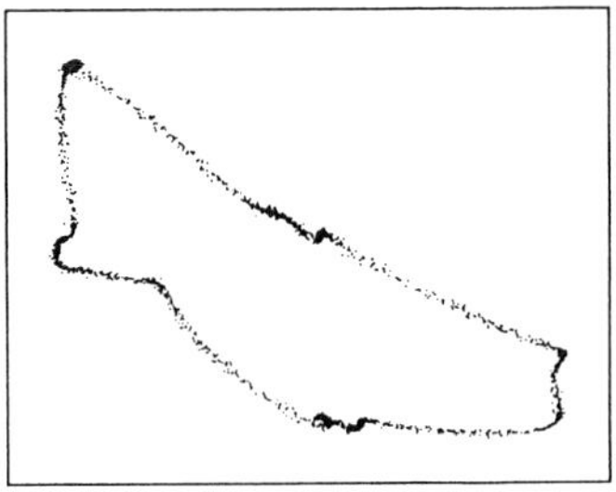

図 7-5 臨界黄金トーラスの切口．ロールが2重周期運動する Bénard 対流（アスペクト比 2）の底真中の，温度のゆらぎの時系列 T_i（$i=0, 1, 2, \cdots$）をカオスの発生点で測定し，T_{i+1} 対 T_i を 2500 点プロットしたもの．（Jensen *et al*.［II-30］による．）

トーラスの切口 C の構造を調べるには，交点 X_i の極座標 $X_i \equiv \{R+r_i, 2\pi\theta_i\}$ に対する写像が使われる．その典型的なモデルとして，(7.5)において，$\theta_i \equiv x_i$ とし，関数 $g(\theta)$ を

$$\tau Jkg(\theta) = (1-J)\Omega-(K/2\pi)\sin(2\pi\theta) \tag{7.9}$$

ととり，$r_{i+1}\equiv\theta_{i+1}-\theta_i-\Omega$ とおけば，**円環写像**

$$\begin{cases} \theta_{i+1} = \theta_i+\Omega+r_{i+1} \qquad (\mathrm{mod}\ 1) \\ r_{i+1} = Jr_i-(K/2\pi)\sin(2\pi\theta_i) \end{cases} \tag{7.10}$$

が得られる．これは，$0\leqq\Omega\leqq1$，$0\leqq\theta_i<1$，$-2\leqq r_i\leqq1$ では，半径 R の円周の周り幅 3 の**円環**に対する写像である．

切口 C 上での回転数は，任意の軌道に対して，mod 1 をとらないとして

$$\rho(X_0) \equiv \lim_{n\to\infty}(\theta_n-\theta_0)/n \tag{7.11}$$

で与えられる．非線形パラメタ $K=0$ のとき

$$\begin{aligned} R_n &\equiv R+r_n = R+J^n r_0 \\ \theta_n &= \theta_0+n\Omega+(1-J^n)Jr_0/(1-J) \end{aligned} \tag{7.12}$$

となる．$J<1$ では，回転数は $\rho(X_0)=\Omega$ となり，ほとんどすべての Ω の値に対して無理数となる．そのとき，$n\to\infty$ では，X_n が半径 R の円周上を回るトーラスとなる．

$J=0.5$，$\Omega=\Omega_\infty\equiv0.61175390\cdots$ として非線形項の強度 K を上げていくと，アトラクターは次第に歪んだトーラスとなり，ついに，$K>K_\infty\equiv0.97883778\cdots$ では，カオスの奇妙なアトラクターとなる．このカオスの発生点 $K=K_\infty$

では，アトラクターは，回転数 $\rho(X_0)$ が黄金比の逆数

$$\rho(X_0) = \rho_G \equiv (\sqrt{5}-1)/2 = 0.61803\cdots \tag{7.13}$$

である**黄金トーラス**である．ρ_G は $\rho^2+\rho=1$ の正根である．この臨界黄金トーラスは，Liapunov 数が 0 で混合性はないが，フラクタル構造をもつ奇妙なアトラクターである．実は，図 7-5 のトーラスは，このような**臨界黄金トーラス**である．カオス発生点における臨界軌道は，いろいろと興味深い性質をもち，9-3 節で，諸種の観点から調べる．

c）標準写像($J=1$)

$\gamma=0$ のとき，$J=1$，$\tau=T$ となる．このとき，(7.4)は，$y_i \equiv Tz_i$ とおけば

$$\begin{pmatrix} x_{i+1} \\ y_{i+1} \end{pmatrix} = F(X_i) = \begin{pmatrix} x_i + y_{i+1} \\ y_i + Tkg(x_i) \end{pmatrix} \tag{7.14}$$

とかける．これは，ヤコビアン $J=1$ の**保存写像**である．その特性は，時間反転対称性をもつことである．(7.2)は，$\gamma=0$ のとき，時間反転 $t\to -t$，$x\to x$，$z\to -z$ に対して不変である．これに対応して，(7.14)の逆写像

$$\begin{pmatrix} x_i \\ y_i \end{pmatrix} = F^{-1}(X_{i+1}) = \begin{pmatrix} x_{i+1} - y_{i+1} \\ y_{i+1} - Tkg(x_i) \end{pmatrix} \tag{7.15}$$

が，(7.14)の時間反転 $X=\{x,y\}\to\tilde{X}=\{x,-y\}$ によって得られるのである．この時間反転対称性は，臨界軌道およびカオス軌道の統計構造の研究にとって重要である．

$\theta_i \equiv x_i$，$J_i \equiv y_i$ として，関数 $g(\theta)$ を

$$Tkg(\theta) = -(K/2\pi)\sin(2\pi\theta) \tag{7.16}$$

ととれば，(7.14)は，よく知られた**標準写像**

$$\begin{cases} \theta_{i+1} = \theta_i + J_{i+1} \qquad (\mathrm{mod}\ 1) \\ J_{i+1} = J_i - (K/2\pi)\sin(2\pi\theta_i) \end{cases} \tag{7.17}$$

となる．θ_i は $0 \leqq \theta_i < 1$ または $-0.5 \leqq \theta_i < 0.5$ ととる．この写像は，(7.10)で $J=1$，$J_i \equiv r_i+\Omega$ としても得られる．この写像は，シフト $\{\theta, J\}\to\{\theta, J+j\}$ ($j=$ 整数）および反転 $\{\theta, J\}\to\{-\theta, -J\}$ に対して不変である．なお，J 方向に並んだ領域 $\{0\leqq\theta<1, j<J<j+1\}$ を j 番目の**セル**という．

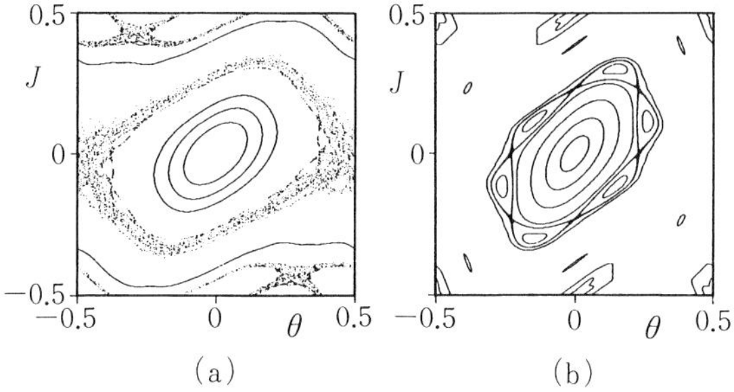

図7-6 標準写像(7.17)の相構造．(a) $K=0.97$ で，2つのカオス軌道，2つの KAM トーラス，楕円点(0, 0)の周りの3つのトーラスが示されている．(b) $K=1.44$ における広域的カオスの海の中の島で，楕円点(0, 0)の周りの大きな島の他に，周期2および3の楕円点の周りの島が示されている．

$K=0$ のとき，$J_n=J_0$，$\theta_n=\theta_0+nJ_0$ となり，相空間 $\{\theta, J\}$ は，回転数 $\rho(X_0)=J_0$ が無理数の不変トーラスでみたされている．これらは，積分可能な自由度2の力学系において，その作用積分 J^α $(\alpha=1,2)$ と角変数 $\theta^\alpha=\omega_\alpha t+\theta_0^\alpha$ がつくるトーラスの切口を表わすものといえる．

非線形パラメタ K を大きくしていくと，図7-6のように，これらのトーラスは漸次破壊され，その後に，カオスの海とトーラスの島が現われる．しかし，$K\leqq K_C\equiv0.971635406\cdots$ では，**KAM トーラス**といわれる，端 $\theta=-0.5$ から他端 $\theta=0.5$ に及ぶ不変曲線が残存している．カオスの海は，すべて，このような2つの KAM トーラスによってはさまれ，カオス軌道が隣のセルへ移ることは不可能である．しかし，$K>K_C$ では，すべての KAM トーラスが破壊され，$J=\pm\infty$ へおよぶ**広域的カオス**の海が出現する．そのカオス軌道はセルからセルへと拡散していくのである．このカオスの海には，図7-6(b)のように，諸種のトーラスの島が存在し，そのカオス軌道群の混合・拡散は，第10章で述べるように，6-2節の Bénard 対流における流体粒子の混合・拡散と極めて類似し，その現象論的なモデルを与える．

最も破壊され難く，最後まで残る KAM トーラスは，回転数 $\rho(X_0)$ が黄金比の逆数(7.13)である黄金トーラスで，**最終 KAM トーラス**といわれる

(Greene, 1979). このトーラスが，広域的カオスの発生点 $K=K_C$ で残っている．その上の軌道は，Fibonacci 数列で表わせる自己相似な時系列など興味深い性質をもっている(10-1 節を参照).

d) 1 次元写像($J=0$)

$\gamma\to\infty$ のとき，$J\to 0$，$\tau\to 1/\gamma J$ となるが，(7.5)において，$\eta\equiv\tau Jk=k/\gamma$ は有限な一定値として，$k=\eta\gamma\to\infty$ を要請すれば，**1 次元写像**

$$x_{i+1} = f(x_i) \equiv x_i+\eta g(x_i) \tag{7.18}$$

が得られる．これは，(7.2)において慣性項を無視する強摩擦の極限

$$\dot{x} = \eta g(x) \sum_{i=-\infty}^{\infty} \delta(t-iT) \tag{7.19}$$

に対応する．実際，これを時間 $[iT-0, (i+1)T-0]$ にわたって積分すれば，(7.18)が得られる．$\gamma\to\infty$ のとき，エネルギー散逸率(6.5)の $\bar{W}_\mathrm{f}$ は発散する．したがって，駆動力の振幅を $k=\eta\gamma\to\infty$ として，外からのエネルギー供給率 $\bar{W}_\mathrm{d}$ との比 $\bar{W}_\mathrm{d}/\bar{W}_\mathrm{f}\propto k/\gamma=\eta$ を一定に維持するのである．

Hénon 写像(7.8)で $J=-b=0$ とおけば，**2 次写像**

$$x_{i+1} = 1-ax_i^2 \tag{7.20}$$

が得られる．円環写像(7.10)で $J=0$ とおけば，**円写像**

$$\theta_{i+1} = \theta_i+\Omega-(K/2\pi)\sin(2\pi\theta_i) \qquad (\mathrm{mod}\ 1) \tag{7.21}$$

が得られる．このとき $K_\infty=1$ となる．1 次元写像の短所は，図 7-2 に見られた 2 次元フラクタル性の無視である．次に，まずその長所を調べよう．

7-3 1 次元 2 次写像の分岐

a) 2^n 分岐と 2^n バンド分岐

2 次写像(7.20)は，ax を改めて x とおけば

$$x_{t+1} = f(x_t) = a-x_t^2 \qquad (-1/4<a\leqq 2) \tag{7.22}$$

となる．これは，数理生態学において，各世代の個体数の変動に対する差分モデルとして研究されてきたもので，**ロジスティック写像**ともいわれる．$f(x)$

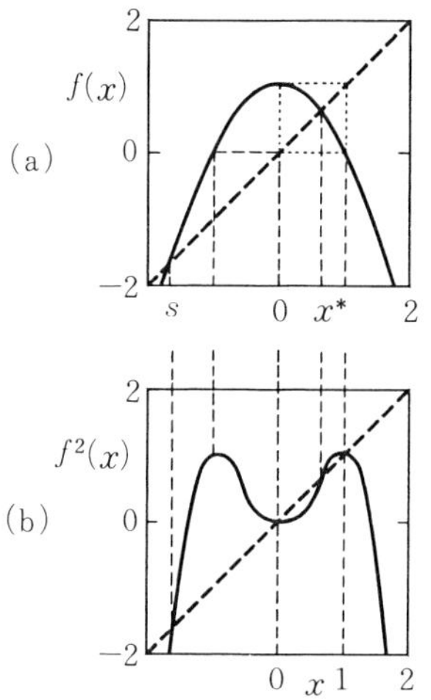

図 7-7 $f(x)$ の2点サイクルと $f^2(x)$ のループ $0<x<1(a=1)$. 固定点は45°線との交点 x^*, s で，アトラクターの流域は $s<x<f^{-1}(s)$ である. $f^2(x)$ の勾配 $Df^2(x)=f'(f(x))\cdot f'(x)$ は $x=0, \pm 1$ で0となる.

は2つの固定点 $x^*, s=\{-1\pm(1+4a)^{1/2}\}/2$ をもつ．これらは，図7-7のように，$f(x)$ と45°線 x との交点であり，$a<-1/4$ では2つは交わらないが，a を上げていくと $a=-1/4$ において，$f(x)$ が45°線 x に接するようになることによって生成されたものである．これは，サドルノード分岐であるが，また，**接線分岐**とよばれる．x^* の固有値は $f'(x^*)=-2x^*$ だから，$a<\hat{a}_1=3/4$ では，$|f'(x^*)|<1$ で，x^* は安定であるが，$a>\hat{a}_1$ では，$|f'(x^*)|>1$ となり，不安定となる．s の固有値は $f'(s)=-2s>1$ で，s は常に不安定なサドルである．

$f(x)$ と $f^2(x)\equiv f(f(x))$ は，$a=1$ で，図7-7のようなグラフをもつ．その図(a)の正方形(点線)は**2点サイクル**といわれ，図(b)における $f^2(x)$ のループの両端 $x=0,1$ を交互に訪れる極限サイクルを表わす．この2点サイクルは，固定点 x^* が $a=\hat{a}_1$ で不安定化し，$f^2(x)$ のループが形成されることによって生成されたものである．これは周期倍化に他ならない．

周期倍化の機構を観察し，そのカスケードの物理像をつくるため，図7-8を考えよう．いま $Q\equiv 2^n$ (n＝奇数) とし，写像 $\phi(x)\equiv f^{Q/2}(x)$ の中央の極大の近くの固定点 $x_i^*=\phi(x_i^*)$ をとれば，その不安定化点 $\hat{a}_n$ の手前 $a<\hat{a}_n$ では，図(a)のようなグラフが得られる．ここで上段は $\phi(x)$，下段は $\phi^2(x)$ である．n

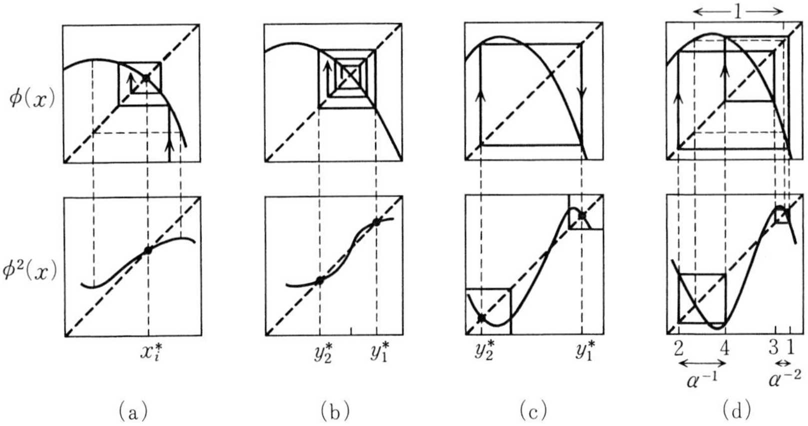

図7-8 $\phi(x)$ の中央の固定点 x_i^* の分岐．ここで(a),(b),(c),(d)と a を上げていく．(d)では，$a=\hat{a}_{n+2}-0$ で，y_1^* と y_2^* の間隔を1とすれば，$\phi^2(x)$ の2つの2点サイクルのサイズは α^{-1}, α^{-2} となる．

＝偶数で中央が極小の場合でも，図を180°回転すれば，このようなグラフが得られる．なお，$n=1$ として，$f(x)$ の固定点 x^* から始めてもよい．

さて，a を上げると，図(b)のように，x_i^* 近傍の曲線の勾配が急になって，$a>\hat{a}_n$ では，x_i^* が不安定，すなわち，$|\phi'(x_i^*)|>1$，$D\phi^2(x_i^*)=\{\phi'(x_i^*)\}^2>1$ となり，x_i^* の近傍に，$\phi^2(x)$ のループ $y_2^*<x<y_1^*$ が形成されて，$\phi^2(x)$ の2つの固定点 $y_j^*=\phi^2(y_j^*)$ $(j=1,2)$ が生成される．$D\phi^2(y_j^*)=\phi'(y_2^*)\phi'(y_1^*)<1$ により，これらの固定点は安定である．これらの $\phi^2(x)$ の固定点は，元の写像 $\phi(x)$ に戻れば，2回の写像で出発点に戻る2点サイクルであり，図(b)の上段の正方形で表わせる．これが周期倍化の機構である．

さらに a を上げると，図(c)のように，y_1^* と y_2^* の間隔が広がり，$\phi(x)$ の極大をその間にはさむようになる．このとき，$\phi^2(x)$ の極小，極大を入れた2つの箱は，それぞれ，図(a)の $\phi(x)$ の箱と相似な形態をもつ．したがって，a を上げると，次に，$\phi^2(x)$ の固定点 y_1^*, y_2^* の不安定化が，図(a)から図(b)における $\phi(x)$ の固定点 x_i^* の不安定化と同様に，a のある値 $\hat{a}_{n+1}$ で起こり，$a>\hat{a}_{n+1}$ では，y_1^*, y_2^* のそれぞれの周りに $\phi^2(x)$ の2点サイクルが生成される．これは，$a=\hat{a}_{n+2}-0$ では，図(d)のような4点サイクル $\{1,2,3,4\}$ をもたらす．このよ

うに，a を上げていくと，分岐

$$f^{Q/2}(x)\text{ の固定点 }x_i^*\text{ の不安定化}\rightarrow f^{Q}(x)\text{ の固定点 }y_j^*\text{ の生成}$$

が，周期 $Q=2^n$（$n=1,2,\cdots,\infty$）に対して順次に起こり，その分岐点 $\hat{a}_n$ は，ある値 $\hat{a}_\infty$ に集積する．$a=\hat{a}_\infty$ における無限周期 2^∞ のアトラクターを，特に，**臨界 2^∞ アトラクター**という．その軌道は，閉じることのない中立な非周期軌道である．$a>\hat{a}_\infty$ では，バンドカオスの非周期軌道が出現する．

図 7-9 は 2 次写像の分岐図で，a の各値に対して過渡的な時間の経過後の x_t をプロットしたものである．次項で示すように，2^n 分岐の分岐点 $\hat{a}_n$ は，$n\gg 1$ のとき，相似則

$$\hat{a}_n = \hat{a}_\infty - C\delta^{-n} \qquad (\delta=4.6692016091\cdots) \tag{7.23}$$

に従って，$\hat{a}_\infty=1.40115518\cdots$ へ急速に集積する．$\hat{a}_\infty$ や C は体系に依存する定数であるが，集積比 δ は，体系によらない普遍定数である．Hénon 写像(7.1)の x_t も，$b=0.3$ として a を変えれば，図 7-9 と類似な分岐図を与える．

$a>\hat{a}_\infty$ では，図 7-9 の $a_1=1.5436890\cdots$ と $a_{\rm d}=2$ は，それぞれ，Hénon 写像に対する図 7-2 の a_1 と $a_{\rm d}$ に対応する．すなわち，アトラクターは，$a=a_2\cong 1.43036$ と $a=a_1$ の間では，窓を除き，**2 バンドカオス**であるが，$a=a_1$ でサドル x^* と衝突し，$a>a_1$ では 1 つのバンドに融合される．更に，$a=a_{\rm d}$ でサドル s と衝突し，$a>a_{\rm d}$ ではアトラクターが破壊される．これらの分岐点を特徴づけるのは，7-1 節で述べたように，湾曲部の頂点 $x_0=0$ から出る**頂点軌道** y_j

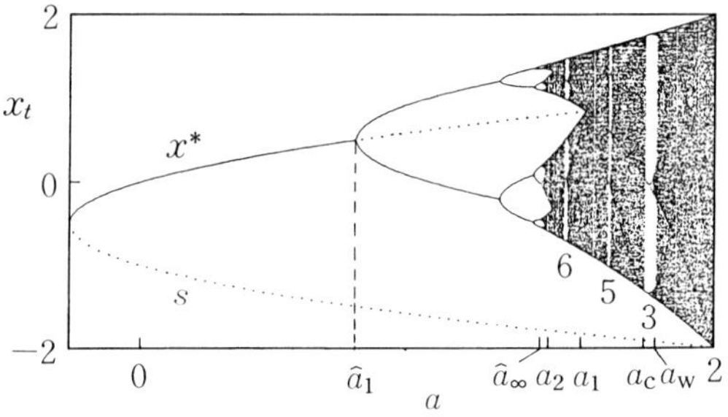

図 7-9 2 次写像(7.22)の分岐図．s は $a=a_{\rm d}=2$ で 1 バンドアトラクターと衝突し，x^* は $a=a_1$ で 2 バンドアトラクターと衝突する．白いところは，目に見える周期 3, 5, 6 の窓である．

$=f^j(0)$ である．この頂点は $f'(0)=0$，$\Lambda_{\min}=\lambda_1(0)=-\infty$ を与える．しかし，この軌道は，$a=a_1$ ではサドル $x^*=f^3(0)$ に3ステップで吸収され，$a=a_d$ ではサドル $s=f^2(0)$ に2ステップで吸収されて，図7-4のような無限の集積は起こらない．これは，2次写像では，$J=0$ としてカオスのアトラクターの2次元フラクタル性を消し去ったためである．しかし，Hénon 写像の場合と同様に，x^* および s の固有値が，それぞれ，拡大率 $\Lambda_n(x_i)$ の，衝突前より大きな最大値 $\Lambda_{\max}$ をもたらし，統計構造の異常をひき起こす．

分岐図7-9のように，$a>\hat{a}_\infty$ では，a を2から $\hat{a}_\infty$ へ下げていくと，$a=a_n$ $(n=1,2,\cdots,\infty\,;\,a_\infty=\hat{a}_\infty)$ で **2^n バンド分裂**の分岐が起こり，アトラクターは，$a_n>a>a_{n+1}$ では，窓を除き，周期 $Q=2^n$ の 2^n 個のバンドからなる．しかも，$n\gg 1$ のとき，(7.23)と同じ定数 δ をもつ相似則

$$a_n = a_\infty + C'\delta^{-n} \qquad (a_\infty=\hat{a}_\infty) \tag{7.24}$$

が成立し，分岐点 a_n は $a_\infty=\hat{a}_\infty$ へ急速に集積する．

実は，カオス領域 $a>a_\infty$ は，多数の微小な窓を含んでいる．周期 p の窓の区間では，2^n バンドカオスが消失し，かわって，周期 $q=p\times 2^m$ $(m=0,1,2,\cdots)$ の q 点サイクルと q バンドアトラクターが出現する．図7-10は，$p=3$ の窓の区間 $a_c=1.75<a<a_w\cong 1.79032$ を拡大したものである．この窓の中の各バンドも，多数のさらに微小な窓を含んでいて，各分枝の分岐図は，分岐図7-9の全体と相似である．このように，分岐図は「自己相似な階層構造」からなる．図7-10のように，$a=a_c$ において，$f^3(x)$ の接線分岐により，3点サイ

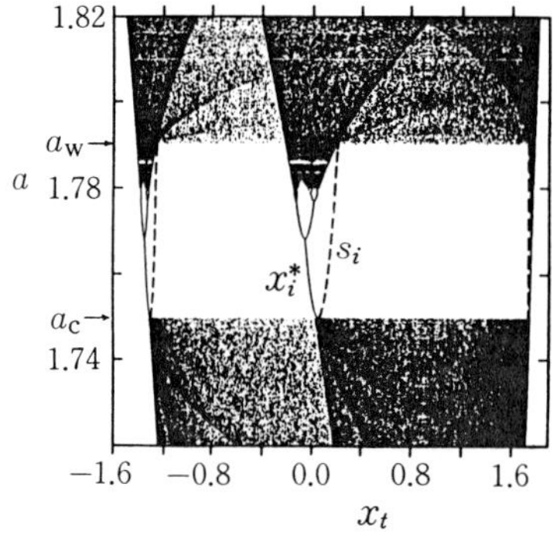

図7-10 周期3の窓 $a_c<a<a_w$ の拡大．a_c で x_i^* と s_i が創成され，a_w でアトラクターは s_i と衝突する．(Grebogi *et al.*[II-17]による．)

クル $x_i^*=f^3(x_i^*)$ $(i=1,2,3)$ と3点サドル $s_i=f^3(s_i)$ が生成され，$a>a_c$ ではバンドカオスが消失する．a を上げていくと，3点サイクル x_i^* から，$f^3(x)$ の周期倍化によって周期 3×2^m のサイクルが生成され，ついで，$f^3(x)$ におけるバンド融合の逆カスケードによって周期 3×2^m のバンドアトラクターが生成される．窓の終点 $a=a_w$ の直前では周期3の3バンドアトラクターとなり，$a=a_w$ で3点サドル s_i と衝突して，$a>a_w$ では1バンドアトラクターに不連続的に融合される．これを**バンド融合クライシス**という．

b）2^n 分岐の相似性とくりこみ変換

図7-11は，分岐図7-9における，周期倍化による 2^n 分岐のカスケードを取り出した概念図である．ここで，写像 $\phi(x)\equiv f^{Q/2}(x)$ $(Q=2^n\gg 1)$ の中央の固定点 x_i^* が，$a=\hat{a}_n$ で不安定化して生成された2点サイクル (y_1^*,y_2^*) の，$a=\hat{a}_{n+1}-0$ でのサイズを1とすれば，さらに y_1^*,y_2^* が $a=\hat{a}_{n+1}$ で不安定化して生成された $\phi^2(x)$ の2つの2点サイクルの，$a=\hat{a}_{n+2}-0$ でのサイズは，それぞれ，α^{-1},α^{-2} となる．このときの，$\phi(x)$ および $\phi^2(x)$ のグラフは，図7-8(d)のようになる．ここで，4点サイクルの，中央の極大を含む要素区間[2,4]は，写像 $\phi(x)$ によって要素区間[3,1]に写像され，サイズが因子 α^{-1} だけ縮小される．なお，$\phi(x)$ の不安定な2点サイクルのサイズは，$a=\hat{a}_{n+1}-0$ でのサイズと近似的に等しく，1と取ってもよい．サイズの縮小比 α^{-1} は

$$\alpha=\alpha_{\mathrm{PD}}\equiv 2.502907875\cdots \tag{7.25}$$

で与えられる普遍定数である．

このような図7-11の相似性を定式化するため，図7-8(d)における「$\phi^2(x)$ の極小」と「$\phi(x)$ の極大」との相似性に着目しよう．つまり，$\phi^2(x)$ の極小

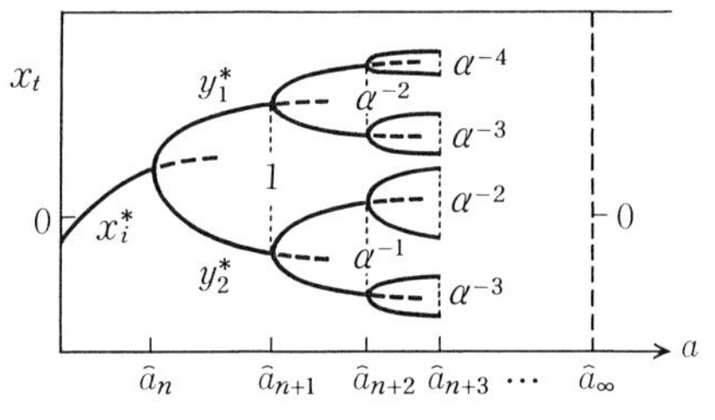

図7-11　2^n 分岐のカスケードにおける相似性．要素分枝の，a 方向の高さの縮小比は δ^{-1} であり，分枝間の距離の縮小比は α^{-1} と α^{-2} である(図7-8(d)を参照)．

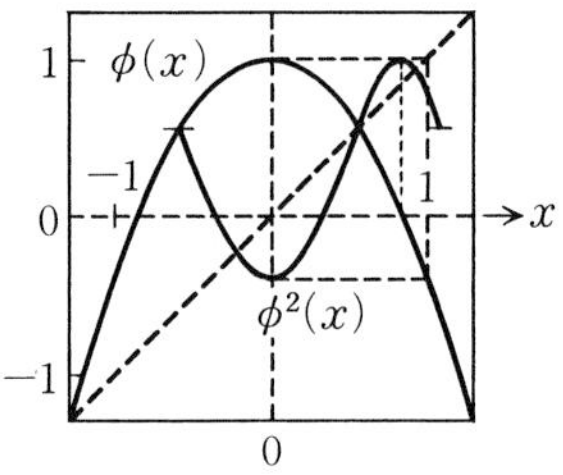

図 7-12 $\phi(x)$ の極大と $\phi^2(x)$ の極小との相似性．ここで $\phi(0)=1$，$\phi^2(0)=\phi(1)=-\alpha^{-1}$ である．

を 180° 回転して等方的に拡大すれば，$\phi(x)$ の極大と重なるかどうかを考えよう．そのため，$\phi(x)$ の極大と $\phi^2(x)$ の極小を取り出したものが図 7-12 である．ただしここで，$\phi(x)$ を，$x=0$ に高さ 1 の極大をもつように規格化した．そのとき，$\phi^2(x)$ は，$x=0$ に高さ $\alpha^{-1}\equiv-\phi(1)$ の極小をもつ．この極小を $\phi(x)$ の極大に重ねる変換 $\mathcal{T}$ として

$$\mathcal{T}\phi(x) \equiv -\alpha\phi^2(-x/\alpha) = -\alpha\phi(\phi(-x/\alpha)) \tag{7.26}$$

を導入しよう．ここで，

$$\mathcal{T}\phi(0) = \phi(0) = 1, \quad \alpha = -1/\phi(1) \tag{7.27}$$

である．いま，$\phi(x)$ から $\phi^2(x)$ を作る操作を $\mathcal{T}_1$ とし，$\phi^2(x)$ の極小を入れたサイズ $2\alpha^{-1}$ の箱を 180° 回転して，$\phi(x)$ の極大を入れたサイズ 2 の箱に等方的に拡大する操作を $\mathcal{T}_2$ とすれば，変換 $\mathcal{T}$ は，これら 2 つの操作の積 $\mathcal{T}_2\mathcal{T}_1$ である．これを**くりこみ変換**という．この変換 $\mathcal{T}$ によって得られた曲線は，$\phi(x)$ と似たものとなろう．2^n 分岐のカスケードは，この $\mathcal{T}$ を次つぎに作用させることに相当するから，$n\to\infty$ につれ次第に，$\mathcal{T}$ に対して不変な一定の曲線 $g(x)$ に漸近し，2^n 分岐の集積点 $a=\hat{a}_\infty$ では，ちょうど重なって，

$$g(x) = -\alpha g(g(-x/\alpha)) \tag{7.28}$$

$$g(0) = 1, \quad \alpha = -1/g(1) \tag{7.29}$$

となると期待できよう．$g(x)$ は，この関数方程式をみたす x^2 の関数である．Feigenbaum(1979)は，多項式近似

$$g(x) = 1+g_1x^2+g_2x^4+\cdots \tag{7.30}$$

を使って，Newton 法により数値的に

$$g_1 = 1.52763\cdots, \quad g_2 = 0.104815\cdots \tag{7.31}$$

等，および，α の値(7.25)を得た．

くりこみ変換(7.26)の幾何学的描像をつくり，(7.28)から相似則(7.23)を導くため，ただ1つの極大または極小をもつ1次元写像のすべてを含む関数空間 V を考えよう．この空間 V の1点が1つの1次元写像を与える．したがって，2次写像(7.22)は，極大の高さ a を上げていくと，V 内に，ある曲線 C を描く．変換 $\mathcal{T}$ は V 内の1点から1点への変換で，$g(x)$ はその固定点である．

さて，この固定点の近傍の，$\mathcal{T}$ による流れの構造を知るために，$g(x)$ からの微小なずれ $e(x)$ をとり，線形化

$$\mathcal{T}\{g(x)+e(x)\}-\mathcal{T}g(x) \cong Le(x) \qquad (7.32)$$

を行なう．線形演算子 L の固有ベクトルを $E_l(x)$，固有値を δ_l とすれば，

$$LE_l(x) = \delta_l E_l(x) \qquad (l=1,2,\cdots) \qquad (7.33)$$

$$e(x) = \sum_l t_l E_l(x) \qquad (7.34)$$

とかける．固有ベクトル $E_l(x)$ 上での振幅 t_l を**スケーリング場**という．その固有値 δ_l が $|\delta_l|>1$ であれば，このスケーリング場は「重要である(relevant)」といい，$|\delta_l|<1$ であれば，「重要でない(irrelevant)」という．重要なスケーリング場は不安定で，くりこみ変換の繰り返しによって指数的に増幅されるから，固定点 g の近傍，すなわち，2^n 分岐の集積点 $a=\hat{a}_\infty$ の近傍の漸近的性質に決定的影響を与える．

しかし，重要でないスケーリング場は安定で，その効果はくりこみ変換によって洗い流されていく．Feigenbaum(1979)は，このような重要なスケーリング場は，2^n 分岐の場合にはただ1つであると予想し，それを(7.28)の数値解析によって確認するとともに，

$$\delta = \delta_1 \equiv 4.6692016091\cdots \qquad (7.35)$$

を得た．この δ は，(7.25)の α とともに，**Feigenbaum の普遍定数**といわれる．

このように，固定点 g は，ただ1つの不安定固有ベクトル E_1 をもつサドルである．図7-13は，そのまわりの関数空間 V の幾何学的構造を示す．ここで，1次元曲線 $W^{\mathrm{u}}(g)$ は，g で E_1 と接する g の不安定多様体であり，曲面 Σ は，

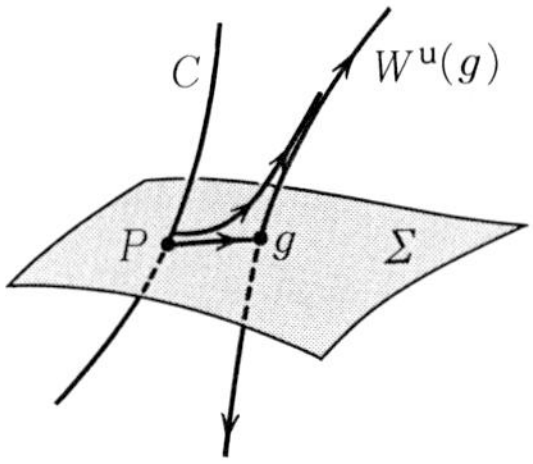

図 7-13　くりこみ変換 $\mathcal{T}$ の固定点 g のまわりの構造．矢印は $\mathcal{T}$ による流れの向きを示す．

g で E_1 と横断的な，余次元 1 の g の安定多様体を表わす．曲線 C は，2 次写像(7.22)で a を上げていくときに得られる 1 パラメタ写像族を表わす．この C は，余次元 1 の曲面 Σ とある点 P で交わる．この P 点は，$a=\hat{a}_\infty$ に対応し，写像 $f_\infty(x)\equiv\hat{a}_\infty-x^2$ を表わす．この写像は固定点関数 $g(x)$ とは異なるが，安定多様体 Σ 上に乗っているので，変換 $\mathcal{T}$ を繰り返し作用させれば，図の矢印のように，g に漸近する．a が $\hat{a}_\infty$ からわずかでも離れていれば，やがて g から遠ざかり，$W^{\mathrm{u}}(g)$ に沿って g から離れていく．いずれの場合も，固定点 g のまわりの 1 次元写像は，すべて，$\mathcal{T}$ の作用によって $W^{\mathrm{u}}(g)$ に漸近し，その閉包の上に乗ってしまうのである．その意味で，$W^{\mathrm{u}}(g)$ によって表わされる 1 パラメタ写像族は，ある普遍的写像を表わしている．

相似則(7.23)は，$n\gg1$ として，分岐点 $\hat{a}_{n+1}$ と $\hat{a}_n$ との関係

$$\hat{a}_{n+1} = \hat{a}_\infty+\delta^{-1}(\hat{a}_n-\hat{a}_\infty) \tag{7.36}$$

に等価である．また，図 7-11 における 2^n 分岐の相似性も，$\hat{a}_{n+1}-0$ におけるサイクルと $\hat{a}_{n+2}-0$ におけるサイクルとの関係である．このような相隣る分岐点の間の関係に対して，くりこみ変換(7.26)が使えるのである．それは，図 7-8 における，(c)の「$\phi^2(x)$ の極小」を入れた箱と，(a)の「$\phi(x)$ の極大」を入れた箱との相似性による．

いま，$\hat{a}_n-0$ における写像 $\phi(x)$ を $\phi_n(x)$ とかけば，この相似性は

$$\mathcal{T}\phi_{n+1}(x) = -\alpha\phi_{n+1}^2(-x/\alpha) = \phi_n(x) \tag{7.37}$$

とかける．しかも $\lim_{n\to\infty}\phi_n(x)=g(x)$ で，$n\gg1$ では，$\phi_n(x)$ の $g(x)$ からのずれ $e_n(x)$ は十分に小さく，線形近似(7.34)が使える．こうして $\mathcal{T}^{-1}$ を次つぎに作用させて，$g(x)$ の近傍にきたときには，すでに重要でないスケーリング場は

洗い流されて，$\phi_n(x)$ は普遍的写像に近づき，不安定多様体 $W^{\mathrm{u}}(g)$ の近傍にある．それ以後の分岐は，この $W^{\mathrm{u}}(g)$ に沿って g へとさかのぼっていくことになる．そのとき相似則(7.36)が成り立つことを，次に見よう．

空間 V において，n 番目の分岐点直前 $\hat{a}_n-0$ にあるいろいろな1次元写像の集合は，ある曲面 Σ_n をつくる．g の近傍では，このような曲面 Σ_n は，安定多様体 Σ に近似的に平行に並んでいて，$W^{\mathrm{u}}(g)$ との交点は $a=\hat{a}_n$ での普遍的写像である．Σ_n から Σ までの距離を d_n とすれば，Σ は $a=\hat{a}_\infty$ に対応しているので，d_n を $\hat{a}_\infty-\hat{a}_n$ で展開して，$d_n \propto (\hat{a}_\infty-\hat{a}_n)$ としてよい．(7.37)により，変換 $\mathcal{T}$ は Σ_{n+1} を Σ_n に移す．しかも，$\mathcal{T}$ を ϕ_{n+1} に作用させると，g からのずれ e_{n+1} は因子 δ だけ増幅されるから，$d_n/d_{n+1}=\delta$ となる．したがって，$(\hat{a}_\infty-\hat{a}_n)/(\hat{a}_\infty-\hat{a}_{n+1})=\delta$ となり，(7.36)が得られる．じつは，以上は，$n\to\infty$ に対して漸近的に成り立つ議論であるから，しばしば

$$\delta = \lim_{n\to\infty}\frac{\hat{a}_n-\hat{a}_{n-1}}{\hat{a}_{n+1}-\hat{a}_n} \tag{7.38}$$

とかかれる．なお，相似則(7.36)および図7-11の相似性は，諸種の系について実験的に検証された．

なお，簡単のため，分岐点 $a=\hat{a}_n$ における相似性に着目してきたが，$\hat{a}_n$ と $\hat{a}_{n+1}$ との間の任意の中間点に拡張することも可能である．$0<k<1$ なる k を選べば，中間点の点列 $a=\hat{a}_\infty-(\hat{a}_\infty-\hat{a}_n)/\delta^k$ $(n=1,2,\cdots)$ に対して，上述の相似則がそのまま成立するのである．

c) 2^n バンド分岐の相似性

分岐図7-9に見られるように，カオス領域における 2^n バンド(分裂)分岐は，$a=a_\infty=\hat{a}_\infty$ をはさんで，サイクルの 2^n 分岐と対称である．そのため，2^n 分岐と同質な相似則(7.24)が成立する．じつは，さらにもう1つ，それとは異質な，バンドの内部構造に関する相似性が存在する．$a_n>a>a_{n+1}$ では，アトラクターは，窓を除き，周期 $Q=2^n(\gg 1)$ の Q 個のバンドからなる．そのカスケードにおける相似性を調べるには，a を a_∞ へと下げていくのが便利である．そのとき，バンド融合は**バンド分裂**に他ならない．$a=a_n$ におけるその機構を示

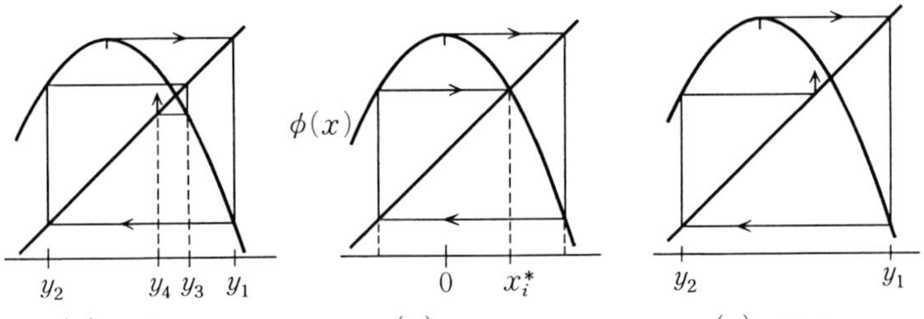

図 7-14 $a=a_n$ の前後における $\phi(x)\equiv f^{Q/2}(x)$ のグラフと頂点軌道 $y_j=\phi^j(0)$.

したのが図 7-14 である．これは $\phi(x)\equiv f^{Q/2}(x)$ に対する固定点 x_i^* のまわりのグラフで，それを特徴づけるのは頂点軌道 $y_j=\phi^j(0)$ である．図(c)の $a>a_n$ では，カオス軌道が区間 $[y_2, y_1]$ のほとんどいたるところを通り，1 バンドアトラクターを作る．図(b)の $a=a_n$ では，$y_3=x_i^*$ となる．図(a)の $a<a_n$ では，区間 $[y_4, y_3]$ がギャップとなり，アトラクターは，2 つのバンド $[y_2, y_4]$ と $[y_3, y_1]$ に分裂する．特に，$a=a_{n+1}+0$ では，その 2 つのバンドの中心間距離を 1 とすれば，図 7-8(d)の 4 点サイクルの要素区間と同様に，各バンドの幅はそれぞれ α^{-1}, α^{-2} となる．

a を下げていくと，このようなバンド分裂が $a=a_n$ で順次に起こり，$a_n>a>a_{n+1}$ では 2^n 個のバンドとなる．その各バンドの幅のうち最小の幅を $l_{\rm w}$ とし，バンドの中心間の最隣接距離の最小値を $l_{\rm d}(>l_{\rm w})$ とすれば，それらの a 依存性は，対数目盛で図 7-15 のようになる．すなわち，a を下げていくと，$l_{\rm w}$ と $l_{\rm d}$ は，分岐点 a_n で不連続に減少し，**切片**の連なりとなる．しかも，

(α) 切片の長さは，n によらず，すべて $\ln\delta$ である．

(β) 切片の形態は，n によらず，すべて同じである．

この著しい相似性は，**2^n バンド分岐**の相似性を端的に表わすものといえる．切片の各点は，$a_n\geqq a>a_{n+1}$ では，

$$k \equiv \ln\{(a-a_\infty)/(a_n-a_\infty)\}/\ln\delta^{-1} \tag{7.39}$$

の値によって指定できる．ここで $0\leqq k<1$ である．適当な k の値を選んで，a_n と a_{n+1} との適当な中間点の点列

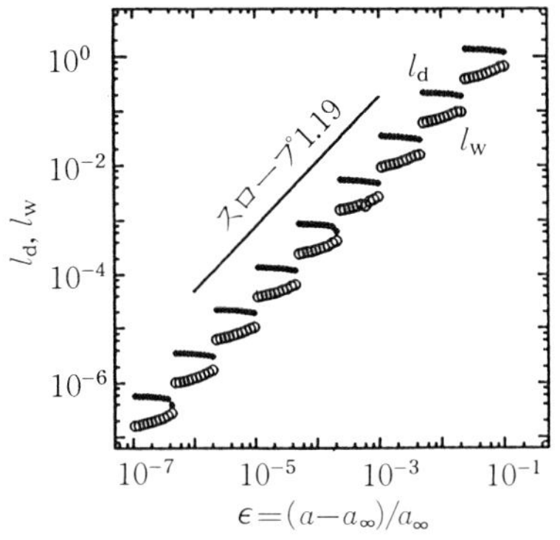

図7-15 l_d, l_w の ϵ 依存性に見る 2^n バンド分岐の相似性．ここで a を $a_1=1.54368\cdots$ ($\epsilon \cong 1.02 \times 10^{-1}$) から $a_{10}=1.40115\cdots$ ($\epsilon \cong 0.93 \times 10^{-7}$) まで変えた．(Tominaga and Mori[Ⅱ-37]による．)

$$\epsilon_k \equiv (a-a_\infty)/a_\infty = \delta^{-k}(a_n-a_\infty)/a_\infty \propto \delta^{-n} \tag{7.40}$$

に沿って，a を a_1 の上から a_∞ へと下げていくことにしよう．そのとき，$\epsilon_k \to 0$ となり，バンドの個数 Q は

$$Q = 2^n = \delta^{\kappa n} \propto \epsilon_k^{-\kappa} \tag{7.41}$$

に従って増大する．ここで $\kappa \equiv \ln 2/\ln \delta = 0.44980\cdots$ である．2^n バンド分岐は，1つのバンドを，幅の縮小比が α^{-1} と α^{-2} の2つのバンドに分裂させるから，

$$l_d, l_w \propto \alpha^{-2n} \propto \epsilon_k^{\nu} \tag{7.42}$$

とかける．ここで $\nu \equiv \ln \alpha^2/\ln \delta = 1.190732\cdots$ である．この ν は，図7-15のスロープ1.19と一致し，数値的に検証される．なお，バンド幅の最大のものは $\alpha^n l_w$ であり，そのスケーリング指数は $\nu' = \nu/2$ となる．これらの相似則は，2次元のHénon写像(7.1)に対しても成立し，そのカオス発生点の近傍における2次元バンドカオスの相似性を解明するための枠組みを与える．

このような相似性の背後には，「不変集合の相似性」があるはずである．事実，それは，ただ1つの極大をもつ単峰写像の周期軌道に対するŠarkovskii (1964)の順序

$$\begin{aligned} &3 \vdash 5 \vdash 7 \vdash \cdots \vdash 2\times 3 \vdash 2\times 5 \vdash 2\times 7 \vdash \cdots \\ &\cdots \vdash 2^n\times 3 \vdash 2^n\times 5 \vdash 2^n\times 7 \vdash \cdots (n\to\infty) \cdots \\ &\cdots \vdash 2^n \vdash \cdots \vdash 2^3 \vdash 2^2 \vdash 2 \vdash 1 \end{aligned} \tag{7.43}$$

によって理解することができる．ここで $i \vdash j$ は，周期 i の周期軌道があれば，

周期 j の周期軌道が同じ流域内にあることを意味する．その最下段は，$a<a_\infty$ の 2^n 分岐に対応する 2^n の列である．最上段の左は3以上の奇数の〈奇数列〉，ついで，〈奇数列〉$\times 2^n$ が続く．カオス領域 $a>a_\infty$ の特性は，この〈奇数列〉$\times 2^n$ の周期軌道の出現である．2次写像(7.22)では，それらは，a を a_∞ から上げていくと，(7.43)の逆の順序で，接線分岐によって生成される．$a>a_c$ では，図7-10のように，周期3の周期軌道が存在するので，(7.43)により，すべての周期の周期軌道が存在することになる．$a_n>a>a_{n+1}$ では，カオスのアトラクターは 2^n 個のバンドからなり，$2^n\times$(奇数列) の周期軌道を含む．(奇数列) は各バンドに内在する奇数周期を示し，バンドの内部構造を規定する．この奇数列は，分岐図7-9や図7-10では，各バンドの窓として現われる．a を a_n から a_{n+1} へ下げていくと，奇数列が $3,5,7,\cdots$ の順に消失し，$a=a_{n+1}$ ですべて消失すると，次に，周期 2^n の周期軌道がバンドから分離されてバンド分裂が起こる．$a<a_{n+1}$ では，新たな 2^{n+1} 個の各バンドについて同様なことが繰り返され，かくして a_∞ へ近づいていくのである．したがって，(7.39)の k の値を定めると，a の点列(7.40)に対して，各バンドは同じ奇数列の周期軌道をもつ．これが，図7-15における各切片の形態の相似性を保証する．

このように，図7-15が示唆する相似性は2種類である．多数の細いバンドの空間的分布に関するバンド間の相似性と，各バンドの内部構造に関するバンド内の相似性の2種類である．バンド間の相似性は，相似則(7.40)と(7.41)でとらえられており，$\epsilon_k\to 0$ のとき，2^n 分岐の臨界 2^∞ アトラクターにおける軌道点の分布の自己相似性に移行していく．これは9-3節a項，b項で取り扱う．バンド内の相似性は，図7-15の各切片の形態の相似性で，Šarkovskiiの奇数列が示唆するバンドの内部構造の相似性である．しかし，2次写像(7.22)では，$J=0$ としたため，図7-3や図7-4に見られた多重ひも構造による2次元フラクタル性が失われている．この2次元フラクタル性はカオスの重要な性質であり，実は，9-3節c項，d項で見るように，バンド内のカオスの相似性は，2次元フラクタル性も含めて，スペクトル $\psi(\Lambda)$ によって端的にとらえることができるのである．

7-4 1次元円写像の分岐

$$\theta_{t+1} = f(\theta_t) = \theta_t + \Omega - (K/2\pi)\sin(2\pi\theta_t) \qquad (7.44)$$

ここで $0<\Omega<1$，$K>0$，$0\leqq\theta_t<1 \pmod 1$ とする．これはトーラスの切口上の角度 $2\pi\theta$ に対する円写像(7.21)で，図7-16は，$K=0.8$, 1.3 におけるそのグラフを示す．$K<1$ では，$f(\theta)$ は1対1の変換で，逆写像が存在する．$K>1$ では，逆が存在せず，しかも，極小と極大の2つの頂点 $f'(\theta^\alpha)=0$ ($\alpha=0,1$) があるため，2つのアトラクターが共存し得ることになる．θ 軸上の2点の大小関係は，$K<1$ では写像 f によって不変に保たれるが，$K>1$ では逆転し得る．点列の順序の逆転は，頂点 $\theta=\theta^\alpha$ の左右における区間の**折りたたみ**によるもので，カオスの存在を示唆する．したがって $K>1$ を**カオス領域**という．実際，$K>1$ では，アトラクターはカオスかサイクルの窓であるといえる．

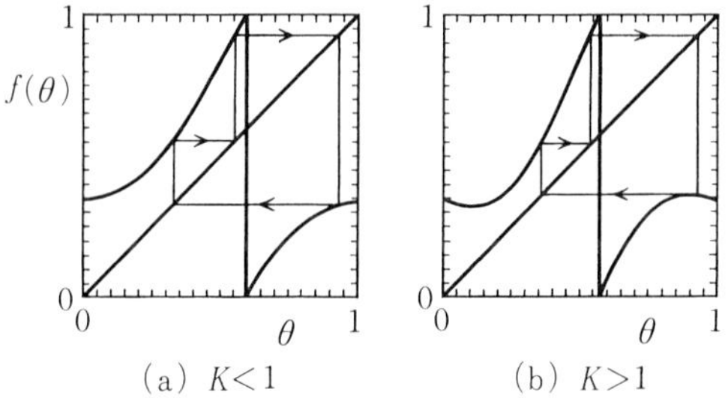

図7-16 円写像(7.44)のグラフと3点サイクル．ここで $\Omega=0.34$，(a) $K=0.8$，(b) $K=1.3$.

a) 位相ロックされたバンドカオス

円周上の回転数は，任意の軌道に対して，(7.11)から

$$\rho(\theta_0) \equiv \lim_{n\to\infty} \rho_n(\theta_0), \qquad \rho_n(\theta_0) \equiv (\theta_n - \theta_0)/n \qquad (7.45)$$

によって与えられ，$K=0$ では $\rho(\theta_0)=\Omega$ となる．$K>0$ では，$\rho(\theta_0)$ が一定の有理数 p/q にロックされ，Ω の有限な区間で Ω によらず一定となることがある．これを p/q への**位相ロッキング**(phase locking)，または，位相同期とい

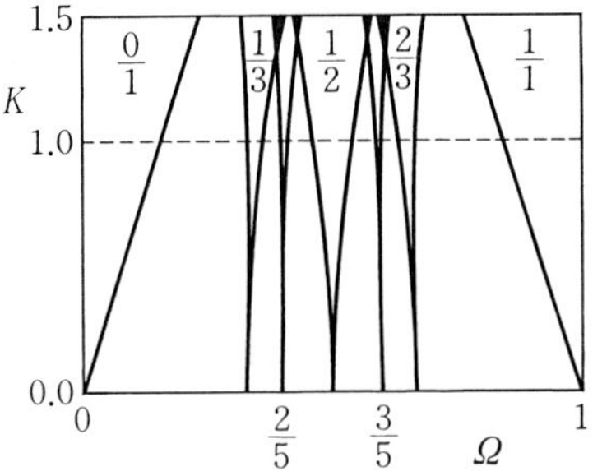

図 7-17 Arnold の舌 $A_{p/q}$ の例．ここで $p/q=0/1, 1/3$, 2/5, 1/2, 3/5, 2/3, 1/1. $K>1$ では近接した舌が重なる．黒く塗った部分は，そのような重なりを示す．

う．円周上の q 点サイクル，または，q バンドカオスでは，$\rho(\theta_0)=p/q$ のとき，θ_t は $p-1$ 個おきにそれらを巡り，p 周ごとに初期点 θ_0 の周期点，または，バンドに戻る．このような p/q への位相ロッキングが，図 7-17 に示された，$\boldsymbol{\Omega}$ 軸上の有理点 $(\boldsymbol{\Omega}, K)=(p/q, 0)$ を頂点とする逆 3 角形領域で起こる．このような領域を，p/q の **Arnold の舌**(tongue)といい，$A_{p/q}$ で表わす．強制振り子では，これは，平均角速度と駆動力の振動数 $\boldsymbol{\omega}$ との比が，駆動力の振幅 $\boldsymbol{\Omega}$ の有限な区間で p/q にロックされることを意味する(9-2 節 b 項を参照)．その幅 $\varDelta\boldsymbol{\Omega}_{p/q}(K)$ は，K について単調増加である．このような領域が $\boldsymbol{\Omega}$ 軸上のすべての有理数 p/q から出ていて，それらは，$K\leqq 1$ では重ならないが，$K>1$ では重なることができる．ここで $K=1$ では，幅 $\varDelta\boldsymbol{\Omega}_{p/q}(K)$ の，すべての有理数 p/q にわたる総和が 1 となり，$\rho(\theta_0)=$ 無理数なるトーラスを与える $\boldsymbol{\Omega}$ の集合の長さ(Lebesgue 測度)は 0 となる．しかし，$K>1$ では，次の b 項で見るように，Lebesgue 測度が 0 でない，位相ロッキングのないカオスの領域(**$\boldsymbol{U}$ 領域**)が存在するのである．

Arnold の舌 $A_{p/q}$ の形態は，図 7-18 に示されている．その左右の縁をそれぞれ $A_{p/q}^{\mp}$ とし，上側の左右の縁を $C_{p/q}^{\mp}$ とする．ここで $C_{p/q}^{\mp}$ は $K>1$ にある．$A_{p/q}^{\pm}$ の縁を外から内へと横切るとき，回転数 $\rho(\theta_0)=p/q$ の **$\boldsymbol{q}$ 点サイクル** θ_i^* と **$\boldsymbol{q}$ 点サドル** s_i が $f^q(\theta)$ の接線分岐によって生成される．この $A_{p/q}^{+}$ 上での写像 $f^q(\theta)$ における 2 つの接点の間のグラフが示されている．しかし，q 点サイクル θ_i^* から分岐してできた $A_{p/q}$ 内のアトラクターは，$C_{p/q}^{\pm}$ の上で，q 点サドル s_i と衝突して破壊される．この**クライシス線** $C_{p/q}^{+}$ 上での写像 $f^q(\theta)$ において，

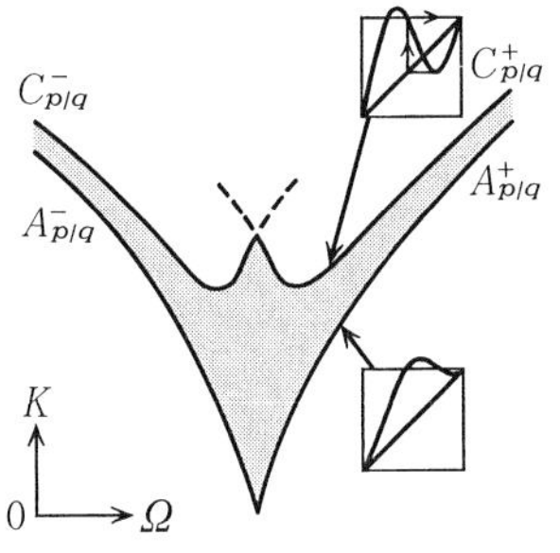

図 7-18 $A_{p/q}$ の形態(アミかけ領域). この領域では, 回転数が $\rho(\theta_0)=p/q$ にロックされている.

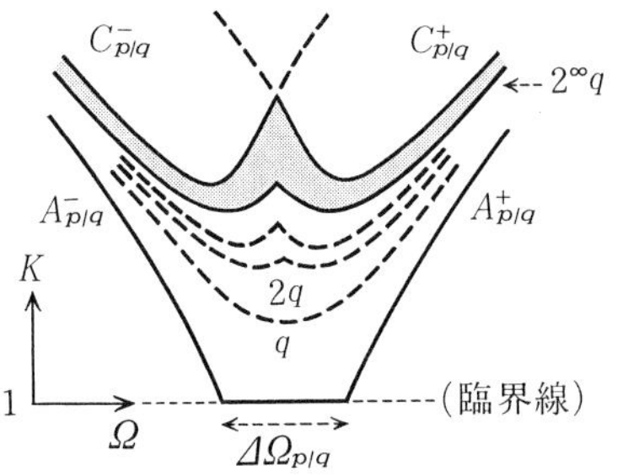

図 7-19 $A_{p/q}$ の構造. K を上げると, $K>1$ で, q 点サイクルの 2^n 分岐が起こり, ついでアミかけ領域で, q バンドカオスの 2^n バンド分岐が起こる.

頂点軌道が右上隅の固定点 s_i に吸収されるグラフが示されている. このような, $A^\pm_{p/q}$ と $C^\pm_{p/q}$ とで囲まれたアミかけ領域 $A_{p/q}$ では, アトラクター上のすべての軌道が $\rho(\theta_0)=p/q$ に位相ロックされているのである.

このアトラクターは, $A^\pm_{p/q}$ のすぐ内側では q 点サイクルであるが, さらに内側では, 図 7-19 のように, 周期倍化によって $2^n\times q$ 点サイクル($n=1,2,\cdots,\infty$)のカスケードを起こし, その集積線 $2^\infty q$ の上側で, バンドカオスとなる. かくして, クライシス線 $C^\pm_{p/q}$ の内側のアミかけ領域では, $2^n\times q$ 個のバンドからなり, 2^n バンド分岐のカスケードを起こす. 特に, $C^\pm_{p/q}$ のすぐ内側では ***q* バンドカオス**となり, $C^\pm_{p/q}$ の上で q 点サドル s_i と衝突して破壊される. ここで, 2^n 分岐と 2^n バンド分岐の各カスケードは, $f^q(\theta)$ の極大か極小かによって局所的に惹起されるもので, 7-3 節の各相似則に従う. その間回転数は p/q に固定され, $A_{p/q}$ 内のカオスは, すべて, p/q に位相ロックされたバンドカオス(phase-locked band chaos)である.

このような形態をもつ図 7-19 のサイズ, すなわち, K 軸方向における真中の高さ $\Delta K_{p/q}$ と臨界線上の幅 $\Delta\Omega_{p/q}(1)$ は, 周期 q が大きいほど小さくなる. しかも, 次項で述べるように, 臨界線上の 2 次無理数に収束する分数の列に対しては, そのサイズについて相似則が成立する.

$K \cong 0$ で $\rho(\theta_0)$＝無理数なるトーラスから出発しても，K を上げていくと，無理数の領域がやせ細り，$K=1$ ではその Lebesgue 測度が 0 となるため，隣接した Arnold の舌の中に入って臨界線を越える．したがって，円写像(7.44)におけるカオス発生のルートは，通常，トーラス→位相ロッキング→2^n 分岐→位相ロックされたバンドカオス，であるといえる．しかし，(Ω, K) パラメタ空間には，黄金トーラス→臨界黄金トーラス→位相ロッキングのない全域的カオス(phase-unlocked chaos)，という**準周期性ルート**も存在するのである．次に，堀田・秦・森(1990)に従って，この準周期性ルートを考察しよう．

b）位相ロッキングのない全域的カオス

Arnold の舌 $A_{p/q}$ の両翼では，回転数の上限と下限を

$$\rho_+ \equiv \lim_{n\to\infty} \sup_{\theta_0 \in [0,1]} \rho_n(\theta_0), \qquad \rho_- \equiv \lim_{n\to\infty} \inf_{\theta_0 \in [0,1]} \rho_n(\theta_0) \qquad (7.46)$$

とすれば，$\rho_+ \geqq p/q \geqq \rho_-$ となる．中央の凸領域では $\rho_\pm = p/q$ であり，その境界を破線で表わせば，図 7-20 のように，$A_{p/q}$ の両翼はこの境界線の外側にある．この $\rho_\pm = p/q$ なる 2 つの破線は，凸領域の上側ではクライシス線 $C^{\pm}_{p/q}$ と一致する．図の $A_{p/q}$ と $A_{p'/q'}$ が重なる共存領域(濃アミ領域)では，$\rho_- \leqq p/q < p'/q' \leqq \rho_+$ であり，回転数 p/q と p'/q' の 2 つのアトラクターが共存する．し

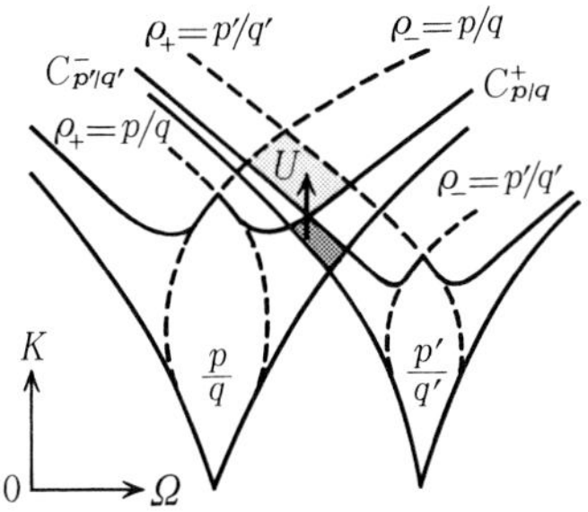

図 7-20　回転数が $p/q, p'/q'$ にロックされた，2 つのアトラクターの共存領域(濃アミ)と，U 領域(淡アミ)．

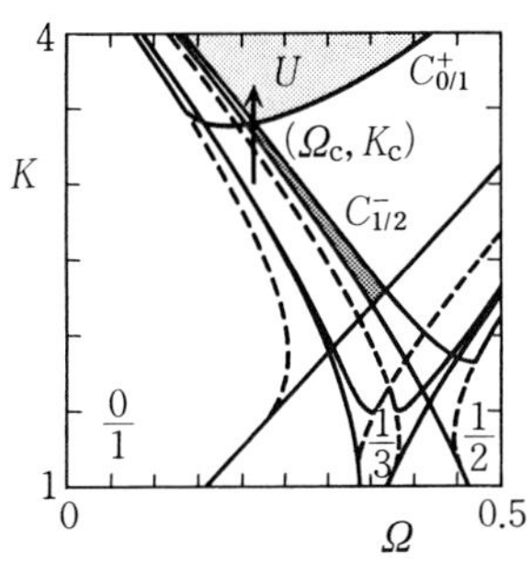

図 7-21　$A_{0/1}$ と $A_{1/2}$ とが重なる共存領域(濃アミ)，$C^+_{0/1}$ と $C^-_{1/2}$ の交点 (Ω_c, K_c)，位相ロッキングのない全域的カオスの U 領域(淡アミ)．

かし，その直上に，どの Arnold の舌も入れない **U 領域**が存在する．この U 領域は，実線 $C^+_{p/q}, C^-_{p'/q'}$ と破線 $\rho_-=p/q$，$\rho_+=p'/q'$ とで囲まれた領域(淡アミ領域)である．図の矢印のルートに沿って，共存領域から U 領域に入れば，2つのアトラクターがともに破壊され，ある1つのアトラクターに融合される．この U 領域では，どんなカオスが出現するだろうか．

図7-21の，濃いアミかけの共存領域では，回転数0/1と1/2の2つのアトラクターが共存している．ここで，2つのクライシス線 $C^+_{0/1}$ と $C^-_{1/2}$ の交点 (Ω_c, K_c) は，共存領域の先端で $\Omega_c \cong 0.21388$，$K_c \cong 3.40573$ である．この先端を通って，共存領域から U 領域へ抜けるルート上の分岐図は，図7-22のようになる．ここで $\Omega=\Omega_c$，$3<K<3.5$ である．その図(b)は，回転数 $\rho(\theta_0)$ を K に対してプロットしたもので，$3.33<K<K_c$ では，$\rho=0/1, 1/2$ の2つの回転数が共存する．K を3から上げていくと，$A_{0/1}$ は，図7-19のような内部構造において，すでに2バンドカオスになっていて，次に1バンドカオスとなり，$K=K_c$ で1点サドルと衝突して破壊される．$A_{1/2}$ は，$K\cong 3.33$ で，2点サドルとともに生成され，2^n 分岐のカスケードと 2^n バンド分岐の逆カスケードを経

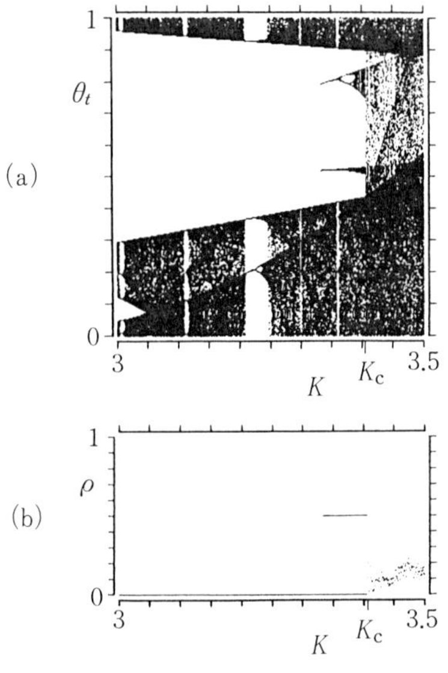

図7-22 図7-21の矢印のルート上における分岐図．$K>K_c$ なる U 領域では，位相ロッキングのない全域的カオスとなる．(Horita *et al*.[II-25]による．)

て，K_cの直前では2バンドカオスとなり，$K=K_c$で2点サドルと衝突して破壊される．このように，$K>K_c$では2つのバンドカオスとも破壊され，U領域では，位相ロッキングから解放された，円周の全領域$0 \leqq \theta_t < 1$にわたる**全域的カオス**となる．これは，円周上を限なく巡回するという点ではトーラス上の2重周期運動と変わりないが，区間の折りたたみをもつ．この折りたたみは，2次元円環写像(7.10)においては，動径方向にCantor集合の多重ひも構造をもった「しわの寄ったトーラス(wrinkled torus)」上の全域的カオスを意味する．なお，K_c直前の2つのアトラクターは，それぞれ，周期が$q\times$正整数，$q'\times$正整数の周期軌道を含むので，K_c直後のU領域の全域的カオスは，少なくとも，周期が$q\times$正整数および$q'\times$正整数なる無限個の周期軌道を含むといえる．この全域的カオスの形態と構造は9-2節で調べる．

このような，位相ロッキングのない全域的カオスが，臨界線$K=1$の直上にも存在し，カオス発生の準周期性ルートを与える．次に，それを考察しよう．

$K=1$，$\Omega=\Omega_\infty\equiv 0.60666106\cdots$では，回転数は$\rho(\theta_0)=\rho_G\equiv(\sqrt{5}-1)/2$となり，図7-5に対応する臨界黄金トーラスが得られる．$F_0=F_1=1$，$F_{m+1}=F_m+F_{m-1}$ ($m=1,2,\cdots$)によって生成されるFibonacci数$\{F_m\}=1,1,2,3,5,8,13,21,34,\cdots$を使えば，黄金比の逆数は

$$\rho_G=\cfrac{1}{1+\cfrac{1}{1+\cfrac{1}{1+\cdots}}}=\lim_{m\to\infty}\frac{F_{m-1}}{F_m} \tag{7.47}$$

とかける．これは連分数による漸近表示である．また，

$$F_m=\{\rho_G^{-(m+1)}-(-\rho_G)^{m+1}\}/(\rho_G^{-1}+\rho_G) \tag{7.48}$$

とかけるので，$m\gg 1$のとき，$F_m\propto\rho_G^{-m}$となる．この臨界黄金トーラスは，8-2節c項で見るように，図7-5のフラクタル性をよく再現する．ここでは，領域$K>1$において，$K\to 1$のときにこの黄金トーラスに収束する**カオスの系列**を考察しよう．図7-23の濃い折れ線は，このような系列のルートを示す．図には，回転数$\rho(\theta_0)=\rho_m\equiv F_{m-1}/F_m$の$A_{\rho_m}$ ($m=1,2,\cdots$)が$A_{1/1},A_{1/2},A_{2/3},A_{3/5},\cdots$と示されている．$C_{1/1},C_{1/2},C_{2/3},\cdots$はそれらのクライシス線であり，

濃い折れ線は，これらのクライシス線 C_{ρ_m} を下へたどる．その曲り角 T_m は，2つのクライシス線の交点 $T_m = C_{\rho_m} \cap C_{\rho_{m+1}}$ で，回転数 ρ_m と ρ_{m+1} の2つのアトラクターが融合する点 $T_m = (\Omega_m, K_m)$ である．その値は表7-1に与えられており，たとえば，$T_1 = (\Omega_1, K_1) = (0.786\cdots, 3.405\cdots)$ である．これは，$m \to$

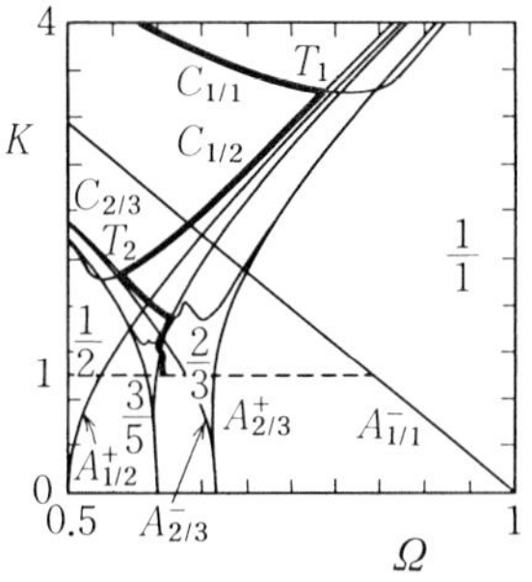

図7-23 濃い折れ線は，クライシス線 C_{ρ_m} を下へたどって臨界黄金トーラスにいたるルート．その各曲り角 T_m の直上に，全域的カオスの U 領域がある．(Horita *et al*.[II-19]による.)

表7-1 臨界黄金トーラスへ収束するアトラクター融合分岐の系列(Horita *et al*.[II-19]による)

m	Ω_m	K_m	$F_{m+1}\Lambda_\infty(s^+_{m,i})$	$F_m\Lambda_\infty(s^-_{m,i})$
1	0.786119517337	3.405735089365	1.413443	1.418130
2	0.558100372495	1.873689867485	1.445438	1.471071
3	0.614616583648	1.505301778413	1.436753	1.497271
4	0.597157073317	1.268447545603	1.445470	1.499052
5	0.605744125674	1.156702126804	1.442263	1.504854
6	0.604461101859	1.090765794772	1.444407	1.504013
7	0.605935686595	1.053918954236	1.443443	1.505230
8	0.606024071255	1.032051470891	1.443994	1.504835
9	0.606352103083	1.019198787693	1.443717	1.505117
10	0.606450291104	1.011510501298	1.443865	1.504988
11	0.606543436191	1.006917946440	1.443787	1.505059
12	0.606587157848	1.004159781420	1.443828	1.505021
13	0.606617715411	1.002503309560	1.443806	1.505040
14	0.606634576177	1.001506788007	1.443817	1.505030
15	0.606645256408	1.000907210078	1.443811	1.505035
⋮	⋮	⋮	⋮	⋮
∞	0.606661063470	1.0	1.443813	1.505033

∞ のとき $\Omega_m \to \Omega_\infty$，$K_m \to K_\infty = 1$ となり，臨界黄金トーラスへ収束する．$T_m^+ \equiv (\Omega_m, K_m + \Delta)$（$\Delta \to 0$）では，図 7-21 の（$\Omega_c, K_c$）の直上と同様に，$U$ 領域が存在し，しわの寄ったトーラス上の，位相ロッキングのない全域的カオスとなる．この T_m^+（$m \gg 1$）が，$K = 1 + \Delta$ での臨界黄金トーラス直後のカオスを代表する．なお，臨界黄金トーラスに移行していくのは，$T_m^- \equiv (\Omega_m, K_m - \Delta)$ における回転数 ρ_m（または ρ_{m+1}）の F_m（または F_{m+1}）個の細いバンドである．その状況は，7-3 節 c 項で述べた 2^n 個の細いバンドの臨界 2^∞ アトラクターへの移行と同様である．このように，円写像は，黄金トーラス→臨界黄金トーラス→位相ロッキングのない全域的カオス，という**準周期性ルート**をもつ．

$m \gg 1$ のとき，このアトラクター融合の分岐点 $T_m = (\Omega_m, K_m)$ のカスケードは，次のような相似性をもつ．A_{ρ_m} は図 7-19 のような形態をもち，そのサイズは $m \to \infty$ のとき縮小する．その 1 ステップ $m \to m+1$ 当たりの縮小比の逆数は，K 軸方向および Ω 軸方向に，それぞれ，

$$\alpha_{\mathrm{GM}}^2 = 1.66043\cdots, \qquad \delta = -2.83361\cdots \tag{7.49}$$

である．ここで，δ の負号は左右の入れ替りを意味する．したがって，K 軸方向について，相似則

$$\epsilon_m \equiv K_m - K_\infty \propto \alpha_{\mathrm{GM}}^{-2m} \qquad (m \gg 1) \tag{7.50}$$

が成り立つ．Fibonacci 数 $F_m \propto \rho_{\mathrm{G}}^{-m}$ を使えば，これは

$$F_m \propto \epsilon_m^{-\kappa_{\mathrm{GM}}}, \qquad \epsilon_m \propto F_m^{-\hat{\nu}} \qquad (\hat{\nu} \equiv 1/\kappa_{\mathrm{GM}}) \tag{7.51}$$

とかける．ここで，$\kappa_{\mathrm{GM}} \equiv \ln \rho_{\mathrm{G}}^{-1} / \ln \alpha_{\mathrm{GM}}^2 = 0.9489\cdots$，$\hat{\nu} = 1.0538\cdots$ である．このような相似則は，前節の 2^n 分岐の場合と同様に，円写像の関数空間における，T_m のカスケードに対するくりこみ変換の固定点 g によって保証され，定数(7.49)は，そのくりこみ変換の線形演算子 L の固有値として求まる．

その固定点 g は 2 つの不安定な固有ベクトルをもつ．K の変化に対応して，α_{GM}^2 を固有値とする固有ベクトル E_1 と，Ω の変化に対応して，δ を固有値とする固有ベクトル E_2 である．したがって，g の近傍における流れの構造は，図 7-13 を拡張して，図 7-24 のようになる．すなわち，g で E_l と接する不安定多様体を $W_l^{\mathrm{u}}(g)$，余次元 2 の安定多様体を $W^{\mathrm{s}}(g)$，円写像(7.44)の 2 パラ

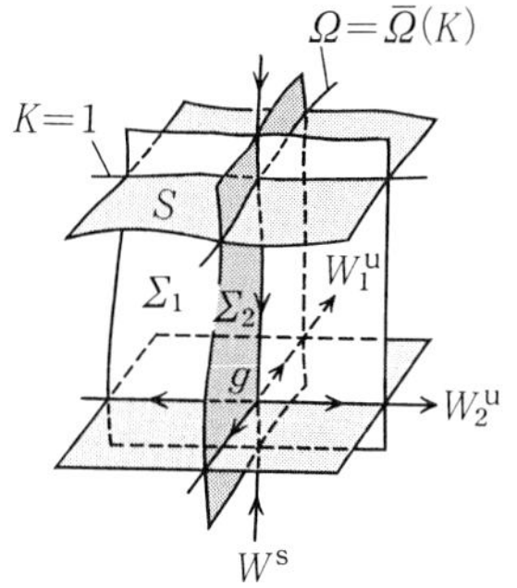

図 7-24 アトラクター融合のカスケードに対するくりこみ変換の固定点 g の周りの構造.

メタ写像族を表わす2次元曲面を S とすれば，W_1^{u} に横断的な余次元1の不変多様体 $\Sigma_1(g)$ と S との交線は $K=1$ である．g の近傍では，$K=K_m$ である円写像の集合は，この Σ_1 に平行な余次元1の曲面 $\Sigma_{1,m}$ であり，Σ_1 までのその距離 d_m は $d_m/d_{m+1}=\alpha_{\mathrm{GM}}^2$ をみたす．これが(7.50)を与える．W_2^{u} に横断的な余次元1の不変多様体 $\Sigma_2(g)$ と S との交線 $\Omega=\bar{\Omega}(K)$ は

$$\bar{\Omega}(K) = \Omega_\infty - 0.017482\,\epsilon - 0.0005\,\epsilon^2 + \cdots \qquad (7.52)$$

となる(MacKay-Tresser, 1986)．ここで，$\epsilon\equiv K-1$ である．$\Omega=\Omega_m$ である円写像の集合は，この Σ_2 に平行な余次元1の曲面 $\Sigma_{2,m}$ であり，Σ_2 までのその距離 d'_m は $d'_m/d'_{m+1}=|\delta|$ をみたす．これから，相似則

$$\Omega_m - \bar{\Omega}(K_m) \propto \delta^{-m} \propto F_m^{-y} \qquad (7.53)$$

が得られる．ここで，$y\equiv \ln|\delta|/\ln \rho_{\mathrm{G}}^{-1}=2.1644\cdots$ である．図7-25は，相似則(7.50)と(7.53)を数値的に検証するものである．

アトラクターの融合点 T_m では，F_m バンドアトラクター a_m^- と F_{m+1} バンド

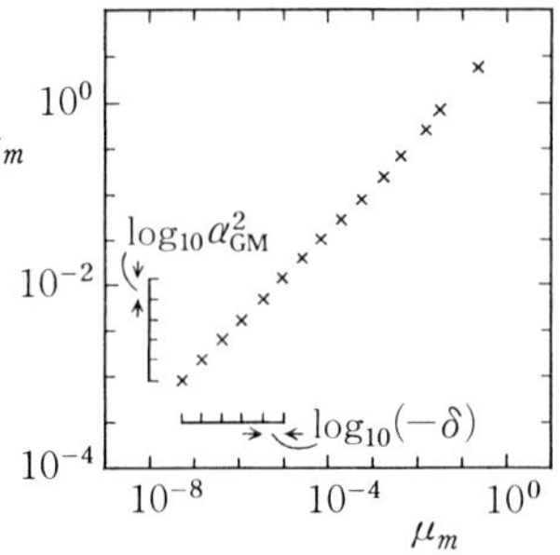

図 7-25 $\epsilon_m\equiv K_m-K_\infty$ 対 $\mu_m\equiv|\Omega_m-\bar{\Omega}(K_m)|$．(7.50)と(7.53)から得られる $\log_{10}\epsilon_m/\log_{10}\mu_m=\log_{10}\alpha_{\mathrm{GM}}^2/\log_{10}|\delta|=0.4868\cdots$ を数値的に検証する.

アトラクター a_m^+ が，それぞれ，F_m 点サドル $s_{m,i}^-$ と F_{m+1} 点サドル $s_{m,i}^+$ に衝突している．したがって，$Q_m^- \equiv F_m$，$Q_m^+ \equiv F_{m+1}$ とすれば，アトラクター $a_m^\pm$ では，写像 $f^{Q_m^\pm}(\theta)$ の頂点軌道が，それぞれ，サドル $s_{m,i}^\pm$ に吸収され，これらサドルの Liapunov 数 $\Lambda_\infty(s_{m,i}^\pm)$ が，粗視的軌道拡大率の最大値 $\Lambda_{\max}$ を与えるとともに，系の統計構造をきめることになる．しかも，これらの $\Lambda_\infty(s_{m,i}^\pm)$ および $a_m^\pm$ のカオスの Liapunov 数 $\Lambda^\infty(a_m^\pm)$ は，動的相似則

$$\Lambda_\infty(s_{m,i}^\pm) = c_\pm^*/Q_m^\pm \propto \epsilon_m^{\kappa_{\mathrm{GM}}} \tag{7.54a}$$

$$\Lambda^\infty(a_m^\pm) = c_\pm^\infty/Q_m^\pm \propto \epsilon_m^{\kappa_{\mathrm{GM}}} \tag{7.54b}$$

をみたす．ここで，$c_+^* \cong 1.444$，$c_-^* \cong 1.505$，$c_+^\infty \cong 0.693$，$c_-^\infty \cong 0.692$ である．それらの収束の速さは，表 7-1 に示されている．これらの相似則を枠組みとして，9-3 節 c 項で見るように，融合点 T_m の前後 $T_m^\mp$ におけるカオスの内部構造の統計的普遍性を取り出すことが可能となる．

8

非周期運動の統計物理

カオスの幾何学的形態を決めている，さまざまの不変集合と不安定多様体 W^{u} の局所構造をとらえるには，どんな物理量を使えばよいだろうか．W^{u} の切片の引き伸ばしと折り曲げを表わす軌道拡大率と，奇妙なアトラクターの自己相似な入れ子構造を記述する局所次元を導入し，カオス軌道上でのそれらのゆらぎにより，カオスに対する幾何学的観点と統計的観点の統合を企てる．カオスの分岐や不安定多様体の接構造は，スペクトル $\phi(\Lambda)$ によって端的にとらえ得ること，上述の 2 つの量のスペクトルの間に一定の関係があることを示す．

具体例として，バンド融合，アトラクター破壊，アトラクター融合の各分岐点前後におけるカオスと，カオス発生点における臨界アトラクターをとり，それらの統計構造と多重フラクタル性を解明しよう．

8-1　粗視的軌道拡大率の統計構造関数

確率分布関数(6.23)に対して，**分配関数**

$$Z_n(q) \equiv \int d\Lambda \exp[(1-q)n\Lambda]P(\Lambda\,;\,n) \tag{8.1a}$$

を導入しよう．ここで，qは，$-\infty<q<\infty$ なるパラメタである．これは，(6.23)を代入すれば

$$Z_n(q)=\langle\exp[(1-q)n\Lambda_n(X)]\rangle \tag{8.1b}$$

となる．いま，磁場 H をかけた強磁性体のスピン1個当たりの磁化 m を考えて，m に Λ を，H に $1-q$ を対応させ，Helmholtz の自由エネルギーとその導関数に対応して

$$\boldsymbol{\Phi}_n(q)\equiv-(1/n)\ln[Z_n(q)] \tag{8.2}$$

$$\Lambda_n(q)\equiv\boldsymbol{\Phi}_n'(q)=\langle\Lambda\rangle_{q,n} \tag{8.3}$$

$$\sigma_n(q)\equiv-\Lambda_n'(q)=n\langle\{\Lambda-\Lambda_n(q)\}^2\rangle_{q,n}\geqq 0 \tag{8.4}$$

を導入する．ここで，$e^{(1-q)n\Lambda}$ を重みとする平均

$$\langle G\rangle_{q,n}\equiv\frac{1}{Z_n(q)}\int d\Lambda G(\Lambda)e^{(1-q)n\Lambda}P(\Lambda\,;\,n) \tag{8.5a}$$

$$=\frac{1}{Z_n(q)}\langle G(X)e^{(1-q)n\Lambda_n(X)}\rangle \tag{8.5b}$$

を定義した．q を変化させると，$\Lambda_n'(q)\leqq 0$ だから，$\Lambda_n(q)$ は q の非増加関数である．したがって，Λ の最大値と最小値を $\Lambda_{\max}\geqq\Lambda\geqq\Lambda_{\min}$ とすれば，

$$\Lambda_n(-\infty)=\Lambda_{\max},\qquad \Lambda_n(1)=\Lambda^\infty,\qquad \Lambda_n(\infty)=\Lambda_{\min} \tag{8.6}$$

となる．このように，q は，$\Lambda_n(X_i)$ が初期点 X_i に応じてとるさまざまな値を陽に引き出すパラメタである．$\boldsymbol{\Phi}_n''(q)=-\sigma_n(q)\leqq 0$ だから，$\boldsymbol{\Phi}_n(q)$ は q の上に凸な関数である．$\boldsymbol{\Phi}_n(1)=0$ から $\boldsymbol{\Phi}_n(q)=\int_1^q dq\Lambda_n(q)$ とかけるので，これを Λ_n の **q ポテンシャル**という．$\Lambda_n(q), \sigma_n(q)$ をそれぞれ Λ_n の **q 平均**，**q 分散**という．これらは一般に n に依存する．そのとき，**時間的粗視化の極限** $n\to\infty$ における漸近形をとるものとする．

確率分布の形(6.27)が成り立つとしよう．これを(8.1a)に入れて $n\to\infty$ をとれば，$\psi(\Lambda)+(q-1)\Lambda=$極小，となる被積分関数の最大項を取り出して，変分原理

$$\boldsymbol{\Phi}(q)\equiv\boldsymbol{\Phi}_\infty(q)=\min_{\Lambda}\{\psi(\Lambda)+(q-1)\Lambda\} \tag{8.7}$$

が得られる．極小の位置を $\Lambda=\Lambda(q)$ とすれば，$\Lambda_\infty(q)=\Lambda(q)$，$\boldsymbol{\Phi}(q)=\psi(\Lambda(q))+(q-1)\Lambda(q)$ となる．$\Lambda(q)$ は，$\psi'(\Lambda)=1-q$ の解 $\Lambda=\Lambda(q)$ である．$\psi''(\Lambda)=-dq/d\Lambda=1/\sigma_\infty(q)\geqq 0$ だから，$\psi(\Lambda)$ は下に凸な関数であり，しかも，$\Lambda=\Lambda^\infty$ に最小値 $\psi(\Lambda^\infty)=0$ をもつ．$\boldsymbol{\Phi}(q)$ の計算の方が容易な場合には，$\psi(\Lambda)$ を知るのに，$\psi(\Lambda)=\max_q\{\boldsymbol{\Phi}(q)-(q-1)\Lambda\}$ から得られる式

$$\psi(\Lambda)=\boldsymbol{\Phi}(q(\Lambda))-\{q(\Lambda)-1\}\Lambda \tag{8.8}$$

を使える．$q(\Lambda)$ は，$\Lambda(q)=\Lambda$ の解 $q=q(\Lambda)$ である．

近接軌道間の粗視的拡大率 $\Lambda_n(X)$ は，カオス軌道群が乗っている不安定多様体 W^{u} の切片の引き伸ばしと折り曲げをあらわし，その構造関数 $\psi(\Lambda)$ や $\Lambda(q)$ は，以下で見るように，カオスのグローバルな形態を特徴づける．力学系の統計熱力学的形式は始め数理的観点から導入された(Ruelle, 1978；高橋, 1980)．軌道拡大率のゆらぎは，いろいろな形態で，藤坂(1983)，高橋・大野(1984)，佐野・佐藤・沢田(1986)，Eckmann-Procaccia(1986)，藤坂・井上(1987)，その他によって導入され議論されたが，それらは主に低次元双曲系に限られていた．ここでは，その物理的意義を明らかにするため，2次元非双曲系をとり，森田ら(1987)，Grassberger ら(1988)，森ら(1989)にしたがって，不安定多様体の切片の引き伸ばし・折り曲げという，カオス軌道群の混合の素過程に着目してきた．拡大率 $\Lambda_n(X)$ は，6-3節c項で述べたように，その粗視的混合率を表わす．

分子の熱運動によるゆらぎは，Boltzmann のエントロピーや Helmholtz の自由エネルギーによって特徴づけられたが，マクロのレベルのカオスによるゆらぎは，$\psi(\Lambda)$ や $\Lambda(q)$ によって特徴づけられる．双曲型力学系では，$\psi(\Lambda)$ は，共存する周期軌道群の Liapunov 数の分布を表わすのである．

a）パイこね変換

$$F(x,y)=\begin{cases}(a^{-1}x,\ h_a y) & (0\leqq x\leqq a)\\ (b^{-1}x-b^{-1}a,\ h_b y+0.5) & (a<x\leqq 1)\end{cases} \tag{8.9}$$

$$(0<a<0.5<b=1-a,\ 0<h_a, h_b<0.5)$$

に対して，上述の統計構造関数を求めよう．図8-1のように，これは，単位正

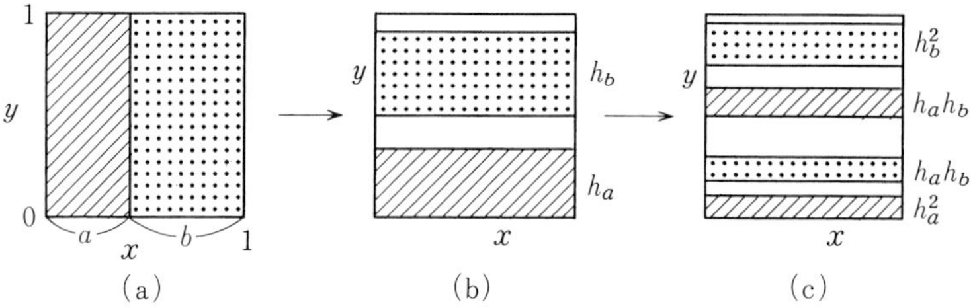

図 8-1 パイこね変換(8.9)による単位正方形の写像(a)→(b)→(c). (c)は幅 $h_a^2, h_a h_b, h_a h_b, h_b^2$ の帯からなる.

方形のそれ自身への写像で, x 方向に拡大比 a^{-1}, b^{-1} で引き伸ばされ, y 方向に縮小比 h_a, h_b で縮小される. n 回写像後には 2^n 個の帯になり, それらの帯の幅は $h_a^r h_b^{n-r}$ $(r=0, 1, \cdots, n)$ である. したがって, $n\to\infty$ におけるアトラクターは, 長さ1のひもの Cantor 集合となる. 2つの近接軌道の, x 方向における距離は, n 回写像後には $(a^{-1})^r(b^{-1})^{n-r}$ 倍に拡大されるので,

$$\Lambda_n(X_0) = p \ln a^{-1}+(1-p)\ln b^{-1} \tag{8.10}$$

となる. ここで, $1\geqq p\equiv r/n\geqq 0$ である. この写像は, 2つの不安定な固定点 $S=(0,0)$ と $X^*=(1, 0.5/(1-h_b))$ をもち, それらの Liapunov 数が, (8.10)の最大値 $\Lambda_1\equiv\Lambda_\infty(S)=\ln a^{-1}$ と最小値 $\Lambda_2\equiv\Lambda_\infty(X^*)=\ln b^{-1}$ を与える. (8.10)の値 Λ を独立変数とすれば, $p=(\Lambda-\Lambda_2)/(\Lambda_1-\Lambda_2)$ となる. 初期点 X_i を, 図(a)の正方形上に一様に分布させておけば, n 回写像後に幅 $h_a^r h_b^{n-r}$ の帯の1つに軌道を見出す確率は $a^r b^{n-r}$ である. このような帯は ${}_nC_r$ 個あるから, $\Lambda_n(X_0)=\Lambda$, すなわち, $p=r/n$ である確率は $P(\Lambda\,;\,n)={}_nC_r a^r b^{n-r}$ となる. したがって, $n\to\infty$ では, $n!, r!$ 等に Stirling の公式を使って, スペクトル $\psi(\Lambda)$ が

$$\psi(\Lambda) = \left(\frac{\Lambda-\Lambda_2}{\Lambda_1-\Lambda_2}\right)\ln\left(\frac{\Lambda-\Lambda_2}{\Lambda_1-\Lambda_2}\right)+\left(\frac{\Lambda_1-\Lambda}{\Lambda_1-\Lambda_2}\right)\ln\left(\frac{\Lambda_1-\Lambda}{\Lambda_1-\Lambda_2}\right)+\Lambda \tag{8.11}$$

と求まる. このアトラクターには無限個の周期軌道が共存していて, それらの Liapunov 数が区間 (Λ_2, Λ_1) に密に分布している. その分布のスペクトルは, 実は, カオス軌道のスペクトル(8.11)と一致しているのである. この $\psi(\Lambda)$ の

極小は$\Lambda=\Lambda^{\infty}=a\ln a^{-1}+b\ln b^{-1}$にある．そのまわりで展開して2次の項までとれば，$\psi(\Lambda)=(\Lambda-\Lambda^{\infty})^2/2\sigma$となる．ここで，$\sigma=ab(\Lambda_1-\Lambda_2)^2$である．これは，正規分布のスペクトルに他ならず，中心極限定理の結果といえる．

分配関数(8.1b)は，(8.10)を使えば，

$$Z_n(q) = \sum_{r=0}^{n} {}_nC_r a^r b^{n-r}\{a^{-r}b^{-(n-r)}\}^{1-q} \tag{8.12}$$

とかけ，2項定理により，$Z_n(q)=(a^q+b^q)^n$となるので，統計構造関数は

$$\Phi_n(q) = -\ln(a^q+b^q) \tag{8.13a}$$

$$\Lambda_n(q) = (a^q\Lambda_1+b^q\Lambda_2)/(a^q+b^q) \tag{8.13b}$$

$$\sigma_n(q) = a^q b^q(\Lambda_1-\Lambda_2)^2/(a^q+b^q)^2 \tag{8.13c}$$

となる．これらがnに依存しないのは，サドルSとX^*の固有値a^{-1}とb^{-1}で決まるからである．パイこね変換は最も簡単な双曲型力学系であり，このような双曲系では，一般に，$\psi(\Lambda)$は，共存する周期軌道群のLiapunov数の分布のスペクトルと一致する(文献[II-14, 22]を参照)．

b) 2次写像のアトラクター破壊

次に，最も簡単な非双曲系として，2次写像

$$x_{t+1} = f(x_t) = 2-x_t^2 \qquad (-2<x_t<2) \tag{8.14}$$

を考えよう．これは(7.22)で$a=2$としたもので，図7-9のように，サドルsがアトラクターにちょうど衝突したものである．その特徴は，図8-2のように，$f^2(0)=s=-2$，$x^*=1$であり，しかも，すべての周期の周期軌道が共存していることである．しかしそれらのLiapunov数は，サドルsの$\Lambda_\infty(s)=2\ln 2$

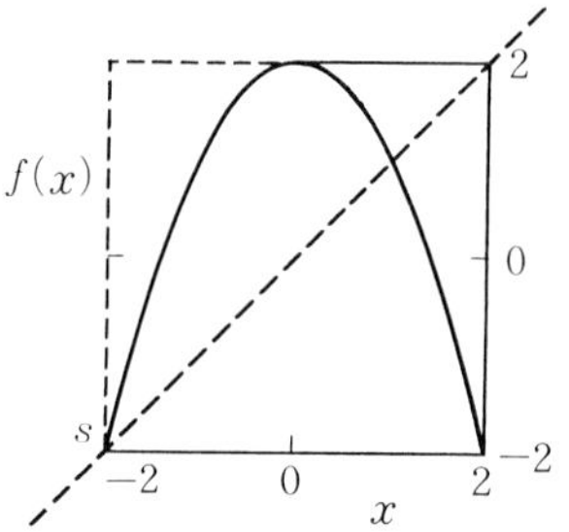

図8-2 2次写像(8.14)のグラフ($a=2$)．$a>2$では$f^2(0)<s$となり，頂点軌道$f^j(0)$のまわりの軌道が$x=-\infty$へ逃げ出し，アトラクターが破壊される．

を除き，すべて $\Lambda_\infty(x^*)=\Lambda^\infty=\ln 2$ に等しい．

変換 $x=2\sin(\pi z/2)$ によって，これはテント写像

$$z_{t+1}=1-2|z_t| \qquad (-1<z_t<1) \tag{8.15}$$

となる．このような，連続で微分可能な1対1変換では，カオスの Liapunov 数や不変確率測度は不変であり，両写像は**位相共役**であるといわれる．テント写像(8.15)の自然な確率密度 $p(z)$ は一様で，$p(z)=1/2$ となるから

$$p(x)=\frac{1}{2}\frac{dz}{dx}=\frac{1}{2\pi\sqrt{1-(x/2)^2}} \tag{8.16}$$

が得られる．これは $x=\pm 2$ に特異点をもつ．

1次元写像では，一般に，(6.15)と同様に $n\Lambda_n(x)=\ln|df^n(x)/dx|$ とかけるから，分配関数(8.1b)は

$$Z_n(q)=\int dx\,|df^n(x)/dx|^{1-q}p(x) \tag{8.17}$$

とかける．$x_n=f^n(x_0)$ の微分は，$x_0\neq\pm 2$ のとき，$|dz_n/dz_0|=2^n$ を使って

$$\left|\frac{dx_n}{dx_0}\right|=\left|\frac{dx_n}{dz_n}\frac{dz_n}{dz_0}\frac{dz_0}{dx_0}\right|=2^n\left|\frac{\cos(\pi z_n/2)}{\cos(\pi z_0/2)}\right| \tag{8.18}$$

となる．したがって，分配関数(8.17)は

$$Z_n(q)=\frac{1}{2}2^{n(1-q)}\int_{-1}^{1}dz_0\left|\frac{\cos(\pi z_n/2)}{\cos(\pi z_0/2)}\right|^{1-q} \tag{8.19}$$

とかける．この積分は，粗視化の極限 $n\to\infty$ において次のように評価できる．$1-q>0$ のとき，$\cos(\pi z_0/2)$ の零点が特異な寄与をなし得る．すなわち，区間 $1>|z_0|\gtrsim 1-2^{-n}\epsilon$ において，$z_j=\pm 1\mp\epsilon_j$，$\epsilon_j=2^{j-n}\epsilon\ll 1$ とおけば，$\cos(\pi z_j/2)=\sin(\pi\epsilon_j/2)\cong\pi\epsilon_j/2$ から，被積分関数は $2^{n(1-q)}$ となる．したがって，積分区間の因子 2^{-n} をかけて

$$Z_n(q)\cong 2^{n(1-2q)}c_1+2^{n(1-q)}c_0 \tag{8.20a}$$

となる．第2項は非特異な寄与である．したがって，極限 $n\to\infty$ では，$q<0$ のとき $Z_n(q)\propto 2^{n(1-2q)}$，$0<q<1$ のとき $Z_n(q)\propto 2^{n(1-q)}$ となる．$1-q<0$ のときは，$\cos(\pi z_n/2)$ の零点が特異な寄与をなし得る．すなわち，n 回写像後に

区間 $1>|z_n|\gtrsim 1-\delta\ (\delta\to 0)$ に入る軌道を取り出せば，被積分関数は δ^{1-q} となるので，積分区間の因子 $2^{-n}\delta$ をかけて

$$Z_n(q) \cong 2^{-nq}\delta^{2-q}c_2 + 2^{n(1-q)}c_0 \tag{8.20b}$$

となる．したがって，極限 $\delta\to 0$ をとって，$q>2$ のとき $Z_n(q)=\infty$，$2>q>1$ のとき $Z_n(q)\propto 2^{n(1-q)}$ となる．以上をまとめると，$q<0$ のとき $\boldsymbol{\Phi}(q)=(2q-1)\ln 2$，$0<q<2$ のとき $\boldsymbol{\Phi}(q)=(q-1)\ln 2$，$q>2$ のとき $\boldsymbol{\Phi}(q)=-\infty$ となる．したがって，$\Lambda^\infty=\ln 2$ を使って，

$$\Lambda(q) = \begin{cases} 2\Lambda^\infty & (q<0) \\ 2\Lambda^\infty \sim \Lambda^\infty & (q=0) \\ \Lambda^\infty & (0<q<2) \\ \Lambda^\infty \sim -\infty & (q=2) \\ -\infty & (q>2) \end{cases} \tag{8.21}$$

となる．その逆関数は $q(\Lambda)=2(\Lambda<\Lambda^\infty), 0(\Lambda^\infty<\Lambda<2\Lambda^\infty), -\infty(\Lambda>2\Lambda^\infty)$ で，(8.8)から $\psi(\Lambda)=\infty(\Lambda>2\Lambda^\infty), \Lambda-\Lambda^\infty(2\Lambda^\infty\geqq\Lambda\geqq\Lambda^\infty)$，$\Lambda^\infty-\Lambda(\Lambda\leqq\Lambda^\infty)$ が得られる．図 8-3 は，これらを図示したもので，そのきわだった特徴は，図(c)のように，$\Lambda(q)$ が 3 つの値 $\Lambda_\infty(s)=2\Lambda^\infty$，$\Lambda_\infty(x^*)=\Lambda^\infty$，$\lambda_1(0)=\ln|f'(0)|=-\infty$ と，それらの間の不連続転移からなることである．例えば，$q=0$ における $\Lambda(q)$ の転移 $\Lambda^\infty\leftrightarrow 2\Lambda^\infty$ は，強磁性体の (m, H) 相図の $H=0$ における不連続相転移と類似であるので，**q 相転移**といわれる．$\psi(\Lambda)$ は，図(a)のように，スロープ ± 1 の 2 つの**線形部分**からなり，その各線形部分は，$\Lambda(q)$ の q 相転

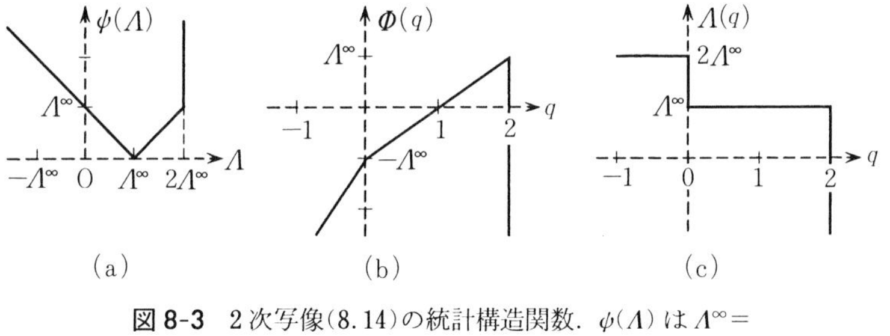

図 8-3 2 次写像(8.14)の統計構造関数．$\psi(\Lambda)$ は $\Lambda^\infty=\ln 2=0.693\cdots$ に尖った極小をもち，その両側にスロープ $s_\alpha=-1$，$s_\beta=1$ の線形部分をもつ．

移点 $q=0, 2$ における **2 相共存**のさまざまな状態を表わす．

共存する周期軌道の Liapunov 数は Λ^∞ と $2\Lambda^\infty$ の 2 点に過ぎないが，$\psi(\Lambda)$ は，Λ^∞ から $-\infty$ まで伸びるスロープ -1 の直線と，$\psi(\Lambda^\infty)$ と $\psi(2\Lambda^\infty-0)$ を結ぶスロープ $+1$ の線分からなる．スロープ -1 の直線は頂点 $x=0$ の近傍を通るカオス軌道によって，スロープ $+1$ の線分はサドル s の近傍を通るカオス軌道によって生成される．このように，スペクトル $\psi(\Lambda)$ は，負の Λ を作る頂点の特徴や，分岐をひき起こすサドルとの衝突を端的にとらえるのである．

c) 円写像のアトラクター融合

回転数が一定の有理数 p/q にロックされたトーラス上のバンドカオスが破壊され，トーラス上の位相ロッキングのない全域的カオスが出現する分岐点の前後では，どんな相構造と統計構造が現われるだろうか．これは，円写像については堀田ら(1988)によって，円環写像については富田ら(1988)によって解明された．円写像(7.44)の (Ω, K) パラメタ空間，図 7-21 では，このような分岐は，例えば，アトラクター融合の分岐点 (Ω_c, K_c) で起こる．その点を下から上へ抜けるルート上の分岐図は，図 7-22 に示されている．

この分岐点直前 (Ω_c, K_c-0) では，回転数 $\rho=0/1$ の 1 バンドアトラクターと $\rho=1/2$ の 2 バンドアトラクターが共存しているが，分岐後の U 領域では，これらのアトラクターが共に破壊され，円周上の位相ロッキングのない全域的カオスが出現する．この分岐点 (Ω_c, K_c) では，その 2 つのアトラクターは，図 8-4 の(1)の $f(\theta)$ の正方形と，(2)の $f^2(\theta)$ の 2 つの正方形で表わせる．この $f(\theta)$ の正方形は，1 点サドル s_0 とちょうど衝突した $\rho=0/1$ の 1 バンドアトラクター $\tilde{A}_{0/1}$ を表わす．その極小の頂点軌道は s_0 に入り，図 8-2 の $f(x)$ と類似で，その統計構造関数は図 8-3 と類似になると考えられる．しかし，本節 b 項のような解析は困難なため，数値的に求めたものが図 8-5(1)である．事実，(a)のスペクトル $\psi(\Lambda)$ は，$\Lambda=\Lambda^\infty\cong 0.690$ に尖った極小をもち，

$$\psi(\Lambda) = \begin{cases} \infty & (\Lambda>\Lambda_1) \\ s_\beta(\Lambda-\Lambda^\infty) & (\Lambda_1\geqq\Lambda\geqq\Lambda^\infty) \\ s_\alpha(\Lambda-\Lambda^\infty) & (\Lambda^\infty\geqq\Lambda>\Lambda_2) \end{cases} \tag{8.22}$$

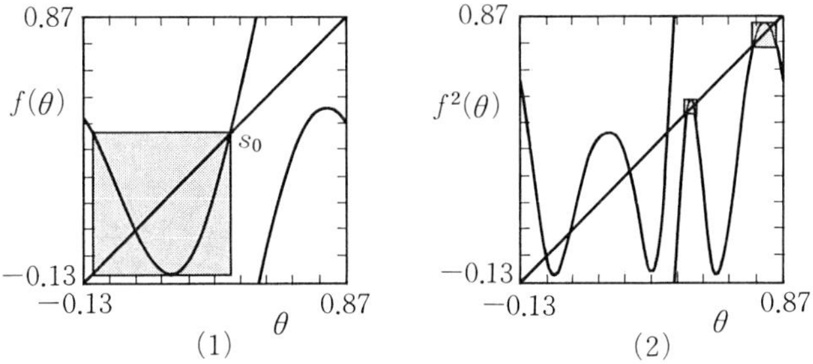

図 8-4 円写像(7.44)のアトラクター融合の分岐点 (Ω_c, K_c) におけるグラフ．(1) $f(\theta)$ の正方形は $\rho=0/1$ の1バンドアトラクター $\tilde{A}_{0/1}$ を表わし，(2) $f^2(\theta)$ の2つの正方形は $\rho=1/2$ の2バンドアトラクター $\tilde{A}_{1/2}$ を表わす．

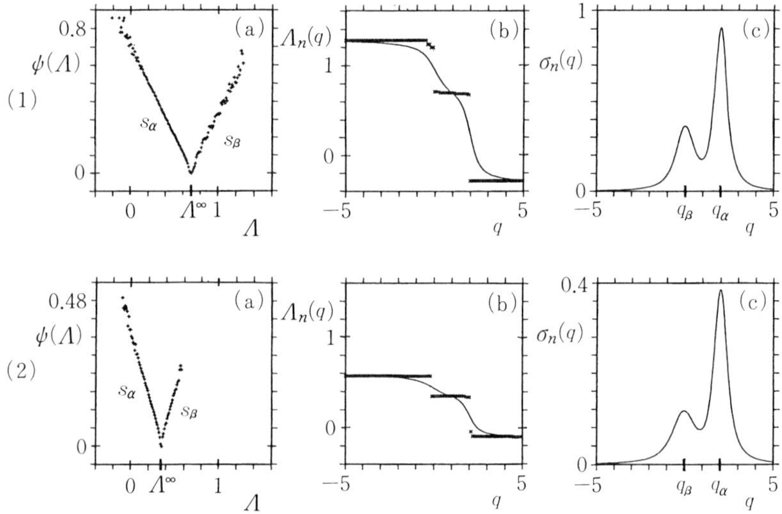

図 8-5 (1) $\tilde{A}_{0/1}$，(2) $\tilde{A}_{1/2}$ の統計構造($N=5\times10^5$)．(1) $n=10$，(2) $n=20$．$\psi(\Lambda)$ は，それぞれ，Λ^∞ に尖った極小をもち，その両側にスロープ s_α, s_β の線形部分をもつ．(Horita *et al*.[II-25]による．)

の形態をもつ．ここで $s_\alpha \cong -1.00$，$s_\beta \cong 0.99$，$\Lambda_1 \cong 1.28$，$\Lambda_2 \cong -0.29$ である．

このように，$\psi(\Lambda)$ が，ある区間 $\Lambda_+ > \Lambda > \Lambda_-$ においてスロープ s_k の直線であるとしよう．そのとき，$\psi(\Lambda) = s_k\Lambda +$ 定数 を変分原理(8.7)に入れると，$q_k \equiv 1 - s_k$ として $(q-q_k)\Lambda = \min$ が得られる．これは，$q = q_k \mp \epsilon$ $(\epsilon \to +0)$ に対して $\mp\epsilon\Lambda = \min$ となる．$\Lambda_+ > \Lambda > \Lambda_-$ だから，これは $\Lambda(q) = \Lambda_\pm$ を与える．したがって，q を上げていくとき，$\Lambda(q)$ は，$q = q_k \equiv 1 - s_k$ で Λ_+ から Λ_- へと，不連続な q 相転移を行なうことになる．

図 8-5(1)(a)は，集団平均(6.22)において $N = 5 \times 10^5$ をとり，$n = 10$ に対して(6.23)の $P(\Lambda\,;\,n)$ を数値的に求め，(6.26)の $\psi_n(\Lambda)$ をプロットしたものである．図(b),(c)は，(8.1b)の $Z_n(q)$ を同様にして求め，(8.3),(8.4)の $\Lambda_n(q), \sigma_n(q)$ をプロットしたものである．図(b)の×点が示す不連続曲線は，変分原理(8.7)を使って，最大項近似による $\Lambda_n(q)$ をプロットしたものである．この最大項近似は，粗視化の極限 $n \to \infty$ (ただし $n \ll N \to \infty$)において起こる q 相転移を近似的に表わす．事実，その転移点 $q = q_\alpha \equiv 1 - s_\alpha \cong 2.00$，$q = q_\beta \equiv 1 - s_\beta \cong 0.01$ において，q 分散 $\sigma_n(q)$ は，図(c)のように鋭いピークを示し，q 相転移が起こることを保証する．ここで，理論的には，$\Lambda_1 = \Lambda_\infty(s_0) \cong 1.418$，$\Lambda_2 = \ln|f'(\theta^0)| = -\infty$ ($\theta^0 =$ 極小の頂点) となるべきである．上記の数値実験値がこれらの理論値からずれているのは，集団平均(6.22)の軌道数 N が 5×10^5 ではまだ小さく，サドル s_0 および極小の頂点 θ^0 に十分に近接したところを通る軌道が不足しているためである．なお，線形スロープの数値実験値は，8-3 節の理論から得られる表 8-1 の理論値 $s_\alpha = -1$，$s_\beta \cong 0.974$ とよく合っている．

図 8-4(2)における 2 つの正方形は，2 点サドル s_1, s_2 とちょうど衝突した $\rho = 1/2$ の 2 バンドアトラクター $\tilde{A}_{1/2}$ を表わす．その各正方形は左下隅にサドル s_i をもち，図 8-2 の $f(x)$ と類似であるから，その統計構造を示した図 8-5(2)も図 8-3 と類似である．事実，(a)のスペクトル $\psi(\Lambda)$ は，$\Lambda = \Lambda^\infty \cong 0.343$ に尖った極小をもち，(8.22)の形態をもつ．ただし $s_\alpha \cong -1.00$，$s_\beta \cong 1.03$，$\Lambda_1 \cong 0.57$，$\Lambda_2 \cong -0.09$ である．理論値は $s_\alpha = -1$，$s_\beta \cong 0.972$，$\Lambda_1 = \Lambda_\infty(s_i) \cong 0.706$，$\Lambda_2 = -\infty$ であり，線形スロープはよく合っている．理論値からのずれは，軌

道数 $N=5\times10^5$ が十分でないためである．

分岐後の U 領域における全域的カオスの解明には2次元フラクタル性の考察が必要なので，分岐後の統計構造は，円環写像および強制振り子のアトラクター融合分岐について，9-2節で取り扱う．

d) Hénon 写像の分岐

7-1節で述べた，Hénon写像(7.1)のバンド融合とアトラクター破壊を考えよう．それらの分岐の幾何学的機構は，図7-2(b),(d)に示されている．

バンド融合分岐点 $a=a_1$ において数値的に求めた統計構造関数は，図8-6のようになる．ここで $n=40$，$N=10^8$ である．スペクトル $\psi(\Lambda)$ は，$\Lambda=\Lambda^\infty\cong 0.315$ に丸い極小をもち，その両側にスロープ $s_\alpha\cong-0.95$，$s_\beta\cong1.80$ の線形部分をもつ．ここで $\Lambda_{\max}\cong0.550$ である．$\sigma_n(q)$ は $q_\alpha=1-s_\alpha\cong1.95$，$q_\beta=1-s_\beta\cong-0.80$ に2つの鋭いピークをもち，$\Lambda(q)=\Lambda_\infty(q)$ がそこで2つの q 相転移を行なうことを保証する．これらは，8-3節表8-1の理論値 $s_\alpha=-1$，$s_\beta\cong2.02$，$\Lambda_{\max}=\Lambda_\infty(X^*)\cong0.550$ とよく合っているといえよう．

アトラクター破壊の分岐点 $a=a_{\mathrm{d}}$ での統計構造関数も図8-6と同じ形をもつ．実際，$n=21$，$N=10^9$ のとき，$\psi(\Lambda)$ は $\Lambda=\Lambda^\infty\cong0.495$ に丸い極小をもち，その両側にスロープ $s_\alpha\cong-1.00$，$s_\beta\cong1.90$ の線形部分をもつ．ここで $\Lambda_{\max}\cong 0.97$ である．$\sigma_n(q)$ は $q_\alpha\cong2.00$，$q_\beta\cong-0.90$ に2つの鋭いピークをもち，$\Lambda(q)$

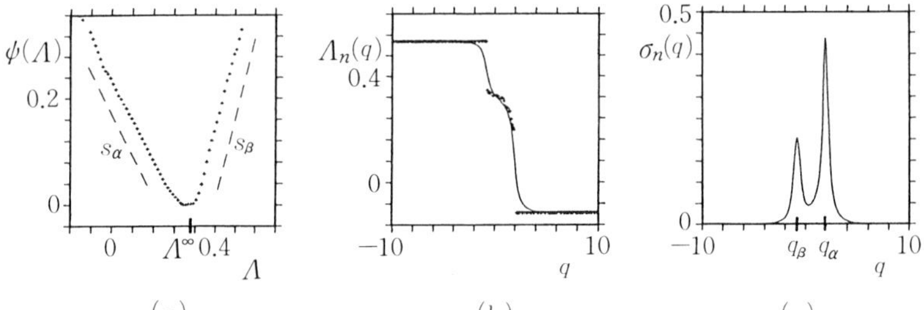

図8-6 Hénon写像のバンド融合分岐点 $a=a_1$ での統計構造関数($n=40$，$N=10^8$)．$\psi(\Lambda)$ は極小の両側に，スロープ $s_\alpha\cong-0.95$，$s_\beta\cong1.80$ の線形部分をもつ．(Hata *et al*.[II-26]による．)

$=\Lambda_\infty(q)$ がそこで2つの q 相転移を行なうことを保証する．これらは，理論値 $s_\alpha=-1$，$s_\beta\cong1.85$，$\Lambda_{\max}=\Lambda_\infty(S)\cong1.188$ とよく合っているといえる．

e）$\boldsymbol{\psi(\Lambda)}$ の線形スロープ $\boldsymbol{s_\alpha}$ と $\boldsymbol{s_\beta}$

図7-2(a),(c)のように，分岐点から十分に離れている場合には，統計構造関数は，一般に，図8-7のような形態になる．共存する不安定な周期軌道群のLiapunov数 $\Lambda_\infty(X_i^*)$ の分布は，図のように，ある正の区間 $(\Lambda_g, \Lambda_{\max})$ において滑らかなスペクトル $g(\Lambda)$ を形成する．しかし，カオス軌道の局所的拡大率 Λ は，接構造I(図6-7)の不安定多様体の折り曲げを反映して負の値 $0>\Lambda>\Lambda_{\min}$ をとり，そのスペクトル $\psi(\Lambda)$ は，スロープ $s_\alpha=-1$ で周期軌道群のスペクトル $g(\Lambda)$ と接する線形部分

$$\psi(\Lambda) = s_\alpha(\Lambda-\Lambda_\alpha)+g(\Lambda_\alpha) \qquad (\Lambda_\alpha\geqq\Lambda\geqq\Lambda_{\min}) \tag{8.23}$$

をもつ．ここで，$0<\Lambda_g\leqq\Lambda_\alpha\leqq\Lambda^\infty$ で，Λ_α は $g(\Lambda)$ との接点である．アトラクターの最大湾曲部が，安定多様体と接する接点を X_{T} とすれば，$\Lambda_{\min}=\Lambda_\infty(X_{\mathrm{T}})<0$ である．q 平均 $\Lambda(q)$ は $q=q_\alpha\equiv1-s_\alpha=2$ で q 相転移を行なうが，その2相共存のさまざまな値 $\Lambda_\alpha>\Lambda(q)>\Lambda_{\min}$ に対応して，X_{T} の近傍を通るさまざまなカオス軌道が存在する．線形部分(8.23)は，負の Λ をもつこれらのカオス軌道によって生成されるのである．

図8-8は，分岐点における図8-5,8-6の特徴をまとめたものである．ここで，

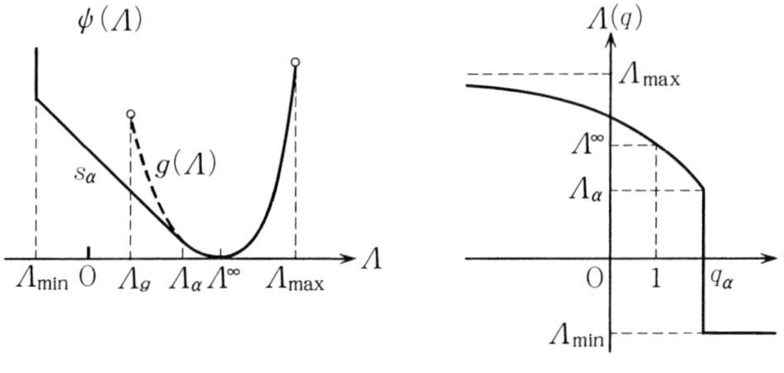

図8-7 非双曲系の $\psi(\Lambda)$ と $\Lambda(q)$ の q 相転移．$\psi(\Lambda)$ は極小の左側に，スロープ $s_\alpha=-1$ の線形部分をもつ．2つの○印を端点とする曲線 $g(\Lambda)$ $(\Lambda_g<\Lambda<\Lambda_{\max})$ は，共存する周期軌道群のLiapunov数 $\Lambda_\infty(X_i^*)$ の分布のスペクトルを表わす．分散 $\sigma_\infty(q)$ は $q=q_\alpha$ で発散する．

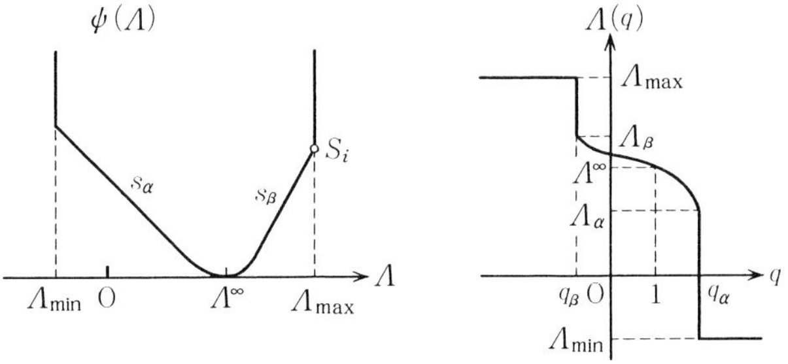

図 8-8 サドル S_i と衝突した分岐点での $\psi(\Lambda)$ と $\Lambda(q)$ の q 相転移．$\psi(\Lambda)$ は極小の両側に，スロープ s_α, s_β の線形部分をもつ．$\sigma_\infty(q)$ は $q=q_\alpha, q_\beta$ で発散する．

アトラクターとちょうど衝突したサドルを S_i とすれば，$\Lambda_{\max}=\Lambda_\infty(S_i)$ である．$\psi(\Lambda)$ は，$\Lambda=\Lambda^\infty$ の右側にも，スロープ $s_\beta>0$ の線形部分

$$\psi(\Lambda) = s_\beta(\Lambda-\Lambda_\beta)+g(\Lambda_\beta) \qquad (\Lambda_\beta \leqq \Lambda \leqq \Lambda_{\max}) \tag{8.24}$$

をもつ．ここで，$\Lambda^\infty \leqq \Lambda_\beta < \Lambda_{\max} = \Lambda_\infty(S_i)$ で，Λ_β は，$\psi(\Lambda_\infty(S_i))$ から Λ^∞ の近傍における $g(\Lambda)$ へ引いた接線の接点である．したがって，このような線形部分が形成されるには，サドル S_i がもたらす $\psi(\Lambda)$ の値 $\psi(\Lambda_\infty(S_i))$ が $g(\Lambda)$ の右側に出ることが必要である．$\Lambda(q)$ は $q=q_\beta\equiv 1-s_\beta$ で q 相転移を行なうが，この線形部分は，その 2 相共存のさまざまな値 $\Lambda_\beta<\Lambda(q)<\Lambda_{\max}$ に対応して，S_i の近傍を通るさまざまなカオス軌道によって生成されるのである．図 8-3 や図 8-5 のように，S_i 以外の周期軌道の Liapunov 数がすべて Λ^∞ に等しいときには，$\Lambda_\alpha=\Lambda^\infty=\Lambda_\beta$ となり，極小は尖ったものとなる．

$\Lambda_\infty(S_i)<\Lambda^\infty$ で，$\psi(\Lambda_\infty(S_i))$ が図 8-7 の $\psi(\Lambda)$ の左側に出ることがある．そのとき，負のスロープ $0>s_\beta>-1$ の線形部分が，$\psi(\Lambda_\infty(S_i))$ から $g(\Lambda)$ への接線として形成される*．その左($\Lambda<\Lambda_\infty(S_i)$)に線形部分(8.23)がくる．

* 詳細は K. Tomita *et al.*: Prog. Theor. Phys. **81**(1989)1-6 を参照．

8-2 特異性スペクトル $f(\alpha)$

奇妙なアトラクターの上では，自然な確率密度 $p(X)$ はさまざまな特異性をもつ．それをどうとらえるかを，Halsey ら(1986)およびその後の発展に従って考察しよう．

アトラクター上の点 X を中心とする微小な線形サイズ l の箱を $B_X(l)$ とし，この箱に入る，非周期軌道 $\{X_t\}$ $(t=1,2,\cdots,N)$ の点 X_t の数を $N(B)$ とすれば，この箱に含まれた**自然な確率測度**は $\mu_X(l)\equiv\lim_{N\to\infty}N(B)/N$ によって与えられる．いま，指数 $\alpha(X,l)$ を

$$\mu_X(l)\propto l^{\alpha(X,l)} \tag{8.25}$$

と定義し，**局所次元** $\alpha(X)\equiv\lim_{l\to 0}\alpha(X,l)$ が存在するとしよう．このような $\alpha(X)$ は，X の近傍が，図 7-2(d)の S や図 7-4 の X^* のように，自己相似な入れ子構造になっているときに存在する．図 8-9 は，図 7-2(d)の S に対する $\mu_X(l)$ の数値計算と理論値 $\alpha(S)\cong 1.281$(表 8-1，後出)との比較であり，このような $\alpha(X)$ の存在を示すものである．なお，$\mu_S(l)$ が波うつのは，S の近傍における多重ひも構造の離散性の反映である．X の近傍が自己相似になるスケールの上限 L_X は一般に場所 X によって異なる．

局所次元 $\alpha(X)$ も一般に X に依存し，ある区間 $\alpha_{\max}\geqq\alpha\geqq\alpha_{\min}$ のさまざまな値をとる．$\alpha(X,l)$ の値が区間 $(\alpha,\alpha+d\alpha)$ に入る確率を $P(\alpha\,;\,l)d\alpha$ とすれば，$l\to 0$ に対して

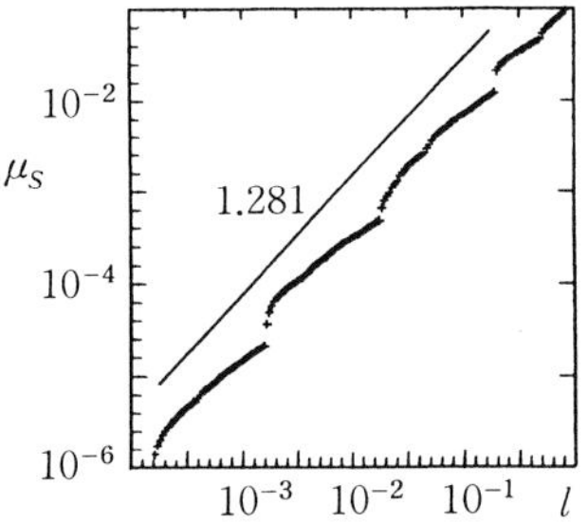

図 8-9 図 7-2(d)のサドル S の近傍における確率測度 $\mu_S(l)$ の l 依存性と理論値 $\alpha(S)\cong 1.281$ (直線)の比較．ここで用いた軌道点の総数は $N=10^8$．

$$P(\alpha\,;\,l) \equiv \langle \delta(\alpha(X,l)-\alpha)\rangle = l^{\alpha-f(\alpha)}P(\bar{\alpha}\,;\,l) \qquad (8.26)$$

とかける．ここで，角括弧 $\langle\cdots\rangle$ は，長時間平均(6.22)であるが，測度 $\mu_X(l)$ による平均に等しい．$\bar{\alpha}\equiv\langle\alpha(X)\rangle$，$f(\bar{\alpha})=\bar{\alpha}$，$\alpha\geqq f(\alpha)\geqq 0$ である．$f(\alpha)$ は，後で分かるように，$\alpha(X)=\alpha$ である点 X の集合の Hausdorff 次元である．

測度 $\mu_X(l)$ に対する**分配関数**

$$\chi(q\,;\,l) \equiv \langle\{\mu_X(l)\}^{q-1}\rangle \propto \int d\alpha\, l^{(q-1)\alpha}P(\alpha\,;\,l) \qquad (8.27)$$

を導入し，(8.2)～(8.4)に対応して，$l\to 0$ に対して

$$\tau(q) \equiv (1/\ln l)\ln[\chi(q\,;\,l)] \qquad (8.28)$$

$$\alpha(q) \equiv \tau'(q) = \langle\alpha\rangle_{q,l} \qquad (8.29)$$

$$\sigma^{\alpha}(q) \equiv -\alpha'(q) = |\ln l|\langle\{\alpha-\alpha(q)\}^2\rangle_{q,l} \geqq 0 \qquad (8.30)$$

を導入しよう．ここで，$\langle\cdots\rangle_{q,l}$ は $l^{(q-1)\alpha}P(\alpha\,;\,l)$ にわたる重みつき平均である．$\tau(q)=\int_1^q dq\alpha(q)$ とかけ，これを α の q ポテンシャルという．$\alpha'(q)\leqq 0$ だから，$\alpha(q)$ は q の非増加関数で，$\alpha(-\infty)=\alpha_{\max}$，$\alpha(1)=\bar{\alpha}$，$\alpha(\infty)=\alpha_{\min}$ となる．次に，(8.26)を(8.27)に入れ，被積分関数の最大項を取り出せば，(8.28)は $\tau(q)=\min_{\alpha}\{q\alpha-f(\alpha)\}$ となる．したがって，$f'(\alpha)=q$，$f''(\alpha)=-1/\sigma^{\alpha}(q)\leqq 0$ となり，$f(\alpha)$ は上に凸な関数である．しかも図 8-10 のように，$\alpha=\alpha(1)$ で 45°線と接し，$\alpha=\alpha(0)$ に極大値 $f(\alpha(0))$ をもつ．その端点 $\alpha=\alpha(\pm\infty)$ で，

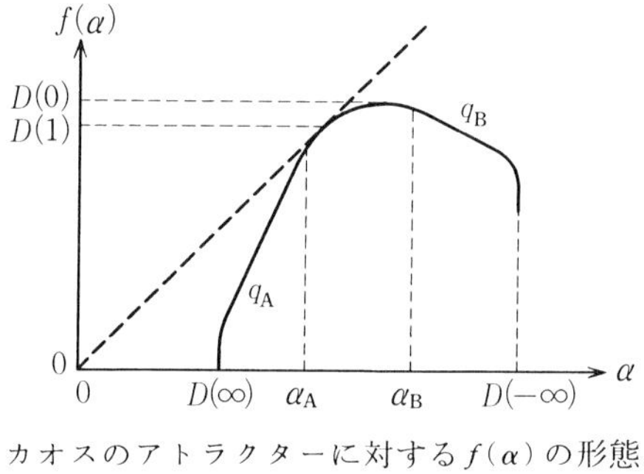

図 8-10 カオスのアトラクターに対する $f(\alpha)$ の形態．$f(\alpha)$ は $\alpha=D(1)=\alpha(1)$ で 45°線(破線)と接し，$\alpha=\alpha(0)$ に極大値 $D(0)$ をもつ．端点 $\alpha=\alpha(\pm\infty)=D(\pm\infty)$ で $f'(\alpha)=\pm\infty$ となる．カオスの分岐点では，$f(\alpha)$ はスロープ $q_A(>2)$，$q_B(<0)$ の線形部分をもつ．

スロープ $f'(\alpha)$ が $\pm\infty$ と発散する．$\tau(q)$ を知るのが容易な場合には，$f(\alpha)$ を求めるのに，変分原理

$$f(\alpha) = \min_q\{q\alpha-\tau(q)\} = \alpha q(\alpha)-\tau(q(\alpha)) \qquad (8.31)$$

が使える．ここで，$q(\alpha)$ は $\tau'(q)=\alpha$ の解である．

多重フラクタル構造では，$\alpha(X)$ が場所 X によるだけでなく，自己相似性が成り立つスケールの上限 L_X も X に依存する(本節 c 項を参照)．L_X が X に依存しないときには，(8.26)は l に依存せず，一定の局所次元 $D\equiv\alpha=f(\alpha)$ が存在し，α の q ポテンシャルは $\tau(q)=(q-1)D$ となる．

カオス発生点直後のバンドアトラクターでは，9-3 節 d 項で述べるように，各点 X の近傍は，微小な特性長 $l_{\rm d}, l_{\rm w}$ をはさんで 2 種類の自己相似性をもち，$l<l_{\rm w}(<l_{\rm d})$ のレジームでは，$l>l_{\rm d}$ のレジームにおける自己相似性と異なる自己相似性をもつ．このような場合には，上述の極限 $l\to 0$ を，$(l_{\rm w}>)\,l\to 0$ と $(l_{\rm d}<)\,l\to 0$ とに分け，2 種類の $f(\alpha)$ を取り出さねばならない．

a）多重フラクタル次元 $D(q)$

一様な集合では，微小なサイズ l の箱をとり，l をさらに m 等分すれば，$l'=l/m=rl$ をサイズとする箱の数は $N=m^D=r^{-D}$ となる．ここで，D は**フラクタル次元**で，$D=\ln N/\ln r^{-1}$ とかける．例えば，図 8-11 の Cantor 3 進集合では $D=\ln 2/\ln 3\cong 0.63$ となる．

しかし，図 7-5 の臨界黄金トーラスのように，集合が濃淡をもつときには，各点 X の近傍ごとに異なる次元が存在する．その次元の分布が $f(\alpha)$ で与えら

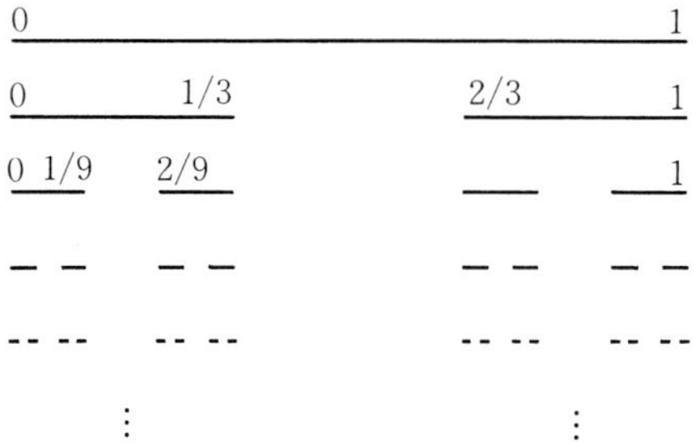

図 8-11 Cantor 3 進集合の作り方．線分 $[0,1]$ から出発し，3 等分して中央の開区間を取り去る．これを n 回繰り返すと，線分の端点は 2^{n+1} 個ある．$n\to\infty$ における これら端点の集合は Cantor 集合となる．

れる．その中から，諸種の次元を陽に取り出そう．集合 S を互いに重ならないサイズ l の箱 $S_1, S_2, \cdots, S_N$ に分割し，S_i に含まれた自然な確率測度を $\mu_i(l)$ とすれば，分配関数(8.27)は $\chi(q\,;\,l)=\sum_{i=1}^{N}\mu_i^q$ とかける．そのとき，$l\to 0$ に対して，多重フラクタル次元

$$D(q)\equiv\frac{\tau(q)}{q-1}=\frac{1}{q-1}[q\alpha(q)-f(\alpha(q))] \qquad (8.32)$$

を定義する．$D(0)=\ln N/\ln l^{-1}$ は測度の台(support)の **Hausdorff 次元**である．$D'(q)=\{f(\alpha)-\alpha(q)\}/(q-1)^2\leqq 0$ で，$D(q)$ は q の非増加関数である．

$q\to 1$ のときには $\mu_i^q=\mu_i\{1+(q-1)\ln\mu_i\}$ となるから，$\chi(1\,;\,l)=1$ を使って，$D(1)=-\sum_i \mu_i\ln\mu_i/\ln l^{-1}$ となる．この式の分子は，情報エントロピーであり，分解能 l を上げると，対数的に増大する．$D(1)$ はその増大率を与え，**情報次元**といわれる．また，$D(1)=\tau'(1)=f(\alpha(1))$，$D(0)=-\tau(0)=f(\alpha(0))$，$D(\pm\infty)=\alpha(\pm\infty)$ となり，図 8-10 の，$D(q)$ と $f(\alpha)$ の関係が得られる．

b) 成分局所次元 $\boldsymbol{\alpha}_1(\boldsymbol{X}), \boldsymbol{\alpha}_2(\boldsymbol{X})$

カオスのアトラクターは，図 6-1(b)や図 7-4 のように多重ひも構造をもち，その各点 X の近傍は非等方的である．そこで，$\alpha(X)$ を，X でアトラクターに接する $u_1(X)$ 方向の次元 $\alpha_1(X)$ と，それに横断的な $u_2(X)$ 方向の次元 $\alpha_2(X)$ とに分解すれば，$\alpha(X)=\alpha_1(X)+\alpha_2(X)$ とかける．すなわち，X を中心として，$u_1(X)$ 方向にサイズ l_1，$u_2(X)$ 方向にサイズ l_2 の箱をとり，(8.25)と(8.28)を拡張すれば，$l_1, l_2\to 0$ に対して

$$\mu_X(l_1, l_2)\propto l_1^{\alpha_1(X,l_1)}l_2^{\alpha_2(X,l_2)} \qquad (8.33)$$

$$\chi(q\,;\,l_1, l_2)\equiv\langle\{\mu_X(l_1, l_2)\}^{q-1}\rangle\propto l_1^{\tau_1(q)}l_2^{\tau_2(q)} \qquad (8.34)$$

となる(森田ら，1988; Grassberger ら，1988)．ここで $\alpha_k(X)=\lim_{l\to 0}\alpha_k(X, l)$，$\tau(q)=\tau_1(q)+\tau_2(q)$ である．また，

$$\alpha_k(q)=\tau_k'(q), \qquad \alpha(q)=\alpha_1(q)+\alpha_2(q) \qquad (8.35)$$

$$D_k(q)=\tau_k(q)/(q-1), \qquad D(q)=D_1(q)+D_2(q) \qquad (8.36)$$

となる．これらを**成分次元**(partial dimension)という．

さらに，$\tau_k'(q)=\alpha_k$ の解 $q=q(\alpha_k)$ を使えば

$$f_k(\alpha_k) \equiv \alpha_k q(\alpha_k) - \tau_k(q), \qquad f(\alpha) = f_1(\alpha_1) + f_2(\alpha_2) \tag{8.37}$$

とかける．そのとき，$\alpha_k(q)$ は $f_k'(\alpha_k)=q$ の解となり，$f_k(\alpha_k)$ は $\alpha_k=\alpha_k(1)=D_k(1)$ で 45°線と接し，$\alpha_k=\alpha_k(0)$ に極大値 $D_k(0)=f_k(\alpha_k)$ をもつ．

2次元双曲系では，パイこね変換(8.9)のように，カオスのアトラクターは一様なひもの Cantor 集合であり，$D_1(q)=1$，$D_2(q)<1$ となる．これは $\tau_1(q)=q-1$，$\alpha_1(q)=f_1(\alpha_1)=1$，$\alpha_2(q)<1$ を意味する．

c） 臨界アトラクターの $\boldsymbol{f(\alpha)}$

q ポテンシャル $\tau(q)$ の定義(8.28)を拡張するため，d 次元相空間の有界な領域に埋め込まれた集合 S を考えよう．これを互いに重ならない部分 $S_1, S_2, \cdots, S_N$ に分割し，S_i は自然な確率測度 μ_i を含み，半径 l_i の d 次元球内にあるとする．いま，$l_i<l$ として，**一般化された分配関数**

$$\Gamma(q,\tau) \equiv \lim_{l\to 0} \sum_{i=1}^{N} \frac{\mu_i^q}{l_i^\tau} \tag{8.38}$$

を定義する．ただし，分割 $\{S_i\}$ は，$q>1$，$\tau>0$ ($D(q)>0$) のとき(8.38)の和を最大にするように選び，$q<1$，$\tau<0$ のとき最小にするように選ぶものとする．そのとき

$$\Gamma(q,\tau) = 1 \tag{8.39}$$

の解として $\tau=\tau(q)$ を定義することができる．このとき，$\tau<\tau(q)$ では $\Gamma(q,\tau)=0$，$\tau>\tau(q)$ では $\Gamma(q,\tau)=\infty$ となる．これは，$q=0$ のとき，Hausdorff 次元 $D(0)=-\tau(0)$ の数学的定義と一致する．また，$l_i=l$ のとき(8.39)は(8.28)に還元される．

この $\tau(q)$ を使って，(8.32)から $D(q)$ が，(8.29)と(8.31)から $\alpha(q)$ と $f(\alpha)$ が求まる．以下では，測度 μ_i がすべて等しくなるような，コヒーレントな分割 $\{S_i\}$ をとる．

(1) 臨界 2^∞ アトラクターの $\boldsymbol{f(\alpha)}$

2^n 分岐が図 7-11 の相似則に従って集積する，カオスの発生点 $a=\hat{a}_\infty$ におけるアトラクターの $f(\alpha)$ を求めよう．

頂点軌道 $y_j=f^j(0)$ ($j=1,2,\cdots,2^n$) に着目する．図 8-12 に，$\{y_j\}$ を $n=2,3,$

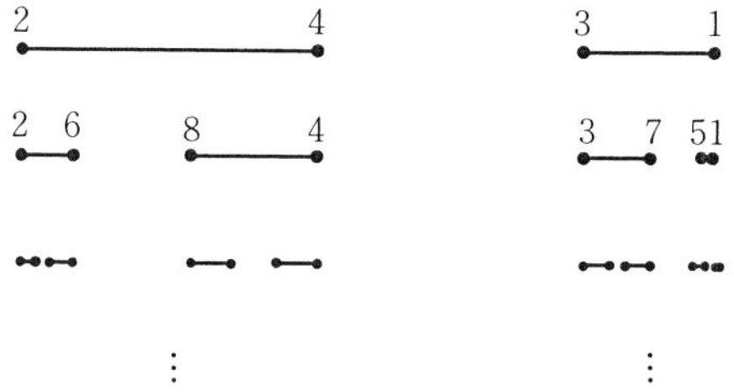

図 8-12 臨界 2^∞ アトラクターの作り方．数字は頂点軌道 $y_j=f^j(0)$ $(j=1,2,\cdots,2^n)$ を表わし，線分はその要素区間を示す．$n\to\infty$ のとき，図 8-11 と同様に，要素区間の端点の集合は Cantor 集合となる．

4,⋯ の順にプロットし，要素区間を線分で示した．要素区間の端点 y_j の集合は，図 8-11 の場合と同様に，$n\to\infty$ において Cantor 集合をつくる．各要素区間は，n を 1 つ上げると 2 つの要素区間に分裂し，その縮小比は，図 7-11 と同じく $\alpha_{\rm PD}^{-1}$ と $\alpha_{\rm PD}^{-2}$ である．したがって，平均の縮小比 $r=(\alpha_{\rm PD}^{-1}+\alpha_{\rm PD}^{-2})/2$ を使えば，フラクタル次元が $D=\ln 2/\ln r^{-1}\cong 0.544$ と求まる．

(8.38)の分割 $\{S_i\}$ として 2^{n-1} 個の要素区間をとれば，l_i は各要素区間の長さである．各要素区間は写像によって互いに移れるから，μ_i はすべて等しく $\mu_i=1/2^{n-1}$ である．Halsey ら(1986)は，$n=11$ $(2^{11}=2048)$ をとり，(8.39)を数値的に解いて $\tau(q)$ を求め，図 8-13 の $D(q)$ 曲線と $f(\alpha)$ 曲線を得た．

この $f(\alpha)$ を理解するため，理論的に，その端点 $\alpha_{\max}=D(-\infty)$，$\alpha_{\min}=D(\infty)$ を求めよう．$D(-\infty)$ は集合 $\{S_i\}$ の最も淡いところからくるので，その自然なスケールは $l_{-\infty}\propto\alpha_{\rm PD}^{-n}$ であり，$D(\infty)$ は最も濃いところからくるので，その自然なスケールは $l_\infty\propto\alpha_{\rm PD}^{-2n}$ である．測度は $\mu_i\propto 2^{-n}$ だから，(8.25)から得られる関係式 $D(\mp\infty)=\ln\mu_i/\ln l_{\mp\infty}$ を使って

$$D(-\infty)=\frac{\ln 2}{\ln\alpha_{\rm PD}}\cong 0.755,\qquad D(\infty)=\frac{\ln 2}{\ln\alpha_{\rm PD}^2}\cong 0.377$$

となる．これらの値は，図の $f(\alpha)$ 曲線の端点とよく一致する．$f(\alpha)$ の極大値は $D(0)\cong 0.537$ であり，くりこみ変換の固定点方程式(7.28)から得られる理論値とよく一致する．しかし，図の $D(q)$ 曲線は $q=\mp 40$ でも $D(\mp\infty)$ から

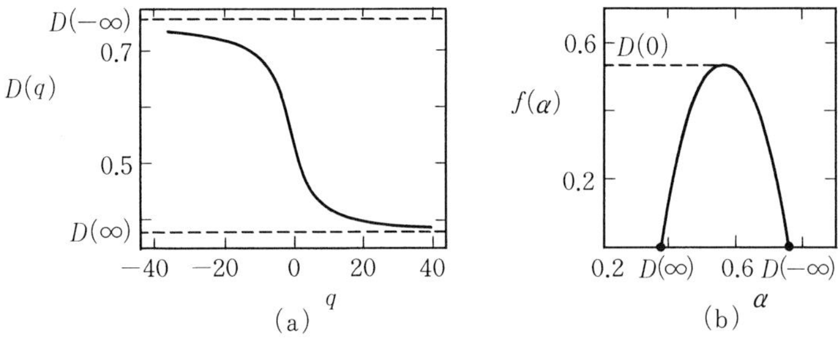

図 8-13　臨界 2^{∞} アトラクターの $D(q)$ と $f(\alpha)$．2^{11} 個の軌道点に対して数値的に得られた．ただし，$D(\pm\infty)$ は理論値である．(Halsey *et al*.［Ⅱ-21］による．)

かなり離れており，$f(\alpha)$ が $D(q)$ より計算上も勝っているといえる．

(2)　臨界黄金トーラスの $f(\alpha)$

円写像(7.44)は，7-4 節 b 項で示したように，準周期性ルートによるカオス発生を示す．その臨界点 $K=1$，$\Omega=\Omega_{\infty}$ における，回転数 ρ_{G} の黄金トーラスの $f(\alpha)$ を求めよう．

$K=1$ のとき，円写像 $f(\theta)$ は $\theta=0$ に 3 次の変曲点をもつ．この変曲点から出た軌道 $\theta_i=f^i(0)$ $(i=1,2,\cdots,F_n)$ に着目する．ここで，F_n は n 次の Fibonacci 数で，$n\gg 1$ とする．(8.38)において，分割 $\{S_i\}$ として，F_n 個の区間 $l_i=|\theta_{i+F_{n-1}}-\theta_i|$ (mod 1) とその上の測度 $\mu_i=1/F_n\propto\rho_{\mathrm{G}}^n$ をとる．$\rho_{\mathrm{G}}\cong F_{n-2}/F_{n-1}$ だから，θ_i は近似的に周期 F_{n-1} の周期軌道とみなされ，$l_i\ll 1$ である．Halsey ら(1986)は，$n=17$ $(F_{17}=2584)$ をとり，(8.39)を数値的に解いて $\tau(q)$ を求め，図 8-14(2)の $f(\alpha)$ 曲線を得た．

その端点 $D(\mp\infty)$ を理論的に求めよう．$D(-\infty)$ を与える最も淡いところは変曲点 $\theta=0$ の近傍にあり，そこでの距離 $l_0(n)\equiv|f^{F_{n-1}}(0)|$ (mod 1) は，n を上げると $l_0(n+1)/l_0(n)=\alpha_{\mathrm{GM}}^{-1}$ に従って縮小される(S. J. Shenker, 1982)．したがって，その自然なスケールは $l_{-\infty}\propto\alpha_{\mathrm{GM}}^{-n}$ となる．$D(\infty)$ を与える最も濃いところは，$\theta=0$ の近傍が $f(\theta)\cong\Omega+(2\pi^2/3)\theta^3$ によって写像されたところにある．したがって，その自然なスケールは，n を 1 つ上げると $\alpha_{\mathrm{GM}}^{-3}$ で縮小され，$l_{\infty}\propto\alpha_{\mathrm{GM}}^{-3n}$ となる．測度は $\mu_i\propto(\rho_{\mathrm{G}})^n$ だから

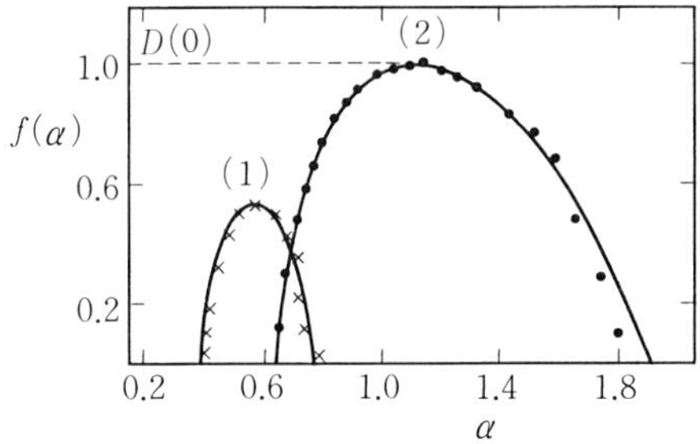

図 8-14 (1)臨界 2^∞ アトラクターおよび(2)臨界黄金トーラスの $f(\alpha)$ に対する理論値(実線)と Bénard 対流の実験値(ドット，クロス)．(Jensen *et al*.[II-30]による.)

$$D(-\infty)=\frac{\ln\rho_{\rm G}}{\ln\alpha_{\rm GM}^{-1}}\cong 1.898,\qquad D(\infty)=\frac{\ln\rho_{\rm G}}{\ln\alpha_{\rm GM}^{-3}}\cong 0.632$$

となる．これらは図 8-14(2)の $f(\alpha)$ 曲線の端点とよく一致する．$f(\alpha)$ の極大値は $D(0)=1$ である．

(3) **実験との比較**

図 8-14 は，(1)と(2)で得られた $f(\alpha)$ を，Bénard 対流に対して実験的に得られた $f(\alpha)$ と比較したものである．図の右側(2)の $f(\alpha)$ に対する各ドットは，図 7-5 の臨界黄金トーラスの切口(2500 個の軌道点)において，微小な箱 $B_X(l)$ に入る軌道点の数 $N(B)$ を数えて $\mu_X(l)$ を出し，(8.28)から $\tau(q)$ を求めて，(8.31)の $f(\alpha)$ をプロットしたものである(Jensen ら，1985)．右端 $D(-\infty)$ の近くを除けば，一致はよいといえよう．右端の近くは最も淡いところで，しかも，スロープがゆるやかなため，正確な値を出すには，軌道点を十分に多数とらねばならない．図の左側(1)の $f(\alpha)$ に対する各クロスは，臨界 2^∞ アトラクターに対する実験値であり，一致はよいといえる．

8-3 $\phi(\Lambda)$ の線形スロープの理論

カオス軌道 X_t は不安定多様体 $W^{\rm u}$ の閉包上を動き，軌道拡大率 $\lambda_1(X_t)$ は，$W^{\rm u}$ の局所構造や共存する不変集合を探査していく．$\phi(\Lambda)$ はその探査結果であり，それがもたらす最も端的な情報は，接構造の存在を示す線形部分(8.23)と，分岐をひき起こすサドルとの衝突を示す線形部分(8.24)である．これらの線形部分は，じつは，カオスの幾何学的記述と統計的記述の統合の核心となる．次に，その理論を堀田ら(1988)およびその後の発展に従って考察しよう．

a）接構造の W^{u} の折り曲げによる線形スロープ s_a

図 7-3 において，$W^{\mathrm{u}}(X^*)$ の最大湾曲部の，$W^{\mathrm{s}}(X^*)$ との接点 X_{T} の接点軌道 $X_{\pm j}=F^{\pm j}(X_{\mathrm{T}})$ を考えよう．この X_{T} は，$W^{\mathrm{s}}(X^*)$ の曲率と $W^{\mathrm{u}}(X^*)$ の曲率との大きさが入れ替わり，図 6-7 の接構造 II から接構造 I へ変化した直後の接点である．その近傍の W^{u} は図 8-15(a)のような形態をもつ．ここで，微小区間 $-\delta<x<\delta$ におけるその曲線を $y=w(x)=|x|^z/z$ $(z>1)$ としよう．

X_{T} の近傍の W^{u} は，前方へ t 回写像すると，図 8-15 の(a)から(b)へ折り曲げられ，x 方向へ l_{s} 倍，y 方向へ l_{u} 倍引き伸ばされる．ここで $l_{\mathrm{s}}<1<l_{\mathrm{u}}$ である．そのとき，X_{T} の近傍 x における W^{u} への単位接ベクトル $u_1=(u_x, u_y)$ は，ある接ベクトル $l=(l_x, l_y)$ へ変換され，その長さ $l(x,t)$ は

$$l^2(x,t)=[l_{\mathrm{s}}^2+\{w'(x)\}^2 l_{\mathrm{u}}^2]/[1+\{w'(x)\}^2] \tag{8.40}$$

となる．これは $l_x=l_{\mathrm{s}}u_x$，$l_y=l_{\mathrm{u}}u_y$，$u_y/u_x=w'(x)$ を使って得られる $l^2=(l_{\mathrm{s}}^2+w'^2 l_{\mathrm{u}}^2)u_x^2$ から求まる．(8.40)を w'^2 について解き，$w'^2=|x|^{2(z-1)}$ を入れれば

$$|x|=\left\{\frac{l^2(x,t)-l_{\mathrm{s}}^2}{l_{\mathrm{u}}^2-l^2(x,t)}\right\}^{1/2(z-1)} \cong \left\{\frac{l(x,t)}{l_{\mathrm{u}}}\right\}^{1/(z-1)} \tag{8.41}$$

となる．ここで $l_{\mathrm{u}}\gg l\gg l_{\mathrm{s}}$ とした．なお $\Lambda_{\min}=\lim_{t\to\infty}(1/t)\ln l_{\mathrm{s}}(t)$ である．

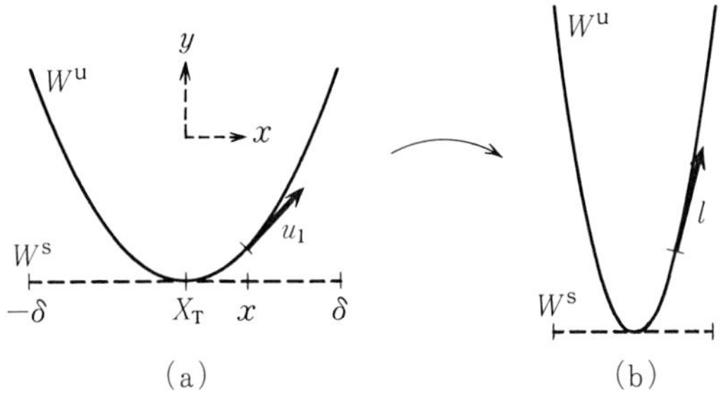

図 8-15 接構造 I（図 6-7）の W^{u} の折り曲げと単位接ベクトル u_1 の変化．t 回前方写像により，x 方向に $l_{\mathrm{s}}=e^{t\lambda_{\mathrm{s}}}(<1)$ 倍，y 方向に $l_{\mathrm{u}}=e^{t\lambda_{\mathrm{u}}}(>1)$ 倍となる（$t\gg1$ では $\lambda_{\mathrm{s}}=\Lambda_\infty(X_{\mathrm{T}})$，$\lambda_{\mathrm{u}}=\Lambda'_\infty(X_{\mathrm{T}})$）．

X_T の近傍 x を通る長さ n のカオス軌道の粗視的軌道拡大率(6.20)は，初期の接点が X_T に変わるまでの写像回数を $t_b(=0,1,\cdots,n)$，X_T に変わった後の写像回数を $t_a=n-t_b$ とすれば

$$\Lambda_n(X_0) = (1/n)[\ln l(x,t_a)+t_b\lambda_b(x\,;\,t_b)] \tag{8.42}$$

とかけよう．ここで λ_b は，X_T に変わる前の粗視的軌道拡大率で，正であり，その分布が $\psi(\Lambda)$ の双曲的部分を与える．$\Lambda_n \leqq \Lambda$ かつ $\lambda \leqq \lambda_b < \lambda + d\lambda$ である**確率測度**を $\mu(\Lambda_n \leqq \Lambda)\times P_b(\lambda\,;\,t_b)d\lambda$ としよう．$\Lambda_n=\Lambda$，$\lambda_b=\lambda$ を与える $|x|$ の値を δ とすれば，これは $|x|\leqq\delta$ かつ $\lambda\leqq\lambda_b<\lambda+d\lambda$ である確率測度に他ならない．(8.33)によれば，$|x|\leqq\delta$ である確率測度は δ^{α_1} (散逸系では $\alpha_1=\alpha_1(X_T)$，保存系では $\alpha_1=\alpha(X_T)$)に比例するので，

$$\mu(\Lambda_n \leqq \Lambda) \propto \int d\lambda \sum_{t_b=0}^{n} \delta^{\alpha_1} P_b(\lambda\,;\,t_b) \tag{8.43}$$

が得られる．$P_b(\lambda\,;\,t_b)\propto\exp[-t_b g(\lambda)]$，$l_u=\exp[t_a\lambda_u]$ とおき，$\delta=|x|$ に(8.41)を入れて $l(x,t_a)=\exp[n\Lambda-t_b\lambda]$ を使えば

$$\mu(\Lambda_n \leqq \Lambda) \propto \int d\lambda \sum_{t_b=0}^{n} e^{n\hat{\alpha}(\Lambda-\lambda_u)-t_b\{g(\lambda)+\hat{\alpha}\lambda-\hat{\alpha}\lambda_u\}} \tag{8.44}$$

となる．ここで $\hat{\alpha}\equiv\alpha_1/(z-1)$ である．$g(\lambda)$ は，図 8-7 のように $\psi(\Lambda)$ の双曲的部分を表わし，$g(\lambda)+\hat{\alpha}\lambda=$ 極小 を与える λ の値 Λ_α は Liapunov 数 Λ^∞ の左側にある．λ についての積分は $\lambda=\Lambda_\alpha$ における被積分関数で近似し，$t_b=rn$ として $\sum_{t_b=0}^{n}=n\int_0^1 dr$ と近似すれば，$\Lambda\leqq\Lambda_\alpha$ に対して

$$\mu(\Lambda_n \leqq \Lambda) \propto \exp[-n\{-\hat{\alpha}(\Lambda-\Lambda_\alpha)+g(\Lambda_\alpha)\}] \tag{8.45}$$

となる．ここで $\hat{\alpha}(\lambda_u-\Lambda_\alpha)>g(\Lambda_\alpha)$ とした．これを Λ について微分すれば確率密度(6.27)が得られるので，スペクトル $\psi(\Lambda)$ は(8.23)の形態をもち，その線形スロープ s_α は

$$s_\alpha = -\hat{\alpha} = -\alpha_1/(z-1) \tag{8.46}$$

となる．$g'(\Lambda_\alpha)=-\hat{\alpha}$ だから，この線形部分は $\Lambda=\Lambda_\alpha$ で $g(\Lambda)$ に接する．散逸系のアトラクターは，X_T の近傍では滑らかなひもで，$\alpha_1(X_T)=1$，$z=2$ だから，図 8-7 のように，$s_\alpha=-1$ となる．保存系では，確率測度は Lebesgue 測

度に比例し，2次元写像では $\alpha_1=\alpha(X_T)=2$，$z=2$ で，$s_\alpha=-2$ となる．

b）サドル S との衝突による線形スロープ s_β

図8-16のように，サドル S の Liapunov 数 $\Lambda_{\max}=\Lambda_\infty(S)$ での $\psi(\Lambda)$ の値 $\psi(\Lambda_{\max})$ が衝突前のスペクトル $g(\Lambda)$ の右側に出るとき，Λ_β で $g(\Lambda)$ に接する線形部分(8.24)が形成される．その線形スロープは $\Lambda_\beta\leqq\Lambda\leqq\Lambda_{\max}$ において

$$s_\beta=\frac{\psi(\Lambda_{\max})-g(\Lambda_\beta)}{\Lambda_{\max}-\Lambda_\beta}=\frac{\psi(\Lambda_{\max})}{\Lambda_{\max}-\Lambda^0} \tag{8.47}$$

となる．ここで Λ^0 は Λ 軸を切る点であり，(8.47)から

$$\Lambda^0=\frac{\Lambda_\beta\psi(\Lambda_{\max})-\Lambda_{\max}g(\Lambda_\beta)}{\psi(\Lambda_{\max})-g(\Lambda_\beta)} \tag{8.48}$$

となる．次に $\psi(\Lambda_{\max})$ を求めるとともに，このような線形部分がどのようにして形成されるかを考察しよう．

サドル S との衝突による分岐の特徴は，図7-2(b),(d)に示したように，接点軌道 $X_j=F^j(X_T)$ の S への集積である．ここで S は，図7-2(b)では X^* を表わすとする．図8-17と図8-18(a)はこのような集積の様相を示す概念図である．S の近傍における集積の様相をとらえるため，S の不変多様体 $W^{\rm u}(S)$，$W^{\rm s}(S)$ 方向における Jacobi 行列 $DF(S)$ の固有値の絶対値の対数をそれぞれ $\lambda_1(S),\lambda_2(S)$ $(\lambda_1>0>\lambda_2)$ としよう．図8-18(a)において，接点 $(x,y)=(1,0)$ を通る不安定多様体 $W^{\rm u}$ の形態を $y=w_1(x)\equiv c|x-1|^z$ $(z>1)$ とすれば，その τ 回写像後の接点 $(\delta,0)$ $(0<\delta\ll1)$ を通る $W^{\rm u}$ の形態 $y=w_\delta(x)$ は，y 方向の伸縮比 $l_{\rm u}=\exp[\tau\lambda_1(S)]$，$x$ 方向の伸縮比 $\delta=l_{\rm s}=\exp[\tau\lambda_2(S)]$ を使って，相似性

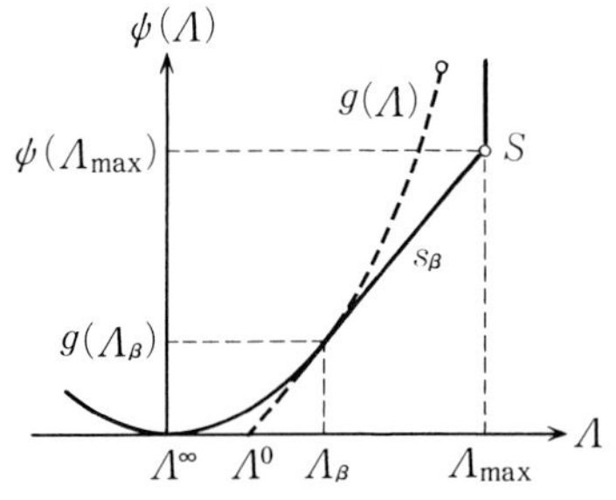

図8-16 $\Lambda_{\max}=\Lambda_\infty(S)$ をもつサドル S との衝突によるスロープ s_β の線形部分の形成．

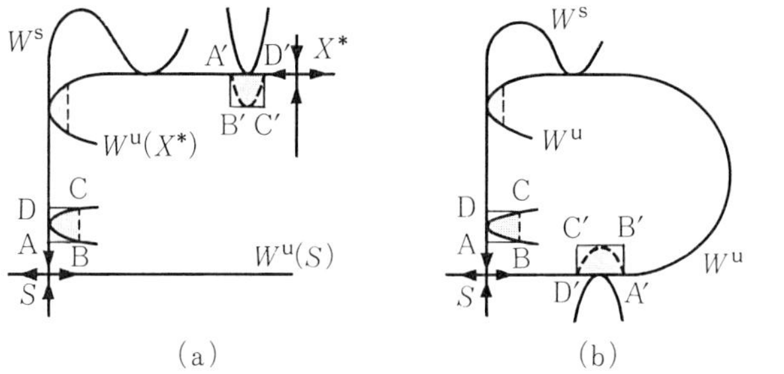

図 8-17 カオスの分岐点における接点軌道 $X_{\pm j}=F^{\pm j}(X_T)$ の集積．(a) ヘテロクリニックな場合：S の近傍の長方形 ABCD は後方写像により X^* の近傍にある長方形 A′B′C′D′ に変換される．(b) ホモクリニックな場合：長方形 ABCD は後方写像により S の近傍にある長方形 A′B′C′D′ に変換される．(Horita *et al*. [II-29]による．)

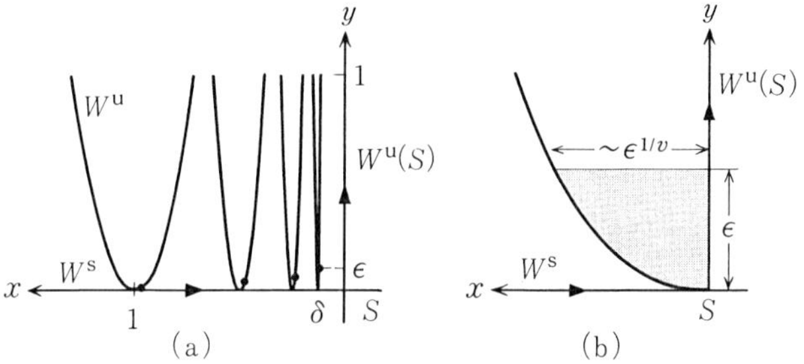

図 8-18 (a) 接点 X_T のサドル S への集積．各接点の W^u は，τ 回写像により，x 方向に $l_s=e^{\tau\lambda_2(S)}(<1)$ 倍，y 方向に $l_u=e^{\tau\lambda_1(S)}(>1)$ 倍になる．(b) S の近傍の曲線 $y\sim x^v$ の上側 ($y\gg x^v$) にあるアミかけ領域に初期点 $X_0=(x_0,\epsilon)$ をもつ軌道に対して $\epsilon\gg\delta^v$ が成り立つ．

$w_\delta(x)/l_u=c|(x/\delta)-1|^z$ から，

$$y = w_\delta(x) = c\delta^{-\{z+r(S)\}}|x-\delta|^z \tag{8.49}$$

となる．ここで $r(S)\equiv\lambda_1(S)/|\lambda_2(S)|<1$ である．(8.49)の W^u 上に初期点 $X_0=(x_0,\epsilon)$ をとり，長さ $\tau=\ln\epsilon^{-1}/\lambda_1(S)$ にわたる粗視的拡大率 $\Lambda=\Lambda_\tau(X_0)$ を考えよう．ここで $\epsilon=w_\delta(x_0)\ll 1$ である．x_0 で曲線(8.49)に接する単位ベクトルは，τ 回写像後，(8.40)で与えられる長さ $l(x_0,\tau)$ の接ベクトルに変換される．ここで，$(x_0-\delta)^z=\epsilon c^{-1}\delta^{z+r(S)}$ を使って

$$w'_\delta(x_0) = zc^{1/z}(\epsilon/\delta^v)^{(z-1)/z} \tag{8.50}$$

である．ただし $v \equiv \{z+r(S)\}/(z-1)$ とした．$l=e^{\tau\Lambda}=\epsilon^{-\Lambda/\lambda_1(S)}$，$l_{\mathrm{u}}=e^{\tau\lambda_1(S)}=\epsilon^{-1}$，$l_{\mathrm{s}}=e^{\tau\lambda_2(S)}=\epsilon^{1/r(S)}$ とおけるので，(8.40)に(8.50)を代入して

$$\epsilon^{-2\Lambda/\lambda_1(S)} = \frac{\epsilon^{2/r(S)}+z^2c^{2/z}(\epsilon/\delta^v)^{2(z-1)/z}\epsilon^{-2}}{1+z^2c^{2/z}(\epsilon/\delta^v)^{2(z-1)/z}} \tag{8.51}$$

が得られる．$\epsilon \gg \delta^v$ のとき，この式の右辺は ϵ^{-2} となり，$\Lambda \cong \lambda_1(S)$ を与える．

これを使って，次に，$\Lambda_\tau(X_0) \cong \lambda_1(S)$ を与える初期点 X_0 の確率測度 $\mu(\tau)$ を考えよう．このような $X_0=(x_0,\epsilon)$ は $\epsilon=e^{-\tau\lambda_1(S)} \gg \delta^v$ をみたさなければならないので，$\mu(\tau)$ は，図 8-18(b)のアミかけ領域に含まれた自然な確率測度に比例する．したがって，S における $W^{\mathrm{u}}(S)$, $W^{\mathrm{s}}(S)$ 方向の成分局所次元 $\alpha_1(S)$，$\alpha_2(S)$ を使って，(8.33)において $l_1=\epsilon$，$l_2=\epsilon^{1/v}$ とおけば

$$\mu(\tau) \propto \epsilon^{\alpha_1(S)}\epsilon^{\alpha_2(S)/v} \propto e^{-\tau\psi_m(S)} \tag{8.52}$$

となる．ここで $\psi_m(S) \equiv h(S)\alpha_1(S)\lambda_1(S)$，$h(S) \equiv 1+\alpha_2(S)/v\alpha_1(S)$ とした．この(8.52)は $\Lambda_\tau(X_0)$ が $\lambda_1(S)=\Lambda_\infty(S)$ となる確率に比例するので，$\psi_m(S)=\psi(\lambda_1(S))$ である．

このような初期点 X_0 をもつ長さ $n(>\tau)$ のカオス軌道の拡大率(6.20)は

$$\Lambda_n(X_0) = (1/n)[\tau\,\lambda_1(S)+(n-\tau)\lambda_a(X_0, n-\tau)] \tag{8.53}$$

とかけよう．ここで λ_a は S の近傍を離れた軌道部分の粗視的軌道拡大率である．次に，$\Lambda \leqq \Lambda_n < \Lambda+d\Lambda$ かつ $\lambda \leqq \lambda_a < \lambda+d\lambda$ である確率測度 $P(\Lambda\,;\,n)d\Lambda \times P_a(\lambda\,;\,n-\tau)d\lambda$ を考察しよう．これを λ について積分すれば，(8.52)を使って

$$P(\Lambda\,;\,n) \propto \int d\lambda P_a(\lambda\,;\,n-\tau)e^{-\tau\psi_m(S)} \tag{8.54}$$

が得られる．(8.53)から $\tau=n(\Lambda-\lambda)/(\lambda_1(S)-\lambda)$ が得られるので，$P_a(\lambda\,;\,t) \propto \exp[-tg(\lambda)]$ を入れて

$$P(\Lambda\,;\,n) \propto \int d\lambda \exp\left[-n\left\{\frac{\lambda_1(S)-\Lambda}{\lambda_1(S)-\lambda}g(\lambda)+\frac{\Lambda-\lambda}{\lambda_1(S)-\lambda}\psi_m(S)\right\}\right]$$

となる．この被積分関数を，指数の { } の中が極小となる λ の値 Λ_β における値で近似すれば，$n\to\infty$ のとき，スペクトル

$$\psi(\Lambda) = \frac{\psi_m(S)-g(\Lambda_\beta)}{\lambda_1(S)-\Lambda_\beta}(\Lambda-\Lambda_\beta)+g(\Lambda_\beta) \tag{8.55}$$

が得られる．これは，線形部分(8.24)に他ならない．$\lambda_1(S)=\Lambda_{\max}$，$\psi_m(S)=\psi(\Lambda_{\max})$ のとき，その線形スロープは(8.47)となる．$\lambda_1(S)<\Lambda^\infty$ で $\psi_m(S)$ が図8-7の $\psi(\Lambda)$ の左側に出るときには，その線形スロープは $s_\beta<0$ となる．

次に $\psi_m(S)$ を決めている $\alpha_1(S), \alpha_2(S)$ を求めよう．周期軌道に沿った時間発展に対して確率測度は保存されるので，周期点 S を中心とする微小な箱 $l_1\times l_2$ について，(8.33)から $\mu_S(l_1, l_2)=\mu_S(l_\mathrm{u}l_1, l_\mathrm{s}l_2)$ が成立し，$l_\mathrm{u}^{\alpha_1(S)}l_\mathrm{s}^{\alpha_2(S)}=1$ が得られる．これに $l_\mathrm{u}=e^{\tau\lambda_1(S)}$，$l_\mathrm{s}=e^{\tau\lambda_2(S)}$ を入れて

$$\alpha_2(S) = r(S)\alpha_1(S) \tag{8.56}$$

が得られる．したがって $h(S)=1+r(S)/v$ となる．$\alpha_1(S)$ を求めるため図8-17に示された接構造の S への集積を考察しよう．ヘテロクリニックな場合(a)では，もう1つのサドル X^* の不安定多様体 $W^\mathrm{u}(X^*)$ の接点が S に集積する．図の長方形ABCD(サイズ $\overline{\mathrm{AB}}\sim l$，$\overline{\mathrm{BC}}\sim l^{1/z}$)に含まれた確率測度 $\mu(l)$ は，集積につれてABCDが1次元の細長い帯になるので，$\mu(l)\propto l^{\alpha_1(S)}$ となる．しかも，X^* の近傍にあるその前像A′B′C′D′(サイズ $\overline{\mathrm{A'B'}}\sim l'$，$\overline{\mathrm{B'C'}}\sim l'^{1/z}$，$l'\propto l$)に含まれた確率測度に比例する．この測度は $W^\mathrm{u}(X^*)$ に沿って滑らかだから $\mu(l)\propto l'^{1/z}\times l'^{\alpha_2(X^*)}$ となり，$\alpha_1(S)=(1/z)+\alpha_2(X^*)$ を与える．さらに $\alpha_1(X^*)=1$ としてよいので，(8.56)から $\alpha_2(X^*)=r(X^*)$ となり，

$$\alpha_1(S) = (1/z)+r(X^*) \tag{8.57}$$

が得られる．ホモクリニックな場合(b)では，ホモクリニック接点が S に集積する．その長方形ABCD, A′B′C′D′ に同様な考察を加えると，A′B′C′D′ に含まれた確率測度は，ちょうど S 点上を除けば，W^u に沿って滑らかだから $\alpha_1(S)=(1/z)+\alpha_2(S)$ となる．これに(8.56)を入れて α_1 について解けば

$$\alpha_1(S) = (1/z)+r(S)/z\{1-r(S)\} \tag{8.58}$$

が得られる．このように，局所次元も，さらに基本的な量であるJacobi行列の固有値によって表わせるのである．

以上をまとめると，線形スロープ(8.47)において

$$\psi(\Lambda_{\max}) = \psi(\Lambda_\infty(S)) = h(S)\alpha_1(S)\Lambda_\infty(S) \tag{8.59}$$

$$h(S) = 1+(z-1)r(S)/\{z+r(S)\} \tag{8.60}$$

である．ここで $r(S)=\Lambda_\infty(S)/\{\Lambda_\infty(S)+R(S)\}$，$R(S)\equiv -\ln|J(S)|$ である．$\alpha_1(S)$ は，ヘテロクリニックな集積の場合には(8.57)によって，ホモクリニックな集積の場合には(8.58)によって与えられる．1 次元写像($J=0$)では，$r=0$ から，$\alpha_1(S)=1/z$，

$$\psi(\Lambda_{\max}) = (1/z)\Lambda_\infty(S) \tag{8.61}$$

となる．表 8-1 に，8-1 節で取り扱った Hénon 写像の分岐と 2 次写像，円写像の分岐に対して，上述の諸量の理論値と s_β の数値実験値をまとめた．ここで $z=2$ である．理論値と実験値との一致はよいといえよう．理論値からのずれは，主に，軌道数 N が十分でないためである．

表 8-1 $\Lambda_\infty(S), \alpha_1(S), s_\beta$ 等の理論値と s_β の数値実験値

(a) Hénon 写像($b=0.3$, $R\cong 1.204$)

	$\Lambda_\infty(S)$	$\alpha_1(S)$	$\alpha(S)$	$h(S)$	Λ^0	s_β 理論値	s_β 実験値
$a=a_{\rm d}$	1.188	0.856	1.281	1.199	0.530	1.85	1.90
$a=a_1$	0.550	0.728	0.956	1.136	0.325	2.02	1.80

(b) 2 次写像($a=a_{\rm d}=2$)と円写像($\Omega=\Omega_{\rm c}$, $K=K_{\rm c}$)

	$\Lambda_\infty(s)$	$\alpha_1(s)=\alpha(s)$	$h(s)$	Λ^0	s_β 理論値	s_β 実験値
$a=a_{\rm d}$	2 ln 2	0.5	1	ln 2	1	1.0
$\rho=0/1$	1.418	0.5	1	0.690	0.974	0.99
$\rho=1/2$	0.706	0.5	1	0.343	0.972	1.03

周期 Q のサドル $S_i=F^Q(S_i)$ との衝突による分岐に対しても，(8.59),(8.60)は成立する．ただし，$\lambda_1(S),\lambda_2(S)$ に代って Jacobi 行列 $DF^Q(S_i)$ の固有値の絶対値の対数 $\bar{\lambda}_1(S_i)=\Lambda_\infty(S_i)$，$\bar{\lambda}_2(S_i)=-\Lambda_\infty(S_i)-R(S_i)$，$R(S_i)\equiv -Q^{-1}\cdot\sum_{t=1}^{Q}\ln|J(S_t)|$ をとり，S_i の近傍において写像 $\phi(X)\equiv F^Q(X)$ による接構造の

S_i への集積を取り扱うことになる.

以上のように，線形スロープ s_α と s_β は，いずれも接構造Iによって生成されるもので，非双曲的な物理系の普遍性であるといえる.

8-4 $f(\alpha)$ と $\phi(\Lambda)$ の関係

カオスのアトラクターでは，フラクタル構造関数 $f(\alpha)$ は，臨界アトラクターに対する図8-14とは質的に異なり，図8-10のような形態をもつ．すなわち，カオスの接構造や分岐が特異なフラクタル構造を作り出し，図8-7や図8-8における $\phi(\Lambda)$ の線形スロープ s_α や s_β に対応して，線形スロープ q_{A} や q_{B} をもつのである．このようなカオスのフラクタル構造を解明するため，まず，$f(\alpha)$ と $\phi(\Lambda)$ の関係を，森田ら(1988)に従って導出しよう.

カオス軌道 X_t ($t=0,1,\cdots,n$) 上の1点 X_t を中心とする微小なセル $l_1\times l_2$ に含まれた自然な確率測度 $\mu_t(l_1,l_2)$ を考えよう．写像 F によって，このセルは $l_1\exp[\lambda_1(X_t)]\times l_2\exp[\lambda_2(X_t)]$ のセルに変わる．ここで，$\lambda_2(X_t)=-\lambda_1(X_t)+\ln|J(X_t)|$ は $u_1(X_t)$ に横断的な $u_2(X_t)$ 方向の軌道拡大率である．**確率測度の保存**から $\mu_t(l_1,l_2)=\mu_{t+1}(l_1e^{\lambda_1(X_t)},l_2e^{\lambda_2(X_t)})$ が得られる．$l_ke^{\lambda_k(X_t)}$ を l_k と書き直せば，これは $\mu_{t+1}(l_1,l_2)=\hat{M}_t\mu_t(l_1,l_2)$ とかける．ここで $\hat{M}_t$ は微分演算子

$$\hat{M}_t\equiv\exp\left[-\lambda_1(X_t)l_1\frac{\partial}{\partial l_1}-\lambda_2(X_t)l_2\frac{\partial}{\partial l_2}\right]\qquad(8.62)$$

であり，恒等式 $\exp[ax(\partial/\partial x)]x^i=(e^ax)^i$ を使った.

(8.34)の q ポテンシャル $\tau_k(q)$ を導入するため

$$\{\mu_{n+1}(l_1,l_2)\}^{q-1}=\hat{M}_n\hat{M}_{n-1}\cdots\hat{M}_0\{\mu_0(l_1,l_2)\}^{q-1}\qquad(8.63)$$

を考えよう．射影演算子 P を $PG=\langle G\rangle$ ($P^2=P$) によって定義し，$\hat{M}_t=\hat{M}_tP+\hat{M}_tQ$ ($Q\equiv1-P$) を使えば

$$\hat{M}_n\hat{M}_{n-1}\cdots\hat{M}_0=\sum_{t=0}^{n}\hat{M}_nQ\hat{M}_{n-1}Q\cdots\hat{M}_{n-t}P\hat{M}_{n-t-1}\cdots\hat{M}_1\hat{M}_0$$
$$+\hat{M}_nQ\hat{M}_{n-1}Q\cdots\hat{M}_0Q\qquad(8.64)$$

とかける．したがって，(8.63)の平均は

$$\langle\{\mu_{n+1}(l_1,l_2)\}^{q-1}\rangle = \sum_{t=0}^{n}\langle\hat{M}_nQ\hat{M}_{n-1}Q\cdots\hat{M}_{n-t}\rangle\langle\{\mu_{n-t}(l_1,l_2)\}^{q-1}\rangle + \langle\hat{M}_nQ\hat{M}_{n-1}Q\cdots\hat{M}_0Q\{\mu_0(l_1,l_2)\}^{q-1}\rangle \quad (8.65)$$

とかける．$\langle\{\mu_t(l_1,l_2)\}^{q-1}\rangle\propto l_1^{\tau_1(q)}l_2^{\tau_2(q)}$ であるので，この式の第1項では，$\hat{M}_t$ をc数

$$M_t \equiv \exp[-\lambda_1(X_t)\tau_1(q)-\lambda_2(X_t)\tau_2(q)] \quad (8.66)$$

で置き換えることができる．第2項では，$n\to\infty$ のとき，$\hat{M}_n$ の $\lambda_k(X_n)$ と初期時刻の $Q\{\mu_0(l_1,l_2)\}^{q-1}$ との時間相関が消えるため，この第2項は無視できよう．これは少なくとも，$\lambda_1(X_t)>0$ である双曲系では成立すると考えられる．そのとき，第1項から，$n-t$ を0にシフトして

$$\sum_{t=0}^{\infty}\langle M_tQM_{t-1}Q\cdots M_0\rangle = 1 \quad (8.67)$$

が得られる．つぎに $\Xi_n\equiv\langle M_{n-1}M_{n-2}\cdots M_0\rangle$，$\Xi_0\equiv1$ を考えよう．(8.64)で $\hat{M}_t$ を M_t で置き換えて1に作用させれば，$Q\cdot1=0$ から，その第2項は消える．さらに平均をとれば，その左辺は Ξ_{n+1} を与え，$\Xi_{n+1}=\sum_{t=0}^{n}\varphi_t\Xi_{n-t}$ が得られる．ここで $\varphi_n\equiv\langle M_nQM_{n-1}Q\cdots M_0\rangle$ である．$\tilde{\Xi}(z)\equiv\sum_{n=0}^{\infty}e^{-zn}\Xi_n$ とすれば，これは $\tilde{\Xi}(z)=1/\{1-e^{-z}\tilde{\varphi}(z)\}$ とかける．(8.67)が $\tilde{\varphi}(z=0)=1$ を与えるので，これは $\tilde{\Xi}(0)$ が無限大となることを意味する．しかし $z>0$ では $\tilde{\Xi}(z)$ は有限であり，Ξ_n が n とともに指数的に増大することはない．したがって $\lim_{n\to\infty}(1/n)\ln\Xi_n=0$ となる．Ξ_n の M_t に(8.66)を代入すれば，これは

$$\lim_{n\to\infty}(1/n)\ln\langle\exp[-n\Lambda_n(X)\tau_1(q)-n\Lambda_n'(X)\tau_2(q)]\rangle = 0 \quad (8.68)$$

を与える．ここで $\Lambda_n'(X_0)\equiv(1/n)\sum_{t=0}^{n-1}\lambda_2(X_t)$ である．多くの力学系で $J(X_t)$ は，(6.4)のように定数となる．そのとき，$\Lambda_n'(X)=-\Lambda_n(X)-R$ $(R\equiv-\ln|J|)$ を入れれば，(8.68)は，(8.2)の q ポテンシャル $\boldsymbol{\Phi}(q)\equiv\boldsymbol{\Phi}_\infty(q)$ を使って

$$\boldsymbol{\Phi}(1+\tau_1(q)-\tau_2(q)) = R\tau_2(q) \quad (8.69)$$

とかける．これは $\tau_k(q)$ と $\boldsymbol{\Phi}(q)$ の重要な関係を与える．

図 8-7 において，**双曲相** $\Lambda \geqq \Lambda_\alpha$，$q<q_\alpha=2$ の形態は，$\lambda_1(X_t)>0$ なる双曲構造によって決まり，この双曲相では，アトラクターに接する $u_1(X)$ 方向には特異性はなく，

$$D_1(q) = \alpha_1(q) = f_1(\alpha_1) = 1, \qquad \tau_1(q) = q-1 \tag{8.70}$$

となる．ただし分岐点では $q>q_\beta$ とする．(8.69)は，この双曲相 $q<q_{\mathrm{A}}$ では

$$\boldsymbol{\Phi}(q-\tau_2(q)) = R\tau_2(q) \tag{8.71}$$

となる．ここで $R=-\ln|J|$ で，q_{A} は，$q_{\mathrm{A}}-\tau_2(q_{\mathrm{A}})=q_\alpha=2$，すなわち，

$$q_{\mathrm{A}} = q_\alpha+\tau_2(q_{\mathrm{A}}) = 2+R^{-1}\boldsymbol{\Phi}(2) > 1 \tag{8.72}$$

で決まる定数である．(8.71)を q について微分し，(8.3)と(8.35)を使えば，双曲相 $q<q_{\mathrm{A}}$ に対して

$$\alpha_2(q) = \Lambda(q-\tau_2(q))/\{\Lambda(q-\tau_2(q))+R\} \tag{8.73}$$

が得られる．$\alpha_2(1)=D_2(1)$，$\tau_2(1)=0$ を使えば，これは，よく知られた関係

$$D(1) = 1+\{\Lambda^\infty/(\Lambda^\infty+R)\} \tag{8.74}$$

を与える．$\psi(\Lambda)$ と $f_2(\alpha_2)$ に対する式(8.8)と(8.37)を使えば，(8.71)と(8.73)から，$\alpha_2 \geqq \alpha_2(q_{\mathrm{A}}-0)=\Lambda_\alpha/(\Lambda_\alpha+R)$ に対して

$$f_2(\alpha_2) = \alpha_2-\frac{1-\alpha_2}{R}\psi\left(\frac{R\alpha_2}{1-\alpha_2}\right) \tag{8.75}$$

が得られる．これは，双曲相 $\alpha \geqq \alpha_{\mathrm{A}} \equiv \alpha(q_{\mathrm{A}}-0)$ に対して

$$f(\alpha) = \alpha-\frac{2-\alpha}{R}\psi\left(R\frac{\alpha-1}{2-\alpha}\right) \tag{8.76}$$

を与える．ここで $\alpha_{\mathrm{A}}=1+\{\Lambda_\alpha/(\Lambda_\alpha+R)\}$ である．これは，$f(\alpha)$ と $\psi(\Lambda)$ の重要な関係を与え，$D(1)$ と Λ^∞ の関係(8.74)の一般化といえる．$\alpha \leqq \alpha_{\mathrm{A}}$ では，図 8-10 のように，スロープ q_{A} の線形部分が形成されるのである．

サドル S_i との衝突による分岐点に対する図 8-8 においては，$\Lambda \geqq \Lambda_\beta(>\Lambda^\infty)$，$q<q_\beta(<0)$ で線形スロープ $s_\beta=1-q_\beta$ が形成される．そのとき，接構造が S_i へ集積するために，$\alpha_1(S_i)$ は，(8.57)や(8.58)のように，(8.70)からずれ，いま

$$q_{\mathrm{B}} = q_\beta+\tau_2(q_{\mathrm{B}}) = q_\beta+R^{-1}\boldsymbol{\Phi}(q_\beta) < 1 \tag{8.77}$$

とすれば，(8.71)や(8.73)の有効性は $q>q_{\mathrm{B}}$ に限定される．同様に(8.76)の有

効性は $\alpha \leqq \alpha_B \equiv \alpha(q_B+0) = 1+\{\Lambda_\beta/(\Lambda_\beta+R)\}$ に限定される．$\alpha \geqq \alpha_B$ では，後で述べるように，スロープ q_B の線形部分が形成されるのである．

以上のように，図 8-10 の，$\alpha = \alpha(1) = D(1)$ を中心とする領域 $\alpha_A \leqq \alpha \leqq \alpha_B$ において(8.76)が成立するのである．$\psi(\Lambda)$ と $f(\alpha)$ の間にこのような一義的関係があることは，関数 $\psi(\Lambda)$ の存在基盤も，$f(\alpha)$ と同様に，カオスのアトラクターの「自己相似な入れ子構造」にあることを意味する．実際スケールに関する 2 つの確率密度(8.26)と(6.27)との対応関数は $l \sim e^{-n}$ であるといえる．このような自己相似性が，簡単な写像法則の，多数回の反復適用によって生成されるのである．

a）接構造の $\boldsymbol{W^u}$ の折り曲げによる $\boldsymbol{f(\alpha)}$ の線形部分

$\psi(\Lambda)$ の線形部分(8.23)に対応して，$f(\alpha)$ も線形部分

$$f(\alpha) = q_A(\alpha-\alpha_A')+f(\alpha_A') \qquad (\alpha_A \geqq \alpha \geqq \alpha_A') \tag{8.78}$$

をもつと考えられる．この線形部分は，(8.76)が $f'(\alpha_A) = q_A$ をみたすので，$\alpha = \alpha_A$ で双曲部分(8.76)と滑らかに接続している．事実，図 7-3 の Hénon アトラクターに対して数値的に求められた図 8-19(a)の $f(\alpha)$ は，スロープ $q_A \cong 2.3$ の線形部分を示している．しかも，理論式(8.72)は，$\Phi(2) \cong 0.36$，$R \cong 1.20$ から $q_A \cong 2.3$ を与え，この数値実験を正当化する．この線形部分は，8-3 節 a 項で解明したように，図 8-15 のような接構造の W^u の折り曲げによってもたらされるものである．なお，$\alpha_A' = (2\alpha_A-1)\alpha_A/(1+\alpha_A)$，$f(\alpha_A') = q_A(\alpha_A'-2)+3$ と考えられる(Ott, Grebogi, Yorke, 1989)．

1 次元写像では $R \to \infty$ として $q_A = 2$，$\alpha_A = 1$，$\alpha_A' = 1/2$，$f(\alpha_A') = 0$ となる．したがって，(8.78)は

$$f_*(\alpha) = 2\alpha - 1 \qquad (1 \geqq \alpha \geqq 1/2) \tag{8.79}$$

となり，$\tau(q) = q-1\,(q \leqq 2)$，$q/2\,(q \geqq 2)$ が得られる．実際，1 次元 2 次写像(8.14)では，(8.16)から自然な確率測度(8.25)は，$l \to 0$ のとき $\mu_x(l) \propto l\ (x \neq \pm 2)$，$l^{1/2}\ (x = \pm 2)$ となり，(8.28)，(8.31)から上述の $\tau(q)$，$f_*(\alpha)$ が得られる．なお $f_*(\alpha) = -\infty\ (\alpha > 1, \alpha < 1/2)$ である．$\alpha(q)$ は，$\alpha(q) = 1\,(q < 2)$，$1/2\ (q > 2)$ となり，$q = 2$ で 1 から 1/2 へ不連続転移する．

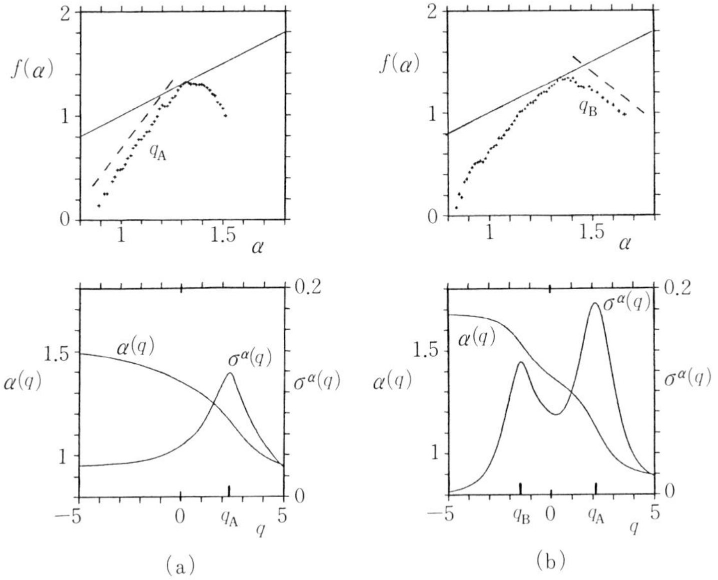

図 8-19 Hénon 写像(図 7-2(c),(d))のフラクタル構造関数($l\sim10^{-4}$, $N=10^6$). $f(\alpha)$ に対する実線はスロープ +1 の 45° 線，破線はスロープ q_A, q_B を表わす. (a) $a=1.4$: $q_A\cong2.3$. (b) $a=a_d$: $q_A\cong2.1$, $q_B\cong-1.49$. $\sigma^\alpha(q)$ は $q=q_A, q_B$ に鋭いピークをもつ. (Hata *et al.* [II-31] による.)

このような q 相転移は，(8.78)に対して一般的に起こる．実際，変分原理 $q\alpha-f(\alpha)=\min$ は $q=q_A\mp\epsilon$ に対して $\mp\epsilon\alpha=\min$ となり，$\alpha_A\geqq\alpha\geqq\alpha'_A$ に対して $q=q_A-0$ のとき $\alpha(q)=\alpha_A$，$q=q_A+0$ のとき $\alpha(q)=\alpha'_A$ を与える．したがって，q を上げていくと $\alpha(q)$ は $q=q_A$ で α_A から α'_A へ不連続な q 相転移を行なう．しかし，図 8-19(a)の $\alpha(q)$ は $q=q_A$ で不連続ではない．これは，$l\sim10^{-4}$ が十分に小さくないためである．実際，q 分散 $\sigma^\alpha(q)$ は $q=q_A$ に鋭いピークをもち，$l\to0$ のときこのピークは発散し，$\alpha(q)$ が $q=q_A$ で q 相転移を行なうことを保証する．なお，理論的には $\Lambda^\infty\cong0.445$ から $D(1)\cong1.27$ であり，また，$\alpha_{\max}\cong\alpha(X^*)\cong1.352$ であるので，図 8-19(a)の $f(\alpha)$ の極大の右側はもっと急激に落ちるべきである．このずれは軌道長 $N=10^6$ が不十分なためである．

b) 分岐による $\boldsymbol{f(\alpha)}$ の線形部分

$\psi(\Lambda)$ の線形部分(8.24)に対応して，$f(\alpha)$ も線形部分

$$f(\alpha) = q_{\mathrm{B}}(\alpha - \alpha_{\mathrm{B}}) + f(\alpha_{\mathrm{B}}) \qquad (\alpha_{\mathrm{B}} \leqq \alpha \leqq \alpha'_{\mathrm{B}}) \tag{8.80}$$

をもつ(秦ら，1989)．この線形部分は，(8.76)が $f'(\alpha_{\mathrm{B}}) = q_{\mathrm{B}}$ をみたすので，$\alpha = \alpha_{\mathrm{B}}$ で双曲部分(8.76)と滑らかに接続している．

事実，図 7-2(d)のアトラクター破壊の分岐点 $a = a_{\mathrm{d}}$ では，$f(\alpha)$ は，図 8-19(b)のようにスロープ $q_{\mathrm{B}} \cong -1.49$ の線形部分をもつ．この分岐はサドル S との衝突によるもので，その特徴は，図 8-17(a)のように接構造が前方写像によって S に集積し，後方写像によってもう 1 つのサドル X^* に集積することである．理論的には $\Lambda^{\infty} \cong 0.495$ から $D(1) \cong 1.291$，(8.56)と $\Lambda_{\infty}(X^*) \cong 0.665$ から $\alpha(X^*) \cong 1.356$，表 8-1 から $\alpha(S) \cong 1.281$，$\alpha_2(S) \cong 0.425$ である．じつは，これらよりさらに大きな局所次元が接構造の集積により作り出され，線形部分(8.80)をもたらすのである．S の近傍では，図 8-18(a)のように，不安定多様体 $W^{\mathrm{u}}(X^*)$ が $W^{\mathrm{u}}(S)$ に集積するので，この $W^{\mathrm{u}}(S)$ 上の局所次元 $\alpha^{\mathrm{u}}(X)$ は，ちょうど S 点上を除けば，

$$\alpha^{\mathrm{u}} = 1 + \alpha_2(S) \cong 1.425 \tag{8.81}$$

となる．分岐直前 $a = a_{\mathrm{d}} - 0$ では $\alpha_{\max} \cong \alpha(X^*)$ であったが，分岐点では，そのスペクトル $f_0(\alpha)$ の右外側に，このさらに大きな局所次元 α^{u} が出現し，$f(\alpha^{\mathrm{u}})$ から $f_0(\alpha)$ への接線が作り出される．この接線が線形部分(8.80)を与える．そのスロープ q_{B} は(8.77)で与えられ，$q_{\beta} = 1 - s_{\beta} \cong -0.85$(表 8-1)および $\boldsymbol{\Phi}(q_{\beta}) \cong -1.06$ を使って，$q_{\mathrm{B}} \cong -1.73$ となる．この理論値は，図 8-19(b)のスロープ $q_{\mathrm{B}} \cong -1.49$ を正当化するが，それよりすこし急峻である．

$\alpha \geqq \alpha_{\mathrm{A}}$ におけるこの線形部分(8.80)は，$\alpha_2(q)$ の q 相転移によるもので，1 次元写像($R = \infty$)では，$\alpha_2(q) = 0$ となるため消失する．しかし，サドルとの衝突によるこの分岐は，7-3 節 a 項で述べたように，1 次元写像でも起こる普遍的現象である．実際，(8.80)に対応する $\psi(\Lambda)$ の線形部分(8.24)は，図 8-3 や図 8-5 のように，1 次元写像でも出現する．したがって，カオスの「分岐の普遍性」をとらえる上で，$\psi(\Lambda)$ が $f(\alpha)$ よりも勝っているといえる．

9 カオスの分岐と臨界現象

カオスの多様性は，カオス領域が無数の不変集合を含み，どんな不変集合を含むかが，体系とその分岐パラメタの値に依存することに由来する．そのため，非平衡開放系の物理的プロセスは，カオスの発生・発達・分岐によって，多様な挙動と応答を展開することとなる．

本章では，まず，2種の強制振り子をとり，バンド融合クライシスと2種のアトラクター融合クライシスについて，2次元相空間におけるカオスのアトラクターの形態と構造が，分岐によってどのように変化し，どんな新しい統計構造が出現するかを探究する．ついで，精妙に自己組織された臨界性の例として，2^n バンド分裂と F_m アトラクター融合の各カスケードについて，臨界アトラクターの自己相似な時系列，バンドアトラクターの $\psi(\Lambda)$ の相似則，2次元フラクタル性の消失形態等を究明しよう．

9-1 強制振り子のクライシスとエネルギー散逸

カオスの主要な分岐は，2次元写像でも1次元写像でも起こる普遍的現象であり，この分岐の普遍性は，前章で見たように，$\psi(\Lambda)$ によって端的にとらえる

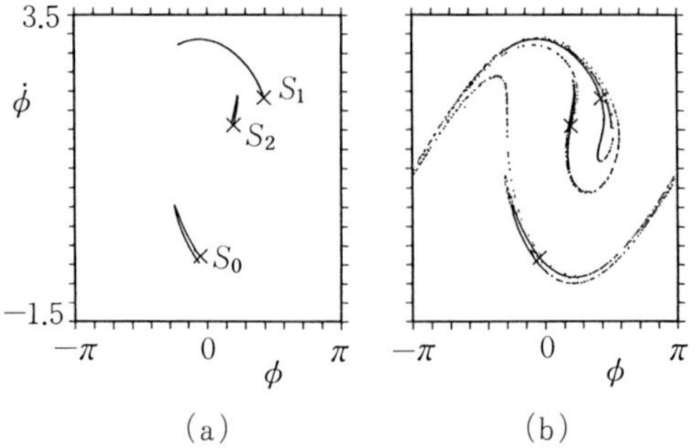

図 9-1 振り子(6.1)のバンド融合クライシス($\gamma=1/\sqrt{15}$, $\omega=0.65$). (a) 3点サドル S_i と衝突した3バンドアトラクター($a=a_{\mathrm{w}}-4.8\times10^{-5}$). (b) 衝突後の Cantor リペラーの取り込み($a=a_{\mathrm{w}}+4.2\times10^{-3}$).

ことができる. ここでは, 強制振り子の2つのクライシスの幾何学的機構が, $\psi(\Lambda)$ によって, どのようにとらえられるかを見よう.

$\gamma=1/\sqrt{15}$, $\omega=0.65$ のとき, 強制振り子(6.1)の Poincaré 写像(6.3)のアトラクターは, $a=a_{\mathrm{w}}\equiv0.728384\cdots$ で, 図 9-1 の(a)の3バンドカオスから, (b)の ϕ の全区間 $(-\pi, \pi)$ にわたる全域的カオスへ不連続的に拡大する. この分岐は, 1次元写像の分岐図 7-10 における $a=a_{\mathrm{w}}$ でのバンド融合クライシスと同様に, 3点サドル $S_i=F^3(S_i)$ $(i=0,1,2)$ との衝突によってひき起こされる. その特徴は, S_i の不安定多様体 $W^{\mathrm{u}}(S_i)$ の閉包上で, 3つのバンド間に存在する **Cantor リペラー**(Cantor 集合のリペラー)* を取り込むことである. 安定多様体 $W^{\mathrm{s}}(S_i)$ とアトラクターとの接点 $X_{\pm j}$ $(j=0,1,2,\cdots)$ はともに S_i に集積し, この分岐は**ホモクリニック**である(富田ら, 1989).

* リペラー(repellor)はアトラクターと並立する概念で, 極限サイクルと並立するサドルはその簡単な例である. Cantor 集合のリペラーとは, 非可算無限個の不安定な軌道群からなり, かつ, 稠密軌道を含む反発的 Cantor 集合をいう(文献[II-5]p. 36). 反発的集合(repelling set)とは, その近傍の軌道がやがて離れていく不変閉集合であるが, アトラクターの中にある場合には, 離れたり近づいたりを繰り返していく. 位相的エントロピー K_0 が正のとき, このような Cantor リペラーが存在するが, 窓の中では, アトラクターから分離され, しかも, Lebesgue 測度が0であるため, その観測は困難である. 最も簡単な Cantor リペラーは, 間欠性カオスの中にバーストとして出現するもので, 付録3でそれを解析的に解明した.

a) Cantor リペラーによる線形スロープ s_δ

カオス軌道 $X_i \equiv \{\phi(t_i), \dot{\phi}(t_i)\}$ の各点での軌道拡大率 $\lambda_1(X_i)$ は，運動方程式(6.2)から次のようにして求まる．微小変分 $\phi\to\phi+\xi$，$\dot{\phi}\to\dot{\phi}+\zeta$ をとれば，変分方程式

$$\dot{\xi} = \zeta, \qquad \dot{\zeta} = -\gamma\zeta - \{\cos\phi(t)\}\xi \tag{9.1}$$

が得られる．ここで $\phi(t)$ は(6.1)の数値積分によって求める．まず初期点 X_0 と単位ベクトル $\{\xi(t_0), \zeta(t_0)\}$ をとり，(6.1)と(9.1)を $t_1=2\pi/\omega$ まで数値積分し，X_1 と $\lambda_1(X_0)\equiv\ln[|\xi(t_1)|^2+|\zeta(t_1)|^2]^{1/2}$ を求める．次に X_1 と単位ベクトル $\{\xi(t_1)\exp[-\lambda_1(X_0)], \zeta(t_1)\exp[-\lambda_1(X_0)]\}$ から出発し，(6.1)と(9.1)を $t_2=(2\pi/\omega)\times 2$ まで数値積分し，X_2 と $\lambda_1(X_1)\equiv\ln[|\xi(t_2)|^2+|\zeta(t_2)|^2]^{1/2}$ を求める．この操作を順次繰り返していくと，単位ベクトル $\{\xi(t_i), \zeta(t_i)\}$ は不安定多様体に平行となり，急速にアトラクターに接するようになるので，初期の過渡的なものを捨てれば，軌道拡大率は

$$\lambda_1(X_i) = \ln[|\xi(t_{i+1})|^2+|\zeta(t_{i+1})|^2]^{1/2} \tag{9.2}$$

で与えられる．これから粗視的軌道拡大率(6.20)を作り，分布関数(6.23)や分配関数(8.1b)が求まる．

図9-2は，このようにして得られた統計構造関数を示す．(1)は，融合前 $a<a_\mathrm{W}$ のもので接構造による線形スロープ s_α をもち，$n\to\infty$ のとき $q=q_\alpha=1-s_\alpha$ における $\sigma_n(q)$ のピークが発散し，図8-7の形態となる．(2)は，融合直前 $a=a_\mathrm{W}-0$ のもので S_i との衝突による線形スロープ $s_\beta\cong 1.67$ をもち，$n\to\infty$ のとき，$q=q_\alpha, q_\beta(=1-s_\beta)$ における $\sigma_n(q)$ の2つのピークが発散し，図8-8の形態となる．s_β の理論値は(8.47)，(8.59)と(8.58)から求まり，表9-1の(1)のように $s_\beta\cong 1.54$ となる．上記実験値は，$n=21$ にしてはこの理論値とよく合っている．(3)は，融合直後 $a=a_\mathrm{W}+0$ のもので，この s_β より小さな線形スロープ $s_\delta\cong 0.09$ をもつが，その形成機構は図9-3に示されている．その図(a)において，アトラクターのスペクトル $\psi_\mathrm{A}(\Lambda)$ の右側に Cantor リペラーのスペクトル $\psi_\mathrm{R}(\Lambda)$ が存在する．S_i との衝突によってこのリペラーがアトラクターに取り込まれると，(b)のように，$\psi_\mathrm{A}(\Lambda)$ と $\psi_\mathrm{R}(\Lambda)$ との共通接線として線形スロ

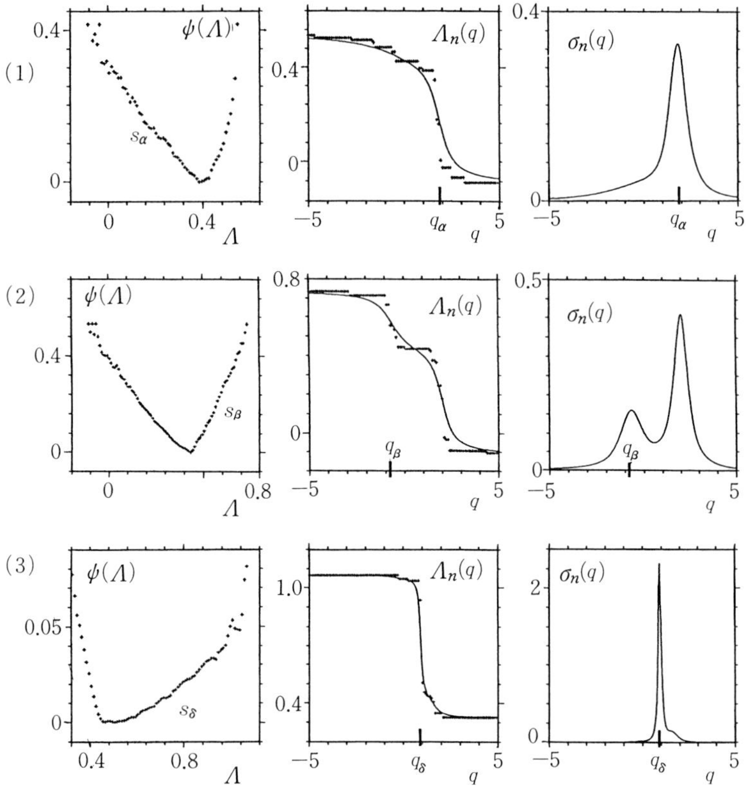

図 9-2 融合前後の統計構造．(1) $a=0.728$: $s_\alpha\cong-0.91$ ($n=18$, $N=1.3\times10^5$)，(2) 図 9-1(a)の融合直前図 : $s_\beta\cong1.67$ ($n=21$, $N=1.6\times10^6$)，(3) 図 9-1(b)の融合直後図 : $s_\delta\cong0.09$ ($n=100$, $N=3.2\times10^5$)．(Tomita *et al*.[II-32]による．)

ープ s_δ が形成される．したがって $s_\delta\cong\psi_R(\Lambda_R)/(\Lambda_R-\Lambda^\infty)<s_\beta$ である．

融合後 $a=a_w(1+\epsilon)$ では，ずれ ϵ が大きくなるにつれ，図 9-4 のように，カオス軌道が Cantor リペラーの周辺に滞在する確率が増大し，s_δ の線形部分は図 9-3(c)のように下に湾曲する．図 9-2(3)における s_δ の線形部分がすこし湾曲しているのは，$\epsilon\cong5.7\times10^{-4}$ が 0 でないためである．この湾曲を規定するため，3 回写像 $X_{3t}=F^{3t}(X_0)$ ($t=0,1,2,\cdots$) の時系列を考えよう．$a<a_w$ では，X_{3t} は 3 つのバンドの 1 つに永久に留まるが，$\epsilon>0$ では，1 つのバンドに留ま

表 9-1 $s_\beta, \alpha_1(S_i), \Lambda_\infty(S_i)$ 等の理論値と s_β の数値実験値

(1) 振り子(6.1)のバンド融合 $a=a_{\rm w}-0$
(2) 振り子(6.1)のアトラクター融合 $a=a_{\rm m}-0$
(3) 円環写像のアトラクター融合 $K=K_{\rm c}-0$, $\Omega=\Omega_{\rm c}$
(4) 振り子(9.6)のアトラクター融合 $K=K_{\rm c}-0$, $\Omega=\Omega_{\rm c}$

	$\Lambda_\infty(S_i)$	$\alpha_1(S_i)$	$\alpha(S_i)$	$h(S_i)$	Λ^0	s_β 理論値	s_β 実験値
(1)	0.880	0.676	0.852	1.115	0.45	1.54	1.67
(2)	0.627	0.727	0.954	1.135	0.30	1.58	1.59
(3) $\rho=0/1$	1.453	0.815	1.130	1.162	0.630	1.67	1.45
(3) $\rho=1/2$	0.706	0.654	0.807	1.105	0.335	1.38	1.29
(4) $\rho=1/2$	0.719	0.760	1.020	1.146	0.30	1.49	1.50
(4) $\rho=2/3$	0.507	0.683	0.866	1.118	0.23	1.40	1.30

[注] これらはいずれもホモクリニックであり，$\alpha_1(S_i)$ は(8.58)から，$\alpha_2(S_i)$ は(8.56)から求まる．

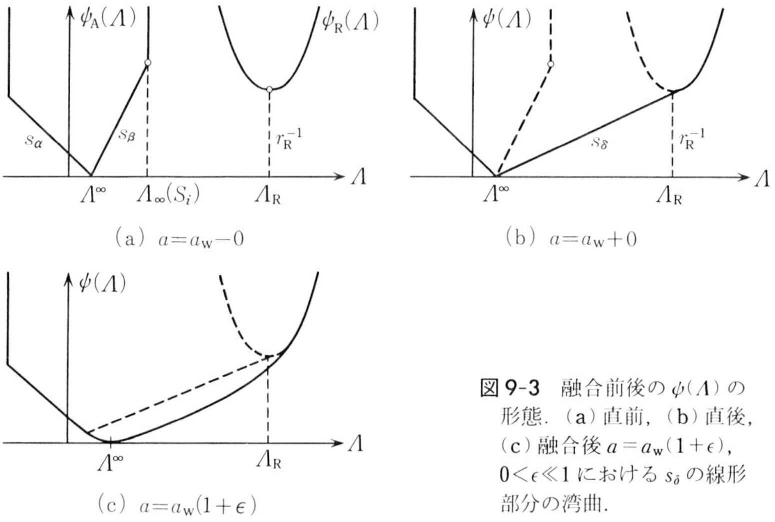

図 9-3 融合前後の $\psi(\Lambda)$ の形態．(a) 直前，(b) 直後，(c) 融合後 $a=a_{\rm w}(1+\epsilon)$，$0<\epsilon\ll 1$ における s_δ の線形部分の湾曲．

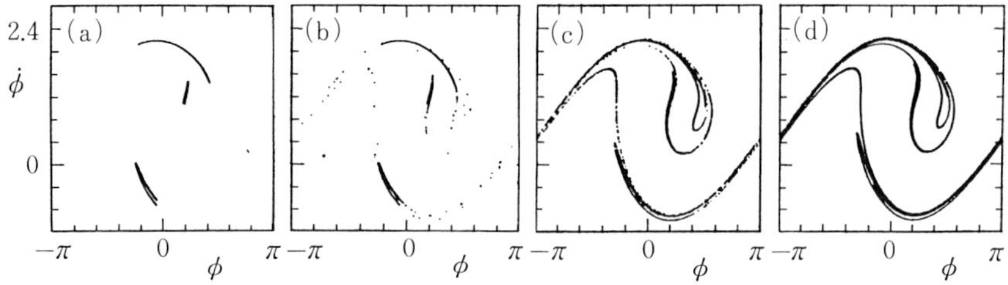

図 9-4 Cantor リペラーの周辺への滞在確率の増大.
(a) $a=a_{\mathrm{w}}-0.8\times10^{-6}$, (b) $a=a_{\mathrm{w}}+1\times10^{-6}$, (c) $a=a_{\mathrm{w}}+0.0004$, (d) $a=a_{\mathrm{w}}+0.02$.

る時間は有限となり，その平均寿命が $\tau\sim\epsilon^{-\alpha_1(S_i)}$ となる(Grebogi ら，1987). ここで表 9-1(1)から $\alpha_1(S_i)\cong0.676$ である．Cantor リペラー周辺に滞在する平均寿命は $\tau_{\mathrm{R}}=1/\psi_{\mathrm{R}}(\Lambda_{\mathrm{R}})$ で与えられ，$\epsilon\ll1$ である限り $\tau\gg\tau_{\mathrm{R}}$ である．X_{3t} は，この Cantor リペラーを間欠的なバーストとして，異なるバンド間を平均寿命 τ で間欠的に乗り換えていくことになる．これを**間欠的乗り換え**という．そのとき，$\sigma_\infty(q)$ は q のある値 $\tilde{q}$ にピークをもち，$\epsilon\to0$ では，このピークが発散し，$\tilde{q}\to q_\delta=1-s_\delta$ となる．いま，$\psi(\Lambda)$ の湾曲を，$\psi(\Lambda)$ と $\Lambda=\tilde{\Lambda}\equiv\Lambda(\tilde{q})$ におけるその接線との差

$$\Delta\psi(\Lambda)\equiv\psi(\Lambda)-\{(1-\tilde{q})(\Lambda-\tilde{\Lambda})+\psi(\tilde{\Lambda})\} \tag{9.3}$$

によって表わせば，$\epsilon\ll1$ のとき，動的相似則

$$\Delta\psi(\Lambda)=\tau^{-\eta}B(\Lambda-\tilde{\Lambda}) \qquad (\Lambda^\infty\lesssim\Lambda<\Lambda_{\mathrm{R}}) \tag{9.4}$$

が成立する．ここで η は正の指数で，$B(y)$ は ϵ によらない非負の普遍的関数である．以上が，バンド融合クライシス後のカオスに対する物理像である．

なお，相似則(9.4)の成立機構は，より簡単なタイプ I の間欠性カオスの場合に付録 3 で解明されている．

b) エネルギー散逸率のスペクトル $\psi(W)$

長さ n の軌道に対して散逸率(6.5b)の粗視化 $W_n(X_0)\equiv(1/n)\sum_{i=0}^{n-1}w(X_i)$ を導入すれば，粗視化の統計則(6.24)により，与えられた大きな n に対して，その値が微小区間 $(W, W+dW)$ に入る確率密度は

$$P(W;n)\equiv\langle\delta(W_n(X)-W)\rangle=\exp[-n\psi(W)]P(\bar{W};n) \tag{9.5}$$

とかける．ここで $\bar{W} \equiv W_\infty(X_0) = \bar{W}_{\mathrm{f}}$ は，カオス軌道では，ほとんどすべての X_0 に対して X_0 によらない値である．8-1 節と同様にして W_n の q ポテンシャル $\Phi_n^W(q)$，q 平均 $W_n(q) \equiv d\Phi_n^W(q)/dq$，$q$ 分散 $\sigma_n^W(q) \equiv -dW_n(q)/dq$ を導入すれば，変分原理 $\Phi_\infty^W(q) = \min_W \{\psi(W) + (q-1)W\}$ が得られて，スペクトル $\psi(W)$ は下に凸で $W = \bar{W}$ に極小値 $\psi(\bar{W}) = 0$ をもつことが分かる．$W_n(X_0)$ の幾何学的意味は，一般的な 2 次元写像に対する式(7.6)から分かる．つまり，$W_n(X_0)$ は，1 回写像あたりの $x_i \equiv \phi(t_i)$ の変化分の 2 乗 $(x_{i+1} - x_i)^2$ の，長さ n にわたる平均を表わす．

図 9-5(1)は図 9-4 の融合前後における $\psi(W)$ の形態を示す．融合直後の(b)では，極小の左側 $\bar{W} > W \geqq W_{\min}$ に負のスロープ $s_W \cong -1.6$ の線形部分をもつ．これは，$W \cong 0.28$ に極小をもつ Cantor リペラーのスペクトル $\psi_{\mathrm{R}}(W)$ との共通接線であり，$q_W = 1 - s_W \cong 2.6$ において $W_\infty(q)$ の q 相転移をもたらす．ϵ が大きくなるにつれ，平均散逸率 $\bar{W}$ は減少する．これは，図 9-4(b)～(d)のように，3 つのバンド間の Cantor リペラー周辺が埋められて，$(x_{i+1} - x_i)^2$

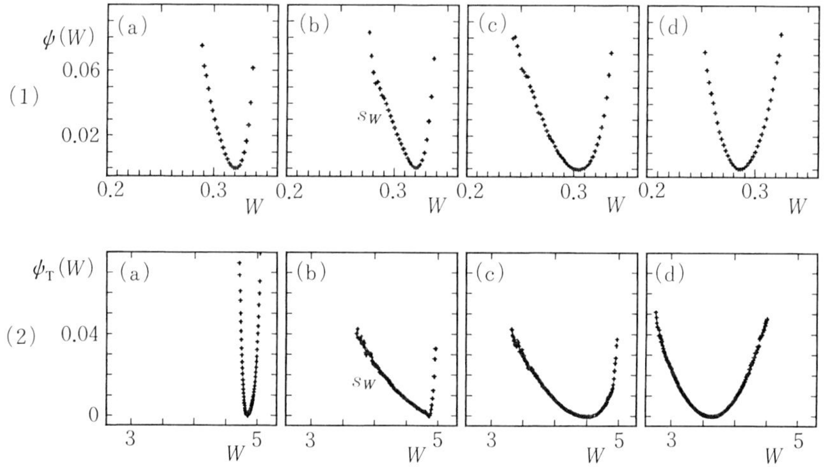

図 9-5 (1) 図 9-4 のバンド融合に対する $\psi(W)$ ($n=100$, $N=5\times10^5$)：$s_W \cong -1.6$．(2) 図 7-10 のバンド融合点 $a = a_{\mathrm{w}}$ 前後の $\psi_{\mathrm{T}}(W)$：(a) $a = a_{\mathrm{w}} - 3\times10^{-5}$，(b) $a = a_{\mathrm{w}} + 8\times10^{-5}$，$s_W \cong -0.04$，(c) $a = a_{\mathrm{w}} + 0.001$，(d) $a = a_{\mathrm{w}} + 0.03$．(Mori *et al*.[II-34]による.)

の平均が減少するためである．しかし，そのゆらぎの分散 $\sigma_{\infty}^{W}(1)=1/\psi''(\bar{W})$ は増大する．実際(c)の分散は(a)の分散の約3倍である．このように，散逸率はアトラクター上での軌道点の動きの幅とランダムさを表わす．

このような，軌道の動きの幅とランダムさ，をとらえる量として $w_{\mathrm{T}}(X_i)\equiv\tau^2\dot{x}^2(t_{i+1})=(x_{i+1}-x_i)^2$ を定義すれば，1次元写像($J=0$)に対しても使える．図9-5(2)は，1次元写像(7.22)のバンド融合クライシス $a=a_{\mathrm{w}}=1.79032\cdots$ の前後における，この $w_{\mathrm{T}}(X_i)$ のスペクトル $\psi_{\mathrm{T}}(W)$ を示す．融合直後の(b)では負のスロープ $s_W\cong-0.04$ の線形部分をもち，図9-5(1)の(b)と定性的に同じ形態である．なお，(c)の分散は(a)の分散の約40倍である．したがって，これらの形態はバンド融合クライシスの普遍的性質といえる．

c） 図6-1のアトラクターの形態形成

図9-6は，図6-1の端正なアトラクターが，どのようにして作り出され，どんな不変集合を含むかを示すアトラクター融合クライシスである．強制振り子(6.1)において，$a<a_m=2.6465274\cdots(\gamma=0.22,\ \omega=1)$ では，回転数 $\rho=\langle\dot{\phi}\rangle/\omega$ が $\rho=\pm1$ にロックされた，2つのアトラクター $\tilde{A}_{\pm1}$ が共存する．図(a)の上側にある2つのバンドが $\tilde{A}_{+1}$ で，下側の2つのバンドが $\tilde{A}_{-1}$ である．$\tilde{A}_{+1}$ は，図に示された周期6のサドル $\{S_0, S_1, \cdots, S_5\}$ の不安定多様体 $W^{\mathrm{u}}(S_i)$ の閉包上にある．運動方程式(6.1)は変換 $\phi\to-\phi$，$t\to t+(\pi/\omega)$ に対して不変であり，

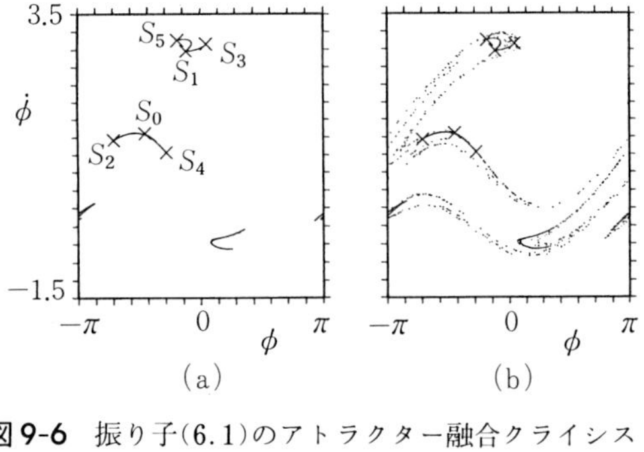

図9-6 振り子(6.1)のアトラクター融合クライシス($\gamma=0.22$，$\omega=1$)．(a) $a=a_m-2\times10^{-4}$，(b) $a=a_m+1\times10^{-3}$．$a=2.7$ では図6-1のアトラクターとなる．

この変換によって $\rho\to-\rho$, $\tilde{A}_{\pm1}\to\tilde{A}_{\mp1}$ と変わる．

したがって，$\tilde{A}_{+1}$ と $\tilde{A}_{-1}$ は同じ位相的および測度的構造をもたなければならない．サドル S_i はこの変換によってサドル S_i' に変わるとしよう．アトラクター $\tilde{A}_{\pm1}$ の流域の境界は，それぞれ，S_i, S_i' の安定多様体 $W^{\mathrm{s}}(S_i), W^{\mathrm{s}}(S_i')$ である．$a\to a_m$ のとき，図 9-6 のように，$\tilde{A}_{\pm1}$ は，$a=a_m-0$ でそれぞれ，S_i, S_i' と衝突し，$a>a_m$ では，ϕ の全区間にわたる位相ロッキングのない全域的アトラクターに融合される．ここで，$a=a_m$ における，$\tilde{A}_{+1}$ と $W^{\mathrm{s}}(S_i)$ との接点 $X_{\pm j}$ は，$j\to\infty$ では，いずれも S_i に集積し，分岐はホモクリニックである．このアトラクター融合の特徴は，図 9-1 のバンド融合と同様に，$\tilde{A}_{\pm1}$ のバンドの間に存在する Cantor 集合のリペラーを取り込むことで，この大きな Cantor リペラーが，$a=2.7$ において図 6-1 の端正なアトラクターの形態をもたらす．これらのサドル S_i や Cantor リペラー等の不変集合は，図 9-1 の不変集合とは異なる幾何学的形態をもつが，しかし，それらの定性的特徴は同じで，粗視的軌道拡大率(6.20)の統計構造関数は，図 9-2 と同じ形態をもつ．事実，$\psi(\Lambda)$ は，$a<a_m$ では図 8-7 の形態であるが，$a=a_m-0$ ではスロープ $s_\beta\cong1.59$ の線形部分をもち(表 9-1(2)を参照)，$a=a_m+0$ ではスロープ $s_\delta\cong0.11$ の線形部分をもつ．このように，図 9-1 と図 9-6 との幾何学的形態の差異は，スロープ s_β, s_δ の定量的差異に還元される．

9-2 アトラクター融合後の全域的カオス

回転数が一定の有理数 p/q にロックされたトーラス上のバンドカオスが破壊され，トーラス全体にわたる位相ロッキングのない全域的カオスが出現する様相は，7-4 節 b 項で明らかにし，8-1 節 c 項でその分岐の統計構造を調べた．この節では，その全域的カオスの幾何学的構造と統計構造を調べよう．

a） 円環写像のアトラクター融合

円環写像(7.10)は，$J=0.1$, $\Omega_{\mathrm{c}}\equiv0.20026\cdots$, $K_{\mathrm{c}}\equiv3.38335\cdots$ とすれば $\Omega=\Omega_{\mathrm{c}}$, $K=K_{\mathrm{c}}$ の近傍で，円写像の相図 7-21 と同様な相図をもつ．回転数 $\rho=0/1$ の

アトラクター $A_{0/1}$ と $\rho=1/2$ のアトラクター $A_{1/2}$ の共存領域(濃アミかけ領域)からその直上の U 領域へ抜けるルート上の分岐図も，$K=K_c$ の前後では，分岐図 7-22 と同様である．

このアトラクター融合の直前および直後におけるアトラクターが図 9-7(a)，(b)に示されている．直前の(a)では，左側に 1 バンドアトラクター $\tilde{A}_{0/1}$，右側に 2 バンドアトラクター $\tilde{A}_{1/2}$ がある．これらはそれぞれ円写像の図 8-4(1)の正方形と同図(2)の 2 つの正方形に対応する．K を上げていくと，$\tilde{A}_{0/1}$ は $K=K_c$ で 1 点サドルの安定多様体(破線)と衝突し，ついでそれと交差する．$\tilde{A}_{1/2}$ は 2 点サドルの安定多様体(鎖線)と衝突し，ついでそれと交差する．衝突による(a)の接点 $X_{\pm j}$ ($j=0,1,2,\cdots$) は，ともにサドル×に集積し，分岐はホモクリニックである．特に X_{+j} の集積は，図 7-4 や図 8-18(a)のように，サドルの近傍でアトラクターの 2 次元フラクタル構造を生成する．融合直後の(b)では，3 つのバンド間に存在する Cantor リペラーを取り込み，θ の全域 (0, 1) にわたる位相ロッキングのない全域的アトラクターとなる．ここで，アトラクターが乗っているトーラスは，(a)でも(b)でも，動径 r 方向に Cantor 集合の多重ひも構造をもった「しわの寄ったトーラス」である．円写像($J=0$)では，

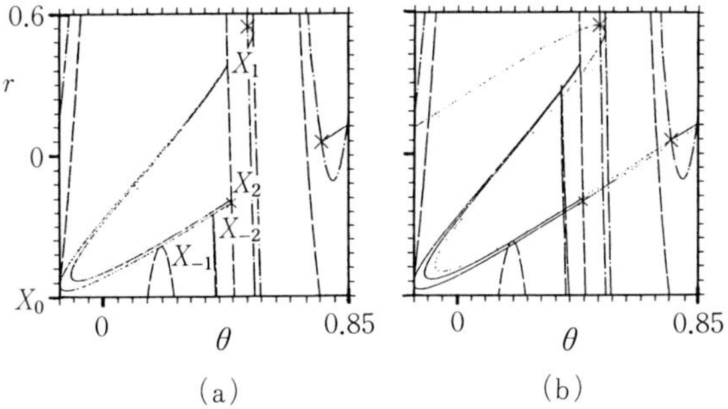

図 9-7 円環写像(7.10)のアトラクター融合クライシス．(a) 1 点サドル(小さな×)の安定多様体(破線)と衝突した $\tilde{A}_{0/1}$ と 2 点サドル(大きな×)の安定多様体(鎖線)と衝突した $\tilde{A}_{1/2}$ ($K=K_c-0$, $\Omega=\Omega_c$)，(b) 衝突後の Cantor リペラーの取り込み ($K=K_c+6.7\times10^{-3}$, $\Omega=\Omega_c-7.5\times10^{-3}$)．(Tomita *et al*. [II-27]による．)

このフラクタル構造は区間の折りたたみに移行する.

融合直前(図 9-7(a))の $\tilde{A}_{0/1}, \tilde{A}_{1/2}$ の統計構造は,それぞれ図 8-8 のタイプで,図 8-5 の(1),(2)と定性的に同じである.その s_β の値等は表 9-1(3)にまとめられている.

図 9-8 は,融合直後(図 9-7(b))の統計構造を示す.$\psi_n(\Lambda)$ が右側にもつ線形スロープ s_δ は,次のようにして形成される.$\tilde{A}_{0/1}$ のスペクトル $\psi_1(\Lambda)$ は,図 8-5 のように,$\tilde{A}_{1/2}$ のスペクトル $\psi_2(\Lambda)$ の右側にある.この $\psi_1(\Lambda)$ のさらに右側に Cantor リペラーのスペクトル $\psi_R(\Lambda)$ がくるため,図 9-9 のように,$\psi_1(\Lambda)$ と $\psi_R(\Lambda)$ との共通接線が $s_\delta \cong \{\psi_R(\Lambda_R) - \psi_1(\Lambda_1)\}/(\Lambda_R - \Lambda_1)$ を与える.

$\psi_n(\Lambda)$ が 2 つの極小をもつのは軌道の長さ $n = 100$ が十分に大きくないため

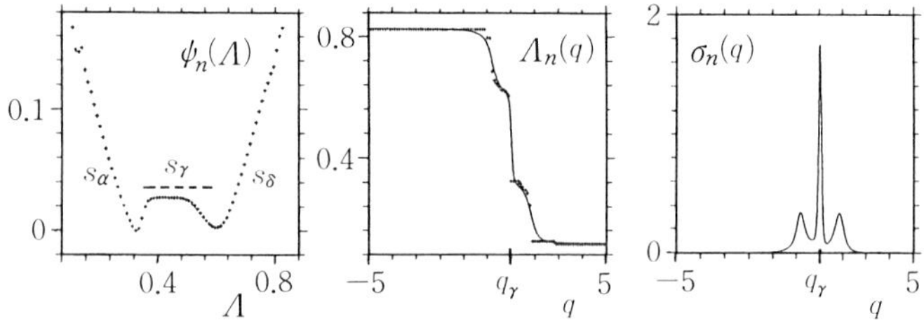

図 9-8 アトラクター融合直後(図 9-7(b))の統計構造
($n = 100$, $N = 4 \times 10^8$): $s_\delta \cong 0.82$, $q_\gamma = 1 - s_\gamma \cong 1.00$.

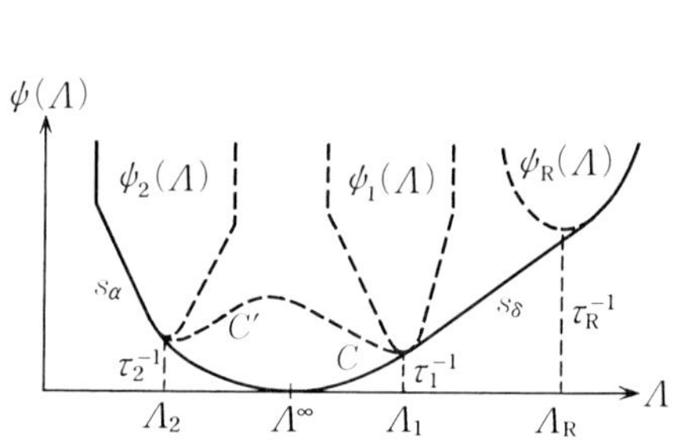

図 9-9 融合後 $K = K_c(1+\epsilon)$, $0 < \epsilon \ll 1$ における $\tilde{A}_{0/1}$ の $\psi_1(\Lambda)$, $\tilde{A}_{1/2}$ の $\psi_2(\Lambda)$, Cantor リペラーの $\psi_R(\Lambda)$ の合成形態.$\Lambda_1, \Lambda_2, \Lambda_R$ はそれらの極小の位置.$\psi_1(\Lambda)$ と $\psi_2(\Lambda)$ を結ぶ曲線は,$n > \tau_1, \tau_2$ のとき下に凸な実線 C となり,$n < \tau_1, \tau_2$ のとき上に凸な破線 C' となる.

で，次のように理解される．図 9-9 において $k=1,2$ として，$\tau_k \equiv 1/\psi_k(\Lambda_k)$ とすれば，カオス軌道が n ステップの間 $\psi_k(\Lambda)$ の内に留まる確率 $p_k(n)$ は，$p_k(n) \sim \int d\Lambda e^{-n\psi_k(\Lambda)} \sim e^{-n\psi_k(\Lambda_k)}$ から $p_k(n)=(1/\tau_k)\exp[-n/\tau_k]$ とかける．ここで $\langle n \rangle = \tau_k$ で，τ_k は平均寿命を表わす．前節の a 項で述べたように，表 9-1 (3)の $\alpha_1(S_i)$ の値を使って $\tau_1 \sim \epsilon^{-0.815}$，$\tau_2 \sim \epsilon^{-0.654}$ とかけるので，$\epsilon \ll 1$ である限り $\tau_1, \tau_2 \gg \tau_{\rm R}$ である．

したがって，カオス軌道は $\tilde{A}_{0/1}$ と $\tilde{A}_{1/2}$ との間で間欠的乗り換えを行なっている．そのとき，$n > \tau_1, \tau_2$ であれば，粗視化の条件がみたされて，$\psi(\Lambda)$ は実線の C のように下に凸となるが，$n < \tau_1, \tau_2$ であれば，$\psi_1(\Lambda), \psi_2(\Lambda)$ のそれぞれの極小が取り出され，破線 C' のように 2 つの極小をもつ．

融合直後 $\epsilon \to 0$ では，$\tau_1, \tau_2 \to \infty$ となり実線 C は $\psi(\Lambda)=0$ $(\Lambda_1 \geqq \Lambda \geqq \Lambda_2)$ となって，スロープ $s_\gamma=0$ の線形部分が形成される．図 9-8 の q 分散 $\sigma_n(q)$ が $q_\gamma = 1-s_\gamma=1.0$ で示す鋭いピークはこの線形部分を表わす．この線形スロープ $s_\gamma=0$ の出現が，アトラクター融合直後のカオスを特徴づける．

b) 強制振り子(9.6)のアトラクター融合

振り子(6.1)に直流外力 Ω を加えて，その対称性を破り，

$$\ddot{\theta}+\gamma\dot{\theta}+K\sin\theta = \Omega\{1+\cos(\omega t)\} \tag{9.6}$$

を考えよう．ここで $0 \leqq \theta < 2\pi$，$\gamma=0.22$，$\omega=1$ とする．軌道 $X_i \equiv \{\theta(t_i), \dot{\theta}(t_i)\}$ を(9.6)の数値積分により求め，その写像(6.3)のアトラクターを考察する．その ΩK 面上の相図は図 9-10 のようになる．その(1)には，回転数 $\rho = \langle\dot{\theta}\rangle/\omega$ が $\rho=0/1, 1/2, 2/3, 1/1$ の Arnold の舌が示されている．(2)は P 点近傍の拡大図で，アミかけ領域では $\rho=1/2$ のアトラクター $A_{1/2}$ と $\rho=2/3$ のアトラクター $A_{2/3}$ が共存するが，その直上の U 領域では 1 つの全域的カオスとなる．このアトラクター融合点は $\Omega_{\rm c}=0.170589\cdots$，$K_{\rm c}=0.307148\cdots$ である．

図 9-11 の(a)融合直前では，2 バンドアトラクター $\tilde{A}_{1/2}$ は 2 点サドル $S_0^{(1/2)}$，$S_1^{(1/2)}$ と衝突し，3 バンドアトラクター $\tilde{A}_{2/3}$ は 3 点サドル $S_0^{(2/3)}, S_1^{(2/3)}, S_2^{(2/3)}$ と衝突している．(b)は融合直後の U 領域 $K=0.3074$，$\Omega=0.170664$ におけるアトラクターを示し，ここではバンド間の Cantor リペラーが取り込まれてい

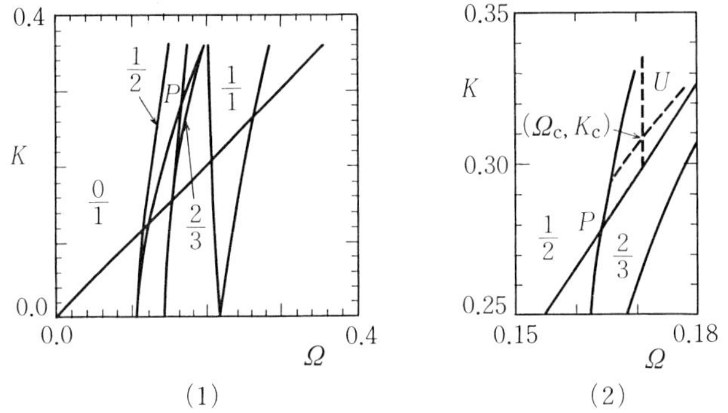

図 9-10　振り子(9.6)の相図(円写像の相図 7-17,7-21 と類似).

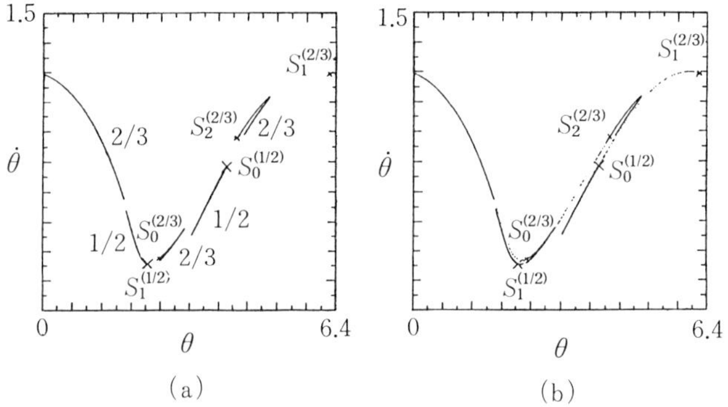

図 9-11　振り子(9.6)のアトラクター融合クライシス.
(a) 2点サドル $S_i^{(1/2)}$(大きな×)と衝突した $\tilde{A}_{1/2}$ と3点サドル $S_i^{(2/3)}$(小さな×)と衝突した $\tilde{A}_{2/3}$($K=K_c-0$, $\Omega=\Omega_c$), (b) 衝突後の Cantor リペラーの取り込み ($K=K_c+2.5\times10^{-4}$, $\Omega=\Omega_c+7.4\times10^{-5}$).
(Murayama *et al*. [II-33]による.)

る．図 9-12 はサドル $S_0^{(1/2)}, S_0^{(2/3)}$ の近傍の拡大図で，(a)ではそれらの安定多様体(点線)との接点 $X_{\pm j}$ がともにサドルに集積し，分岐はホモクリニックである．

融合直前(図 9-11(a))の $\tilde{A}_{1/2}, \tilde{A}_{2/3}$ の統計構造は，それぞれ，図 8-8 のタイプで，図 8-5 の(1), (2)と定性的に同じである．その s_β の値等は表 9-1(4)にまとめられている．

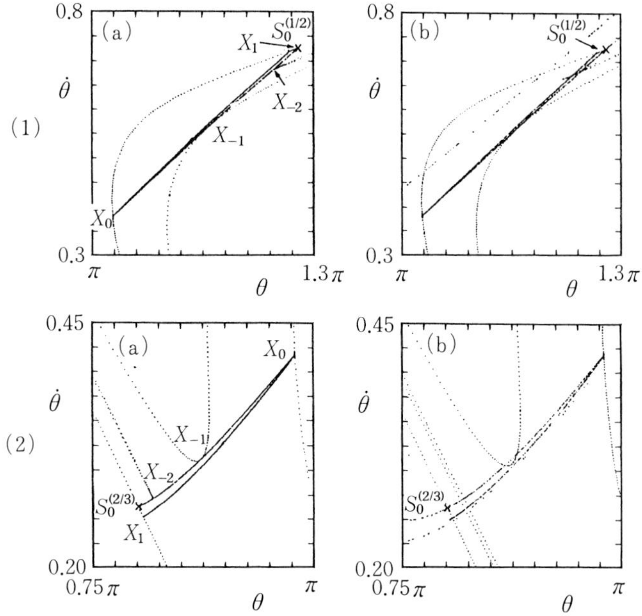

図 9-12 $S_0^{(1/2)}, S_0^{(2/3)}$ の近傍の拡大図. (1) $S_0^{(1/2)}$ の安定多様体(点線)と $\tilde{A}_{1/2}$ の, (a) 接点 $X_{\pm j}$, (b) 交差. (2) $S_0^{(2/3)}$ の安定多様体(点線)と $\tilde{A}_{2/3}$ の, (a) 接点 $X_{\pm j}$, (b) 交差.

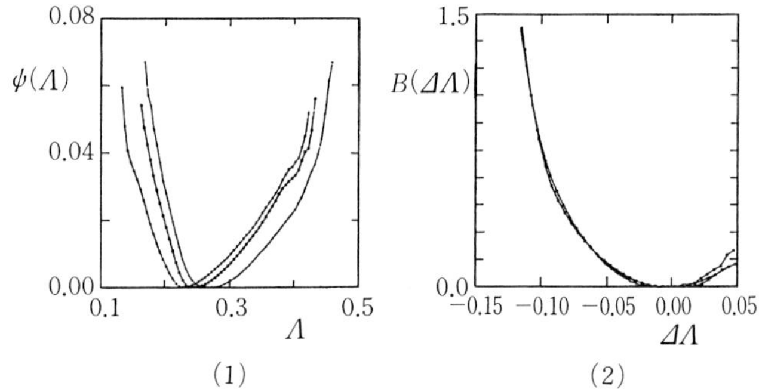

図 9-13 s_δ の線形部分の, $0<\epsilon\ll 1$ における湾曲に対する相似則(9.4)の実証($n=250$, $N=6\times 10^7$). (1)には左から $\tau=100$, 69, 54 の 3 本の曲線が示されているが, (2)ではそれらの主要部は重なる($\eta\cong 1.0$). (Murayama *et al*. [Ⅱ-33]による.)

融合直後の統計構造は，図 9-8 と同じ形で，線形スロープ $s_\delta \cong 0.50 < s_\beta$ と，線形スロープ $s_\gamma = 1 - q_\gamma \cong 0.00$ をもつ．$\psi(\Lambda)$ は図 9-9 の形態をもつ．ここで，$\psi_1(\Lambda), \psi_2(\Lambda)$ はそれぞれ $\tilde{A}_{1/2}, \tilde{A}_{2/3}$ のスペクトルを表わす．したがって表 9-1 (4)の $\alpha_1(S_i)$ の値を使って $\tau_1 \cong 0.15 \times \epsilon^{-0.760}$，$\tau_2 \cong 2.28 \times \epsilon^{-0.683}$ となる．$\epsilon > 0$ のとき，s_δ の線形部分は下に湾曲し，その湾曲を(9.3)の $\Delta\psi(\Lambda)$ $(\Lambda_1 \lesssim \Lambda < \Lambda_R)$ で表わせば，相似則(9.4)が成立する．ここで $\tau = \tau_1$ である．図 9-13 はこの相似則を実証するとともに $\eta \cong 1.0$ を与える．ここで，$n(=250)$ は十分に大きく，$n > \tau_1, \tau_2$ がみたされている．

9-3 カオスの臨界現象と動的相似性

Hénon 写像や円環写像などの 2 次元写像では，カオス発生前の周期アトラクターやカオス発生点上の臨界アトラクターは，1 次元写像によって表現できるが，カオスのアトラクターは，2 次元フラクタル性のため，1 次元写像では表現できない性質をもつ．しかし，発生点近傍では，次元によらない普遍的な相似性が存在すると考えられる．ここでは，2^m バンド分岐および F_m アトラクター融合のカスケードについて，このようなカオスの相似性と臨界アトラクターの動的自己相似性を探求しよう．

a) 臨界アトラクターの自己相似な時系列

(1) 臨界 2^∞ アトラクターの 2^m 時系列

2 次写像(7.22)の $a = a_\infty$ における臨界 2^∞ アトラクター上の軌道では，$S_n(x_0) \equiv n\Lambda_n(x_0)$ の分散(6.28)の時系列は，図 9-14 のように，その包絡線が n とともに対数的に増大する(秦ら，1989)．これは，カオス発生点では混合性が消失し，初期の記憶が無限に続くためである．しかも，図 9-14 の時系列は，自己相似な逆入れ子構造のブロック(幅 $\Delta \log_2 n = 1$)を順次展開していく．$n = M \equiv 2^m$ $(m = 1, 2, \cdots)$ と $n = 2^{m+1}$ との間の m 番目のブロックは $M+1$ 個の点からなり，その構造を記述する関数

$$w_m(i/M) \equiv \langle \{S_{M+i}(x)\}^2 \rangle / \{\ln \alpha_{PD}\}^2 \qquad (i = 0, 1, \cdots, M)$$

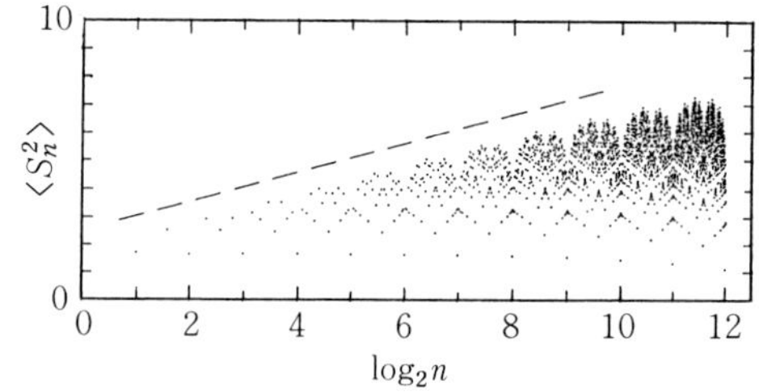

図 9-14 臨界 2^∞ アトラクターにおける粗視的軌道拡大率の分散 $\langle S_n^2 \rangle$ 対 $\log_2 n$ $(N=2^{16})$.（Hata *et al.* [II-36]）

は，図 9-15 のような形態をもつ．すなわち，m 番目のブロックは，高さ $h \equiv \{\ln \alpha_{\mathrm{PD}}\}^2 \cong 0.8417$ の 2^m-1 個の 3 角形からなり，分散 $\langle S_n^2 \rangle$ の時系列は，$n=2^m$ 毎にこの自己相似な逆入れ子構造を展開していくのである．

$\beta_n(x_0) \equiv n\Lambda_n(x_0)/\ln n$ $(n \gg 1)$ の時系列が，図 9-16 に示されている．これ

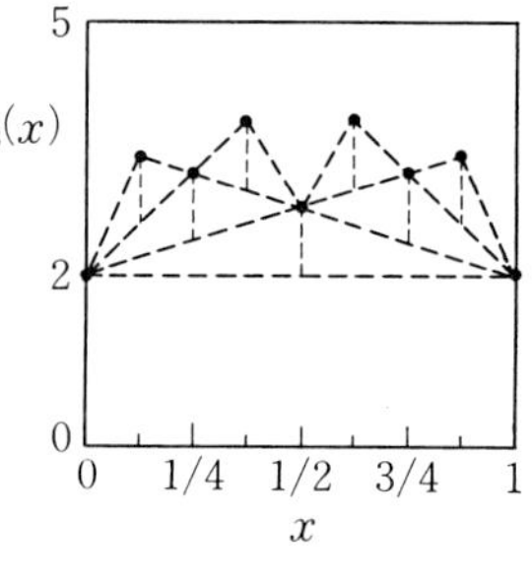

図 9-15 図 9-14 の $\log_2 n = 3 \sim 4$ に対する構造関数 w_3 対 $x = i/2^3$．9 個の点を結ぶ 7 個の 3 角形からなる．鉛直線は各 3 角形の頂点から底辺の真中へ引いた高さ 1 の垂線である．

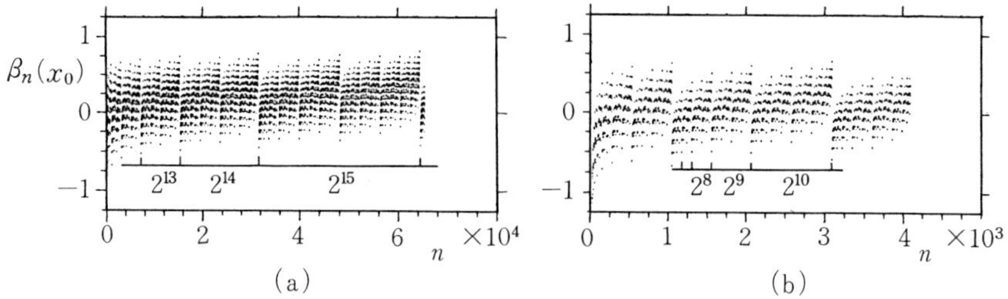

図 9-16 臨界 2^∞ アトラクターに対する β_n 対 $n(=2 \sim 2^{16})$．$x_0 = f^{1000}(a) = 1.393616\cdots$ は $a = f(0)$ の 1000 回写像で，(b)は(a)の初期部の拡大．これは，2^m で規定された自己相似な逆入れ子構造を展開する．

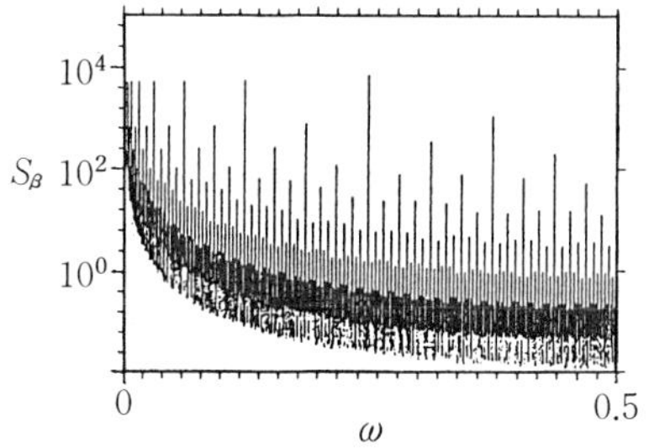

図 9-17 図 9-16 の時系列の $S_\beta(\omega)$ ($n_1=256$, $T=8192$).

は $n\to\infty$ でも発散もしなければ収束もしない．しかも，n の幅が 2^m で規定された自己相似な逆入れ子構造のブロックを展開する．ここで $\sum_{i=0}^{m} 2^i = 2^{m+1}-1$ である．このように，2^m 分岐のカスケードによって生成された 2^∞ アトラクターでは，β_n の時系列が，その **2^m カスケード**を陽に展開して見せるのである．この自己相似性を反映して，そのパワースペクトル

$$S_\beta(\omega) \equiv \frac{1}{T}\left|\sum_{n=n_1}^{n_1+T} \beta_n(x_0)\exp[-2\pi i\omega n]\right|^2 \tag{9.7}$$

は，図 9-17 のように，ω のブロックの幅が比 1/2 で幾何学的に 0 に収束する自己相似なブロックからなる．

(2) 臨界黄金トーラスの F_m 時系列

円環写像(7.10)の $J=0.5$, $\Omega=\Omega_\infty$, $K=K_\infty$ における臨界黄金トーラス上の軌道について，$\beta_n(X_0)\equiv n\Lambda_n(X_0)/\ln n$ の時系列は，図 9-18 のように，n の幅が

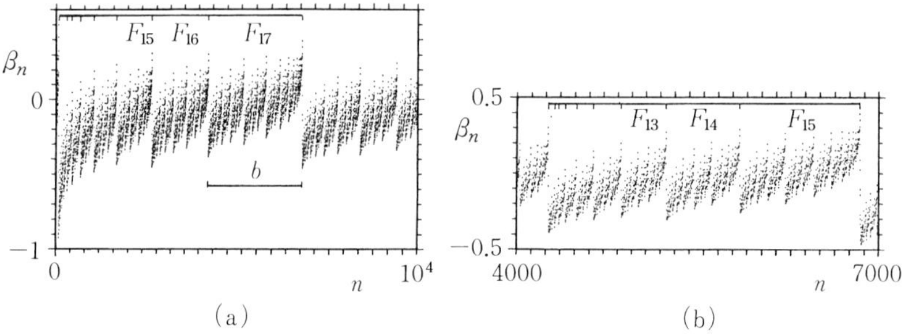

図 9-18 臨界黄金トーラスに対する β_n 対 n ($=2\sim10^4$). $X_0=(\theta_0, r_0)=(0.0878329, 0.0134251)$ で，(b)は(a)の区間 b の拡大．(Horita *et al*. [II-35]による．)

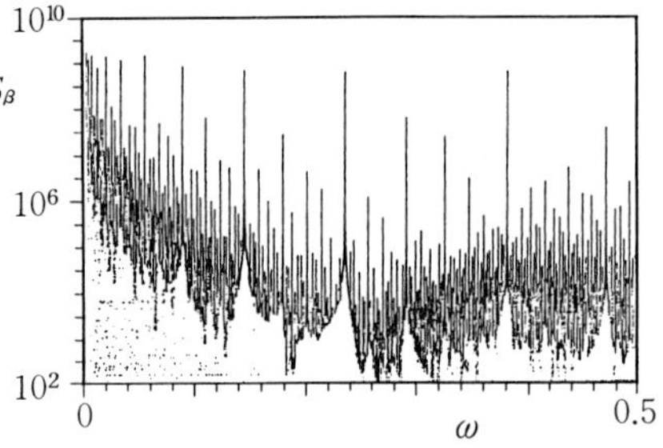

図 9-19 図 9-18 の時系列の $S_\beta(\omega)$ ($n_1=1600$, $T=2^{14}$).

(7.47)の Fibonacci 数 F_m で規定された自己相似な逆入れ子構造のブロックを展開する．n が増大するにつれ，順次により大きな F_m のブロックが出現する．このように，回転数が黄金比の逆数(7.47)である臨界トーラスでは，β_n の時系列が，その **F_m カスケード**を陽に展開して見せるのである．この自己相似性を反映して，そのパワースペクトル(9.7)は，図 9-19 のように，ω の幅が比 $\rho_G \cong 0.618$ で幾何学的に 0 となる自己相似なブロックからなる．以上(1),(2)のいずれの時系列も，精妙に自己組織された臨界性の端的な例を与える．

b) 臨界アトラクターの代数的構造関数

前 a 項の $\beta_n(X_0) \equiv n\Lambda_n(X_0)/\ln n$ の自己相似な時構造は初期点 X_0 によらないが，その値は，与えられた n に対して X_0 にランダムに依存する．その確率密度 $P(\beta\,;\,n) \equiv \langle \delta(\beta_n(X)-\beta) \rangle$ を考えよう．β_n の因子 $\ln n$ は，(6.27)において n を $\ln n$ で置き換えることを示唆する．すなわち，(6.30)と同様に

$$P(\beta\,;\,n) = n^{-\psi_\beta(\beta)} P(\bar{\beta}\,;\,n) \qquad (n \gg 1) \tag{9.8}$$

とかけよう．ここで $\bar{\beta} \equiv \langle \beta_n(X) \rangle = 0$，$\psi_\beta(\beta) \geqq \psi_\beta(0) = 0$ である．8-1 節の統計熱力学形式でも n を $\ln n$ で置き換える．例えば，β_n の q ポテンシャルは

$$\boldsymbol{\Phi}_\beta(q) \equiv -\lim_{n\to\infty} (1/\ln n) \ln\left[\int d\beta n^{(1-q)\beta} P(\beta\,;\,n)\right] \tag{9.9}$$

となり，$\beta(q) \equiv \boldsymbol{\Phi}'_\beta(q)$，$\sigma_\beta(q) \equiv -\beta'(q)$ である．変分原理 $\boldsymbol{\Phi}_\beta(q) = \min_\beta\{\psi_\beta(\beta) + (q-1)\beta\}$ から，$\psi_\beta(\beta)$ は下に凸で $\beta=0$ に極小をもつことが分かる．

図 9-20 は，前 a 項(2)の臨界黄金トーラスに対するこれらの関数を示す．その $\sigma_\beta(q)$ は $q=q_c \cong 1.95$ に鋭いピークをもつ．これは $n\to\infty$ のとき発散し，

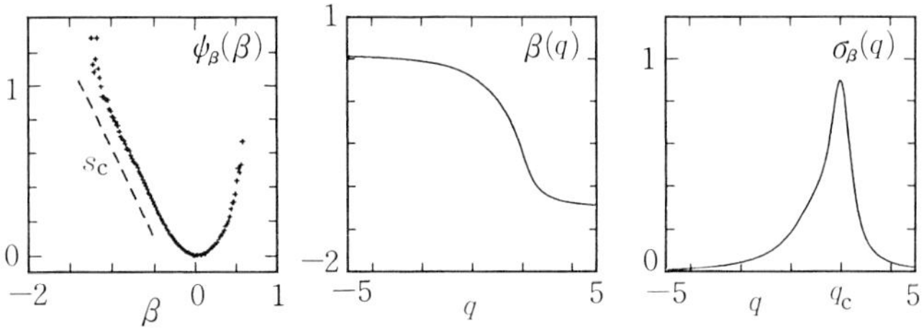

図 9-20 臨界黄金トーラスの代数的構造関数($n=8000$, $N=3\times10^6$): $s_c=1-q_c\cong-0.95$. (Horita *et al*. [II-35].)

$\beta(q)$ が $q=q_c$ で q 相転移を行ない，$\psi_\beta(\beta)$ がスロープ $s_c=1-q_c\cong-0.95$ の線形部分をもつことを保証する．円写像(7.44)の $K=1$，$\Omega=\Omega_\infty$ における臨界黄金トーラスの $\beta_n(\theta_0)=n\Lambda_n(\theta_0)/\ln n$ も，図 9-18 や図 9-19 と同じ自己相似性を示し，その代数的構造関数も図 9-20 と同じ線形スロープ s_c と q 相転移を示す．これらは，次元によらない臨界黄金トーラスの普遍性であるといえる．$\psi_\beta(\beta)$ の線形部分は，1 次元写像では，負の β を与える臨界点 x_T ($f'(x_T)=0$) の近傍によって生成されるので，そのスロープ s_c は，(8.46)と同様に

$$s_c = -\alpha_{max}/(z-1), \quad \alpha_{max} = \alpha_1(x_T) = D(-\infty) \qquad (9.10)$$

によって与えられる．$K=1$ の円写像では，x_T は変曲点 $\theta=0$ で $z=3$ となるので，8-2 節 c 項(2)の $D(-\infty)$ を使って $s_c\cong-0.949$ となる．円環写像に対する上述の数値実験値 $s_c\cong-0.95$ は，これとよく一致する．

前 a 項(1)の臨界 2^∞ アトラクターに対する β_n の代数的構造関数も図 9-20 と同じ形態をもつ．その $\sigma_\beta(q)$ は $q=q_c\cong1.70$ に鋭いピークを示し，$\psi_\beta(\beta)$ はスロープ $s_c=1-q_c\cong-0.70$ の線形部分をもつ．2 次写像では，$z=2$ だから，8-2 節 c 項(1)の $D(-\infty)$ を使って $s_c\cong-0.755$ となり，数値実験値はこれとよく一致する(詳細は Hata *et al*. [II-36]を参照)．

c) スペクトル $\psi(\Lambda)$ のバンド内相似性

臨界アトラクターが観測されるのは，図 9-21 において，カオス発生点 $\epsilon_k=0$ の真上の逆 3 角形領域(臨界領域)である．ここで横軸は(7.40)の ϵ_k，または，(7.50)の ϵ_m であり，Q_m はバンドの個数 $2^m(\gg1)$ または $F_m(\gg1)$ である．n

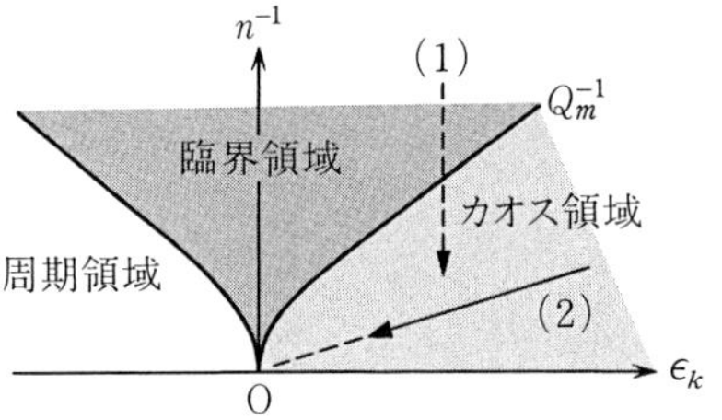

図 9-21 臨界領域($n<Q_m$)とカオス領域($n \gg Q_m$, $\epsilon_k>0$).

は着目する時間スケールである．これは，Hénon 写像や円環写像についてもそのまま成立する．図 9-14 の分散を $\epsilon_k>0$ に拡張すれば，$n \gg 1$ として

$$n^2\langle\{\Lambda_n(X)-\Lambda^\infty\}^2\rangle \text{ の包絡線} \propto \begin{cases} \ln n & (n<Q_m) \\ n^\zeta & (n \gg Q_m) \end{cases} \tag{9.11}$$

となる．ここで $0 \leqq \zeta \leqq 1$ である．$\epsilon_k>0$ で $n^{-1} \ll Q_m^{-1}$ なる領域が**カオス領域**である．長さ n の軌道の運動は，Q_m 個のバンド間の周期的な巡回運動と各バンド内のカオス運動からなる．各バンドを Q_m 毎に訪れるので，$n/Q_m \gg 1$ であれば，バンド内のカオス運動が出現する．しかし，n を固定して $\epsilon_k \to 0$ ($Q_m \to \infty$) とすれば，各バンドの幅は 0 となり，バンド間の巡回運動が前 a, b 項の臨界アトラクターを与える．いま，図 9-21 の破線(1)のように，ϵ_k を固定して n^{-1} を臨界領域からカオス領域へ下げていくと，分散の包絡線(9.11)の n 依存性は，臨界アトラクターの $\ln n$ からカオス運動の n^ζ へ乗り換える．

(1) **2^m バンド分岐のカスケード**

$b=0.5$ の Hénon 写像(7.1)は，$a>a_\infty \equiv 0.94977288\cdots$ において 2^m バンド分岐のカスケード a_m ($m=1,2,\cdots,\infty$) を示す．$a_m \geqq a > a_{m+1}$ ($Q_m \equiv 2^m \gg 1$) における Q_m 個のバンドのバンド内構造を考えよう．(7.40), (7.41)と同様に $\epsilon_k \equiv (a-a_\infty)/a_\infty \propto \delta^{-m}$, $Q_m \propto \epsilon_k^{-\kappa}$ が成立する．また，Liapunov 数は

$$\Lambda^\infty = c_k^\infty/Q_m \propto \epsilon_k^\kappa \tag{9.12}$$

とかける．ここで $k=0$ のとき $c_0^\infty \cong 0.6836$, $k=3/4$ のとき $c_{3/4}^\infty \cong 0.382$ である．

図 9-21 の実線(2)のように，カオス領域の中を $\epsilon_k=0$ へ漸近するとしよう．そのとき，$\psi(\Lambda)$ は**動的相似則**

$$\psi(\Lambda) = (1/Q_m)V_k(Q_m(\Lambda-\Lambda^\infty)) \tag{9.13}$$

をみたすと考えられる．ここで $V_k(y)$ は，径数 $0 \leqq k < 1$ の各値について，ϵ_k によらない y の普遍的関数である．これはバンド内の相似性である．

図 9-22 は $k=3/4$ の $V_k(y)$ を示すもので，Hénon 写像($b=0.5$)において $Q_m=8, 16, 32$ をとり，$Q_m\psi(\Lambda)$ を $y \equiv Q_m(\Lambda-\Lambda^\infty)$ の関数としてプロットしたものである．これら 3 つの曲線はよく重なって，相似則(9.13)を実証する．この $V_k(y)$ は，$y<0$ の側に接構造の W^u の折り曲げによる線形スロープ $s_\alpha \cong -1.0$ をもち，図 8-7 のタイプに属する．なお，$\psi(\Lambda)$ の極小がこのように丸いときには，分散(9.11)の指数は $\zeta=1$ となる．

$k=0$ では，2^m バンド分岐点 $a=a_m$ の上を $\epsilon_0=0$ へ近づくことになる．そのとき，アトラクターは周期 2^{m-1} のサドル X_i^* と衝突しており，$\psi(\Lambda)$ は(8.47)の線形スロープ s_β ももつ．(9.12)と同様に $\Lambda_\infty(X_i^*)=c^*/Q_m$ とかけるので，(8.60)において $r(X_i^*) \cong c^*/RQ_m$ となる．また $z=2$ である．したがって，$h(X_i^*) \cong 1$，$\alpha_1(X_i^*) \cong 1/2$ となって 2 次元フラクタル性が消失し，$\Lambda^0 \cong \Lambda^\infty$ とおけば，s_β は

$$s_\beta \cong s_\beta^* \equiv c^*/2(c^*-c_0^\infty) \cong 1.3880 \qquad (9.14)$$

となる．ここで $c^* \cong 1.0685$ である．$y<0$ の側には，接構造による線形スロー

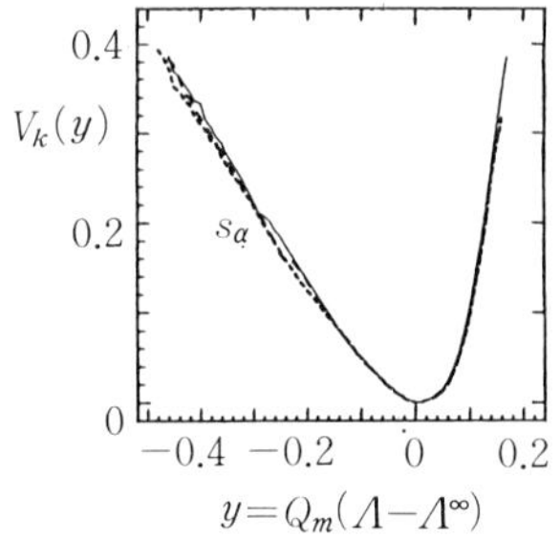

図 9-22 Hénon 写像($b=0.5$)の 2^m バンド分岐における $k=3/4$ の点列に対する $V_k(y)$($N=5\times10^7$)．$n=30Q_m$($Q_m=8, 16, 32$)で $s_\alpha \cong -1.00$．(Tominaga and Mori [II-37]による．)

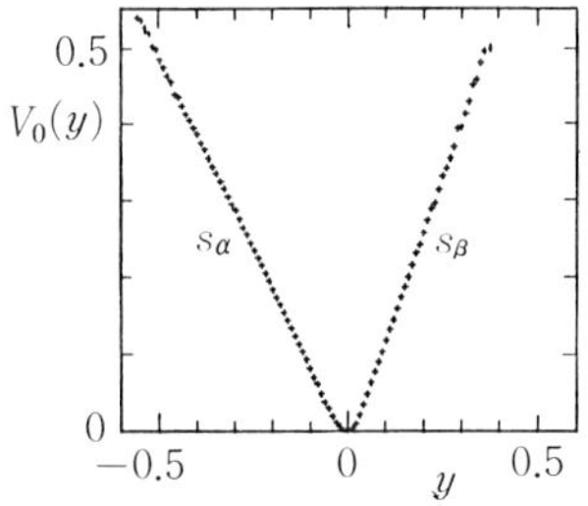

図 9-23 2 次写像の 2^m バンド分岐における $k=0$ の点列に対する $V_0(y)$($N=10^6$)．$n=15Q_m$($Q_m=16$, $a=a_4=1.402492\cdots$)で $s_\alpha \cong -1.00$，$s_\beta \cong 1.37$．

プ $s_\alpha=-1$ があるので，$V_0(y)$ は

$$V_0(y) = \begin{cases} -y & (y<0) \\ s_\beta^* y & (0<y<\Delta c) \end{cases} \tag{9.15}$$

となる．ここで $\Delta c \equiv c^* - c_0^\infty \cong 0.3849$ である．図 9-23 は，2 次写像の $a=a_4$ ($Q_m=16$)，$\epsilon_0 \cong 0.9\times 10^{-3}$ における $V_0(y)$ を数値的に示したもので，$s_\beta \cong 1.37$ をもち，(9.15)とよく一致する．$\psi(\Lambda)$ の極小がこのように尖っているときには，分散(9.11)は，$\zeta=0$ で n によらなくなる(文献[II-24]を参照)．

(9.13)を Λ について微分し，変分原理(8.7)から得られる関係 $\psi'(\Lambda)=1-q$ を使えば $1-q=V_k'(Q_m\Lambda-c_k^\infty)$ が得られる．$z=V_k'(y)$ の逆関数を $y=L_k(z)$ とすれば，これは

$$\Lambda(q) = (1/Q_m)\{L_k(1-q)+c_k^\infty\} \tag{9.16}$$

とかける．ここで $L_k(z)$ は，z の普遍的な非減少関数で，$L_k(0)=0$ である．これは(9.12)の一般化に他ならない．相似則(9.13),(9.16)によれば，粗視的軌道拡大率 $\Lambda_n(X_0)$ のゆらぎは，時間スケール $\hat{n}\equiv n/Q_m$ で，$\hat{\Lambda}\equiv Q_m\Lambda$ を見れば，k の各値に対して ϵ_k によらず一定となる．

以上のように，スケーリング関数 $V_k(y)$ や $L_k(z)$ は，k の各値に対して写像の次元によらない普遍的関数であり，$J=0$ として得られる 1 次元写像によって決まることになる．したがって，バンド内の相似則(9.13)と(9.16)は，**カオスの普遍性**を表わすといえる．

(2) F_m アトラクター融合のカスケード

図 7-23 に示した，円写像のアトラクター融合点 T_m のカスケードにおいて，その各直前 $T_m^-\equiv(\Omega_m, K_m-0)$ では，F_m バンドアトラクター a_m^- と F_{m+1} バンドアトラクター a_m^+ が共存し，T_m^- のカスケードに対して相似則(7.50),(7.54)が成立する．さらに，(9.13)と(9.15)に対応して，相似則

$$\psi(\Lambda) = (1/Q_m^\pm)V^\pm(Q_m^\pm(\Lambda-\Lambda^\infty)) \tag{9.17}$$

$V^\pm(y)=-y\,(y<0)$，$s_\pm^* y\,(0<y<\Delta c_\pm)$ が成立する．ここで $s_\pm^*\equiv c_\pm^*/2(c_\pm^*-c_\pm^\infty)$，$s_+^*\cong 0.961$，$s_-^*\cong 0.926$，$\Delta c_\pm\equiv c_\pm^*-c_\pm^\infty$，$\Delta c_+\cong 0.751$，$\Delta c_-\cong 0.813$ である．これは(8.22)と同様な形態である．なお，これらの相似則は，円環写像のアトラク

ター融合直前 T_m^- のカスケードに対しても成立すると考えられる．

d) 2次元フラクタル性の消失形態

局所次元を定義する(8.25)の空間的スケール l についても，バンドの中心間の最隣接距離の最小値 l_d を使えば，図 9-21 に対応する図 9-24 が得られる．ここで(7.42)の相似則 $l_\mathrm{d}\propto\epsilon_k^\nu$ が成立している．いま破線(1)のように，ϵ_k を固定して，l を臨界領域 $l>l_\mathrm{d}$ からカオス領域 $l\ll l_\mathrm{d}$ へ下げていくと，分配関数(8.27)の l 依存性は，図 9-25(a)のように，その指数が変化する．ここで臨界領域の波状は細いバンドの分布の離散性の反映である．図 9-25(b)は，2次写像の $a=a_4-0$ に対して，このようにして得られた臨界領域の $f(\alpha)$(左の破線)とカオス領域の $f(\alpha)$(右の実線)を示す．これらは，バンド数 $Q_m=16$ および軌道長 N が十分大きくないため，極大の右側が理論曲線(図 8-13 と(8.79))より

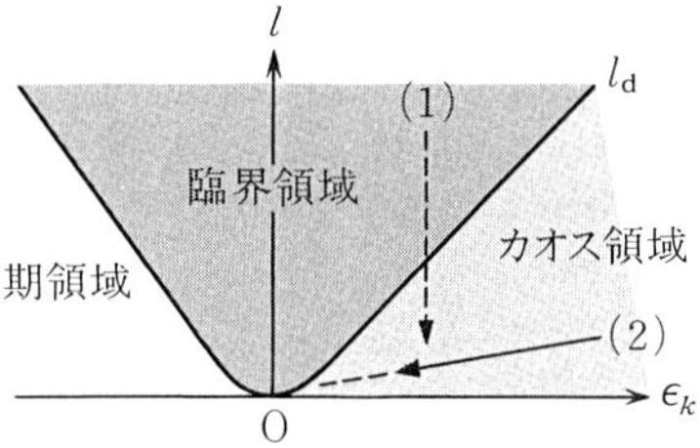

図 9-24 臨界領域($l>l_\mathrm{d}$)とカオス領域($l\ll l_\mathrm{d}$, $\epsilon_k>0$).

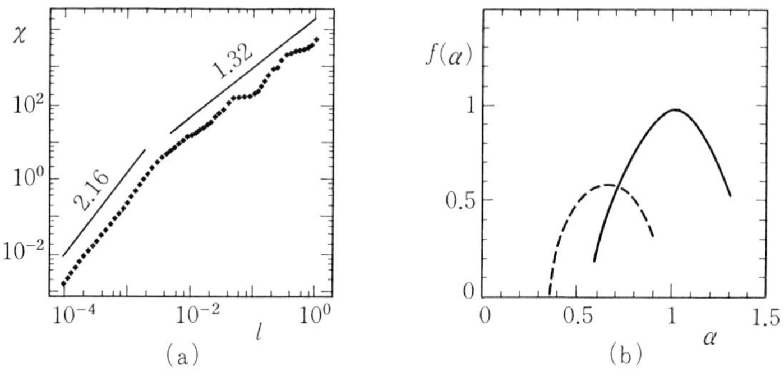

図 9-25 2次写像($a=1.4024921764\cong a_4-0$)における，(a) $\chi(q=4\,;\,l)$ 対 l，$\tau(q=4)\cong1.32(l>l_\mathrm{d})$, $2.16(l\ll l_\mathrm{d})$，および，(b) 臨界領域の $f(\alpha)$(破線) とカオス領域の $f(\alpha)$(実線)(ここで $-3\leqq q\leqq12$).

広がり過ぎているが，2 つの $f(\alpha)$ の存在を示すには十分であろう．

カオス領域における 2 次元フラクタル性を富永・森(1991)に従ってとらえるため，Hénon 写像($b=0.5$)をとり，図 9-24 の実線(2)に沿って $\epsilon_k=0$ へ漸近するとしよう．図 9-26(a)は，2^m バンド分岐点 $a=a_1, a_2, a_3$ での $f(\alpha)$ を数値的に示す．図 9-26(b)は $a=a_2, a_3, a_4, a_5, a_6$ での $f(\alpha)$ の理論曲線を示す．ここで $D(0)>f(\alpha_{\max})>1$，$\alpha_{\max}>1$ である．これらは，極大の左側に線形部分(8.78)をもち，右側に線形部分(8.80)をもつ．このように，$m\to\infty$ のとき，$f(\alpha)$ は 1 次元写像のスペクトル(8.79)の $f_*(\alpha)$ に漸近する．この理論曲線は，(8.76),(8.78),(8.80)を使って，$\phi(\Lambda)$ から得られたものである．

$f(\alpha)$ の $f_*(\alpha)$ への漸近形態は，$\phi(\Lambda)$ に対する相似則(9.13)と(9.16)から陽に導き出すことができる．(8.73)に(9.16)を入れ，(8.76)に $R(\alpha-1)/(2-\alpha)=\Lambda(q-\tau_2(q))$ と(9.13)を使えば，双曲相 $q<q_{\mathrm{A}}$，$\alpha\geqq\alpha_{\mathrm{A}}$ では

$$\alpha(q) \cong 1+\{L_k(1-q)+c_k^{\infty}\}/RQ_m \tag{9.18}$$

$$f(\alpha(q)) \cong 1+H_k(1-q)/RQ_m \tag{9.19}$$

となる．ここで $H_k(z)\equiv L_k(z)+c_k^{\infty}-V_k(L_k(z))>0$ である．ただし $\tau_2(q)=$

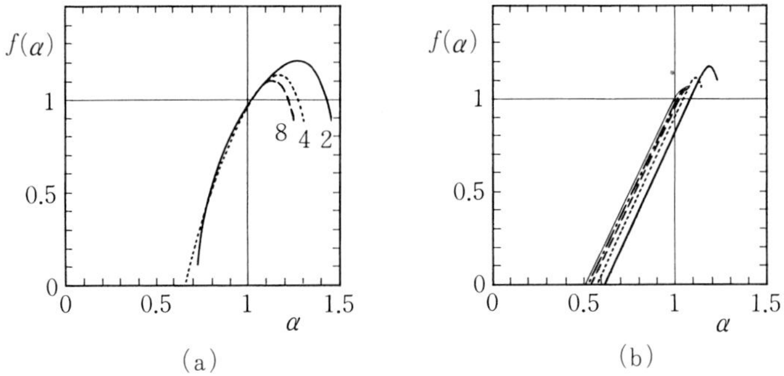

図 9-26 Hénon 写像($b=0.5$)の 2^m バンド分岐点 $a=a_m$ におけるカオス領域の $f(\alpha)$．(a) 数値実験：右から $a=a_1$(実線，$Q_m=2$)，a_2(点線，$Q_m=4$)，a_3(破線，$Q_m=8$)．(b) 理論曲線：右から $a=a_2$(太い実線，最高値 $D(0)\cong 1.18$)，a_3(点線，$D(0)\cong 1.11$)，a_4(破線，$D(0)\cong 1.06$)，a_5(鎖線，$D(0)\cong 1.03$)，a_6(細い実線，$D(0)\cong 1.02$)．(Tominaga and Mori [Ⅱ-37].)

$\int_1^q \alpha_2(q)dq \propto 1/RQ_m$ により，L_k や H_k に含まれていた $\tau_2(q)$ を高次の項として無視した．(9.19)で $q=0$ とおけば

$$D(0) = f(\alpha(0)) \cong 1+H_k(1)/RQ_m \qquad (9.20)$$

が得られる．ここで，図 9-26(b)の $f(\alpha)$ に対しては，$m \geqq 4$ のとき $H_0(1) \cong 0.70$ である．また(9.18)または(8.74)から $D(1) \cong 1+c_k^\infty/RQ_m$ である．$\alpha \leqq \alpha_{\mathrm{A}}$ にある線形部分(8.78)に含まれた定数は

$$q_{\mathrm{A}} \cong 2+(C_k+D_k)/RQ_m \qquad (9.21)$$

$$\alpha_{\mathrm{A}} \cong 1+C_k/RQ_m \qquad (9.22\mathrm{a})$$

$$\alpha'_{\mathrm{A}} \cong (1/2)+(5/4)C_k/RQ_m \qquad (9.22\mathrm{b})$$

$$f(\alpha'_{\mathrm{A}}) \cong \{C_k-(3/2)D_k\}/RQ_m \qquad (9.23)$$

となる．ここで $C_k \equiv L_k(-1+0)+c_k^\infty$，$D_k \equiv V_k(L_k(-1+0))$ は k の各値に対して正の普遍定数であり，図 9-26(b)の $f(\alpha)$ に対しては $C_0 \cong 0.47$，$D_0 \cong 0.23$ となる．なお $R \equiv -\ln|J| < \infty$ が 2 次元性を与える．したがって $a \to a_\infty$ のとき，$f(\alpha)$ の $f_*(\alpha)$ からのずれ(2 次元フラクタル性)は，$1/Q_m \propto \epsilon_k^\kappa$ に比例して消失することになる．

これらは，円環写像の T_m^- のカスケードにおける $Q_m^\pm$ バンドカオスに対しても使える．すなわち，その $f(\alpha)$ の $f_*(\alpha)$ からのずれは，$1/Q_m^\pm \propto \epsilon_m^{\kappa_{\mathrm{GM}}}$ に比例して消失する．

10
保存系カオスの混合性と拡散

保存力学系のカオスの海の特徴は，大小さまざまなトーラスの島を含み，「島の周りに島」の自己相似な階層構造が形成されていることである．カオス軌道は，この階層構造にしばしば長時間捕捉され，逆ベキ則にしたがう長時間相関 $C_t^\lambda \propto t^{-(\beta-1)}$ $(2>\beta>1)$ が生成される．

そのとき，混合の確率分布 $P(\Lambda\,;\,n)$ は，$\Lambda>0$ では，異常スケーリング則 $P(\Lambda\,;\,n)=n^\delta p(n^\delta(\Lambda-\Lambda^\infty))$，$\delta\equiv(\beta-1)/\beta<1/2$ に従う．ここで $p(x)$ は，β によって決まる普遍的関数である．$0>\Lambda>\Lambda_{\min}$ では，接構造の不安定多様体の折り曲げにより $\phi(\Lambda)=-2\Lambda$ となる．加速モードトーラスの島が共存するときには，カオス軌道(流体粒子)の拡散係数が発散し，その粗視的速度の確率分布は，上述と同様な異常スケーリング則に従う．このような保存系カオスの統計構造の普遍性と最終 KAM トーラスの自己相似な時系列を探究しよう．

10-1　最終 KAM トーラスの動的自己相似性

この章では，円環の横断面 $\{2\pi\theta_i, J_i\}$ に対する標準写像(7.17)を取り扱い，得られた概念や方法を，6-2 節で述べた振動する層流による流体の混合・拡散に応用する．この標準写像は，多くの保存力学系に対して有用なモデルを提供することで知られている．その特徴は，図 7-6 に示したように，$K \leqq K_C$ では，すべてのカオスの海が KAM トーラスによって J_i の有界な領域に限られているが，$K > K_C$ では，すべての KAM トーラスが破壊され，J_i の全領域 $(-\infty, \infty)$ に広がった広域的カオスの海が出現することである．この節で，まず，その境目 $K = K_C$ における最終 KAM トーラスの特性を探究しよう．

a) 自己相似な F_m 時系列

最終 KAM トーラスは，回転数が黄金比の逆数 ρ_G である黄金トーラスである．ρ_G はその連分数展開(7.47)の収束が最も遅く，分母の小さな分数による近似が最も悪い無理数であるため，黄金トーラスが最も破壊されにくいからである．図 10-1 はそのトーラス上の軌道について，$\beta_n(X_0) \equiv n\Lambda_n(X_0)/\ln n$ の時系列を示す．

これは，円環写像の臨界黄金トーラスに対する図 9-18 とブロックの形は異なるが，それと同様に，F_m で規定された自己相似な逆入れ子構造のブロックを展開する．ここで $F_{m-1} + F_m = F_{m+1}$ である．そのパワースペクトルも，図 9-19 と同様な形態をもち，ω の幅が比 ρ_G で幾何学的に 0 となる自己相似なブロックからなる．時系列およびパワースペクトルの，このように精妙に自己組織された臨界性は，臨界黄金トーラスの普遍性であるといえる．

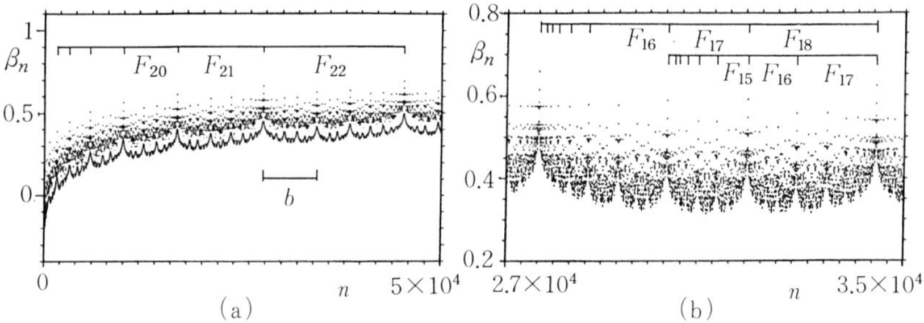

図 10-1　最終 KAM トーラスの β_n の時系列($n = 2 \sim 5 \times 10^4$)．$X_0 = (\theta_0, J_0) = (-0.369427, -0.435860)$ で，図(b)は図(a)の小区間 b の拡大．

b）対称なスペクトル $\psi_\beta(\beta)$

図 10-2 は $\beta_n(X_0)$ の確率分布(9.8)から得られる代数的構造関数を示す．これは図 9-20 と質的に異なり，$\sigma_\beta(q)$ がピークをもたず，$\psi_\beta(\beta)$ は線形部分をもたない．しかも，$\psi_\beta(\beta)=\psi_\beta(-\beta)$ と β について対称である．この対称性は，時間反転 $X=\{\theta,J\}\to\tilde{X}=\{\tilde{\theta},-\tilde{J}\}$ に対する保存力学系の対称性(7.15)の反映である．すなわち，時間反転によって得られた運動 $\tilde{X}_{i+1}=\tilde{F}(\tilde{X}_i)$ は後方写像 $\tilde{X}_{i+1}=F^{-1}(\tilde{X}_i)$ によって与えられるので $D\tilde{F}(\tilde{X}_i)=DF^{-1}(X_{i+1})=\{DF(X_i)\}^{-1}$ となる．(6.19)において，$u_1(\tilde{X}_i)$ も，$\tilde{X}_i$ で KAM トーラスに接するので，$DF(X_i)$ を $D\tilde{F}(\tilde{X}_i)$ で置き替えれば，時間反転によって得られた運動に対して $\tilde{\beta}_n(\tilde{X}_0)=-\beta_n(X_0)$ となる．したがって，時間反転対称性は $\psi_\beta(\beta)=\psi_\beta(-\beta)$ を与える．図 10-2 はこれをみたす．これと対照的に，円環写像(7.10)($J\neq 1$)は散逸力学系として時間反転対称性を破り，その $\psi_\beta(\beta)$ は，図 9-20 のように，β について非対称である．

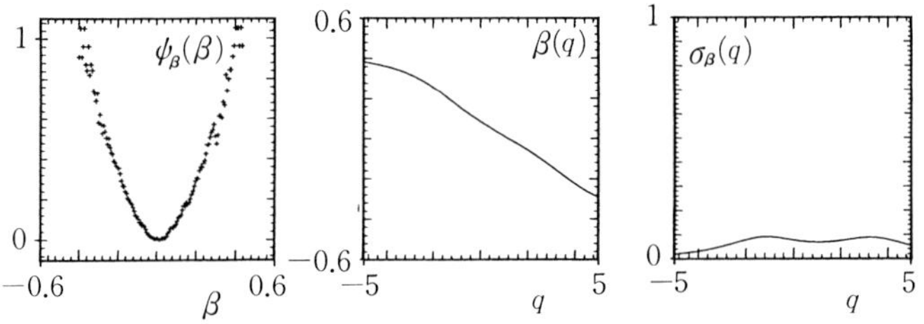

図 10-2 最終 KAM トーラスの β_n の代数的構造関数 ($n=2090$，$N=10^5$)．(Horita *et al*.[Ⅱ-35]による．)

10-2 広域的カオスの混合性

標準写像(7.17)の Jacobi 行列のレジデューは $R=(K/4)\cos(2\pi\theta_i)$ となる(付録(A.5)式)．したがって，固定点 $X^*\equiv\{\theta^*,J^*\}=\{0,0\}$ は $R=K/4$ をもち，$0<K<4$ では中立で楕円的であるが，$K>4$ では周期倍化により不安定となる．固定点 $S\equiv\{1/2,0\}$ は $R=-K/4$ をもち，すべての $K>0$ に対して不安定なサドルである．以下，$K>K_{\rm C}$ において，このサドル S から出た不安定多様体

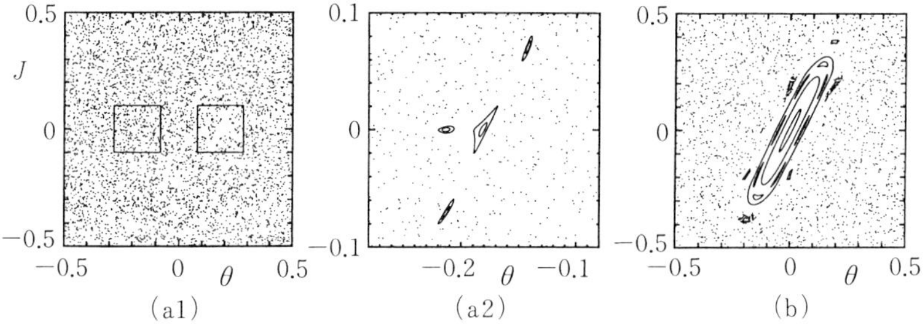

図 10-3 標準写像の(a) $K=K_a\equiv6.9115$, (b) $K=K_b\equiv3.86$ における目に見えるトーラスの島. (a2)は(a1)の左の正方形の拡大であり, その 4 つの島はいずれも加速モードトーラスの島である.

$W^u(S)$ に着目し, それを含む広域的カオスの海を考察しよう.

具体的には, (a) $K=K_a\equiv6.9115$, (b) $K=K_b\equiv3.86$ をとる. 図 10-3 は, そこでの目に見えるトーラスの島を示す. なお, カオス軌道の Liapunov 数は, (a) $\Lambda^\infty\cong1.26$, (b) $\Lambda^\infty\cong0.82$ である.

図 10-4 は「島の周りに島」の自己相似な階層構造を示す. カオス軌道 X_i ($i=0,1,2,\cdots$) は, このような島の周辺 U の階層構造に捕捉されては逃れ, 逃れては捕捉されながらカオスの海を彷徨していく. ある島の周辺 U の階層構造に, 時間 t 以上引き続き捕捉される確率 $W(t)$ は, $t\to\infty$ のとき

$$W(t)\propto t^{-(\beta-1)} \qquad (2>\beta>1) \tag{10.1}$$

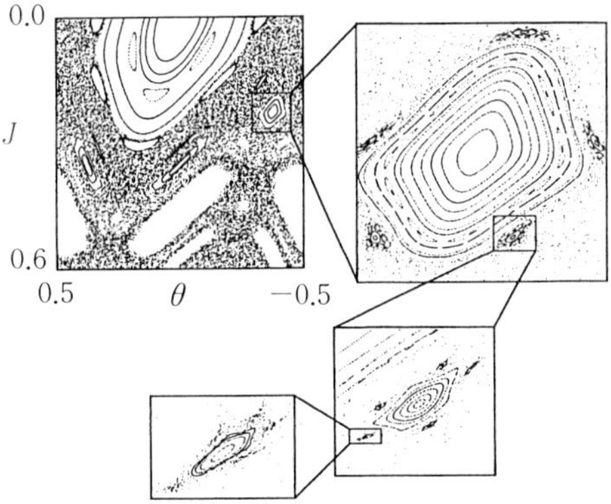

図 10-4 「島の周りに島」の階層構造($K=1.20141333$). 周りの 5 つの小さな島の 1 つを拡大すれば, やはり 5 つの小さな島をもち自己相似である. (Meiss [II-40]による.)

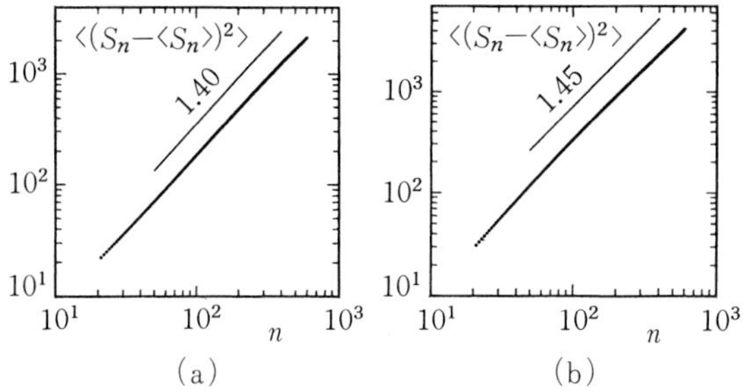

図 10-5 分散(10.3)の対数-対数プロット($N=2\times10^7$, $n=21\sim660$). 直線はスロープ$\zeta=1.40, 1.45$を示す. (Horita and Mori [II-41]による.)

と逆べキになる. そのとき, (6.28)の時間相関関数も, $t\to\infty$ で

$$C_t^{\lambda} \cong (\Lambda^{\infty})^2 W(t) \propto t^{-(\beta-1)} \tag{10.2}$$

となる. X_i が島の周辺 U に捕捉されている間は $\lambda_1(X_i)\cong 0$ となるため, X_i は U から離れにくく, U に長く留まるからである. 島から離れた海の真中 U^c にあるときには, C_t^{λ} は指数的に減衰し, その寄与は逆べキに比べて無視できる. この(10.2)を(6.28)に入れ積分すれば, $S_n(X_0)\equiv n\Lambda_n(X_0)$ の分散は

$$\langle\{S_n(X)-\langle S_n\rangle\}^2\rangle \propto n^{\zeta} \qquad (1<\zeta=3-\beta<2) \tag{10.3}$$

となる. ここで $\langle S_n\rangle = n\Lambda^{\infty}$ である. (10.1)の指数 β の値は, 一般に, 島によって多少異なると考えられる. そのとき, 時間相関(10.2)や分散(10.3)の指数を決める β は, それらの最小値である. ただし, 表面積が無視できる小さな島は除くものとする. 図 10-5 は, 分散(10.3)を, 図 10-3 の(a) $K=K_{\mathrm{a}}$, (b) $K=K_{\mathrm{b}}$ の場合に数値計算したもので, (10.3)の漸近形 n^{ζ} を検証するとともに, (a) $\zeta\cong1.40$, $\beta\cong1.60$, (b) $\zeta\cong1.45$, $\beta\cong1.55$ を与える. このように, 逆べキ則(10.1), (10.2)は数値的に実証されるのである.

以上のように, カオス軌道は, 海の真中 U^c を間欠的なバーストとして, 島の周辺 U の階層構造の間を, 逆べキ則(10.1)で間欠的に運動しているといえる. 次に, その統計構造の異常を堀田・森(1992)に従って考察しよう.

a) $\psi(\Lambda)$ の形態と時間反転対称性の破れ

図 10-6(a)は, スペクトル(6.26)を, 図 10-3 の(b) $K=K_{\mathrm{b}}$ の場合に数値計

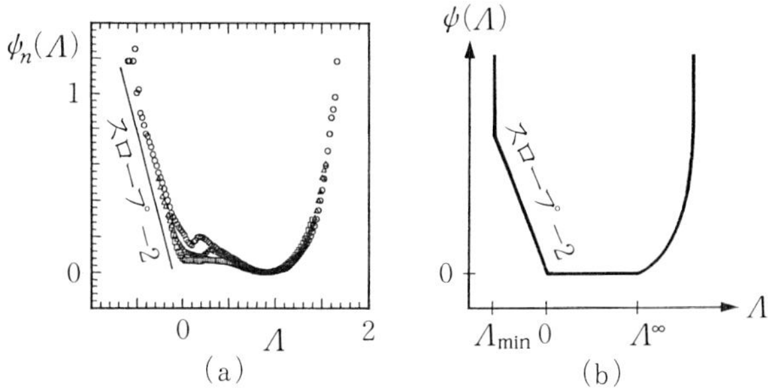

図 10-6 (a) $K=K_b$ における $\phi_n(\Lambda)$ ($n=10$(○), 20 (△), 40(□) ; $N=10^7$). (b) $\phi(\Lambda)=\phi_\infty(\Lambda)$ の形態 ($s_\alpha=-2$).

算したもので，上から $n=10$(○), 20(△), 40(□) に対する 3 つのプロットが示されている．$n\to\infty$ のとき，$\phi_n(\Lambda)$ は，$\Lambda<0$ ではスロープ $s_\alpha=-2$ の直線に漸近する．n を大きくすると，N が有限のとき，$\phi_n(\Lambda)$ の上限が見えてくるが，まず $N\to\infty$ として次に $n\to\infty$ とすれば，$\phi_n(\Lambda)$ の漸近形は，図 10-6(b) の形態となる．その特徴は，$0>\Lambda>\Lambda_{min}$ にスロープ $s_\alpha=-2$ の線形部分をもち，$0\leqq\Lambda\leqq\Lambda^\infty$ では $\phi(\Lambda)=0$ となることである．

カオス軌道群は $W^u(S)$ の閉包上にあり，$s_\alpha=-2$ の線形部分は，その接構造図 6-7(b)における W^u の折り曲げによって生成される．実際，保存系では，(8.46)において $z=2$, $\alpha_1=2$ となり，$s_\alpha=-2$ が得られる．$0\leqq\Lambda\leqq\Lambda^\infty$ における $\phi(\Lambda)=0$ の線形部分は，島の周辺 U の階層構造による捕捉(10.1)によって生成される．定義(6.26)から $\phi(\Lambda^\infty)=0$ であるが，$\Lambda=0$ においても，(6.26)に $P(0\,;n)/P(\Lambda^\infty\,;n)\propto W(n)$ を入れると，$n\to\infty$ のとき $\phi_n(0)\propto\ln n/n\to0$ となる．すなわち $\phi(0)=\phi(\Lambda^\infty)=0$ である．したがって，$\phi(\Lambda)$ は非負で下に凸であることから，$0\leqq\Lambda\leqq\Lambda^\infty$ において $\phi(\Lambda)=0$ でなければならない．

なお，$\Lambda>\Lambda^\infty$ では，次の b 項で示すように

$$\phi(\Lambda)\propto(\Lambda-\Lambda^\infty)^{1/\delta}\qquad(n^\delta(\Lambda-\Lambda^\infty)\gg1)\tag{10.4}$$

となる．ここで $1/\delta\equiv\beta/(\beta-1)>2$ である．

以上のように，スペクトル $\phi(\Lambda)$ は Λ について非対称である．これは，次に示すように，保存力学系の時間反転対称性を破り，最終 KAM トーラスの

対称なスペクトル $\psi_\beta(\beta)$ と対照的である．時間反転によって得られた運動 $\tilde{X}_{i+1}=\tilde{F}(\tilde{X}_i)=F^{-1}(\tilde{X}_i)$ においては，サドル $S=\{1/2,0\}$ の固有値は，$D\tilde{F}(S)=\{DF(S)\}^{-1}$ だから，$\nu_1^Q, \nu_2^Q=1/\nu_1^Q$ から $\tilde{\nu}_1^Q=1/\nu_1^Q$，$\tilde{\nu}_2^Q=\nu_1^Q$ と入れ替わる．したがって，不安定多様体は安定多様体に，安定多様体は不安定多様体に変わり，(6.19)に対して $\tilde{\lambda}_1(\tilde{X}_i)=-\lambda_1(X_i)$ となる．これは $\tilde{\Lambda}_n(\tilde{X}_0)=-\Lambda_n(X_0)$ を与えるので，時間反転対称性は $\psi(\Lambda)=\psi(-\Lambda)$ を与える．しかし，図 10-6 はこれをみたさない．このように，$\psi(\Lambda)$ の非対称性は時間反転対称性を破る．これは，次に見るように，カオスの軌道不安定性に起因する．なお，散逸力学系の $\psi(\Lambda)$ も，もちろん，図 8-7 のように，Λ について非対称である．

前方写像 $X_{i+1}=F(X_i)$ では，不安定多様体 W^{u} が引き伸ばされ，そのまわりの軌道は図 6-6 のように W^{u} に引き寄せられるが，後方写像 $X_{i-1}=F^{-1}(X_i)$ では，安定多様体 W^{s} が引き伸ばされ，そのまわりの軌道はこの W^{s} に引き寄せられる．したがって，2 つの近接軌道の差 $y_i=X_i'-X_i$ は，ほとんどすべての近接軌道に対して，引き伸ばされる不変多様体に接するベクトルとなり，平均として $|y_{i\pm1}|>|y_i|$ を与える．したがって，前方および後方写像 $X_{i\pm1}=F^{\pm1}(X_i)$ において，軌道拡大率 $\lambda_1(X_i)=\ln[|y_{i\pm1}|/|y_i|]$ は平均として正となり，正の Liapunov 数 $\Lambda^\infty=\Lambda_\infty(X_0)>0$ を与える．時間反転によって得られた運動は後方写像によって与えられるので，そのカオス軌道の Liapunov 数も正となり，その $\psi(\Lambda)$ も Λ について非対称となる(文献[II-24]を参照)．

不安定多様体 W^{u} の上に正確に乗っている 2 つの近接軌道は，時間反転により安定多様体 $\tilde{W}^{\mathrm{s}}$ の上にあり，それらの差 $\tilde{y}_i$ が $\tilde{W}^{\mathrm{s}}$ に接するため $\tilde{\Lambda}_\infty(\tilde{X}_0)=-\Lambda^\infty$ を与える．しかし，初期の $\tilde{y}_0$ がすこしでも $\tilde{W}^{\mathrm{s}}$ の接線方向からずれていれば，$\tilde{y}_i$ は $\tilde{W}^{\mathrm{u}}$ に接するようになり，$\tilde{\Lambda}_\infty(\tilde{X}_0)=\Lambda^\infty$ を与える．したがって，$\tilde{W}^{\mathrm{s}}$ に正確に接するような $\tilde{y}_0$ の Lebesgue 測度が 0 であるため，時間反転運動は自然界には出現しないことになる．また，計算機シミュレーションにおいても，必ず計算誤差を含むので，時間反転運動を長時間にわたって実現することは不可能である．このように，保存力学系では，カオスの軌道不安定性が時間反転対称性の破れ(不可逆性)をもたらすのである．

b）混合に対する異常スケーリング則

$0 \leqq \Lambda \leqq \Lambda^{\infty}$ では，$\psi(\Lambda)=0$ となり，確率分布 $P(\Lambda\,;\,n)$ は，粗視化の統計則(6.24)の対数項によって与えられる．これは，再帰独立事象に対する Feller の定理(1949)から次のように求まる．すなわち，$\Lambda>0$ では，スケーリング則

$$P(\Lambda\,;\,n) = n^{\delta}p(n^{\delta}\hat{\Lambda}) \qquad (\hat{\Lambda}\equiv\Lambda-\Lambda^{\infty}) \tag{10.5}$$

に従う．ここで $0<\delta\equiv(\beta-1)/\beta<1/2$ で，$p(x)$ は β によって決まる普遍的な関数である．特に，$0<\Lambda<\Lambda^{\infty}$ $(x<0)$ では，$n\to\infty$ のとき

$$p(x) \propto |x|^{-\beta-1} \qquad (-x=-n^{\delta}\hat{\Lambda}\gg 1) \tag{10.6}$$

となる．これは，$P(\Lambda\,;\,n)\propto n^{-\beta\delta}/|\hat{\Lambda}|^{\beta+1}$ を与えるので，(6.30)と比較して，$\varphi(\Lambda)=\beta-1$，$C(\Lambda)\propto|\hat{\Lambda}|^{-\beta-1}$ が得られる．$\Lambda>\Lambda^{\infty}$ では，$n\to\infty$ のとき

$$p(x) \propto \exp[-ax^{1/\delta}] \qquad (x=n^{\delta}\hat{\Lambda}\gg 1) \tag{10.7}$$

となる．ここで a は正の定数である．これは(10.4)を与える．なお，n が有限のとき，Λ の最確値 $\bar{\Lambda}_n$ は Λ^{∞} からずれていて，$\bar{\Lambda}_n-\Lambda^{\infty}\propto n^{-\delta}$ となる．

Feller の定理が使えるモデルを作るため，カオス軌道 X_i の軌道拡大率 $\lambda_1(X_i)$ は，島の周辺 U では $\lambda_1(X_i)=0$，それ以外の領域 U^{c} では $\lambda_1(X_i)=\lambda(>0)$ としよう．U に時間 t の間留まる確率を $f(t)$，その平均寿命を $\tau\equiv\sum_{t=1}^{\infty}tf(t)$，$U^{c}$ に時間 s の間留まる確率を $f^{c}(s)$，その平均寿命を $\tau_{c}\equiv\sum_{s=1}^{\infty}sf^{c}(s)$ とする．U の確率 $f(t)$ は，(10.1)と $W(t)=\sum_{u=t}^{\infty}(u-t+1)f(u)/(\tau+\tau_{c})$ の関係にあり，$f(t)\propto t^{-\beta-1}$ となる．U^{c} の確率の方は，$f^{c}(s)\propto\exp[-s/\tau_{c}]$ である．ここで $\tau_{c}\ll\tau$ である．したがって，$\lambda_1(X_i)$ が値 λ をとる事象 U^{c} は，その寿命 s の分布 $f^{c}(s)$，再帰時間 t の分布 $f(t)$ をもち，互いに統計的に独立である．したがって，$P(\Lambda\,;\,n)$ $(\Lambda>0)$ の形態を知るのに Feller の定理が使える．

この定理によれば，t より短い再帰時間をもつ事象 U^{c} を見出す確率 $F(t)$ の形が $1-F(t)\propto\sum_{u=t}^{\infty}f(u)\propto t^{-\beta}$ $(2>\beta>1)$ で，それらの事象が互いに独立であれば，時間 n の間に起こる事象 U^{c} の回数 N_n は，$n\to\infty$ のとき

$$\Pr\{N_n\geqq(n/\tau)-(b_n y/\tau^{\alpha})\}\to G_{\beta}(y) \tag{10.8}$$

に従う．ここで，$b_n\propto n^{1/\beta}$，$\alpha\equiv(\beta+1)/\beta$ で，$G_{\beta}(y)$ は

$$\gamma_{\beta}(z) = \exp[-|z|^{\beta}\Gamma(1-\beta)\exp\{-i(\operatorname{sgn} z)\pi\beta/2\}] \tag{10.9}$$

を特性関数とする Lévy の安定則の分布関数である*. $\Gamma(x)$ はガンマ関数で, $\beta=2$ のとき $G_2(y)$ は正規分布となる.

$N_n=n\Lambda_n/\lambda$ とおけるので, (10.8)は, c を正の定数として,

$$\Pr\{\Lambda_n \geqq \Lambda\} \to G_\beta(y) \qquad [\Lambda \equiv (\lambda/\tau)-(y/cn^\delta)]$$

とかける. これを y について微分すれば, $n\to\infty$ のとき

$$P(\Lambda\,;\,n)/P_{\max}(n) \to g_\beta(-cn^\delta\hat{\Lambda}) \tag{10.10}$$

が得られる. ここで $g_\beta(y)=dG_\beta(y)/dy$ で, $y=-cn^\delta\hat{\Lambda}$, $\Lambda^\infty\cong\lambda/\tau$ である. $P_{\max}(n)$ は $P(\Lambda\,;\,n)$ の最大値で, n^δ に比例するので, (10.10)から(10.5)が得られる. $g_\beta(y)$ の極大は, $\beta=1.60$ のとき, $y=y_m\equiv-1.696\cdots$ にあり, 最確値 $\bar{\Lambda}_n$ に対して $\bar{\Lambda}_n-\Lambda^\infty=(-y_m/c)n^{-\delta}$ $(c\cong0.16)$ を与える. この(10.10)と(10.9)から, (10.6), (10.7)が得られる.

図10-7(a)は, 図10-3の(a) $K=K_{\rm a}$ の場合に, $P(\Lambda\,;\,n)/P_{\max}(n)$ を $x=n^\delta(\Lambda-\bar{\Lambda}_n)$ の関数として $n=1000$ に対してプロットし, 理論曲線 $g_\beta(y_m-cx)$ と比較したものである. ここで $\delta=0.375$ $(\beta=1.60)$ である. N が十分に大きく

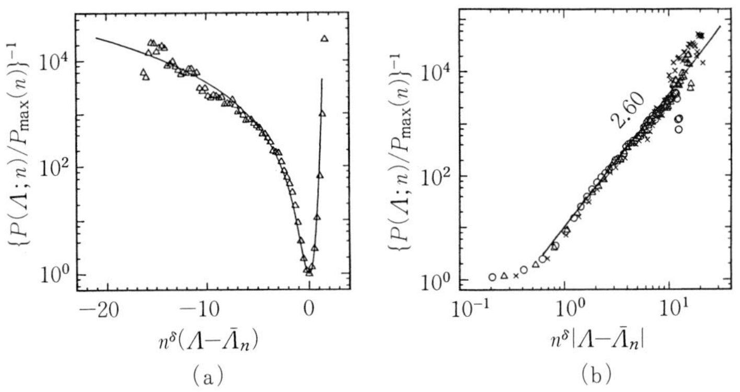

図 10-7 $K=K_{\rm a}$ における, (a) $\log_{10}\{P(\Lambda\,;\,n)/P_{\max}(n)\}^{-1}$ 対 $x\equiv n^\delta(\Lambda-\bar{\Lambda}_n)$ $(\delta=0.375)$ $(n=1000,\ N=2\times10^7)$ と理論曲線(実線)との比較, (b) $0<\Lambda<\bar{\Lambda}_n$ での $\log_{10}\{P(\Lambda\,;\,n)/P_{\max}(n)\}^{-1}$ 対 $\log_{10}|x|$ $(n=500(\bigcirc), 1000(\triangle), 2000(\times))$: $\beta+1=2.60$.

* 詳細は W. Feller: Trans. Am. Math. Soc. **67**(1949)98-119 ; X.-J. Wang: Phys. Rev. **A 40**(1989)6647-6661 等を参照.

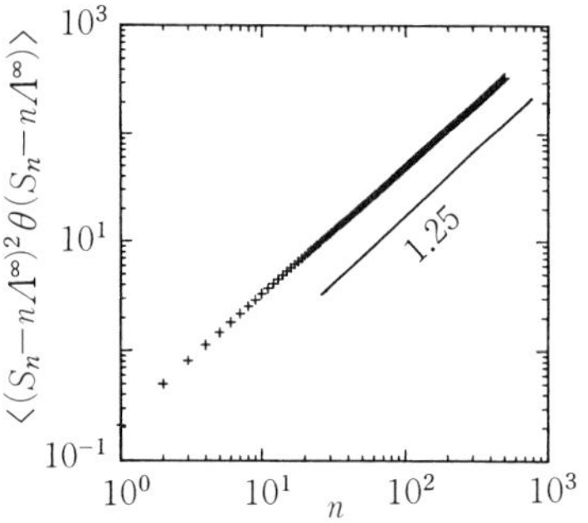

図 10-8 条件付き分散(10.11)の対数-対数プロット($\zeta_+=1.25$).

ないため，$-x\gg1$ におけるプロットがすこしばらついているが，理論と数値実験との一致はよいといえる．図 10-7(b)は，$0<\Lambda<\bar{\Lambda}_n$ において，$P(\Lambda\,;n)/P_{\max}(n)$ を $|x|=n^\delta|\Lambda-\bar{\Lambda}_n|\gg1$ に対してプロットしたもので，漸近形(10.6)を数値的に検証するといえよう．ここで $\beta+1\cong2.60$ である．

$\Lambda>\Lambda^\infty$ では，$n^\delta\hat{\Lambda}\gg1$ のとき漸近形(10.7)が成立し，分散(10.3)に代わって

$$\langle\{S_n-n\Lambda^\infty\}^2\theta(S_n-n\Lambda^\infty)\rangle\propto n^{\zeta_+} \qquad (10.11)$$

が得られる．ここで $\zeta_+=2(1-\delta)=2/\beta$ で，$\theta(x)$ は階段関数 $\theta(x)=1\,(x>0), 0\,(x<0)$ である．これは，$\Lambda>\Lambda^\infty$ におけるゆらぎだけを取り出す条件付き分散で，$2/\beta<3-\beta$ だから，分散(10.3)では，$0<\Lambda<\Lambda^\infty$ におけるゆらぎに埋没しているものである．図 10-8 は，$K=K_{\mathrm{a}}$ の場合に(10.11)の n 依存性を数値的に求めたもので，指数 $\zeta_+\cong1.25\,(\beta\cong1.60)$ を定量的に検証する．

10-3 加速モードトーラスの島による異常拡散

a) 加速モード周期軌道

広域的カオスの海の特徴は，

$$J^*_{i+Q}=J^*_i\pm l, \qquad \theta^*_{i+Q}=\theta^*_i \qquad (i=1,2,\cdots,Q) \qquad (10.12)$$

をみたす中立な軌道 $X^*_i=\{\theta^*_i, J^*_i\}$ が共存し得ることである．ここで Q および l は正の整数である．この軌道は，Q 回写像ごとに，J_i が $\pm l$ だけシフトしたセルの同じ位置に移動する．つまり，速度 $v_{\mathrm{a}}=\pm l/Q$ で J_i の $\pm$ 方向に飛んで

いく．これを周期 Q，ステップ l の加速モード周期軌道という．この名称は，宇宙線の高速粒子の起源が，荷電粒子の，動いている磁場との衝突によるという Fermi の加速機構(1949)のモデルとして研究されてきたことに由来する．(10.12)と(7.17)の第2式から

$$\frac{K}{2\pi}\sum_{i=1}^{Q}\sin(2\pi\theta_i^*) = \mp l \qquad (10.13)$$

が得られる．レジデュー $R=[2-\mathrm{tr}\{DF^Q(X_i^*)\}]/4$ を使えば，このような中立な周期軌道 X_i^* が存在する K の区間は，付録1に述べた中立安定条件 $0<R<1$ から求まる．それを市川・上村・羽鳥(1987)に従って考察しよう．

$Q=1$ のとき，(A.5)から $R=(K/4)\cos(2\pi\theta_i^*)$ となり(10.13)から $\sin(2\pi\theta_i^*)=\mp 2\pi l/K$ が得られるので，$4R=\{K^2-(2\pi l)^2\}^{1/2}$ となる．そのとき，中立安定条件 $0<R<1$ は

$$2\pi l < K < \{(2\pi l)^2+16\}^{1/2} \qquad (10.14)$$

となる．これは，$l=1$ のとき $6.2832<K<7.4483$ を与える．K をさらに上げると，この加速モード周期点は周期倍化により不安定化する．

$6.8927<K<6.9743$ では，$Q=3$，$l=3$ の中立な加速モード周期軌道も存在する．事実，$K=K_{\mathrm{a}}=6.9115$ に対する図10-3の(a2)において，$J=0$ 線上の右側にある島の中心は $Q=1$，$l=1$ の加速モード周期点であり，その周りの3つの島の中心は $Q=3$，$l=3$ の加速モード周期点である．これらのモードの飛行速度はいずれも $v_{\mathrm{a}}=\pm 1$ である．

b) 長時間速度相関

加速モード周期点のまわりのトーラスの島も，図10-4のような「島の周りに島」の階層構造をもつ．この階層構造も，それに捕捉されたカオス軌道 X_i も，速度 $v_{\mathrm{a}}=\pm l/Q$ で J_i の ± 方向へ飛んでいく．そのとき，$J_n-J_0=nv_{\mathrm{a}}$ である．カオス軌道 X_i が，このような加速モードトーラスの島の周辺に時間 n 以上の間捕捉される確率は，(10.1)と同様に，$W(n)\propto n^{-(\tilde{\beta}-1)}$ $(2>\tilde{\beta}>1)$ とかける．そのとき，J_i の ± 方向における，カオス軌道群の拡散の分散は

$$\langle\{J_n(X)-J_0(X)\}^2\rangle \cong (nv_{\mathrm{a}})^2 W(n) \propto n^{\eta} \qquad (10.15)$$

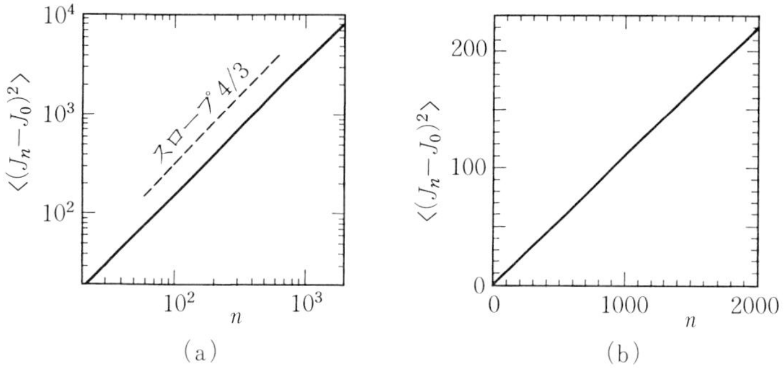

図 10-9 分散(10.15)の n 依存性. (a) $K=K_{\rm a}$: $\eta=4/3$.
(b) $K=K_{\rm b}$: $\eta=1.00$. (Ishizaki *et al*. [II-43]による.)

となり, $\eta=3-\tilde{\beta}>1$ で, 拡散係数 $D\equiv\langle(J_n-J_0)^2\rangle/2n\propto n^{\eta-1}$ $(n\to\infty)$ は無限大となる. これは, (6.10)で $\eta>1$ となる流体の異常拡散に対応する.

図 10-9 は, この分散を, 図 10-3 の(a) $K=K_{\rm a}$, (b) $K=K_{\rm b}$ の場合に数値的に求めたもので, η および D に対して, (a) $\eta\cong 4/3$ $(\tilde{\beta}\cong 5/3)$, $D=\infty$, (b) $\eta=1.00$, $D\cong 0.056$ を与える. (a)の $\tilde{\beta}$ は, 加速モードトーラスの島によるものであり, β はすべての島によるものの最小値であったので, 一般に $\tilde{\beta}\geqq\beta$ である.

(b) $K=K_{\rm b}$ では, 見える島はすべて $l=0$ なる通常の島で, 加速モードトーラスは存在しない. カオス軌道 X_i が通常の島の周辺に捕捉されると, 拡散が停止し $\langle(J_n-J_0)^2\rangle\cong 0$ となる. そのため, カオスの海の真中にあるときの拡散だけが寄与して $\eta=1$ となり, 拡散係数 D が存在するのである. しかし, $K\to K_{\rm C}$ のとき, 島が成長するため, 軌道をセルからセルへ移す**回転木戸**の面積が減少し, D は減少する. 特に, $K_{\rm C}$ の近傍 $(2.5>K>K_{\rm C})$ では $D\propto(K-K_{\rm C})^{\xi}$ $(\xi\cong 3.01)$ とかける(MacKay, 1982). これは, 最終 KAM トーラスが破壊された後に残る**カントーラス**(cantorus)を, カオス軌道が通り抜ける遷移確率が $(K-K_{\rm C})^{\xi}$ に比例して減少するためである.

加速モードトーラスによる拡散の異常性を解明するため, $u_t\equiv J_{t+1}-J_t$ とおき, **粗視的速度**

$$v_n(X_0)\equiv\frac{J_n-J_0}{n}=\frac{1}{n}\sum_{t=0}^{n-1}u_t \qquad (10.16)$$

を導入しよう．速度相関 $C_t \equiv \langle u_t u_0 \rangle$ を使えば，その分散は

$$n^2 \langle \{v_n(X)\}^2 \rangle = nC_0 + 2\sum_{t=1}^{n-1}(n-t)C_t \tag{10.17}$$

とかける(付録2参照)．K が十分に大きく，速度相関が無視でき($C_t = C_0 \delta_{t,0}$)かつ $C_0 = (K/2\pi)^2 \langle \sin^2(2\pi\theta) \rangle = K^2/8\pi^2$ とおけるときには，拡散係数は $D = C_0/2 = K^2/16\pi^2$ となる．相関が $C_t = C_0 \exp[-\gamma t]$ ($\gamma \ll 1$) と指数的に減衰するときには，$D = C_0/\gamma$ となる．しかし，加速モードトーラスが共存するときには，$C_t \cong v_a^2 W(t) \propto t^{-(\bar{\beta}-1)}$ と**長時間速度相関**となり，分散(10.17)は異常な形態(10.15)となる．次に，その統計構造を石崎ら(1991)に従って考察しよう．

c) 粗視的速度の統計構造における異常

粗視的速度(10.16)の，$n \to \infty$ における確率分布 $P(v\,;n) \equiv \langle \delta(v_n(X) - v) \rangle$ の漸近形を求めよう．標準写像の反転不変性から，$P(v\,;n)$ は v の偶関数で，平均値 $\bar{v} = 0$ に最大値をもつ．$K = K_b$ の場合のように，速度相関が正のまま指数的に減衰するとき，$\eta = 1$ で拡散係数 D が存在し，正規分布

$$P(v\,;n) = (n/4\pi D)^{1/2} \exp[-nv^2/4D] \tag{10.18}$$

が成立する．

加速モードトーラスが共存するときには，$\eta > 1$ で $D = \infty$ となり，

$$\psi(v) \equiv -\lim_{n\to\infty} \frac{1}{n} \ln \frac{P(v\,;n)}{P(0\,;n)} \tag{10.19}$$

は，$|v| \leqq v_s \equiv l/Q$ では $\psi(v) = 0$，$|v| > v_s$ では $\psi(v) = \infty$ となる．これは，8-1節の統計熱力学形式から導き出せる．すなわち，粗視的速度の分配関数は，$n \to \infty$ のとき，(10.15)と同様にして

$$Z_n(q) \equiv \langle e^{(1-q)nv_n(X)} \rangle \propto [e^{(1-q)nv_s} + e^{-(1-q)nv_s}] W(n) \tag{10.20}$$

となり，$q < 1$ では $\Phi(q) = (q-1)v_s$，$q > 1$ では $\Phi(q) = -(q-1)v_s$ となる．したがって，q 平均は $q < 1$ では $v(q) = v_s$，$q > 1$ では $v(q) = -v_s$ となる．したがって，変分原理 $\psi(v) = \max_q \{\Phi(q) - (q-1)v\}$ から，$\psi(v)$ が上述のように求まる．そのとき，$P(v\,;n)$ は粗視化の統計則(6.24)の対数項によって与えられ，異常スケーリング則

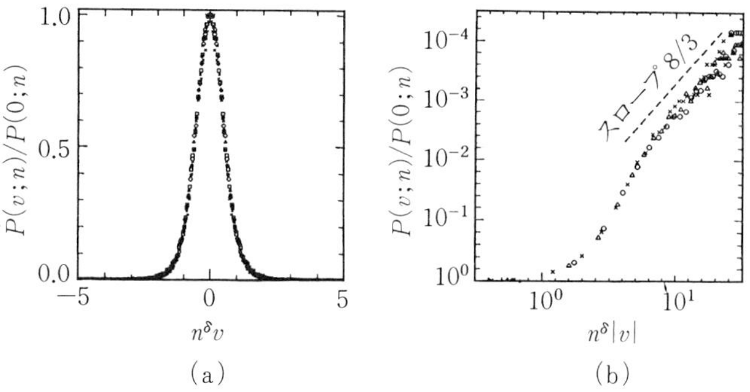

図 10-10 $K=K_{\rm a}$ における，(a) $P(v;n)/P(0;n)$ 対 $x=n^{\delta}v$ ($\delta=2/5$) ($n=50$(×), 100(□), 200(◇), 400(△), 800(○)；$N=10^5$)，(b) $\log_{10}\{P(v;n)/P(0;n)\}$ 対 $\log_{10}|x|$ ($n=400$(×), 800(△), 1600(○))：$\tilde{\beta}+1=8/3$.

$$P(v;n) = n^{\delta}\tilde{p}(n^{\delta}v) \qquad (0<\delta\equiv(\tilde{\beta}-1)/\tilde{\beta}<1/2) \qquad (10.21)$$

に従うと考えられる．ここで $|v|<v_{\rm s}$ で，$\tilde{p}(x)$ は n によらない x の普遍的な偶関数である．

図 10-10(a)は，このスケーリング関数 $\tilde{p}(x)/\tilde{p}(0)$ を，$K=K_{\rm a}$ の場合に，$x=n^{\delta}v$ に対してプロットしたものである．ここで $\delta=2/5$ ($\tilde{\beta}=5/3$) である．n の 5 つの値に対してプロットされているが，それらは互いによく一致し，スケーリング則(10.21)を実証する．これと対照的に，$K=K_{\rm b}$ の場合のように，大きなトーラスの島があっても加速モードトーラスがなければ，拡散係数 D が存在し，正規分布(10.18)が成立するのである(文献[II-43]を参照)．

加速モードトーラスが共存する場合の $\tilde{p}(x)$ の陽な形態は Feller の定理(10.8)から求まる．$\tilde{p}(x)$ は偶関数だから，(10.6)と同様に，$n\to\infty$ のとき

$$\tilde{p}(x) \propto |x|^{-\tilde{\beta}-1} \qquad (|x|=n^{\delta}|v|\gg 1) \qquad (10.22)$$

となる．図 10-10(b)は，$K=K_{\rm a}$ の場合に，$\tilde{p}(x)$ の漸近形を数値的に求めたもので，破線はスロープ $\tilde{\beta}+1=8/3$ を示す．$|x|\gtrsim 10$ では漸近形(10.22)に乗るといえよう．なお，点のばらつきは N が十分に大きくないためである．

このような異常スケーリング則の成立の基礎は，逆ベキ相関 $C_n \propto n^{-(\tilde{\beta}-1)}$ を作り出した，トーラスの島の自己相似な階層構造である．

10-4 振動する層流による流体の混合と拡散

6-2節で述べたように，対流のロールが多数 x 方向に並んだBénard対流において，ロールが x 方向に時間的に振動するとき，図6-4のように，各ロールのセル間の境界付近から**広域的カオス**が発生する．これは，流体粒子の異なる流線間の乗り移りによるもので，**ラグランジアン乱流**(Aref, 1984)の一種である．このカオスの海に滴らした染料は，引き伸ばされ折り曲げられて他の流体部分と混合するとともに，図6-5のように，セル間の境界付近にある回転木戸 $L_{j-1,j}, L_{j,j-1}$ を通ってセルからセルへと拡散していく．その拡散係数は，通常の分子拡散より3桁程度以上大きい(Solomon-Gollub, 1988)．

特に，ロール振動の振幅 B のある区間では，2次元保存写像(6.9)において，加速モード周期軌道

$$x_{t+Q}^{*} = x_{t}^{*} \pm l, \qquad z_{t+Q}^{*} = z_{t}^{*} \tag{10.23}$$

が存在し，拡散が異常に増進される．ここで x 方向における並進周期性(周期2)により，l は偶数である．これらの混合・拡散は，定性的には，前節までの標準写像と同様である．それらを大内・森(1992)に従って，流れの関数(6.8)に対する運動方程式(6.7)の数値積分により定量的に考察しよう．

a) 回転木戸の中の加速モードトーラスの島

図10-11は染料の拡散係数 $D = \lim_{n\to\infty} \langle (x_n - x_0)^2 \rangle / 2n$ を，ロール振動の振幅 B $(=0\sim0.2)$ に対してプロットしたものである．ここで括弧 $\langle\cdots\rangle$ は，$t=0$ に線

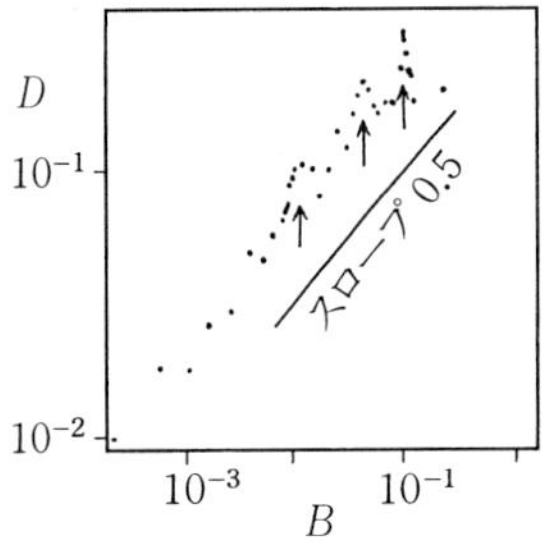

図10-11 $\log_{10}D$ 対 $\log_{10}B$ ($N = 5\times10^5$)．鉛直の矢印は $B=0.012, 0.045, 0.097$ にあるピークを示す．

分 $x=0$, $-0.5<z<0.5$ の上に一様に分布させた100個の染料粒子について，各粒子の軌道 X_t $(t=0,1,\cdots,5000)$ にわたる時間平均とそれらの染料粒子にわたる集団平均(合計 $N=5\times10^5$ 個の初期点にわたる平均)をとることを意味する．以下もこの平均を用いる．この図によれば，D は，粗視的には $\sqrt{B}$ に比例して増大するが，矢印で示したように，細かいピークをもつ．

セル R_j の広域的カオスの海を C_j とし，ローブ $F^tL_{-1,0}$ と $F^tL_{1,0}$ $(t=1,2,\cdots)$ が C_0 を粗視的に一様にみたす**混合時間**を τ_B, C_{-1} にある流体粒子がローブ $F^tL_{-1,0}$ によって C_{-1} から C_1 に輸送される最小時間(**第1訪問時間**)を t_B としよう．C_j および $L_{j,j\pm1}$ の面積をそれぞれ $\mu(C_j)$, $\mu(L_{j,j\pm1})$ とすれば，拡散係数は $D\cong(\tau_B/t_B)\mu(L_{0,1})/\mu(C_0)$ とかけよう．ここで $\mu(C_j)=\mu(C_0)$, $\mu(L_{j,j\pm1})=\mu(L_{0,1})$ である．B を上げると $\mu(L_{0,1})\propto B$, $\mu(C_0)\propto\sqrt{B}$ となり，τ_B/t_B の B 依存性を無視すれば，$D\propto\sqrt{B}$ となる*．これが図10-11の $\sqrt{B}$ 依存性を説明する．事実，細かいピークの外側では，$F^tL_{-1,0}$ の混合が C_{-1} の粒子を回転木戸 $L_{0,1}$ に運び C_1 に輸送するので，$t_B\cong\tau_B$ である．

しかし，ピークの内側では，図6-5(b)のように，$L_{-1,0}$ の数回の写像によって C_{-1} の粒子を $L_{0,1}$ に運ぶため，$t_B\ll\tau_B$ となり，拡散が増進される．特に，加速モードトーラスが回転木戸 $L_{j,j\pm1}$ の中にあるときには，この増進が無限に続き，$D=\infty$ となる．このように，ピークの尖端では異常拡散が起こり，N が実際の流体実験における染料の粒子数 $N_0\sim10^{20}$ のように十分に大きい極限では，$D=\infty$ が観測されると考えられる．事実，これらのピークを含む B の区間では，次に示すように，加速モードトーラスの島が共存するのである．

図10-12は，$B=B_2\equiv0.0404411$ における $Q=2$, $l=2$ の加速モード周期点 $\{x_t^*, z_t^*\}$ $(t=1,2)$ の各々のまわりの島を示す．これは2つの島とそれらのまわりの小さな列島からなる．図10-13(a)は，この周期点の周期倍化 2^n $(n=1,2,3)$ を示す分岐図で，(b)は，$B=B_4\equiv0.0420660$ における $Q=2^2$ の加速モード周期点($l=2^2$)の各々を中心とする4つの島を示す．ここで，$Q=2$ の加速モー

---

* 詳細は K. Ouchi *et al.*: Prog. Theor. Phys. **85** (1991) 687 を参照.

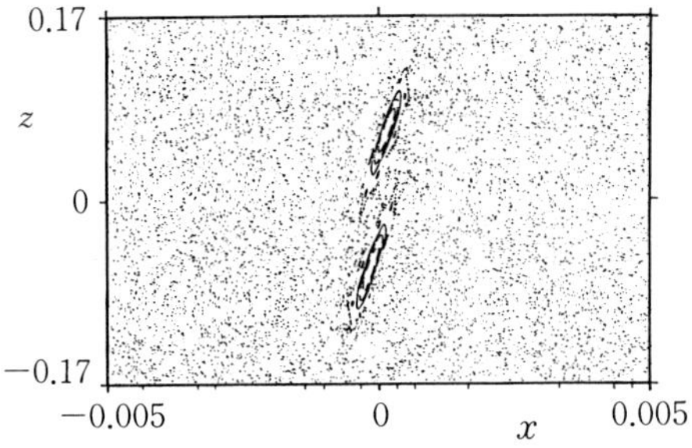

図 10-12 $B=B_2\equiv 0.0404411$ における加速モードトーラスの島($Q=2,\ l=2$).(Ouchi and Mori [II-46]による.)

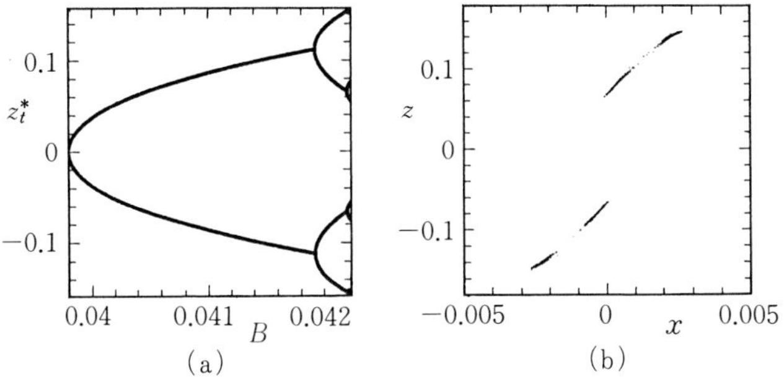

図 10-13 (a) 加速モード周期点の周期倍化,(b) $B=B_4\equiv 0.042066$ における加速モードトーラスの島($Q=4,\ l=4$).

ド周期点が中立安定な B の区間は (0.039783, 0.041923) である.

セル R_j において,これらの加速モードトーラスの島,および,その「島の周りに島」の階層構造の列島が占める領域を $A_j^{\pm}$ とすれば,この領域 $A_j^{\pm}$ は,速度 $v_a=\pm l/Q=\pm 1$ をもち,1 回の写像で隣りのセルに移る.すなわち $A_j^{\pm}=F^{\pm 1}A_{j-1}^{\pm}=F^{\pm j}A_0^{\pm}$ とかける.しかも,$A_j^{\pm}$ は,それぞれ回転木戸 $L_{j,j\pm 1}$ の中にある.さらに,$FL_{j\mp 1,j}\subset R_j$, $F^{-1}L_{j\pm 1,j\pm 2}\subset R_j$ から

$$A_j^{\pm}\subset(FL_{j\mp 1,j}\cap F^{-1}L_{j\pm 1,j\pm 2}) \tag{10.24}$$

が得られる.図 10-14 は,$B=B_2$ における $Q=2$, $v_a=1$ の島およびその周辺 $A_{-1}^{+}, A_0^{+}, A_1^{+}$ を数値的に示すもので,それぞれ,$A_{-1}^{+}\subset L_{-1,0}$, $A_0^{+}\subset(FL_{-1,0}\cap F^{-1}L_{1,2})$, $A_1^{+}\subset L_{1,2}$ を実証する.

このように,加速モードトーラスの島および周辺 $A_j^{\pm}$ は,回転木戸 $L_{j,j\pm 1}$ を

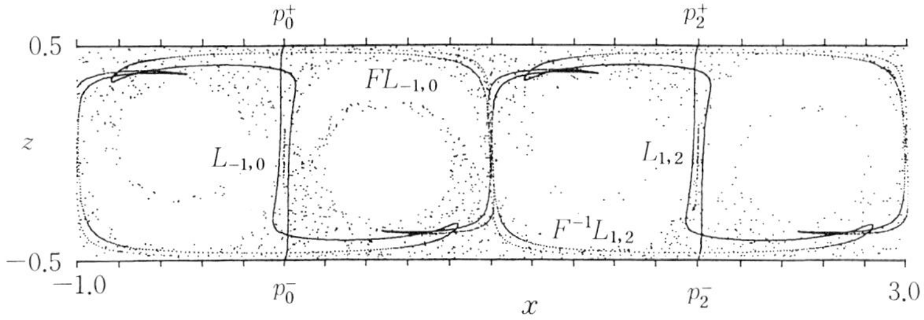

図 10-14 $B=B_2$ における 4 つの不変多様体 $W^u(p_0^-)$, $W^s(p_0^+)$, $W^u(p_2^-)$, $W^s(p_2^+)$ と $L_{-1,0}$ の中の A_{-1}^+, $L_{1,2}$ の中の A_1^+ を数値的に示す.

飛び石として速度 $v_a=\pm1$ で $x=\pm\infty$ へ飛んでいく. $A_j^\pm$ に捕捉されたカオス軌道 X_t も, 捕捉されている間は速度 $v_a=\pm1$ で飛んでいく. しかし, $j\to\infty$ のとき $F^{\pm j}R_0\cap R_j\to A_j^\pm$ となるので, その面積は

$$\mu(F^{\pm j}R_0\cap R_j)=\mu(A_0^\pm)+Cj^{-(\tilde{\beta}-1)} \qquad (2>\tilde{\beta}>1) \qquad (10.25)$$

とかける. ここで, 面積保存により $\mu(A_j^\pm)=\mu(A_0^\pm)$ であり, C は正の定数である. この右辺第 2 項は, カオス軌道が $A_j^\pm$ に, 時間 j 以上の間捕捉される確率 $W(j)\propto j^{-(\tilde{\beta}-1)}$ の別の表現に他ならない.

粗視的速度 $v_n(X_0)\equiv(x_n-x_0)/n$ を導入すれば, その分散 $n^2\langle v_n^2\rangle$ や確率分布 $P(v\,;\,n)$ は(10.15), (10.17), (10.21), (10.22)と同様な性質をもち, 加速モードトーラスによる異常拡散を, 統計的にとらえることができる. しかし, $A_j^\pm$ のサイズが小さいため, これらの異常拡散を実験的にとらえるには, 十分に大きな N をとる必要があり, 数値的検証は困難で, 流体実験が待望される.

b) 長時間相関による混合性の異常

流体の混合は, 加速モードトーラスの島だけでなく, 図 6-4 に示された通常の大きなトーラスの島によっても異常となる. ここで, カオス軌道 X_t について, 軌道拡大率 $\lambda_1(X_t)$ の時間相関関数 C_t^λ は(10.2)の逆ベキ則に従い, 粗視的拡大率 $S_n(X_0)=n\Lambda_n(X_0)$ の分散は(10.3)の異常ベキ則に従う. 図 10-15(a)は, $B=B_3\equiv0.0413782$ におけるこの分散の n 依存性を示し, $\zeta\cong1.37$, $\beta\cong1.63$ を与える. ここで $\Lambda^\infty\cong0.92$ である. 同図(b)は, $\phi_n(\Lambda)$ が, $n\to\infty$ の極限におい

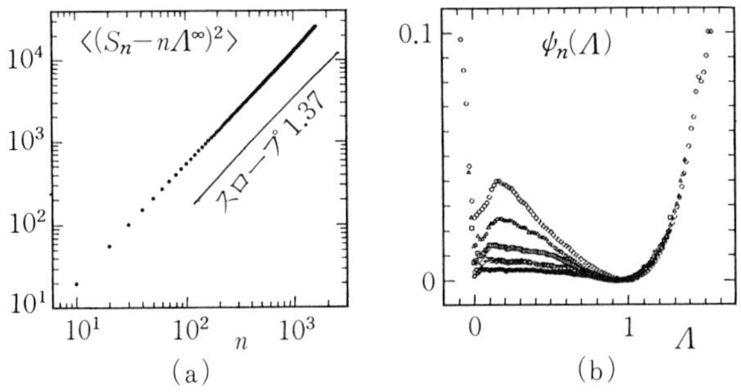

図 10-15 $B=B_3\equiv0.0413782$ における，(a) 分散(10.3)($n=10\sim1600$, $N=5\times10^5$)：$\zeta=1.37$，(b) スペクトル $\psi_n(\Lambda)$(上から $n=100, 200, 400, 800, 1600$).

て図 10-6(b)の形態をとることを示す．この B では，加速モードトーラスの島の他に，図 6-4(b)のように，通常の大きなトーラスの島が共存し，これらの大きな島が長時間相関 $C_t^\lambda\propto t^{-(\beta-1)}$ を生成し，この $\zeta\cong1.37$，$\beta\cong1.63$ を与えているのである．そのため，異常混合は，小さな加速モードトーラスの島による異常拡散と違って，容易に実証できることになる．

確率分布 $P(\Lambda\,;n)$ は，$B=B_3$ では，$n^\delta|\Lambda-\Lambda^\infty|\to\infty$ のとき

$$
P(\Lambda\,;n)\propto\begin{cases} n\exp[2n\Lambda] & (0>\Lambda>\Lambda_{\min}) \quad (10.26)\\ n^\delta\{n^\delta(\Lambda^\infty-\Lambda)\}^{-\beta-1} & (0<\Lambda<\Lambda^\infty) \quad (10.27)\\ n^\delta\exp[-an(\Lambda-\Lambda^\infty)^{1/\delta}] & (\Lambda>\Lambda^\infty) \quad (10.28)\end{cases}
$$

となる．ここで $\beta\cong1.63$，$\delta=(\beta-1)/\beta\cong0.387$ で，a は正の定数である．事実，図 10-15(b)の $\Lambda<0$ の部分は(10.26)を，図 10-16 の(a)と(b)は，それぞれ，(10.27), (10.28)を数値的に実証する．ここで，図 10-16 において，(a)の直線はスロープ $\beta+1=2.63$ を，(b)の直線はスロープ $1/\delta=2.58$ を示す．

以上のように，振動する Bénard 対流における流体の混合と拡散は，標準写像の広域的カオスにおけるカオス軌道群と定性的に同様な混合性と異常拡散を示す．回転する同軸円筒間の Taylor 渦流においても同様な現象が起こると期待される．これらの流れの性質を決めているものは，図 6-7 に示された不安定多様体 W^u の局所構造と，保存力学系に特有な 2 種類のトーラスの島である．

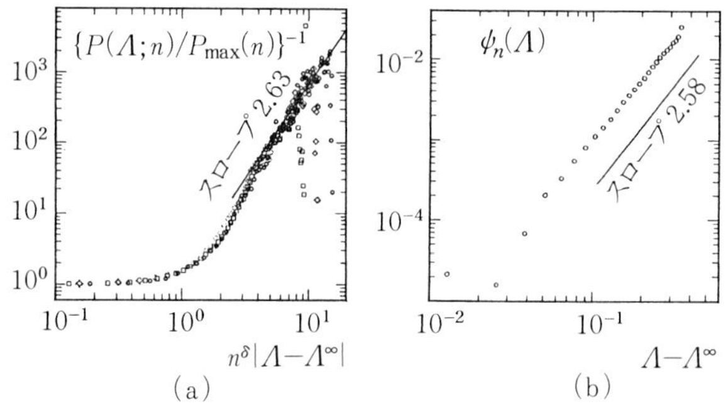

図 10-16 $B=B_3$ における，(a) $0<\Lambda<\Lambda^{\infty}$ での $\{P(\Lambda;n)/P_{\max}(n)\}^{-1}$ 対 $n^{\delta}|\Lambda-\Lambda^{\infty}|$ ($\delta=0.387$)($n=$ 400, 800, 1600)：$\beta+1=2.63$，(b) $\Lambda>\Lambda^{\infty}$ での $\psi_n(\Lambda)$ ($n=800$)：$\delta^{-1}=2.58$. (Ouchi and Mori [II-46].)

ここで，加速モードトーラスは，作用変数について周期的な周期写像において広く出現するトーラスであると考えられる(文献[II-44]を参照). これらの諸性質は，散逸力学系とは著しく異なるが，保存力学系の周期写像や流体のラグランジアン乱流における広域的カオスの普遍性であるといえよう.

第II部のまとめ

非線形力学系が示すカオスの形態と構造は，共存する多様な不変集合と，限りなく複雑だが精妙に自己組織された不変多様体によって決まることを見てきた．このような，偶然性を含む多様なカオスが，分岐パラメタの各値に応じて精妙に自己組織され，流転する自然の多様性と複雑性の主要な機構を与える．

それを統計的にとらえ，カオスによる輸送現象を解明するため，カオス軌道上での物理量のゆらぎを考察し，幾何学的で定性的な力学系理論が，カオスの統計物理の構築にうってつけの枠組みを提供することを見てきた．たとえば，長さ n のカオス軌道にわたる近接軌道間の粗視的拡大率 $\Lambda_n(X)$ は，不安定多様体の切片の引き伸ばしと折り曲げを表わし，そのスペクトル $\psi_n(\Lambda)$ は，粗視化の極限 $n\to\infty$ において，カオスの幾何学的構造の定性的特徴を端的に取り出した．このようにして，カオスの形態と構造は，定性的には

(1) カオス軌道群が乗っている不安定多様体 W^{u} が，接構造をもっているかどうか(8-3節，8-4節，10-2節を参照)，

(2) 分岐によって，カオス領域に含まれた不変集合がどのように変化しようとしているか(8-3節，8-4節，9章を参照)，

(3) 保存系では，カオスの海にトーラスの島があるかどうか，それは加速

モードトーラスの島かどうか(10-2節，10-3節を参照)

によって決まり，$\psi(\Lambda)$ の線形スロープ $s_\alpha, s_\beta, s_\gamma, s_\delta$ や，対応する $f(\alpha)$ の線形スロープ，および，動的スケーリング則(9.4)，(9.13)，(10.5)やスケーリング指数 $\zeta, \eta, \beta, \delta$ などによって統計的に特徴づけられた．

臨界アトラクターやカオスのアトラクターは，複雑さの中に「自己相似な入れ子構造」を始め諸種の相似性をもっていた．これは，その複雑さが，簡単な写像(運動法則)の，多数回の反復適用によって生成されるためである．

カオスの基本的プロセスは，図6-3や図6-5に示した W^u の引き伸ばしと折り曲げであり，$\psi(\Lambda)$ の特色は，この混合のプロセスを的確にとらえることである．双曲相 $q<q_\alpha=2$ では，$f(\alpha)$ も，(8.76)のように，この $\psi(\Lambda)$ で表わせた．では，**エントロピー**はどうであろうか．いま，相空間を線形サイズ l の箱に等分割し，箱に通し番号をつけて，軌道が時刻 $t=0$ に i_0 番目の箱に，…，時刻 $t=(n-1)T$ に i_{n-1} 番目の箱にくる結合確率を $p_l(i_0, \cdots, i_{n-1})$ とすれば，多重フラクタル次元(8.32)を拡張して，q 次の **Renyi エントロピー**は

$$K_q \equiv \frac{1}{1-q} \lim_{l\to 0} \lim_{n\to\infty} \frac{1}{n} \ln\left[\sum_{i_0} \cdots \sum_{i_{n-1}} \{p_l(i_0, \cdots, i_{n-1})\}^q\right]$$

とかける．ここで，和は，p_l が0でないすべての区間のタイプ $(i_0, \cdots, i_{n-1})$ についてとる．その総数 M は，n とともに $M=\exp[K_0 n]$ と指数的に増大する．この K_q は，**状態の複雑さ**の程度を表わす．いま，$\gamma(i_0, \cdots, i_{n-1}) \equiv -(1/n)\ln p_l(i_0, \cdots, i_{n-1})>0$ として，その確率が，$n\to\infty$，$l\to 0$ のとき

$$P(\gamma\,;\, n, l) \equiv \langle\delta(\gamma(i_0, \cdots, i_{n-1})-\gamma)\rangle \propto \exp[-n\{\gamma-h(\gamma)\}]$$

とかければ，$(q-1)K_q=\min_\gamma\{q\gamma-h(\gamma)\}$ が得られる(佐野・佐藤・沢田，1986)．ここで，$h(\gamma)\leqq\gamma$ で，K_1 は **Kolmogorov-Sinai**(KS)**エントロピー**，K_0 は**位相的エントロピー**を与える．双曲相 $q<2$ では，$\Lambda_n>0$ として $\gamma(i_0, \cdots, i_{n-1}) = \Lambda_n(X_0)$ と近似すれば，$h(\Lambda)=\Lambda-\psi(\Lambda)$，$K_q=\Phi(q)/(q-1)$ が得られる．その第2式は，$q\to 1$ のとき，よく知られた関係 $K_1=\Lambda^\infty$ を与える．このように，双曲相 $q<2$ では，K_q も $\psi(\Lambda)$ で表わせるのである．

分子の熱運動は，Boltzmann エントロピーによって特徴づけられた．KS エ

ントロピー K_1 はそれを拡張したものであるが，このようなただ1つの K_1 によって，マクロのレベルのカオスを特徴づけることは不可能である．熱運動によるゆらぎはマクロのレベルでは無視できたが，マクロのレベルのカオスによるゆらぎは無視できないからである．そのゆらぎの構造関数 $\psi(\Lambda), f(\alpha), K_q$ 等の関数形が，カオスのグローバルな形態を特徴づけるのである．本書では，物理的意味が簡単で，幾何学的構造を的確にとらえる観測量として $\psi(\Lambda)$ と $f(\alpha)$ を取り，マクロのレベルにおけるカオスの統計物理の構築を試みた．

物理系としては，2種の強制振り子と振動する Bénard 対流のラグランジアン乱流しか取り上げなかったが，多くの散逸系のアトラクターは低次元であることが知られている．しかも，ここで取り扱った低次元写像は十分多様で，普遍的と考えられるカオスの分岐はほとんどすべて含まれ，多様なカオスの統計的特性をいろいろと解明することができた．しかし，カオスの応答と制御や，カオスによるゆらぎの確率過程論など，究明すべき課題はなお多い．

カオスは多面の統一であり，そのどんな側面が出現するかは，個々の系と観測量によって異なるため，個々の系と観測量に即した研究が不可欠である．たとえば，半導体のS字形 I-V 特性系は，それに特有な物理的プロセスと3次元写像で始めて起こる分岐現象を含んでいる．

したがって，このような特色のある系の高次元写像に対して，カオスの幾何学的構造を統計的に特徴づけるとともに，カオスによる輸送現象を究明していくことが必要である．ただし，正の Liapunov 数が2つ以上ある($\bar{\lambda}_1 > \bar{\lambda}_2 > \cdots > 0$)ときには，最大 Liapunov 数 $\Lambda^\infty \equiv \bar{\lambda}_1(X_0)$ およびそれに対応する軌道拡大率 $\lambda_1(X_t)$ のゆらぎに着目する．次元が高くなるにつれて，幾何学的記述は急速に困難となり，相構造の質的特徴を反映する統計的記述がますます重要になっていくと考えられる．

第Ⅱ部付録

付1　保存写像の周期点とその周辺

面積保存則 $\partial\dot{x}/\partial x+\partial\dot{z}/\partial z=0$ が成立するとき，(6.4)から $J\equiv\det\{DF(X_t)\}=1$ となる．このような2次元保存写像(6.9)において，周期 Q の周期点 $X_i^*=F^Q(X_i^*)$（$i=1,2,\cdots,Q$）の近傍にある軌道 $X_i=X_i^*+y_i$（$|y_i|\ll1$）の時間発展

$$y_{i+Q}=DF^Q(X_i^*)\cdot y_i \tag{A.1}$$

を考えよう．$\det\{DF^Q(X_i^*)\}=1$ だから，いま，そのトレースを $s\equiv\mathrm{tr}\{DF^Q(X_i^*)\}$ とかけば，$DF^Q(X_i^*)$ の固有値は

$$\nu_\alpha^Q=(1/2)\{s\pm(s^2-4)^{1/2}\} \tag{A.2}$$

$$=(1-2R)\pm2\{R(R-1)\}^{1/2} \tag{A.3}$$

とかける．ここで**レジデュー**(residue) $R\equiv(2-s)/4$ を定義した(Greene, 1979)．$\nu_1^Q\nu_2^Q=1$ で，固有値は，実数かまたは単位円上の複素数である．

（i） $0<R<1$ のとき，固有値は，単位円上の複素数で，$\nu_\alpha^Q=\exp[\pm2\pi i\sigma]$ $(0<\sigma<1/2)$ とかける．ここで σ は，周期点 X_i^* のまわりの回転数で，$R=\sin^2(\pi\sigma)$ とかける．このとき X_i^* は**中立**で，図A-1(a)のように，そのまわりには一定の σ をもつさまざまな**楕円形**の不変曲線が存在し，**Q 重巻きのトーラス**を表わす．このような X_i^* を**楕円点**という．

（ii） $R<0$ または $R>1$ のとき，固有値は実数で，$|\nu_1^Q|>1>|\nu_2^Q|$ となる．このとき X_i^* は**不安定**で，そのまわりには**双曲線形**の不変曲線が存在する．これらのサドルは，周期 Q の楕円点とともに，非線形摂動の共鳴的作用による回転数 $\rho=P/Q$ の不変曲線の破壊によって生成されたもので，Poincaré-Birkhoff の固定点定理により，楕円点の間に，それらと交互に楕円点と同数だけ存在する．X_i^* の不安定多様体 W^{u} と安定多様

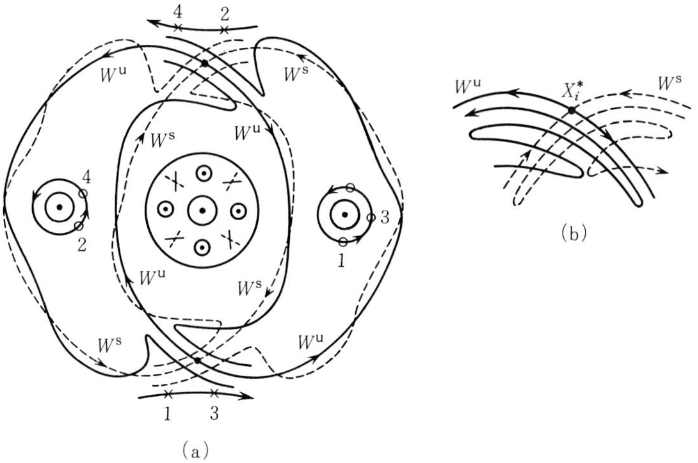

図 A-1　(a) 楕円点の周辺とサドルの不変多様体 W^u, W^s の概念図．番号 1, 2, … は $Q=2$ の楕円点およびサドルのまわりの軌道の例を示す．(b) W^u と W^s の 1 次交点の X_i^* への集積と，W^u と W^s のもつれ．

体 W^s は，互いに交差して，ヘテロクリニック点(またはホモクリニック点)を作り，**カオスの海**を形成する．図 A-1 は，$Q=2$ の場合におけるその状況を示す．同図(b)は，これらの 1 次交点が写像 $F^{\pm 1}(X)$ によって無数に生成され，W^s または W^u に沿ってサドル X_i^* に集積することを示す．ここで，1 対の W^u と W^s で囲まれたローブの面積は保存され，W^u と W^s は限りなく複雑な構造を作り出し，ヘテロクリニック(またはホモクリニック)な**もつれ**とよばれる．カオスは，このような複雑なもつれの結果である．

(iii)　$R=0$ または $R=1$ のとき，$\nu_\alpha^Q=1$ または $\nu_\alpha^Q=-1$ となり，線形化では X_i^* の近傍の運動も決まらない．これらは**放物的**といわれ，ある軌道が存在しなくなるか，不安定化する分岐点において現われる．

標準写像(7.17)の Jacobi 行列は

$$DF(X) = \begin{pmatrix} 1-K\cos(2\pi\theta) & 1 \\ -K\cos(2\pi\theta) & 1 \end{pmatrix} \tag{A.4}$$

となり，そのトレースは $s=2-K\cos(2\pi\theta)$ で，レジデューは

$$R = (K/4)\cos(2\pi\theta) \tag{A.5}$$

となる．この R は，本論で固定点の安定性の議論に使われる．

付2 分散と時間相関関数

長さ n の和 $\hat{S}_n(X_0)\equiv\sum_{t=0}^{n-1}u_t$（$\langle u_t\rangle=0$）の分散は，時間相関関数 $C_t\equiv\langle u_t u_0\rangle$ を使って

$$\langle\hat{S}_n^2(X)\rangle=\sum_{t=0}^{n-1}\sum_{s=0}^{n-1}C_{t-s} \tag{A.6}$$

とかける．ここで $\langle u_t u_s\rangle=C_{t-s}$ である．この2重和は，図A-2の正方格子の格子点にわたる和であるが，これを，対角線 $t=s$ にわたる和，右下の3角形格子 $t>s$（$i\equiv t-s=1\sim n-1$）にわたる和，左上の3角形格子 $t<s$（$j\equiv s-t=1\sim n-1$）にわたる和に分割すれば

$$\langle\hat{S}_n^2(X)\rangle=nC_0+\sum_{i=1}^{n-1}\sum_{s=0}^{n-1-i}C_i+\sum_{j=1}^{n-1}\sum_{t=0}^{n-1-j}C_{-j}$$

となる．$C_{-j}=C_j$ だから，これは

$$\langle\hat{S}_n^2(X)\rangle=nC_0+2\sum_{t=1}^{n-1}(n-t)C_t \tag{A.7}$$

とかけ，(6.28)や(10.17)を与える．

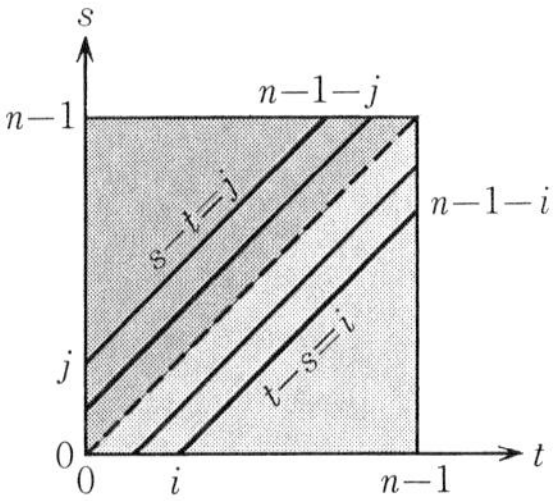

図A-2 対角線 $t=s$ と3角形格子 $t>s$ と $t<s$.

付3 間欠性カオスの Cantor リペラー

Cantor リペラーは，9-1節や9-2節で述べたように，諸種のクライシスにおいて重要な役割を果たしたが，間欠性カオスにおいても重要な役割を果たすことを解析的に示し，Cantor リペラーの物理像を確立しよう．

2次写像の周期3の窓に対する分岐図7-10において，$a>a_{\mathrm{w}}$ で3つのバンド間に見られた Cantor リペラーは，$a_{\mathrm{w}}>a>a_{\mathrm{c}}$ の窓でも，$a<a_{\mathrm{c}}$ の間欠性カオスでも存在する．ただし，窓では，アトラクターから離れているため，過渡的プロセスを通じて間接的に観測するほかない．間欠性カオスでは，バーストとして観測される．

間欠性カオスでは，x_t の時系列は，図A-3のようになり，振幅がゆっくり変化する周期3の規則的な振動(**ラミナー運動**)と振幅がランダムな**バースト**とが交互に現われる．

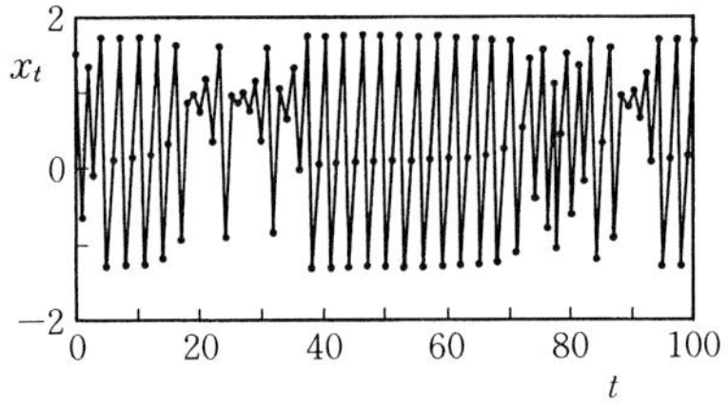

図 A-3　2次写像の周期3の窓直前($a=1.749<a_{\mathrm{c}}=1.75$)における間欠性カオスの時系列 x_t ($t=0\sim100$).

$\epsilon\equiv49(a_{\mathrm{c}}-a)\ll1$ のときには，そのラミナー運動の平均寿命は $\tau=3\pi/\sqrt{\epsilon}\gg1$ となるが，バーストの平均寿命 τ_{R} は ϵ によらず一定で，$\tau\gg\tau_{\mathrm{R}}$ となる．

これは，図 A-4 に示された3回写像 $x_{t+3}=f^3(x_t)$ のグラフにおいて，$x=c_1, c_2, c_3$ にある3つの細い**チャンネル**を使って次のように理解できる．軌道 x_t がこれらのチャンネル内にあるとき，$|df^3(x_t)/dx_t|\sim1$，$\Lambda_3(x_t)\sim0$ をみたし，長い平均寿命 τ のラミナー運動をもたらす．3つのチャンネル間にあって $|df^3(x_t)/dx_t|\gg1$，$\Lambda_3(x_t)>0$ をみたす急峻な線片の間の乗り移り運動の中に **Cantor リペラー**が存在し，このリペラーが，短い平均寿命 τ_{R} のバーストをもたらす．図 A-5 は，このような時系列 x_t のパワースペクトル $S(\omega)$ であり，$\omega=0, 2\pi/3$ の近傍にはそれぞれ間隔 $\Delta\omega=2\pi/\tau$ で等間隔に並んだピークの列をもち，しかも，それらピークの包絡線は逆ベキ則に従う．

このような間欠性カオスのモデルとして，**SOM 写像**

$$f(x)=\begin{cases} ax+0.2 & (0\leqq x\leqq c)\\ a^{-1}(x-0.8)+1 & (c\leqq x\leqq0.8)\\ b^{-1}(1-x) & (0.8\leqq x\leqq1)\end{cases}\qquad(\mathrm{A}.8)$$

を考えよう．ここで $1>a>0$，$b=0.2$，$c=0.8/(1+a)$ である．そのグラフは図 A-6(a) に示されている．この写像は，$a>0.6$ では区間 $I=[0,1]$ においてカオスを示し，$a=$

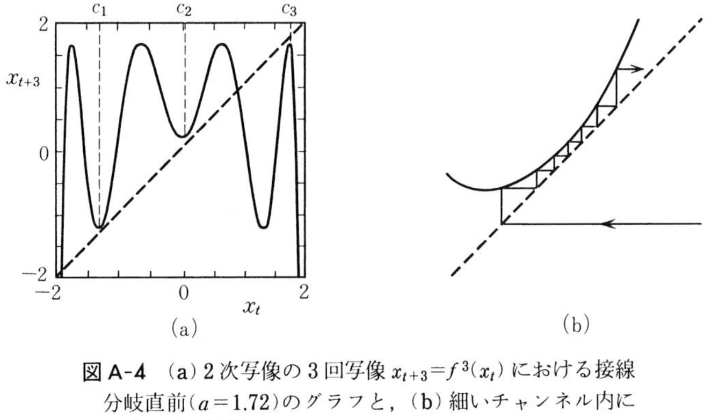

図 A-4　(a) 2次写像の3回写像 $x_{t+3}=f^3(x_t)$ における接線分岐直前($a=1.72$)のグラフと，(b) 細いチャンネル内におけるその軌道．

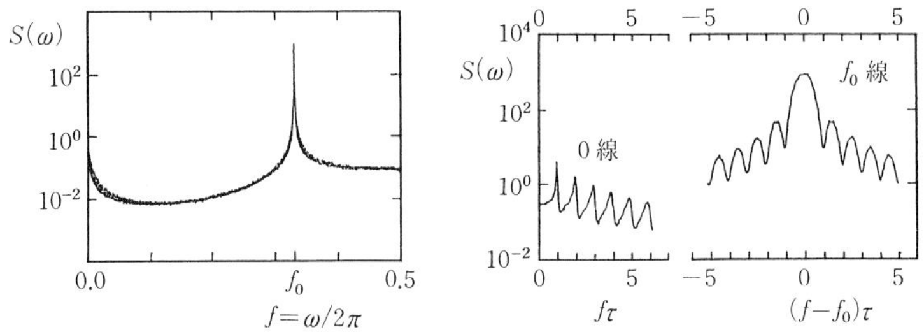

(a)　(b)

図 A-5　(a) 2 次写像($\epsilon=4.9\times10^{-5}$)の間欠性カオスのパワースペクトル $S(\omega)$ ($f_0=1/3$; $T=2^{15}$, $N=400$) と，(b) $\omega=0, 2\pi f_0$ におけるピークの拡大(N. Mori *et al*. [II-38]). 拡大はそれぞれ等間隔に並んだピークの列からなり，それらの包絡線は，逆ベキ則 $1/|\omega-m\omega_0|^{\zeta_m}$ ($\zeta_0\cong1.35$, $\zeta_1\cong1.85$) に従う．理論的には，ある条件下で $\zeta_0\cong1$, $\zeta_2\cong2$ である．

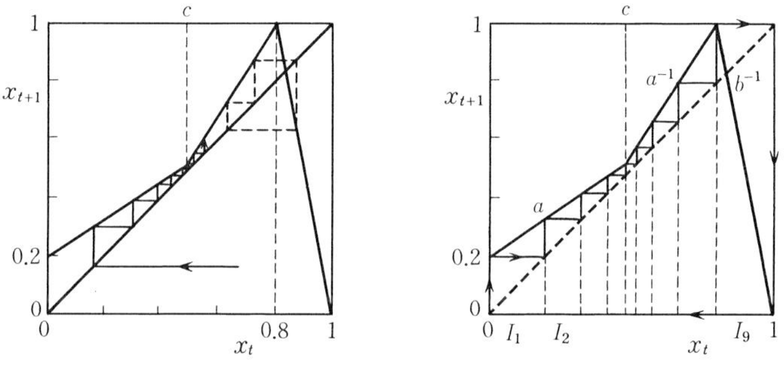

(a)　(b)

図 A-6　(a) $0<\epsilon\equiv(a-0.6)/0.6\ll1$ でのグラフにおけるラミナー軌道(実線)と周期 3 の不安定周期軌道(破線)．(b) $a=a_4\cong0.665$ ($2m+1=9$) での Markov 分割．(K. Shobu, T. Ose and H. Mori: Prog. Theor. Phys. 71 (1984) 458-473 による．)

0.6 での接線分岐を経て，$a<0.6$ では $x^*=0.2/(1-a)$ に吸引的な固定点をもつ窓となる．

$\epsilon\equiv(a-0.6)/0.6$ として，$0<\epsilon\ll1$ におけるカオスのアトラクターを考えよう．これは，図 A-6(a)のように，$x=c$ のまわりにある細いチャンネルと，破線のサイクルのようなサドルを無限個含む Cantor リペラーからなる．初期点 $x_0<c$ をもつ軌道 x_t は，そのチャンネルを通り抜けて $x_t=0.8$ を越えるまでは，平均寿命 $\tau=(2/\ln 0.6)\ln\epsilon$ の規則的な**ラミナー運動**を展開し，ついで，Cantor リペラーのまわりに滞在して $x_t=1-bc$ を越

えるまでは，平均寿命 $\tau_R(\ll\tau)$ のランダムなバーストを展開する．この Cantor リペラーは，窓 $a<0.6$ でも残存する不変集合である．$x_t>1-bc$ になると，軌道は次に $x_t<c$ なるラミナー領域に再投入される．

いま，藤坂・井上(1987)に従って，線形演算子

$$H_qG(x) \equiv \int dz\delta(f(z)-x)|f'(z)|^{1-q}G(z) = \sum_j \frac{G(z_j)}{|f'(z_j)|^q} \tag{A.9}$$

を導入しよう．ここで $\sum_j$ は，アトラクター上で $f(z_j)=x$ をみたす点 z_j にわたる和である．分配関数(8.17)は，$1=\int dx'\delta(f(x)-x')$ を挿入し，$df^n(x_0)/dx_0=f'(x_{n-1})\cdots f'(x_0)$ として(A.9)を n 回使えば，$Z_n(q)=\int dxH_q^n p(x)$ とかける．ここで $Z_n(1)=1$，$H_1p(x)=p(x)$ である．線形演算子 H_q の固有値の中で，絶対値が最大のものを ν_q とすれば，$p(x)$ を固有関数で展開して $Z_n(q)\sim|\nu_q|^n$ $(n\to\infty)$ が得られる．したがって，q ポテンシャル(8.2)は，$n\to\infty$ では

$$\Phi_\infty(q) = -\ln|\nu_q| \tag{A.10}$$

となる．ここで，$q=1$ では $|\nu_1|=1$ である．次に，この最大固有値 ν_q を求めよう．

森信之ら(1989)に従って，$m+1$ 次の代数方程式

$$a^{m+1}+a^m-5a+3 = 0 \qquad (m=3,4,\cdots) \tag{A.11}$$

の正根 a_m を考えよう．ここで $a_m>a_{m+1}$，$a_\infty=0.6+0$，$a_3\cong0.743$ である．このような $a=a_m$ では，写像(A.8)は

$$f^m(0) = c, \qquad f^{2m}(0) = 0.8 \tag{A.12}$$

をみたし，図 A-6(b)のように，区間 $I=[0,1]$ は，$f(x)$ が単調となる小区間 $I_i\equiv[f^{i-1}(0), f^i(0)]$ $(i=1,2,\cdots,2m+1)$ に分割できる．ここで $f(I_i)=I_{i+1}$ $(i\leqq 2m)$，$f(I_{2m+1})=I$ である．すなわち，写像(A.8)は $a=a_m$ で Markov となる．しかも，各小区間 I_i で $f(x)$ は線形となるので，H_q の固有関数は，Markov 分割について階段関数となり，H_q は，次数 $2m+1$ の正方行列

$$(H_q)_{ij} = \begin{cases} |f_j'|^{-q} & (f(I_j)\supseteq I_i) \\ 0 & (\text{それ以外}) \end{cases} \tag{A.13}$$

によって表わせる．ここで f_j' は小区間 I_j における $f(x)$ の勾配である．その固有値方程式は

$$\nu^{2m+1}-b^q\left[\sum_{i=m}^{2m} a^{q(2m-i)}\nu^i+\sum_{i=0}^{m-1} a^{qi}\nu^i\right] = 0 \tag{A.14}$$

となる．$q=1$ で $\nu_1=1$ となるその最大の実根は，$m\to\infty$，すなわち，$a=0.6+0$ では

$$\nu_q = \begin{cases} 1 & (q\geqq q_\delta\equiv 0.72716\cdots) \\ a^q+b^q & (q\leqq q_\delta) \end{cases} \tag{A.15}$$

となる．ここで $q=q_\delta$ は $a^q+b^q=1$ の解である．したがって，(A.10)と(8.3), (8.8)から，$a=0.6+0$ では

$$\Phi_\infty(q) = \begin{cases} 0 & (q \geqq q_\delta) \\ -\ln(a^q + b^q) & (q \leqq q_\delta) \end{cases} \tag{A. 16}$$

$$\Lambda_\infty(q) = \begin{cases} 0 & (q > q_\delta) \\ (a^q \ln a^{-1} + b^q \ln b^{-1})/(a^q + b^q) & (q < q_\delta) \end{cases} \tag{A. 17}$$

$$\psi(\Lambda) = \begin{cases} (1-q_\delta)\Lambda & (0 \leqq \Lambda \leqq \Delta) \\ (8.11)\text{の右辺} & (\Delta \leqq \Lambda \leqq \Lambda_{\max}) \\ +\infty & (\Lambda < 0, \Lambda > \Lambda_{\max}) \end{cases} \tag{A. 18}$$

となる．ここで $\Lambda^\infty = \Lambda_{\min} = 0$，$\Lambda_{\max} = \ln b^{-1} \cong 1.6094$，$\Delta \equiv \Lambda_\infty(q_\delta - 0) \cong 0.8517$ である．これらの関数は，図 A-7 の実線によって示されている．Renyi エントロピーは，この系では $K_q = \Phi_\infty(q)/(q-1)$ とかけ，$a = 0.6 + 0$ では

$$K_q = \begin{cases} 0 & (q \geqq q_\delta) \\ \{1/(1-q)\}\ln(a^q + b^q) & (q \leqq q_\delta) \end{cases} \tag{A. 19}$$

と求まる．ここで $K_0 = \ln 2$，$K_1 = \Lambda^\infty = 0$ である．

$q < q_\delta$ での $\Phi_\infty(q), \Lambda_\infty(q), K_q$ および $\Lambda > \Delta$ での $\psi(\Lambda)$ は，図 A-7 の破線で示された延長線を含めて，パイこね変換の構造関数(8. 13)と同じ関数で，Cantor リペラーの構造関数を表わす．したがって，この図 A-7(a)の $\psi_R(\Lambda)$ が，図 9-3 の Cantor リペラーの

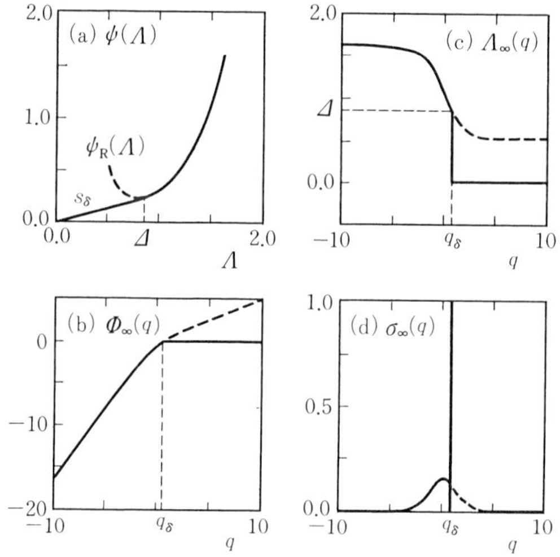

図 A-7 $a = 0.6 + 0$ での間欠性カオスの構造関数．ここで $s_\delta = 1 - q_\delta$，$q_\delta = 0.72716\cdots$，$\Delta = \Lambda_\infty(q_\delta - 0) = 0.8517\cdots$．破線はリペラー分枝の延長を示す．(N. Mori *et al.* [II-28]による．)

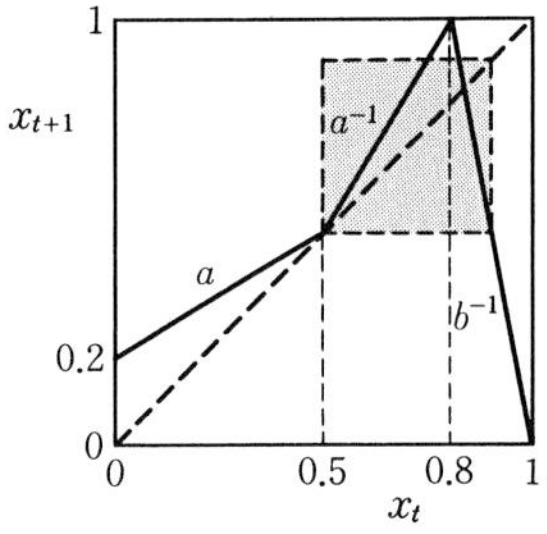

図 A-8　分岐点 $a=0.6$ でのグラフにおいて，Cantor リペラーが残存する，破線の正方形内の，頂点のはみ出たテント写像．

スペクトル $\psi_{\mathrm{R}}(\Lambda)$ に対応する．いま，$a=0.6$ としたグラフ図 A-8 において，破線の正方形の部分(アミかけ領域)に着目すると，そのほとんどすべての軌道は，勾配 a^{-1}, b^{-1} のテント写像によって正方形の外へ逃げ出し，固定点 $x^*=0.5$ に落ちこむ．しかし，正方形の中には，Cantor 集合の不変集合(リペラー)が残存し(文献[II-4]を参照)，そのリペラー上のカオス軌道が上述の構造関数をもたらすのである(吉田・宗，1988)．この Cantor リペラーが，バーストを代表する不変集合である．

$q>q_{\delta}'$ での $\Lambda_\infty(q)$ や $\Lambda=0$ での $\psi(\Lambda)$ は，図 A-6(b)における周期 $2m+1$ の周期軌道群を表わし，その Liapunov 数は $\Lambda_{2m+1}(x_0)=\ln b^{-1}/(2m+1)\to 0\ (m\to\infty)$ となる．これらは，ラミナー運動を代表する不変集合である．$\psi(\Lambda)$ のスロープ $s_\delta=1-q_\delta$ の線形部分は，このラミナー運動からバーストのスペクトル $\psi_{\mathrm{R}}(\Lambda)$ へ引いた接線であり，間欠性カオスにおけるゆらぎは，$\Lambda_\infty(q)$ におけるラミナー運動($q>q_\delta$)とバースト($q<q_\delta$)との間の q 相転移によってとらえられることとなる．

図 A-9 は，ϵ の変化による s_δ の線形部分の湾曲を示し，右から $\tau=70, 90, 110, 130$ に対する 4 本の $\psi(\Lambda)$ 曲線である．これらはスケーリング関数 $B(y)$ $(y<y_{\mathrm{R}}\equiv\Lambda_{\mathrm{R}}-\tilde{\Lambda})$ で

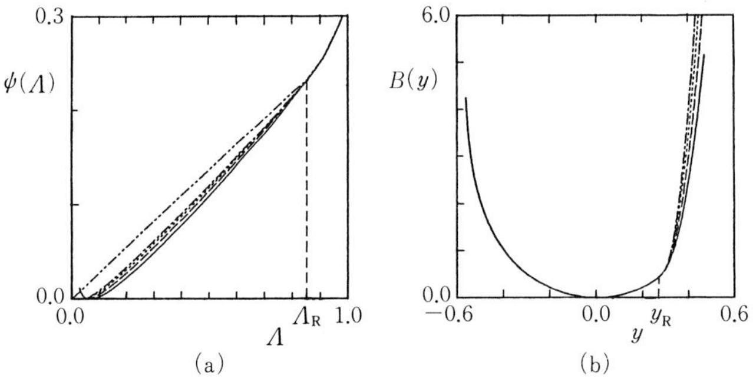

図 A-9　$\tau=(2/\ln 0.6)\ln\epsilon=70, 90, 110, 130$ に対する 4 本の $\psi(\Lambda)$ 曲線と(9.4)のスケーリング関数 $B(y)$ $(y=\Lambda-\tilde{\Lambda})$．(Kobayashi *et al*.[II-39]による．)

は完全に一致し，相似則(9.4)が成立する．ここで $\eta \cong 1.00$，$\varLambda_R \equiv \Delta$，$y_R \cong 0.27$ である．

上述と同様な構造関数が，2 次写像の $a = a_c$ のすぐ下でも数値的に得られる．その図 A-10 は図 A-7 に対応し，図 A-11 の $\psi(\varLambda)$ と $B(y)$ は図 A-9 に対応するものである．

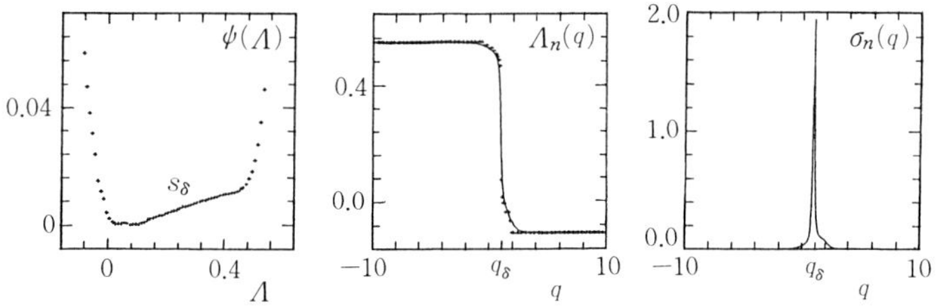

図 A-10 2 次写像($\epsilon = 4.9 \times 10^{-3}$)の間欠性カオスの構造関数($n = 300$，$N = 0.9 \times 10^6$)．ここで $q_\delta \cong 0.925$，$s_\delta = 1 - q_\delta \cong 0.075$ である．なお，この図では抑圧されているが，$\psi(\varLambda)$ は，極小の左側にスロープ $s_\alpha = -1$ の線形部分ももっている．

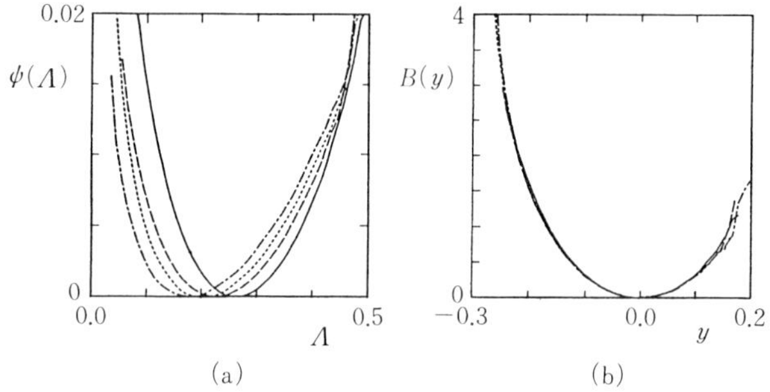

図 A-11 図 A-10 の s_δ の線形部分の湾曲について，右から $\tau = 70, 90, 110, 130$ に対する 4 本の $\psi(\varLambda)$ 曲線とスケーリング関数 $B(y)$ ($y = \varLambda - \tilde{\varLambda}$)．ここで $\eta \cong 1.06$ である．

補章 I
結合振動子系のダイナミクス

散逸構造を論じた第1～第5章では，連続媒質における時空パターンを考察した．大自由度散逸力学系のもう1つの重要なクラスとして，離散的要素から成る集合体がある．たとえば神経回路網はニューロンという興奮・振動素子が複雑に結合した集合体である．それ以外にも周期的な生理的活動性を示す細胞集団の例は非常に多い．非線形動力学の対象が生命現象へと拡大されるに伴って，このような系に対する関心は近年ますます高まっている．以下では，その中でも比較的単純で系統的な研究があるリミットサイクル振動子の集団を取り上げ，位相ダイナミクス法に基づいて同期現象の基礎的事項を述べる．

HI-1　振動子集団に対する位相ダイナミクス

第4，第5章では振動場に対する位相ダイナミクスを扱ったが，離散的な振動子の集団に対しては以下で述べるようにそれとは多少異なった位相記述を用いるのが便利である．まず n 次元力学系 $\dot{\boldsymbol{X}}=\boldsymbol{F}(\boldsymbol{X})$ で表わされる1個のリミットサイクル振動子（角振動数 ω）を考え，状態空間の任意の点 $\boldsymbol{X}$ において位相 ϕ を定義する．最も自然なやり方は，$\boldsymbol{X}$ が上式に従って発展する限りつねに $\dot{\phi}$

$=\boldsymbol{\omega}$ が成り立つように定義することであろう．上式はスカラー場 $\phi(\boldsymbol{X})$ が性質

$$\mathrm{grad}_{\boldsymbol{X}}\phi\cdot\boldsymbol{F}(\boldsymbol{X})=\omega \tag{HI.1}$$

をもつことを意味する．

位相ダイナミクスは弱く結合した振動子系に対して非常に有効な方法である．その場合には1個の振動子にとっては相互作用の効果は外部から作用する弱い力 $\boldsymbol{p}(t)$ と見なすことができる．そこで

$$\frac{d\boldsymbol{X}}{dt}=\boldsymbol{F}(\boldsymbol{X})+\boldsymbol{p}(t) \tag{HI.2}$$

に対応する ϕ の摂動された運動を考えよう．これは形式的に

$$\begin{aligned}\frac{d\phi}{dt}&=\mathrm{grad}_{\boldsymbol{X}}\phi\cdot(\boldsymbol{F}+\boldsymbol{p})\\&=\omega+\mathrm{grad}_{\boldsymbol{X}}\phi\cdot\boldsymbol{p}\end{aligned} \tag{HI.3}$$

と表わされる．図 HI-1(a)に示すように，$\mathrm{grad}_{\boldsymbol{X}}\phi$ は等位相面 I_ϕ 上の点 $\boldsymbol{X}$ に基点をもち，これに垂直なベクトルである．しかし，摂動が弱いために $\boldsymbol{X}$ はもとのリミットサイクル軌道 C に十分接近していると期待される．したがって，図 HI-1(b)に示すように，このベクトルを I_ϕ と C との交点で評価された量 $\boldsymbol{Z}(\phi)$ で置き換えることが許される．すなわち

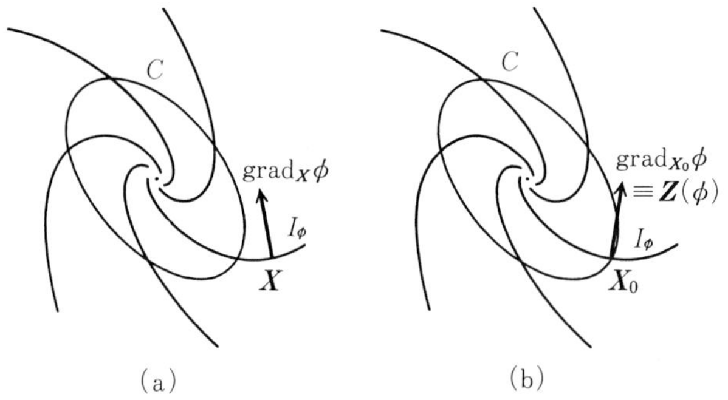

図 HI-1 (a) 勾配ベクトル $\mathrm{grad}_{\boldsymbol{X}}\phi$ の幾何学的意味．(b) 状態点 $\boldsymbol{X}$ がリミットサイクル近傍にあるときは，図のようにリミットサイクル軌道 C 上で勾配を評価することが許される．

$$\frac{d\phi}{dt} = \omega + \boldsymbol{Z}(\phi)\cdot\boldsymbol{p} \tag{HI.4}$$

明らかに $\boldsymbol{Z}(\phi+2\pi)=\boldsymbol{Z}(\phi)$ である．この振動子がそれと同一のただ1つの振動子（状態ベクトル $\boldsymbol{X}'$）と相互作用し，摂動が $\boldsymbol{p}=\boldsymbol{V}(\boldsymbol{X},\boldsymbol{X}')$ によって与えられる場合を考察しよう．等位相面 $I_\phi, I_{\phi'}$ 上にそれぞれ乗っている状態点 $\boldsymbol{X}, \boldsymbol{X}'$ は，前記と同様の理由によってそれぞれ C と I_ϕ との交点 $\boldsymbol{X}_0(\phi)$，および C と $I_{\phi'}$ との交点 $\boldsymbol{X}_0(\phi')$ で置き換えることができる．よって次式のように位相だけを含む発展方程式が得られる．

$$\frac{d\phi}{dt} = \omega + G(\phi,\phi') \tag{HI.5}$$

$$G(\phi,\phi') = \boldsymbol{Z}(\phi)\boldsymbol{V}(\boldsymbol{X}_0(\phi),\boldsymbol{X}_0(\phi'))$$

$G(\phi,\phi')$ は ϕ,ϕ' のそれぞれについて 2π 周期的である．上式はさらに次のように簡単化される．$\phi=\omega t+\psi$，$\phi'=\omega t+\psi'$ と置き，(HI.5)に代入すると

$$\frac{d\psi}{dt} = G(\omega t+\psi, \omega t+\psi') \tag{HI.6}$$

となるが，弱結合の仮定により G は微小であるから ψ の変化は十分に遅い．したがって，1周期 $2\pi/\omega$ の間に ψ,ψ' はわずかしか変化しないとしてこれらを一定と見なし，(HI.6)の右辺を1周期にわたって平均する．その結果，次式を得る．

$$\frac{d\psi}{dt} = \Gamma(\psi-\psi') \tag{HI.7}$$

$$\Gamma(\psi-\psi') = \frac{1}{2\pi}\int_0^{2\pi} d(\omega t) G(\omega t+\psi, \omega t+\psi')$$

あるいは ϕ,ϕ' による表示に戻れば

$$\frac{d\phi}{dt} = \omega + \Gamma(\phi-\phi') \tag{HI.8}$$

となる．Γ はもちろん $\phi-\phi'$ の 2π 周期関数である．

上の議論では同一の振動子を考えたが，2つの振動子のベクトル場がそれぞ

れ

$$\boldsymbol{F}(\boldsymbol{X}) = \boldsymbol{F}_0(\boldsymbol{X}) + \delta\boldsymbol{F}(\boldsymbol{X}), \qquad \boldsymbol{F}(\boldsymbol{X}') = \boldsymbol{F}_0(\boldsymbol{X}') + \delta\boldsymbol{F}(\boldsymbol{X}')$$

のように共通部分 $\boldsymbol{F}_0$ から少しずつずれている場合も扱うことができる．各振動子の位相はつねに基準系 $d\boldsymbol{X}/dt = \boldsymbol{F}_0(\boldsymbol{X})$ に対して定義されるものとすれば，(HI.4)式の $\boldsymbol{p}$ にベクトル場のずれ $\delta\boldsymbol{F}(\boldsymbol{X})$ を含ませることができる．したがって，$\boldsymbol{X}$ を $\boldsymbol{X}_0(\phi)$ で置き換えるという前述の近似の下に(HI.5)式の G は付加項 $\boldsymbol{Z}(\phi)\delta\boldsymbol{F}(\boldsymbol{X}_0(\phi))$ をもつ．さらに1周期にわたる平均操作を施せば，この付加項は位相によらない定数 $\delta\omega$，すなわち固有振動数のずれを与える．したがって，(HI.8)は次式のように修正される．

$$\frac{d\phi}{dt} = \omega + \delta\omega + \Gamma(\phi - \phi') \qquad \text{(HI.9)}$$

相互作用が2つの振動子で対称ならば，第2の振動子に対しても同様に

$$\frac{d\phi'}{dt} = \omega + \delta\omega' + \Gamma(\phi' - \phi) \qquad \text{(HI.10)}$$

となる．以上の考察は直ちに N 振動子系に拡張され，

$$\frac{d\phi_j}{dt} = \omega_j + \sum_{j'=1}^{N} \Gamma(\phi_j - \phi_{j'}) \qquad (j = 1, 2, \cdots, N) \qquad \text{(HI.11)}$$

を得る．ここに，$\omega_j = \omega + \delta\omega_j$ である．

HI-2 同期現象

位相モデル(HI.11)は振動子間の同期・非同期現象や振動子ネットワークのダイナミクスを調べるために広く用いられている．以下では，このモデルに基づいて2振動子間の同期の概念を説明した後，大集団の挙動について簡単に触れよう．

2振動子系(HI.9), (HI.10)において，位相差 $|\phi - \phi'|$ が $t \to \infty$ に対して有限にとどまるならば，平均振動数は同一である．したがってその場合，振動子は相互に**同期**しているという．位相差が無限大に発散すれば同期が破れている．

$\phi-\phi'=\Delta\phi$ と置けば,

$$\frac{d}{dt}\Delta\phi = \Delta\omega+2\Gamma_{\mathrm{odd}}(\Delta\phi) \qquad \text{(HI. 12)}$$

となる. ここに, $\Delta\omega=\delta\omega+\delta\omega'$, また $\Gamma_{\mathrm{odd}}(y)$ は関数 $\Gamma(y)$ の反対称部分である. Γ_{odd} の反対称性と 2π 周期性から, $\Gamma_{\mathrm{odd}}(0)=\Gamma_{\mathrm{odd}}(\pi)=0$ は明らかである. したがって, 振動子が同一の場合($\Delta\omega=0$)は少なくとも $\Delta\phi=0$ および π に同期解がある. これが安定であるためには, そこでの微係数 $\Gamma'(0)$ または $\Gamma'(\pi)$ が負でなければならない. たとえば $\Gamma(y)=-K\sin(y+\alpha)$ ($K>0$) の場合には, $|\alpha|<\pi/2$ ならば位相差 0 で同期し, $|\alpha|>\pi/2$ ならば位相差 π で同期する. より複雑な $\Gamma(y)$ に対しては, 位相差が 0 でも π でもない同期状態が現われ得る. $\Delta\omega\neq0$ の場合も $\Delta\omega$ の有限の範囲で安定な同期解が存続することは明らかである.

上記のような 2 振動子間の基本的な同期・非同期関係は, 振動子が大集団を構成する場合どのような集団挙動をもたらすであろうか. この問題に対しては, すべての振動子対が等しい強さで結合するいわゆる平均場結合モデルについては多くの研究がある. 著しい集団挙動として**集団引き込み転移**がある. これは相互作用による同期傾向と固有周期のばらつきによる非同期傾向との相対的優位性がある条件を境にして逆転することに伴う一種の相転移現象であり, 次のモデル方程式に基づく研究がある.

$$\frac{d\phi_j}{dt} = \omega_j+\frac{K}{N}\sum_{j'=1}^{N}\sin(\phi_{j'}-\phi_j) \qquad (j=1,2,\cdots,N) \qquad \text{(HI. 13)}$$

ここに ω_j は ω_0 を中心とし対称な一山分布をもつランダムなパラメタとする.

複素オーダーパラメタ $z=\sigma e^{i\Psi}$ を

$$z = \frac{1}{N}\sum_{j=1}^{N}e^{i\phi_j} = \frac{1}{2\pi}\int_0^{2\pi}n(\psi,t)e^{i\psi}d\psi \qquad \text{(HI. 14)}$$

によって導入しよう. ここに $N\to\infty$ を仮定し, 位相分布関数 $n(\psi,t)$ を用いて和を積分で置き換えている. z を用いると(HI. 13)は

$$\frac{d\phi_j}{dt} = \omega_j - K\sigma\sin(\phi_j - \Psi) \qquad \text{(HI. 15)}$$

のように，見かけ上1振動子問題に帰着する．特にσが時間的に一定，かつ系$\Psi=\omega t$と仮定すると，各ϕについて(HI. 15)を未知量σを含んだ形であらわに解くことができる．これは分布$n(\phi)$がσを含む形で表わされることを意味し，オーダーパラメタの定義式(HI. 14)に代入すれば，σをセルフコンシステントに決めるべき方程式$\sigma=S(\sigma)$が導かれる．解析によれば，臨界強度$K_c=2/\pi g(\omega_0)$が存在し，$K<K_c$ならば$\sigma=0$が唯一の解であり，マクロな振動は現われない．しかるに$K>K_c$では$\sqrt{K-K_c}$に比例して有限のσが現われ，これは集団振動の発生に対応している．ここに述べた集団引き込み転移の可解モデルは近年さまざまな形で一般化されている．

上記のモデルにおいては，振動子が互いに位相を揃えるタイプの相互作用が仮定されている．これに対して反位相関係を安定化する結合の場合には，対応する大域結合系の挙動はω_jが同一の場合でも必ずしも単純ではなく，部分集団への分裂やより複雑な集団運動が現われる場合がある．また，位相記述が破綻し，振幅の効果が重要となる強い結合の系の場合にも種々のタイプの**集団カオス**が現われることが知られている．

補章 II

カオスの構造について

HII-1 オンオフ間欠性

オンオフ間欠性とよばれる間欠性カオスは，結合された2つのカオス振動子が同期状態から非同期状態へ分岐する場合に，藤坂・山田(1985)により初めて発見された．その幾何学的構造がPlatt-Spiegel-Tresser(1993)やOtt-Sommerer(1994)によって解明されるにつれて，最近その重要性が認識されるようになった．

状態変数 (X, x) が散逸系のある運動方程式

$$\dot{X}(t) = F(X, x), \qquad \dot{x}(t) = G(X, x) \tag{HII.1}$$

に従うとしよう．結合振動子では，X, x は2つのカオス振動子の状態変数 X_1, X_2 の和と差である．G は差 x の反対称関数 $G(X, -x) = -G(X, x)$ であるとすると，

$$\dot{X}^0(t) = F(X^0(t), 0), \qquad x^0(t) = 0 \tag{HII.2}$$

は(HII.1)の特解であり，2つのカオス振動子の同期状態を表わす．この特解が $t\to\infty$ で占める状態空間の領域は，滑らかな不変多様体 M であるとしよう．

あるパラメタ ε について，$\varepsilon<0$ では 2 つの振動子が同期し，そのアトラクターは M 上のある不変集合 S であるとしよう．

$\varepsilon>0$ では，アトラクターは M に直交するある曲面 V 上に広がり，図 HⅡ-1 のような時系列が得られる．ここで**ラミナー状態** $x=0$（オフ状態）と**バースト** $x\neq 0$（オン状態）とが交互に出現し，

（1） ラミナー状態の継続時間 τ の分布は，$\varepsilon\to 0+$ のとき $f(\tau)\propto\tau^{-3/2}$ で，その平均値は $\bar{\tau}\cong\varepsilon^{-1}$ となる．

（2） 各バーストは，その継続時間を t とすれば，高さの対数が平均として $\sqrt{t}$ で(秦，1997)，時系列は統計的に**自己相似**となる．

S 上のさまざまな不安定周期軌道が，V 上に無数の安定多様体と不安定多様体を出し，V 上に**リドル構造**のような複雑な構造を作っている．そして V は，$\varepsilon<0$ ではアトラクター S に対し総じて安定多様体として振舞い，$\varepsilon>0$ では総じて S の不安定多様体のように振舞うのである．

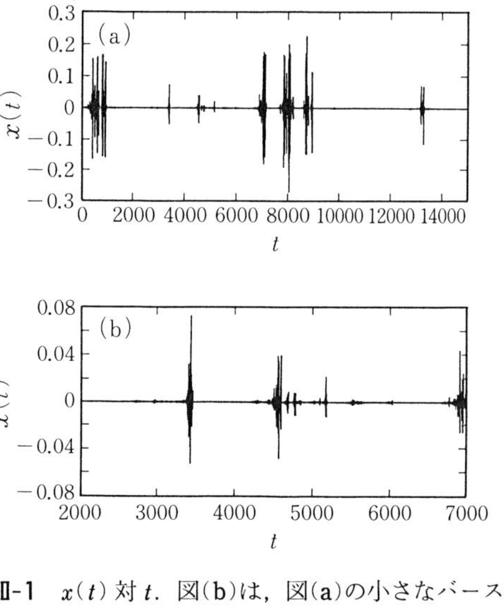

図 HⅡ-1 $x(t)$ 対 t．図(b)は，図(a)の小さなバーストの部分を拡大したもの．

HII-2 外力に誘起された異常拡散

保存力学系のトーラスの周りにおける拡散の**非線形応答**を見るため，標準写像(7.17)に一定の外力項 Γ を加えた写像

$$\begin{cases} \theta_{t+1} = \theta_t + J_{t+1} \quad (\mathrm{mod}\ 1) \\ J_{t+1} = J_t - (K/2\pi)\sin(2\pi\theta_t) + \Gamma \end{cases} \qquad (\mathrm{H\,II}.3)$$

すなわち **Josephson 写像**の，カオス軌道の速度 $u_t = J_{t+1} - J_t$ を考えよう．図 HII-2 は，$\Gamma = 0.38$，$K = 3.8$ の場合の速度 $\tilde{u}_t = (1/3)\sum_{s=0}^{2} u_{t+s}$ の典型的な時系列を示す．ここで，固定点と周期 3 の周期点の周りにトーラスの島が存在し，これらの島の周辺 U に捕捉されたカオス軌道では $\tilde{u}_t \cong 0$ となる．しかしカオスの海の内部にあるカオス軌道では，外力項 Γ による平均速度 $\bar{v} = 0.37$ の周りをランダムに変動している．

図 HII-2 の時系列では，このような平均速度 $\bar{v}$ の周りの**ランダムな変動**(ゆらぎ)と，島の周辺 U における**ラミナー状態** $\tilde{u}_t = 0$ とが交互にしかも間欠的に出現し(石崎・森，1997)，

(1) ラミナー状態 $\tilde{u}_t = 0$ の継続時間 τ の分布は $f(\tau) \propto \tau^{-\tilde{\beta}-1}$ ($\tilde{\beta} = 1.65$) と逆ベキ的になる．

(2) これと対照的に，平均速度 $\bar{v}$ の周りのランダムな変動の継続時間 t の

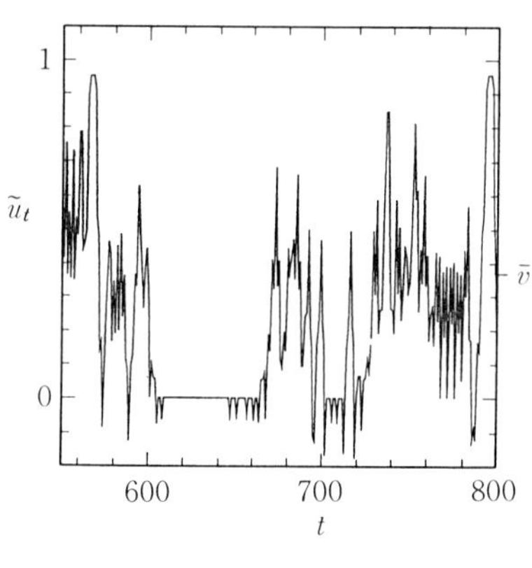

図 HII-2 $\tilde{u}_t$ 対 t．平均速度 $\bar{v} = 0.37$ の 14% より小さなものは，島に捕捉されたものとして 0 とおいた．

分布は$f^{c}(t)\propto\exp[-t/\tau_c]$と指数的になる．
したがって，図HII-2の時系列は**Lévy 過程**であり，その統計的性質は(10.5)のところで述べたFellerの定理によって決定される．

実際，粗視的速度(10.16)の確率分布は，$n\to\infty$のとき

$$P(v\,;\,n)\propto\begin{cases}n^{\delta}\{n^{\delta}(\bar{v}-v)\}^{-\tilde{\beta}-1} & (0<v<\bar{v})\\ n^{\delta}\exp[-an(v-\bar{v})^{1/\delta}] & (v>\bar{v})\end{cases} \qquad (\text{HII}.4)$$

となる．ここで$\delta=(\tilde{\beta}-1)/\tilde{\beta}=0.394$で，$a$は正の定数である．なお，$\Gamma=0$，$K=3.8$の場合には$\bar{v}=0$，$\delta=0.5$，$D=0.057$となり，外力のない場合には正規分布(10.18)が成立するのである．

上述のような異常拡散($\eta=3-\tilde{\beta}>1$，$D=\infty$)は，6-2節と10-4節で述べたBénard対流の場合にも出現し，(6.7)の$\dot{x}$の右辺に一定の外力項Γを加えると得られると考えられる．

HII-3 輸送係数と Liapunov スペクトル

非平衡定常状態では，マクロの運動エネルギーが外部から供給され，粘性率や熱伝導率などの**輸送係数**を通じて，ミクロな分子の熱運動エネルギーへと散逸していく．したがって，非平衡定常状態は散逸力学系である．

流体の粘性を分子論的にとらえるため，体積V，温度TでN個の分子を含む3次元層流を考え，流速のx成分u_xのy方向の勾配$\gamma=\partial u_x/\partial y$が一定であるとすると，粘性率$\eta(\gamma)$は，圧力テンソル$P_{xy}$およびLiapunov数$\bar{\lambda}_i$の最大値$\lambda_{\max}(>0)$と最小値$\lambda_{\min}(<0)$を使って

$$\eta(\gamma)=-\frac{\langle P_{xy}\rangle}{\gamma}=\frac{3Nk_{\mathrm{B}}T}{\gamma^2 V}|\lambda_{\max}(\gamma)+\lambda_{\min}(\gamma)| \qquad (\text{HII}.5)$$

とかける(Evans-Cohen-Morriss, 1990)．ここで，大きい方から順に$\bar{\lambda}_i$ ($i=1,2,\cdots,6N$)とおいて$\sum_{i=1}^{6N}\bar{\lambda}_i=3N(\lambda_{\max}+\lambda_{\min})$とした．系は散逸系だから，この和は負である．

この(HII.5)は，**分子粘性**を正しく与え，非線形応答に対しては

$$\eta(\gamma) = \eta(0) - a\gamma^{1/2} \qquad (a>0) \tag{HII.6}$$

を与えるという．

相空間での系のアトラクターの次元 $D(\gamma)$ は，γ が大きくなるにつれ減少する．しかも，そのずれは，エントロピー生成率を $\dot{S}$ として

$$\begin{aligned} \Delta D &\equiv D(0) - D(\gamma) \\ &= \dot{S}/k_{\mathrm{B}}|\lambda_{\min}| = \eta\gamma^2 V/k_{\mathrm{B}}T|\lambda_{\min}| \qquad (\mathrm{HII}.7) \\ &= 3N|\lambda_{\max}+\lambda_{\min}|/|\lambda_{\min}| \qquad (\mathrm{HII}.8) \end{aligned}$$

となる(Hoover-Posch，1994)．したがって，層流定常状態でも，系の相空間での軌道は多重フラクタルの奇妙なアトラクターを形成する．したがって，非平衡定常状態では，位相分布関数はアトラクター上ほとんど至るところで**特異的**となり，それ自身が使いものになるとは考え難い．6-4 節で述べたように，粗視化された量の分布こそが有用になるのである．

流体乱流の乱流粘性や強制振り子のカオス誘導摩擦などの，乱流やマクロのカオスによる輸送は，一般に，上述の分子輸送より遙かに大きく，系のエネルギー散逸やエントロピー生成に重大な寄与を与える．このような，乱流・カオスによる輸送現象を統計力学的に定式化することは，散逸構造の背後にある物理的プロセスを解明するためにも極めて重要である．

事実，最近，このような乱流・カオスによる輸送現象は射影演算子法によって統計力学的に定式化できることが示された(森・藤坂，2000)．それによると，流体の Navier-Stokes 方程式や強制振り子の運動方程式(6.1)のような，系の決定論的発展方程式は，ある非線形揺動力をもった線形確率方程式に変形できる．しかも，その線形輸送項の記憶関数は，非線形揺動力の 2 時間相関関数によって与えられ，確率方程式は一般に非マルコフである．したがって，

(1) 乱流・カオスにおける物理量の揺動は，ブラウン運動の揺動力の概念を拡張することによって，非マルコフな線形確率方程式により記述される．

(2) 乱流・カオスによる輸送係数は，ある非線形揺動力の 2 時間相関関数によって与えられ，この場合にも，揺動散逸定理が成立する．

参考書・文献

I 散逸構造

散逸構造一般に関する文献

1970年代前半において，散逸構造研究の開花に大きく貢献したモノグラフとして，

[1] P. Glansdorff and I. Prigogine: *Thermodynamics of Structure, Stability, and Fluctuations*(John Wiley & Sons, 1971)

がある．非可逆過程熱力学の延長線上に散逸構造をとらえるという視点は，当時としてはごく自然であり，同書によって新鮮なインパクトを受けた多くの物理学研究者の関心が散逸構造に向けられた．同じBrussels学派による続編的なモノグラフとして，

[2] G. Nicolis and I. Prigogine: *Self-Organization in Nonequilibrium Systems* (John Wiley & Sons, 1977)[小畠陽之助，相沢洋二訳：散逸構造(岩波書店，1980)]

がある．同書では，非平衡化学反応モデルに基づく分岐現象や濃度ゆらぎの解析が大きなウェイトを占めており，流体現象への言及はない．同じ著者によるより最近のものとしては

[3] G. Nicolis and I. Prigogine: *Exploring Complexity, An Introduction*(W. H. Freeman and Company, 1989)

がある．同書は広汎な題材を扱っているが，ごく初学者向けに書かれたものである．

しばしばI. Prigogineと対比されるH. Hakenは，散逸構造の非平衡熱力学的基礎にこだわらないという点では前者よりもプラグマティックな自由さをもっているといえよう．Hakenは，「隷属原理(slaving principle)」を強力な指導原理ないし武器として，諸現象を横断的に見る視点を強く打ち出した．広く読まれているモノグラフとして，

[4] H. Haken: *Synergetics, 3rd Edition*(Springer, 1983)

がある．

非平衡パターンダイナミクスの包括的なレビューとして

[5]　M. C. Cross and P. C. Hohenberg: Pattern formation outside of equilibrium, Rev. Mod. Phys. **65**(1993)851-1112

がある．その時点までの豊富な文献リストも大いに参考になるであろう．流体現象に関しては，カオス力学系の理論的成果を踏まえた

[6]　P. Manneville: *Dissipative Structures and Weak Turbulence*(Academic Press, 1990)

が挙げられよう．書名からも想像されるように，散逸構造における自発的乱れの発生にかなりのウェイトが置かれている．振動場のダイナミクスを中心にすえたモノグラフとして，

[7]　Y. Kuramoto: *Chemical Oscillations, Waves, and Turbulence*(Springer, 1984)

がある．同書は，振幅方程式と位相方程式をよりどころにして非平衡パターンに接近するという立場を打ち出しているが，これは1つの標準的な接近法として80年代を通じてほぼ定着したように思われる．本巻第I部もそうした基調においては同書と変わらないが，振動場に関する記述の比重が相対的に軽くなっている．

第1章

Bénardの対流実験，およびRayleighの線形安定性理論に関しては

[8]　S. Chandrasekhar: *Hydrodynamic and Hydromagnetic Stability*(Clarendon Press, 1961)

に詳述されている．また，Bénard対流発生に関するレビュー

[9]　C. Normand and Y. Pomeau: Convective instability: A physicist's approach, Rev. Mod. Phys. **49**(1977)581-623

もきわめて物理的で興味深い．

Newell-Whitehead(NW)方程式は

[10]　A. C. Newell and J. A. Whitehead: Finite bandwidth, finite amplitude convection, J. Fluid Mech. **38**(1969)279-303

において導出された．これは散逸構造研究にとっては記念碑的な論文である．しかし，彼らによる縮約法の理論的基礎はいまだそれほど明確ではない．本巻第5章によって，その基礎が物理的に一応納得しうる程度には明らかになったと思われる．

Belousov-Zhabotinskii(BZ)反応における反応機構，オレゴネーターの構築，および同モデルの数学的解析等については

[11]　J. J. Tyson: *The Belousov-Zhabotinskii Reaction*, Lecture Notes Biomath., Vol. 10(Springer, 1976)

および

[12]　R. J. Field and M. Berger: *Oscillations and Travelling Waves in Chemical Systems*(John Wiley & Sons, 1985)
に詳しい.

第2章

NW 方程式および類似の振幅方程式の解の性質については，[5]に詳しく述べられている．Boussinesq 方程式に基づく定常ロール解の線形安定性は

[13]　F. H. Busse and R. M. Clever: Instabilities of convection rolls in a fluid of moderate Prandtl number, J. Fluid Mech. **91**(1979)319-336

において解析され，NW 方程式によっては説明できない種々の不安定性を含め，詳細な安定性ダイヤグラムが得られた．NW 方程式に長スケールの水平面内流の効果を取り入れた振幅方程式に基づいて，定常ロールの振動不安定性，スキュドヴァリコース不安定性等を含め，より現実的な安定性ダイヤグラムを得た仕事として，

[14]　E. D. Siggia and A. Zipperius: Pattern selection in Rayleigh-Bénard convection near threshold, Phys. Rev. Lett. **47**(1981)835-858

がある．液晶対流系に関する実験においてはわが国からすぐれた研究が出されている．和文の解説としては

[15]　甲斐昌一：液晶パターン，「パターン形成」第4章(朝倉書店，1991)

を参照されたい.

Ginzburg-Pitaevskii 方程式におけるトポロジカルな欠陥の構造と運動に関する本巻の記述は

[16]　E. Bodenschats, W. Pesch and L. Kramer: Structure and dynamics of dislocation in anisotropic pattern-forming systems, Physica **D32**(1988)135-145

に依拠している．また，NW 方程式の欠陥解に関する理論は

[17]　E. Siggia and A. Zipperius: Dynamics of defects in Rayleigh-Bénard convection, Phys. Rev. **A24**(1981)1036-1049

に述べられている.

複素 Ginzburg-Landau 方程式のホール解(野崎-戸次解)は

[18]　K. Nozaki and N. Bekki: Exact solutions of the generalized Ginzburg-Landau equation, J. Phys. Soc. Japan **53**(1984)1581-1582; N. Bekki and K. Nozaki: Formations of spatial patterns and holes in the generalized Ginzburg-Landau equation, Phys. Lett. **A110**(1985)133-135

において見いだされた．その実験的検証が

[19]　J. Lega, B. Janiaud, S. Jucquois and V. Croquette: Localized phase jumps in wave trains, Phys. Rev. **A45**(1992)5596-5604

において試みられている.

第3章

興奮性反応拡散媒質に関する総合報告として

[20]　E. Meron: Pattern formation in excitable media, Phys. Rep. **218**(1992)1-66

があり，1992年までの主要な関連文献がほぼ網羅されている．McKeanモデルについて，周期的パルス列の解析解を初めて得たのは

[21]　J. Rinzel and J. B. Keller: Traveling wave solutions of a nerve conduction equation, Biophys. J. **13**(1973)1313-1337

においてである．また同モデルに対して，2次元界面方程式の定常回転解を数値的に解き，らせん波の具体的形状を求めたのは

[22]　P. Pelcé and J. Sun: Wave front interaction in steadily rotating spirals, Physica **D48**(1991)353-366

である．回転らせん波は，BZ反応系のみならず種々の生命現象に関連して現われる．これに関しては

[23]　A. T. Winfree: *The Geometry of Biological Time*(Springer, 1980)

に広汎な記述がある．

近年，ゲル内への反応液の拡散的注入によって，恒常的非平衡条件下での反応拡散パターン研究に新しい道が開かれた．同方法によってらせん波の複合回転運動を解析した実験として

[24]　G. S. Skinner and H. Swinney: Periodic to quasiperiodic transition of chemical spiral rotation, Physica **D48**(1991)1-16

がある．類似の実験手段によって，非平衡化学反応系においてはじめてTuringパターンが実現された．これに関しては

[25]　Q. Ouyang and H. L. Swinney: Transition from uniform state to hexagonal and striped Turing patterns, Nature **352**(1991)610-612

を参照のこと．

界面の形態形成に対する単純な反応拡散モデル(フェイズフィールドモデル)とその解析に関しては，

[26]　R. Kobayashi: Modeling and numerical simulations of dendritic crystal growth, Physica **D63**(1993)410-423

を参照のこと．

第4章

位相ダイナミクスに関しては[7]に比較的詳しい記述がある．本巻で述べられているような，位相方程式の現象論的導出は

[27]　Y. Kuramoto: Phase dynamics of weakly unstable periodic structures, Prog. Theor. Phys. **71**(1984)1182-1196

による．蔵本-Sivashinsky 方程式に関する概説および関連文献については

[28]　P. Manneville: The Kuramoto-Sivashinsky equation : A progress report, in *Propagation in Systems Far from Equilibrium*, ed. J. E. Wesfreid *et al*.(Springer, 1988)pp. 265-280

を参照のこと．

長スケールの水平面内流の効果を取り入れて，位相ダイナミクスを拡張する試みがあり，定常ロールの振動不安定やスキュドヴァリコース不安定性を論じることができる．前者の不安定性については

[29]　S. Fauve, E. W. Bolton and M. E. Brachet: Nonlinear oscillatory convection: A quantitative phase dynamics approach, Physica **D29**(1987)202-214

後者については

[30]　M. Cross: Phase dynamics of convective rolls, Phys. Rev. **A27**(1983)490-498

において議論されている．

振幅方程式と位相方程式が結合する複合的な場のダイナミクスに対する関心が近年高まっている．背景として存在する周期パターンの種類と，そこに生じる不安定性のタイプによって，さまざまな複合場のモデルが考えられる．空間1次元の場合には，可能な複合場方程式のいくつかの形が

[31]　P. Coullet and G. Ioos: Instabilities of one-dimensional cellular patterns, Phys. Rev. Lett. **64**(1990)866-869

において現象論的に導かれた．

複合場の結合位相不安定性と振動局在解に関する理論的考察は

[32]　H. Sakaguchi: Localized oscillation in a cellular pattern, Prog. Theor. Phys. **87**(1992)1049-1053

を参照のこと．また，液晶対流の振動グリッド相における実験の総合報告として

[33]　M. Sano, H. Kokubo, B. Janiaud and K. Kato: Phase wave in cellular structure, Prog. Theor. Phys. **90**(1993)1-34

がある．

第5章

本章で展開したような縮約に対する視点は，従来それほど意識的に展開されたとは思われない．本章の立場は，しいていえば分岐理論における中心多様体理論に近いといえる．しかしながら，不変多様体とその上での発展法則の形を摂動的に求めるにあたって，本章では従来よりもはるかに広範囲のものを摂動効果として許容している．その数学的基礎づけは今後の課題として残されている．しかし，この拡張によって，たとえば偏微分方程式系から偏微分方程式系への縮約機構がごく自然に解釈される．なお，本章とは全

く異なり，くり込み群のアイディアに基づく縮約理論として

[34]　L. Y. Chen, N. Goldenfeld and Y. Oono: Renormalization group and singular perturbations: Multiple scales, boundary layers, and reductive perturbation theory, Phys. Rev. **E54**(1996)376-394

がある．

II　カオスの構造と物理

カオスの解説や参考書は多数出ているが，カオスの発生と臨界現象に関するものが多く，カオスの構造や統計的性質に関するものは少ない．まず始めに，全般的なものを挙げ，つぎに，本文で十分説明できなかったことを補い，さらに進んだ問題を自ら学ぼうとする読者のために，各章ごとにその参考となる解説・論文を挙げよう．

まず，カオス力学への入門書として

[1]　G. L. Baker and J. P. Gollub: *Chaotic Dynamics, an introduction*(Cambridge University Press, 1990)[松下貢訳：カオス力学入門(啓学出版，1992)]

[2]　P. Bergé, Y. Pomeau and C. Vidal: *Order within Chaos*(Hermann, 1984)[相澤洋二訳：カオスの中の秩序(産業図書，1992)]

を挙げよう．[1]は，もっぱら振り子を例にとり，複雑なカオスがいかにして現われ，いかに基本的な現象であるかを説き，[2]は，いろいろな力学系を例にとり，カオスがいかに広く観測され，いかに多様な現象であるかを説く．なお[1]は，読者が自らコンピュータでカオスを体験できるよう，そのプログラムリストを載せている．

1985年頃までの古典的トピックスを初等的に解説した本としては

[3]　S. N. Rasband: *Chaotic Dynamics of Nonlinear Systems*(John Wiley & Sons, 1990)

カオスの幾何学的な概念や手法の，低次元写像による初等的解説としては

[4]　R. L. Devaney: *An Introduction to Chaotic Dynamical Systems*(Benjamin/Cummings, 1989)[後藤憲一訳：カオス力学系入門(第2版)(共立出版，1990)]

を挙げよう．ただし，ここで述べられている構造安定性は，物理系を含み得るように拡張が必要と考えられる．力学系に専門的に関心のある大学院生向きの，国際的によく知られたテキストとして

[5]　J. Guckenheimer and P. Holmes: *Nonlinear Oscillations, Dynamical Systems, and Bifurcations of Vector Fields, 2nd Edition*(Springer-Verlag, 1986)

がある．1985年頃までの解説・論文の選集として

[6]　P. Cvitanović: *Universality in Chaos, 2nd Edition*(Adam Hilger, 1989)

[7]　R. S. MacKay and J. D. Meiss: *Hamiltonian Dynamical Systems*(Adam Hilger, 1987)

は便利である．しかし，本文で述べたカオスへの統計物理的アプローチは，1985 年以降に発展してきたものであり，それを解説した本は今のところ本書の他にない．

第 6 章

6-1 節で述べた散逸力学系のカオスの初等的記述は[1]～[3]に，数理的記述は[5]に述べられている．**6-2 節**で述べた非圧縮性流体のラグランジアン乱流における流体の混合の実験を，最近の観点から解説した本として

[8] J.M. Ottino: *The Kinematics of Mixing: stretching, chaos and transport* (Cambridge University Press, 1989)

がある．カオスの海におけるカオス軌道群の混合や拡散を，ローブのダイナミックスによってとらえようとする最近の試みは

[9] S. Wiggins: *Chaotic Transport in Dynamical Systems* (Springer-Verlag, 1992)

に展開されている．**6-3 節**および **6-4 節**で述べた，カオスの統計的記述の解説は少ない．ここではその先駆的なものとして

[10] 高橋陽一郎：カオス，周期点，エントロピー，日本物理学会誌 **35**(1980)149-161

[11] Y. G. Sinai(高橋陽一郎訳)：デタラメでないもののデタラメさ，科学 **51**(1981) 769-775

[12] J.-P. Eckmann and D. Ruelle: Ergodic theory of chaos and strange attractors, Rev. Mod. Phys. **57**(1985)617-656

を挙げておく．周期点の固有値の概念を拡張して得られた，近接軌道間の粗視的拡大率 $\Lambda_n(X)$ は，カオス軌道群が乗っている不安定多様体 W^u の引き伸ばしと折り曲げを表わす基本的物理量である．そのゆらぎを最初に議論したのは

[13] H. Fujisaka: Statistical dynamics generated by fluctuations of local Lyapunov exponents, Prog. Theor. Phys. **70**(1983)1264-1275

[14] Y. Takahashi and Y. Oono: Towards the statistical mechanics of chaos, Prog. Theor. Phys. **71**(1984)851-854

である．本論では，これを 2 次元非双曲系に拡張した．

第 7 章

7-1 節および **7-2 節**で述べた，Hénon 写像と標準写像は，それぞれ散逸系と保存系の典型的な 2 次元写像であり，その相構造の幾何学的研究は，それぞれ，

[15] M. Hénon: A two-dimensional mapping with a strange attractor, Commun. Math. Phys. **50**(1976)69-77

[16] J.M. Greene: A method for determining a stochastic transition, J. Math. Phys. **20**(1979)1183-1201

に始まる．特に，サドルとの衝突によるカオスの分岐の幾何学的機構の研究は

[17]　C. Grebogi, E. Ott and J. A. Yorke: Crises, sudden changes in chaotic attractors, and transient chaos, Physica **7D**(1983)181-200

に始まるといえよう．**7-3** 節で述べた周期倍化の 2^n 分岐の普遍性を，1次元2次写像について，くりこみ変換により陽に取り出した Feigenbaum の論文は

[18]　M. J. Feigenbaum: The universal metric properties of nonlinear transformations, J. Stat. Phys. **21**(1979)669-706

である．その実証および諸種の拡張を行なった論文は，前掲の選集[6]に収録されている．Šarkovskii の定理やその他の1次元カオスの数理は[4]に解説されている．**7-4** 節で述べた円写像の重要な特性は，臨界黄金トーラスと，準周期性ルートによる位相ロッキングのないカオスの発生である．このルートを，カオス領域側から，位相ロッキングのないカオスの，ある系列のカスケードによってとらえる観点を

[19]　T. Horita, H. Hata and H. Mori: Cascade of attractor-merging crises to the critical golden torus and universal expansion-rate spectra, Prog. Theor. Phys. **84**(1990)558-562

に従って展開し，準周期性ルートの全体像を描き出した．

第8章

本章で述べた力学系の統計熱力学的形式は，最初，数理的観点から導入された．その動機を見るには，[10]と

[20]　R. S. Ellis: *Entropy, Large Deviations, and Statistical Mechanics*(Springer-Verlag, 1985)

が適当であろう．ここでは，物理的力学系に対して具体的に展開された，多重フラクタル次元 $D(q)$，2つのスペクトル $f(\alpha), \psi(\Lambda)$ 等の理論的研究

[21]　T. C. Halsey, M. H. Jensen, L. P. Kadanoff, I. Procaccia and B. I. Shraiman: Fractal measures and their singularities: The characterization of strange sets, Phys. Rev. **A33**(1986)1141-1151

[22]　T. Morita, H. Hata, H. Mori, T. Horita and K. Tomita: Spatial and temporal scaling properties of strange attractors and their representations by unstable periodic orbits, Prog. Theor. Phys. **79**(1988)296-312

[23]　P. Grassberger, R. Badii and A. Politi: Scaling laws for invariant measures on hyperbolic and non-hyperbolic attractors, J. Stat. Phys. **51**(1988)135-178

に従い，いくつかの課題を統一的に取り扱った解説

[24]　H. Mori, H. Hata, T. Horita and T. Kobayashi: Statistical mechanics of dynamical systems, Prog. Theor. Phys. Suppl. **99**(1989)1-63

の線に沿って述べた．この章で述べた，カオスの幾何学的記述と統計的記述を統合する試みは，粗視的軌道拡大率のゆらぎによる分岐の統計的特徴づけを探求した研究

[25] T. Horita, H. Hata, H. Mori, T. Morita, K. Tomita, S. Kuroki and H. Okamoto: Local structures of chaotic attractors and q-phase transitions at attractor-merging crises in the sine-circle maps, Prog. Theor. Phys. **80**(1988) 793-808

[26] H. Hata, T. Horita, H. Mori, T. Morita and K. Tomita: Characterization of local structures of chaotic attractors in terms of coarse-grained local expansion rate, Prog. Theor. Phys. **80**(1988)809-826

[27] K. Tomita, H. Hata, T. Horita, H. Mori and T. Morita: Scaling structures of chaotic attractors and q-phase transitions at crises in the Hénon and the annulus maps, Prog. Theor. Phys. **80**(1988)953-972

[28] N. Mori, T. Kobayashi, H. Hata, T. Morita, T. Horita and H. Mori: Scaling structures and statistical mechanics of type-I intermittent chaos, Prog. Theor. Phys. **81**(1989)60-77

および，サドルとの衝突による線形スロープs_βの理論

[29] T. Horita, H. Hata, H. Mori, T. Morita and K. Tomita: Singular local structures of chaotic attractors due to collisions with unstable periodic orbits in two-dimensional maps, Prog. Theor. Phys. **80**(1988)923-928

に始まるといえよう．

8-2節で述べた円写像の臨界黄金トーラスのスペクトル$f(\alpha)$に対する最初の実験は，図7-5に示したBénard対流における臨界黄金トーラスに対する流体実験

[30] M. H. Jensen, L. P. Kadanoff, A. Libchaber, I. Procaccia and J. Stavans: Global universality at the onset of chaos : results of a forced Rayleigh-Bénard experiment, Phys. Rev. Lett. **55**(1985)2798-2801

である．カオスのアトラクターの$f(\alpha)$は，

[31] H. Hata, T. Horita, H. Mori, T. Morita and K. Tomita: Singular local structures of chaotic attractors and q-phase transitions of spatial scaling structures, Prog. Theor. Phys. **81**(1989)11-16

で示されたように，2次元写像では，$\psi(\Lambda)$の線形部分に対応した線形部分をもつが，その実験的検証はまだなされていない．

第9章

9-1節と**9-2節**では，2種の強制振り子について，典型的な分岐，バンド融合とアトラクター融合を

[32] K. Tomita, H. Hata, T. Horita, H. Mori, T. Morita, H. Okamoto and H. Tominaga: q-phase transitions in chaotic attractors of differential equations at bifurcation points, Prog. Theor. Phys. **81**(1989)1124-1134

[33]　T. Murayama, H. Tominaga, H. Mori, H. Hata and T. Horita: q-phase transitions and dynamic scaling laws at attractor-merging crises in the driven damped pendulum, Prog. Theor. Phys. **83**(1990)649-654

に従って取り扱った．エネルギー散逸率の拡張として

[34]　H. Mori, H. Okamoto and H. Tominaga: Energy dissipation and its fluctuations in chaotic dynamical systems, Prog. Theor. Phys. **85**(1991)1143-1148

に従って，アトラクター上での軌道点の動きの幅とランダムさを表わす量を定義し，1ステップ当たりの動きの幅の分散が，クライシスによって著しく変化することを示した．

9-3節では，精妙に自己組織された臨界性が，粗視的軌道拡大率の時系列によって端的にとらえうることを

[35]　T. Horita, H. Hata, H. Mori and K. Tomita: Dynamics on critical tori at the onset of chaos and critical KAM tori, Prog. Theor. Phys. **81**(1989)1073-1078

[36]　H. Hata, T. Horita and H. Mori: Dynamic description of the critical 2^∞ attractor and 2^m-band chaos, Prog. Theor. Phys. **82**(1989)897-910

に従って示した．また，2次元写像のカオスでは，その発生点の近傍では，$\psi(\Lambda)$が簡単な動的相似性をもつことを

[37]　H. Tominaga and H. Mori: Crossover of the $f(\alpha)$ spectra between critical and chaotic regime, and universal critical scaling laws for two-dimensional fractality, Prog. Theor. Phys. **86**(1991)355-369

に従って示し，さらに，この相似性に立脚して，$f(\alpha)$の2次元フラクタル性が発生点に近づくにつれ消失する様相を明らかにした．

なお，付録3で述べたように，タイプIの間欠性カオスの時系列は，規則的なラミナー状態とランダムなバーストからなるという簡明な特徴をもち，[28],[31]および

[38]　N. Mori, S. Kuroki and H. Mori: Power spectra of intermittent chaos due to the collapse of period-3 windows, Prog. Theor. Phys. **79**(1988)1260-1264

[39]　T. Kobayashi, N. Mori, H. Hata, T. Horita, T. Yoshida and H. Mori: Critical scaling laws of dynamic structure functions for type I intermittent chaos, Prog. Theor. Phys. **82**(1989)1-6

で示されたように，その$\psi(\Lambda)$,$f(\alpha)$およびパワースペクトルも簡明な特徴をもつ．

第10章

本章で取り扱った保存力学系の最近の解説として，[9]の他に

[40]　J. D. Meiss: Symplectic maps, variational principles, and transport, Rev. Mod. Phys. **64**(1992)795-848

を挙げよう．トーラスの島の，自己相似な階層構造によるカオス軌道の長時間相関は，多くの人々によって数値的に研究されてきたが，その理論はまだない．**10-2節**では，

標準写像の広域的カオスの海で，その島があまり大きくない場合に，近接軌道間の局所的拡大率の長時間相関および粗視的拡大率の統計構造の異常性を

[41] T. Horita and H. Mori: Long-time correlations and anomalous scaling laws of widespread chaos in the standard map, in *From Phase Transition to Chaos*, ed. Gyorgi *et al*. (World Scientific, 1992) pp. 290-307

に従って解説した．広域的カオスの海の特徴は，加速モードトーラスの島が出現し，カオス軌道群の拡散が異常に増進されることである．これは

[42] Y. H. Ichikawa, T. Kamimura and T. Hatori: Stochastic diffusion in the standard map, Physica **29D** (1987) 247-255

において数値的に詳しく調べられた．このような加速モードトーラスの島によって生成される，長時間速度相関および粗視的速度の統計構造の異常性を

[43] R. Ishizaki, T. Horita, T. Kobayashi and H. Mori: Anomalous diffusion due to accelerator modes in the standard map, Prog. Theor. Phys. **85** (1991) 1013-1022

[44] R. Ishizaki, T. Horita and H. Mori: Anomalous diffusion and mixing of chaotic orbits in Hamiltonian dynamical systems, Prog. Theor. Phys. **89** (1993) 947-963

に従って解説した．**10-4** 節では，Bénard 対流に対して

[45] T. H. Solomon and J. P. Gollub: Chaotic particle transport in time-dependent Rayleigh-Bénard convection, Phys. Rev. **A38** (1988) 6280-6286

によって実験的に提起された流体の混合と拡散は，標準写像の広域的カオスの場合と同様な異常性をもち，しかも，同様な方法で取り扱えることを

[46] K. Ouchi and H. Mori: Anomalous diffusion and mixing in an oscillating Rayleigh-Bénard flow, Prog. Theor. Phys. **88** (1992) 467-484

に従って示した．

多種多様なカオスが存在するが，ここで取り上げた物理系は，紙数制限のため，2 種の強制振り子と流体の 2 種の Bénard 対流だけであった．しかし，それらの低次元写像は十分多様で，普遍的なカオスの分岐はほとんどすべて含まれている．しかし，これらとは異質な流体のオイラーリアン乱流や物性の非線形非平衡系がある．たとえば，空間的に一様でないパターンの中に時空的カオスを含む無限自由度系や量子力学系がある．低次元系で展開された諸種の概念や方法を，これらに対して拡張していくことが重要であるが，しかし，その基本的視座がまだ不明で，参考書が出る段階に至っていない．

補　　章

補章 I

本章の内容は

[1]　Y. Kuramoto: *Chemical Oscillations, Waves, and Turbulence*(Springer, 1984)
により詳しい記述がある．生命現象と振動現象との広範な関係については
[2]　A. T. Winfree: *The Geometry of Biological Time*(Springer, 1980)
を参照のこと．

補章 II

HII-1節の冒頭で引用した論文はそれぞれ
[1]　H. Fujisaka and T. Yamada: A new intermittency in coupled dynamical systems, Prog. Theor. Phys. **74**(1985)918-921
[2]　N. Platt, E. A. Spiegel and C. Tresser: On-off intermittency; a mechanism for bursting, Phys. Rev. Lett. **70**(1993)279-282
[3]　E. Ott and J. C. Sommerer: Blowout bifurcations; the occurrence of riddled basins and on-off intermittency, Phys. Lett. **A188**(1994)39-47
であるが，オンオフ間欠性の解説として
[4]　藤坂博一，福島和洋，井上政義，山田知司：カオス間転移とオンオフ間欠性，日本物理学会誌 **51**(1996)813-820
がある．しかし，相空間の構造の解明はまだ十分ではなく，それを探究したものとしては，上記[3]と
[5]　H. Hata and S. Miyazaki: Exactly solvable maps of on-off intermittency, Phys. Rev. **E55**(1997)5311-5314
を参照されたい．

HII-2節で述べたLévy過程の最近の数学的研究として
[6]　X.-J. Wang: Dynamical sporadicity and anomalous diffusion in the Lévy motion, Phys. Rev. **A45**(1992)8407-8417
がある．本節で述べた，外力に誘起された異常拡散は
[7]　R. Ishizaki and H. Mori: Anomalous diffusion induced by external force in the standard map, Prog. Theor. Phys. **97**(1997)201-211
による．この異常拡散は，トーラスが存在する保存力学系の普遍性として広く観測されよう．しかし，この拡散は外力項 Γ について特異的であり，その線形応答は存在しないのである．

HII-3節で述べた，輸送係数とLiapunov数との現象論的関係を議論したのは
[8]　D. J. Evans, E. G. D. Cohen and G. P. Morriss: Viscosity of a simple fluid from its maximal Lyapunov exponents, Phys. Rev. **A42**(1990)5990-5997
[9]　S. Sarman, D. J. Evans and G. P. Morriss: Conjugate-pairing rule and thermal-transport coefficients, Phys. Rev. **A45**(1992)2233-2242
である．また，そのアトラクターの次元 ΔD の議論は

[10] W.G.Hoover and H.A.Posch: Second-law irreversibility and phase-space dimensionality loss from time-reversible nonequilibrium steady-state Lyapunov spectra, Phys. Rev. **E49**(1994)1913-1920

による．これらの関係は興味深いものであるが，しかし，分子輸送や乱流輸送に対する統計力学的表式を得るには，それらの物理的機構に立ち入った考察が不可欠であろう．

非平衡定常系における乱流やマクロのカオスによる輸送現象と物理量の揺動の統計力学的理論は

[11] H.Mori and H.Fujisaka: Transport and entropy production due to chaos or turbulence, Phys. Rev. **E61**(2000) to be published

によって示された．

第2次刊行に際して

1993年夏に初刷の執筆を終えてからほぼ4年の歳月が経過し，その間にもいくつかの重要な発見が見られた．また，すでに知られていたことの新たな意義が再認識されることもあった．そこで，それらの概要を補章で解説した．

われわれの周りの流転する自然は，さまざまな内部対立を含む極めて不安定なシステムであって，変化に富んだ多様な形態と構造を示すとともに，質的に異なったいろいろな階層の多層構造を形成している．散逸構造およびカオスにおけるこのような階層構造の形成について一言注意を述べたい．

散逸構造においては，対称性の破れという概念が階層構造の形成を理解する上で極めて重要である．この概念は相転移現象の研究から生まれたものであるが，その後高エネルギー物理学においても鍵概念の1つとなり，ミクロ，マクロを問わず自然現象における多様性発現の原理として物理学において中心的な役割を果たしてきた．

散逸構造においては，対称性の破れは分岐現象を通じて現われる．たとえば，一様な場は周期構造を発現させることによって空間的な対称性を低下させ，さらなる対称性の低下はより複雑なパターンを生む．また，振動の発生は時間並進に関する対称性の破れと見なすことができ，対称性の逐次低下によってついにカオス状態に至る．振動の発生や無限系における周期構造の発生は，「連続対称性の破れ」を意味する．その結果として，一般に極めて長い時間スケールをもつ自由度が現われることはよく知られている．散逸構造の場合，これは位相自由度に対応している．散逸構造に特徴的な変転極まりない柔軟な時空挙動の背景には，安定性の極めて弱いこのような位相モードがしばしば役割を演じている．

力学系のカオスは，決定論的で予測可能な短時間の運動と，偶然性を示し予測不可能な長時間の運動という，時間スケールの異なった2つの階層の2重構造になっている．このカオスの2重構造が，マクロな自然のいろいろな階層構造を理解する基礎を与えるのである．

たとえば，マクロな自然の運動はエネルギー散逸を伴う不可逆な運動であるが，その散逸をもたらす輸送係数を決める運動は，Onsagerの相反定理(1931)を保証するミクロの分子の可逆な運動である．このような，ミクロの可逆運動とマクロの不可逆運動という2つの階層の共存は，自由度の大きな保存力学系におけるカオスの2重構造によって与えられるのである．ここで，マクロの不可逆性は，カオスの軌道不安定性による「時間反転対称性の破れ」に他ならないのである．

長さ数百キロメートルに及ぶ地球大気の大規模な運動では，中規模以下の渦群の乱流が，大規模な流れのエネルギーを小さな渦へと次つぎに散逸させて，その流れを一様化しようとする乱流粘性を作り出している．このような，大規模な流れとその乱流粘性を作る中規模な流れという2つの階層の共存も，散逸力学系におけるカオスの2重構造によって理解できよう．

1997年6月

著　　者

索引

A

B

L, M

T

U, V, W

Y, Z